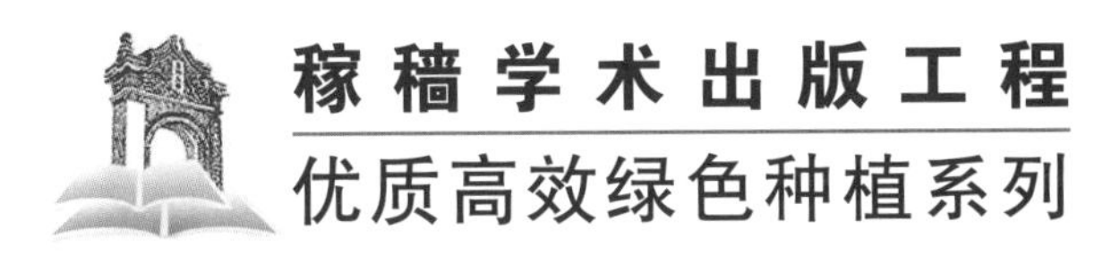

近30年我国主要农作物生产空间格局演变

陈　阜　褚庆全　王小慧　尹小刚　主编

中国农业大学出版社
·北京·

内容简介

本书在中国作物生产与资源要素数据服务云平台基础上，以1985—2015年我国10余类作物布局为主线，系统分析了1985—2015年我国主要农作物的时空变化，阐明了近30年来我国主要农作物的空间分布格局及动态变化趋势，明确了近30年来我国种植结构演变规律特征，为未来我国作物布局优化提供了科学支撑。全书是基于编者近年来的相关研究成果和文献整理分析完成的，可供高等院校、科研机构的科研工作者和学生以及关注我国种植结构变化的相关人员参考。

图书在版编目(CIP)数据

近30年我国主要农作物生产空间格局演变/陈阜等主编. —北京：中国农业大学出版社，2021.5

ISBN 978-7-5655-2566-7

Ⅰ.①近… Ⅱ.①陈… Ⅲ.①作物-农业史-研究-中国 Ⅳ.①S5-092

中国版本图书馆CIP数据核字(2021)第116011号

中华人民共和国自然资源部地图审图号：GS(2021)3971号

书　名 近30年我国主要农作物生产空间格局演变

作　者 陈　阜　褚庆全　王小慧　尹小刚　主编

策划编辑 王笃利　魏　巍　赵　艳　　**责任编辑** 赵　艳

封面设计 郑　川

出版发行 中国农业大学出版社

社　址 北京市海淀区圆明园西路2号　　**邮政编码** 100193

电　话 发行部 010-62733489,1190　　读者服务部 010-62732336

编辑部 010-62732617,2618　　出　版　部 010-62733440

网　址 http://www.caupress.cn　　**E-mail** cbsszs@cau.edu.cn

经　销 新华书店

印　刷 涿州市星河印刷有限公司

版　次 2021年7月第1版　2021年7月第1次印刷

规　格 787×1 092　16开本　14.25印张　350千字

定　价 86.00元

编写人员

主编　陈　阜（中国农业大学）

褚庆全（中国农业大学）

王小慧（中国农业大学）

尹小刚（中国农业大学）

编写人员（按姓氏拼音排序）

白　冰（中国农业大学）

陈　阜（中国农业大学）

褚庆全（中国农业大学）

傅漫琪（中国农业大学）

淮贺举（北京农业信息技术研究中心）

霍明月（中国农业大学）

李奇峰（北京农业信息技术研究中心）

刘　斌（中国农业大学）

刘杰安（中国农业大学）

商蒙非（中国农业大学）

石晓宇（中国农业大学）

史磊刚（北京农业信息技术研究中心）

宋英杰（中国农业大学）

孙　悦（中国农业大学）

王　冲（中国农业大学）

王　婧（中国农业大学）

王　兴（中国农业大学）

王小慧（中国农业大学）

吴　尧（中国农业大学）

杨雨豪（中国农业大学）

尹小刚（中国农业大学）

张　力（中国农业大学）

郑文刚（北京农业智能装备技术研究中心）

邹晓蔓（中国农业大学）

出版说明

学术著作凝聚了科技工作者的智慧与辛劳，是科研工作者科技成果物化的一种体现形式，具有很强的思想性、学术性、创新性和时代特征。学术出版是推动学术研究、学科交流以及成果转化与推广的重要方式和有效途经。学术出版在推动科技发展的同时，也对出版事业繁荣与发展做出贡献。学术出版是大学出版社的初心，也是大学出版社的使命，更是大学出版社的责任与担当，学术出版理应成为大学出版社的主业。学术出版对大学出版社的整体发展发挥着重要作用，是大学出版社核心竞争力的重要方面。世界上几乎每一所一流大学都有一家一流的大学出版社，同时，每一家一流的大学出版社也为所在的一流大学做着应有的贡献，二者相互促进、相得益彰。

没有一流的学术研究和科研成果，就不会有一流的学术著作。农业领域学术著作出版工作近年来的良好发展首先得益于党和国家农业领域相关政策，特别是对农业领域科学研究的政策倾斜，农业领域“863”计划和“973”计划以及重点研发计划项目的实施，农业科技投入的大幅增长等，给农业科学研究与发展注入了强大的动力，同时，农业领域科技工作者勇于担当、甘于奉献、大胆创新、奋发有为，取得了非凡的成就，许多领域实现了从赶到超的跨越，为学术出版奠定了坚实的基础，提供了丰富的资源，铸就了农业领域学术出版今日之繁荣。科技发展日新月异，“十四五”时期以及今后更长时期经济社会的发展对加快科技创新提出了新的更高要求，也为学术出版提出了新的更高要求，大学出版社学术出版工作适应新要求、迈上新台阶由此变得更为紧迫。

作为教育部主管、中国农业大学主办的中央级重点高校出版社，中国农业大学出版社自1985年建社以来，始终坚持为农业教育、科研和生产服务的办社宗旨，坚持走专业化发展的道路。30余年来，中国农业大学出版社总计出版图书近5 000种，其中学术著作1 000余种，占比超过20%，先后有100余种学术专著获省部级奖励，2种获国家级图书奖，20余种获得国家出版基金项目立项资助，总计金额近1 000万元。经过30余年的不懈努力和坚守，中国农业大学出版社在农业领域学术出版方面取得了优异的成绩，在有关部门发布的旨在体现学术出版影响力的H指数排名中，中国农业大学出版社在农业领域相关学科名列前茅，赢得了广大读者和作者的信任，这既是对中国农业大学出版社以往工作的肯定，更是一种鞭策。

为更好适应新时期对学术著作出版提出的新要求，推动农业领域科技创新，促进学术交流，助力传承与发展，打造农业领域学术出版品牌，进一步加强学术出版工作，提高学术著作出版工作水平，中国农业大学出版社决定正式启动“稼穑学术出版工程”（以下简称“稼穑学术”）。“稼穑学术”以更好展示在贯彻落实“四个面向”过程中取得的农业科技创新成果为宗旨，以反映涉农重大科研成果和学术研究重要阶段性新进展为重点，所有列入“稼穑学术”的学术著作均需经有关专家和出版社共同研究遴选确定。列入的品种将作为出版社重点学术出版项目优先组织有关资源立项出版，优先申报国家级重点学术出版项目。

为确保“稼穑学术”编写出版质量，出版社成立了以社长为组长的专项工作组。“稼穑学术”是中国农业大学出版社“十四五”开局的献礼之作，也是出版社今后数年学术出版的重点工程，其立项和出版标志着出版社学术出版进入了一个新的阶段，迈上了一个新的台阶。

中国农业大学出版社真诚希望与广大农业领域科技工作者进一步开展深入合作，共同打造农业学术出版新的品牌，谱写新发展理念农业学术出版新的篇章，为涉农领域学科建设与现代农业高质量发展做出新的贡献。

中国农业大学出版社
2020年12月

前　言

20 世纪 80 年代以来，我国人民温饱问题基本得到解决，农业生产开始由单纯的数量增长向“高产、优质、高效”转变，耕作制度也进入一个新的发展时期。为适应新阶段现代农业发展需求，区域种植结构与作物布局调整速度持续加快，先后经历了“压粮扩经”“粮经并重”“稳粮增效”和“三产融合”等发展阶段。因此，1985—2015 年是我国农作物生产结构和布局变化最为剧烈的一个时期，也是农业生产方式由主要追求产量和依赖资源消耗、粗放经营转向数量、质量、效益并重，高质量发展的一个标志性阶段。

当前，我国农业又开始步入绿色发展和乡村振兴战略实施阶段，要求农业生产将资源高效利用、环境安全与作物高产高效并重，将生产、生态、生活服务功能一体化开发，构建用养结合、生态高效、生产力和竞争力持续提升的农业生产体系。一方面，需要确保国家粮食安全与主要农产品供给能力，支撑乡村振兴、改善民生和农业农村现代化建设；另一方面，需要建立起与资源环境承载力和生态环境保护相匹配的作物生产农业新格局，并有效破解产量、品质、效益和绿色同步提升的难题。同时，还需要推进多功能农业发展和农村农田景观改善，充分挖掘作物生产系统在控制面源污染、生物多样性保护、文化旅游休闲等服务功能。因此，种植制度创新发展又将面临新一轮的结构调整和布局优化。

在国家“十三五”重点研发计划“粮食作物丰产增效资源配置机理与种植模式优化”(2016YFD0300200)项目的支持下，我们构建了 1985—2015 年以县域为单元的作物生产与资源要素空间数据库，收集和系统整理了近 30 年我国主要农作物生产的产量状况、区域分布特征及其动态变化趋势，分析了我国种植结构与布局的演变特征。本书是项目研究成果的一部分，较为详细地介绍了我国主要粮食作物(水稻、小麦、玉米及大豆、马铃薯)、棉花、油料作物(花生、油菜、向日葵、芝麻和胡麻)、糖料作物(甘蔗、甜菜)和杂粮作物(高粱和谷子)等 10 余种作物的总产量、播种面积和单产、空间分布变化特点及其驱动因素，以期为我国种植结构调整和作物布局优化提供科学依据。

本书在编写过程中得到了许多同行专家的支持和帮助，并得到中国农业大学出版社的大力支持。由于编者水平所限，错误及疏漏之处在所难免，希望专家和读者批评、指正。

编　者

2021 年 1 月

目　录

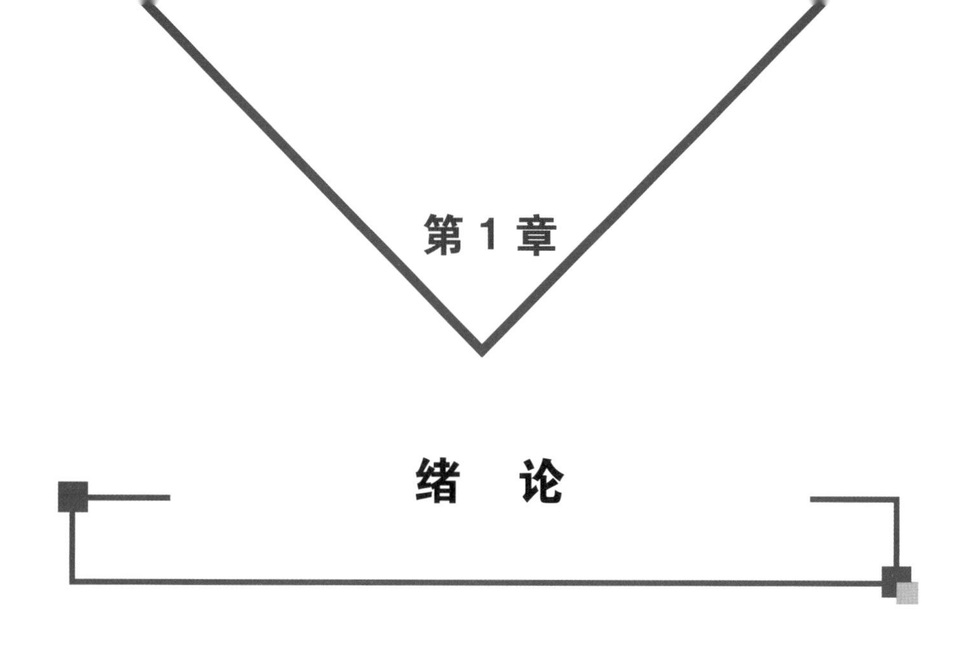

第1章

绪　论

改革开放以来，我国农业发生了巨大的变化，主要表现为：农业综合生产能力不断增加，我国农作物生产规模显著增加，农作物播种面积从1985年的1.44亿 hm^2 增加到2015年的1.67亿 hm^2，我国粮食产量从1985年的3.79亿t增加到2015年的6.6亿t；其次，作物种植结构发生了巨大变化，出现了明显的趋势与规律，粮食作物、油料作物、纤维作物、糖料作物以及蔬菜水果的种植规模和产量发生了较大的年际波动；再有，主要粮食作物的多样性变化在不同农业区呈现不同的变化特征。因此，有必要系统分析1985—2015年我国主要农作物的时空变化，阐明近30年来我国主要农作物和种植结构的空间分布格局，明确我国种植结构演变规律特征，以期为未来我国作物布局优化提供科学支撑。

1.1 近30年我国粮食生产能力持续增加

1985—2015年我国农作物生产规模显著增加，农作物播种面积从1985年的1.44亿 hm^2 增加到2015年的1.67亿 hm^2。近30年来，我国农作物播种面积总体呈波动上升趋势，其中1985—1993年农作物播种面积稳定增长，1993—2006年农作物播种面积年际波动大，2006—2015年农作物总播种面积呈现直线增加趋势(图1-1)。

1985—2015年间我国粮食作物播种面积总体呈增加趋势，其中1985—1999年粮食作物播种面积稳中有升，1999—2003年粮食播种面积显著下降，2003年我国粮食作物播种面积不到1亿 hm^2，2003年之后我国粮食播种面积直线增加，2015年我国粮食播种面积约为1.19亿 hm^2(图1-1)。近30年来我国粮食总产量稳步增加，其中1999—2003年略有下降，2003年之后粮食产量迅速提升；我国粮食总产量从1985年的3.79亿t增加到2015年的6.6亿t(图1-1)。1985—2015年我国粮食单产水平稳步提升，从1985年的3 500 kg/hm^2 增加到2015年的5 550 kg/hm^2，其中1999—2003年单产水平略有降低，2003年之后我国粮食单产水平迅速提高(图1-1)。

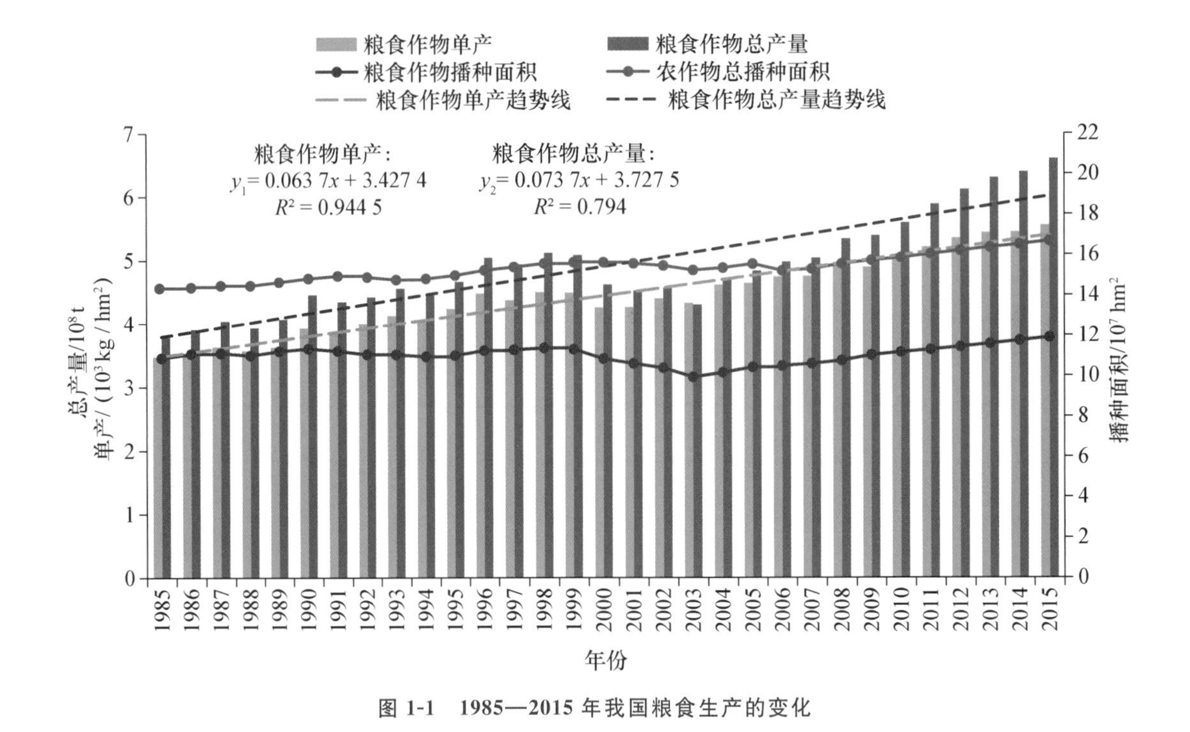

图 1-1　1985—2015 年我国粮食生产的变化

1.2 近 30 年我国农作物种植结构的变化

1985—2015 年,我国主要农作物种植结构发生了重大变化,粮食作物(主要包括小麦、玉米、水稻、马铃薯、大豆、高粱和谷子)、油料作物(主要包括花生、油菜、向日葵、芝麻和胡麻)、纤维作物(主要包括棉花)、糖料作物(主要包括甘蔗和甜菜)以及蔬菜水果的种植规模和产量年际波动较大。总体来看,1985—2015 年期间,粮食作物播种面积占比、油料作物播种面积占比、纤维作物播种面积占比均呈下降趋势,糖料作物播种面积占比和烟叶播种面积占比变化不大,蔬菜播种面积占比和水果播种面积占比呈增加趋势。具体来讲,近 30 年来粮食作物播种面积占比呈现出先减少后增加的趋势,从 1985 年的 78.7%减少到 2005 年的 66.5%;2005 年以后粮食作物播种面积占比逐渐攀升,2015 年恢复到 69.2%。近 30 年来油料作物播种面积占比总体呈现出先增加后减少的趋势,从 1985 年的 8.5%增加到 2005 年的 9.1%;2005 年后油料作物播种面积占比逐渐减低,2015 年为 7.7%。近 30 年来我国纤维作物播种面积占比总体呈下降趋势,从 1985 年的 4.6%减少到 2015 年的 2.2%,减少了约 2.5 个百分点。1985—2015 年,糖料作物播种面积占比和烟叶播种面积占比均无明显变化趋势,均维持在 1%左右。近 30 年间,蔬菜播种面积和水果播种面积均呈现先增加后保持稳定的趋势,蔬菜播种面积占比从 1985 年的 3.4%增加到 2005 年的 11.3%,2005 年之后变化不大;水果播种面积占比从 1985 年的 2.6%增加到 2005 年的 7.8%,2005 年之后稳定在 7.8%左右(图 1-2)。

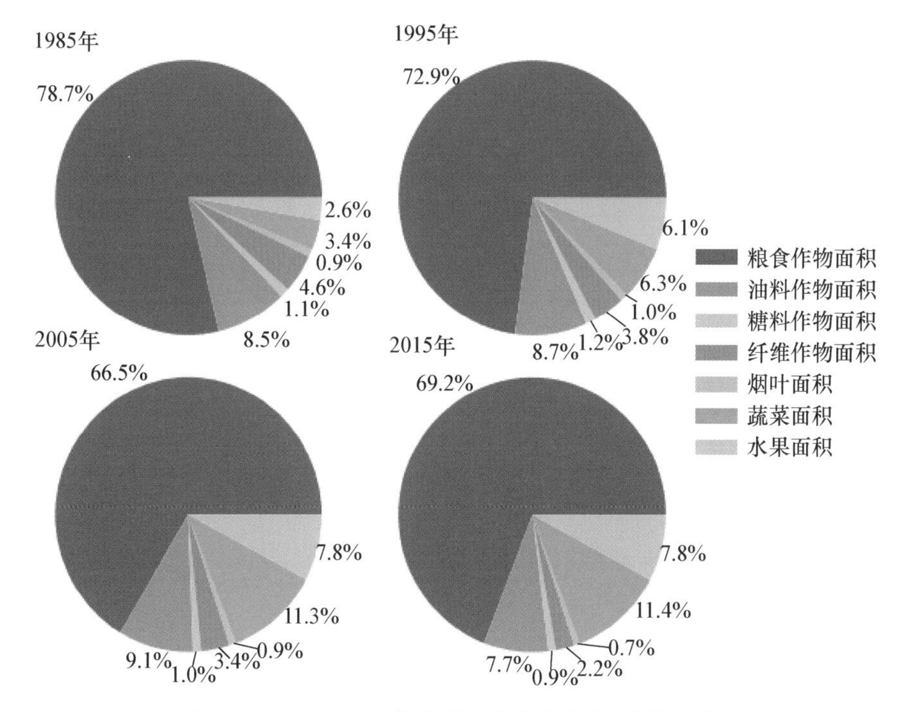

图 1-2 1985—2015 年我国各类作物播种面积的变化

1985—2015 年，我国粮食作物产量占比呈现出先下降后升高的趋势，从 1985 年的 79.3%减少到 2005 年的 36.0%，2005 年之后逐年增加，2015 年恢复到 38.3%。近 30 年来，我国油料作物产量占比总体呈逐年减少趋势，从 1985 年的 3.3%减少到 2015 年的 2.0%。近 30 年来我国纤维作物产量占比逐年降低，从 1985 年的 1.8%减少到 2015 年的 0.4%，减少了近 1.5 个百分点。1985—2015 年间，糖料作物产量占比总体呈下降趋势，年际波动大，从 1985 年的 12.6%减少到 2015 年的 6.5%。近 30 年来，我国烟叶产量占比总体呈下降趋势，从 1985 年的 0.5%减少到 2005 年的 0.2%，之后一直维持在 0.2%左右。蔬菜产量占比呈现出先增加后减少的趋势，从 1995 年的 29.4%增加到 2005 年的 42.0%，之后略有减少，2010 年和 2015 年均维持在 38.5%。1985—2015 年水果产量占比逐年增加，从 1985 年的 2.4%增加到 1995 年的 4.8%，2005 年我国水果产量增速加快，占比为 12.0%，之后增速放缓，2015 年我国水果产量占比为 14.2%(图 1-3)。

1.3 近 30 年我国作物种植多样性的变化

作物多样性与农业生产活动密切相关，1985—2015 年我国作物多样性发生了显著变化，全国 11 个农作区中，东北平原山区农林区、黄淮海平原农作区和北部低中高原半干旱农牧区有效作物种类数总体呈减少趋势；长江中下游与沿海平原农作区、江南丘陵山地农林区、华南湿热稻作农林区、四川盆地稻麦两熟农作区和西南中高原农林区有效作物种类数总体呈增加趋势；西北干旱绿洲农牧区和青藏高原半干旱一熟区有效作物种类数总体变化趋势不大

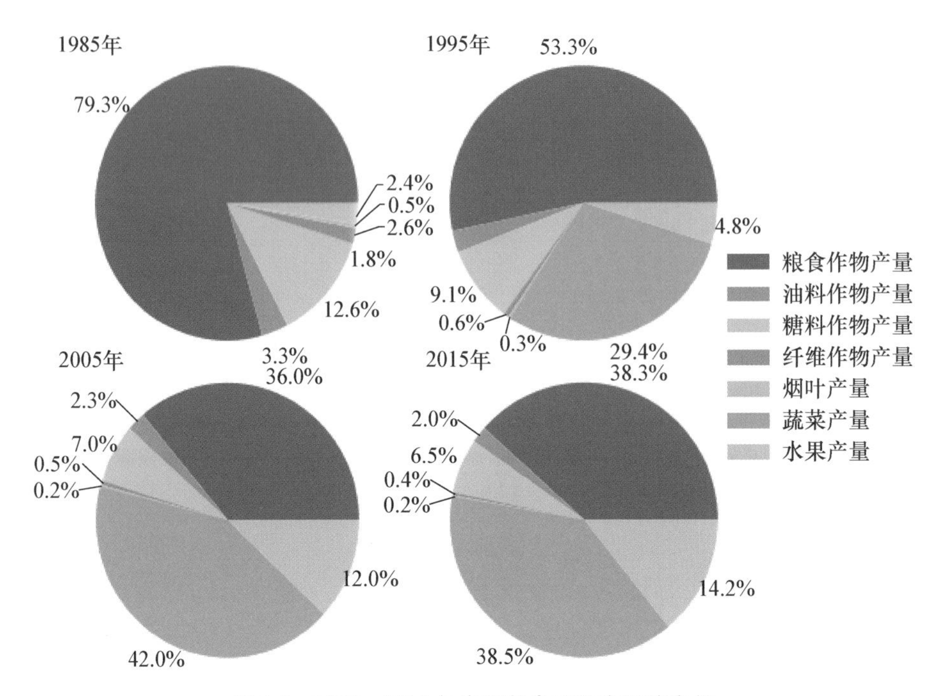

图 1-3　1985—2015 年我国各类作物产量的变化

(图 1-4 和图 1-5)。2000 年之前,各农作区间的作物多样性普遍呈现或快或慢的增长态势。在 1991 年和 1998 年两次出现“卖粮难”后,分别提出了“发展‘三高’农业”(1991 年)和“战略性结构调整”(1998 年),对促进作物系统的多样化起到了作用。其中,位于我国南方地区的各农作区作物多样性增加最快,有效作物种类数(ENCS)均增加了 1 左右,北方地区的各农作区略有增加,增幅不明显。然而,在 2000 年之后,作物多样性变化总体呈减少或保持不变的趋势。在 2000—2015 年的 15 年间,东北、黄淮等农作区有效作物种类数(ENCS)均减少 1 左右(图 1-4)。

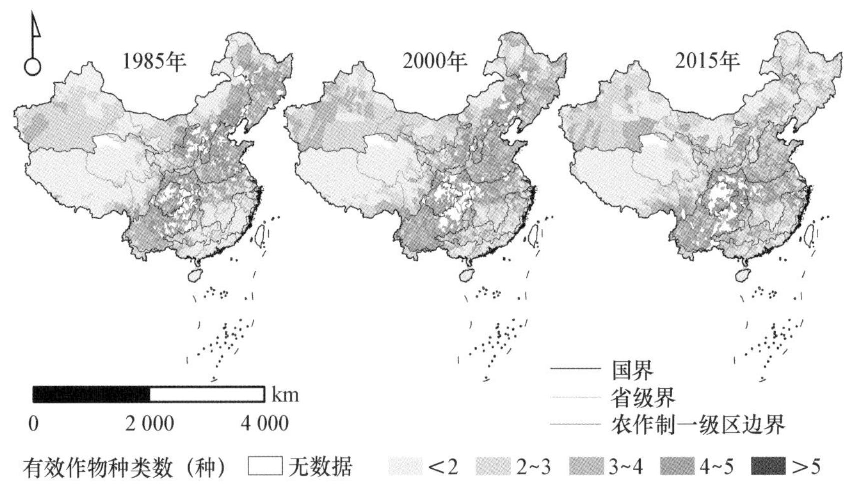

图 1-4　1985 年、2000 年和 2015 年我国不同地区作物多样性时空分布特征

东北平原山区农林区是我国最重要的商品粮生产基地,也是我国玉米、大豆和水稻的重要主产区。近 30 年来,东北平原山区农林区有效作物种类数(ENCS)呈减少趋势,从 1985 年的

2.4 减少到 2015 年的 1.8。作为我国重要的商品粮生产基地，2000 年以前东北平原山区农林区以玉米、大豆等作物为主，水稻、小麦也有较大的播种面积；1985—2000 年种植结构稳定，玉米基本保持不变，水稻播种面积减少，大豆、小麦播种面积增加，作物多样性变化不大。2000—2015 年，东北平原山区农林区总播种面积大幅度增加，玉米播种面积大幅度扩张导致小麦和大豆等作物播种面积下降，使得东北平原山区农林区作物多样性呈显著减少趋势(图 1-5)。

黄淮海平原农作区是我国小麦、玉米、大豆、棉花和花生的重要产区，冬小麦-夏玉米一年两熟制是该地区最主要的种植制度，冬小麦-夏大豆和冬小麦-夏花生等种植模式也较为流行。1985—2015 年黄淮海平原农作区有效作物种类数总体呈减少趋势，从 1985 年的 3.3 减少到 2015 年的 2.8。1985—2000 年该区域种植结构和作物多样性基本稳定，玉米、花生播种面积呈缓慢增加，棉花播种面积缓慢下降，其他作物播种面积基本不变，作物多样性也基本不变。2000—2015 年，玉米播种面积显著增加，棉花和大豆播种面积大幅度下降，导致作物多样性呈显著减少趋势(图 1-5)。

长江中下游与沿海平原农作区历来是我国最重要的农业生产基地，是我国最重要的水稻种植区。1985—2000 年，该地区水稻播种面积大幅度减少、油菜播种面积显著增加，双季稻模式被一季水稻-油菜部分替代，使得该地区作物多样性呈增加趋势；2000—2015 年该区域大多数作物均呈增加趋势，作物多样性趋于稳定。长江中下游与沿海平原农作区有效作物种类数从 1985 年的 1.8 增加到 2015 年的 2.8(图 1-5)。

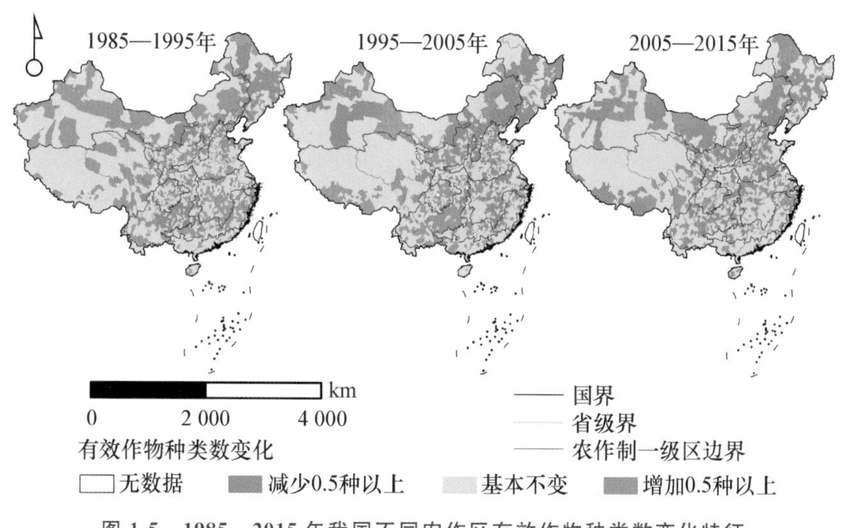

图 1-5　1985—2015 年我国不同农作区有效作物种类数变化特征

1.4 优化作物布局是建立合理耕作制度和实现农业可持续发展的重要途径

近 30 年来，全球气候变化导致干旱、高温和洪涝等灾害频繁发生，加剧了全球粮食安全面临的挑战。我国是受全球气候变化影响最显著的国家之一，作物布局优化是增强作物生产系统应对气候变化能力的关键。1985—2015 年，我国农业科技突飞猛进，作物新品种和分子育种技术不断发展，超级稻和多抗优质的小麦品种不断更新换代，栽培管理技术不断升级完善，农业机械化水平显著提高，水稻直播技术、玉米籽粒机收技术应用不断普及，有力地推动了我国农业生产的发展，使我国农业现代化水平不断提升。然而，近年来我国农业生产也面临着化肥农药过量施用、农业增产效率降低、环境污染风险增加等诸多挑战，作物布局优化是构建绿色生态高效的现代农作制度、实现我国农业可持续发展的重要途径。

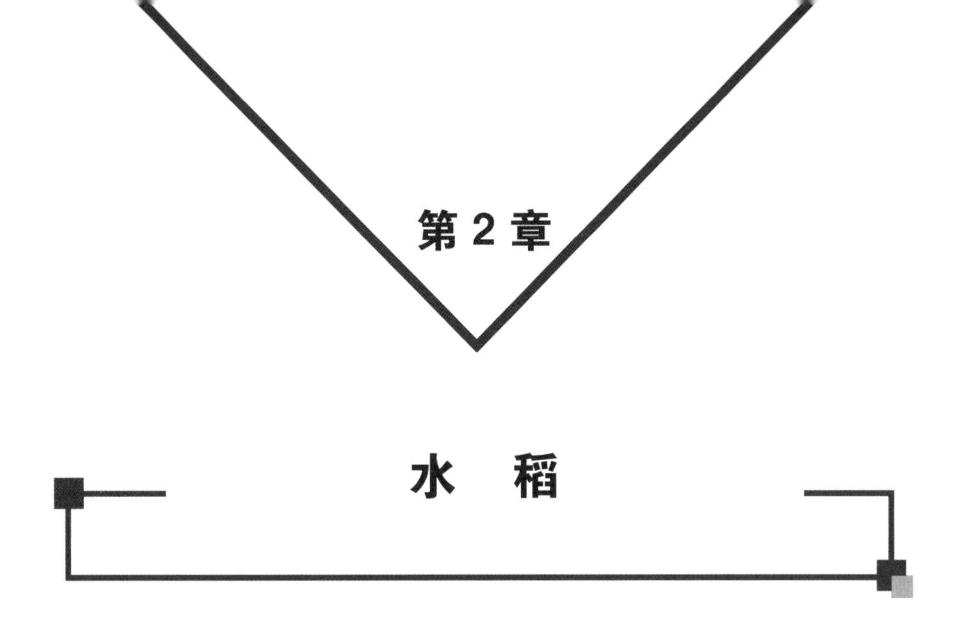

第2章 水稻

水稻是全球近50%人口的主要粮食，其中90%的水稻在亚洲，我国有60%的人口以大米为主食。稻米是我国人民最基本的口粮，其营养价值和口感的不可替代性导致其消费具有极强的刚性。若稻谷的供给偏紧，我国粮食市场就会偏紧(陈锡文，1995)，所以促进我国水稻生产的可持续发展对保障国家粮食安全意义重大。当前，我国水稻生产面临很多的问题。第一，气候变化带来的影响越来越明显(杨晓光等，2010；Peng et al.，2004)，气候变暖既有扩大种植区域的正效应，也有限制产量潜力和病虫害发生的负效应；第二，我国水资源短缺，劳动力资源减少(李裕瑞等，2010)，耕地数量及质量下降，影响水稻生产能力持续提升；第三，技术进步提高了水稻种植的机械化程度，加快了品种更替(Yu et al.，2012)，栽培耕作技术不断更新，但技术协同性差，农机农艺不配套；第四，水稻生产成本逐步提高(梁俊芳和周怀康，2017)，比较经济效益低导致一些地区稻农种稻积极性下降。诸多要素导致了近30年来我国水稻生产的总产量、播种面积和单产等发生显著变化，出现“南稻北移”“双改单”“籼退粳进”“北粳南移”等现象(杨万江等，2011)。鉴于以上情况，本章利用全国县域水稻生产数据，结合全国农作区划，从变化周期、变化幅度、重心迁移和贡献率角度，系统分析了1985—2015年我国水稻生产总产量、播种面积和单产的时间和空间动态变化特征，并对变化原因进行讨论，以期为我国水稻生产结构及区域布局调整提供参考依据。

2.1 我国水稻生产时空变化

2.1.1 新中国成立以来我国水稻生产时间变化

水稻总产量变化可分为5个阶段(图2-1)。第一阶段为1949—1957年共8年，是我国水稻总产量上升时期；第二阶段为1957—1961年共4年，是水稻总产量骤减期，极低值与1949

年基本持平；第三阶段为 1961—1997 年共 36 年，是水稻总产量波动中上升阶段；第四阶段为 1997—2003 年共 6 年，是我国水稻总产量骤降的阶段，但 2003 年总产量是 1961 年的 3 倍；第五阶段为 2003 年至今，水稻总产量呈稳步增长趋势。新中国成立以来，我国水稻总产量变化呈现 13 年、21 年和 49 年三个长短不一的周期，其中 49 年周期强度最高，21 年周期强度紧随其后，说明我国水稻总产量变化以长周期为主、短周期为辅。未来我国水稻总产量仍将稳步增长。

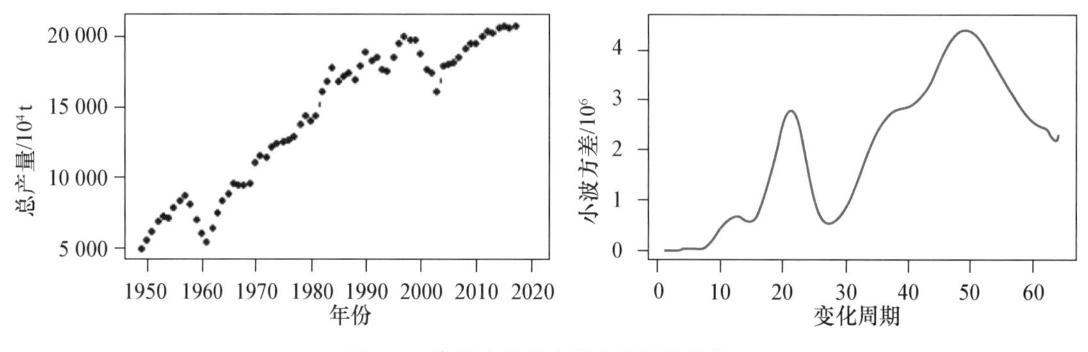

图 2-1 我国水稻总产量变化及其周期

我国水稻播种面积变化幅度较大，大致分为 5 个阶段(图 2-2)。第一阶段为 1949—1956 年共 7 年，是水稻播种面积快速上升阶段；第二阶段为 1956—1962 年共 6 年，是水稻播种面积快速减少阶段，1962 年水稻播种面积基本与 1949 年持平；第三阶段为 1962—1976 年共 14 年，是水稻播种面积的再次上升期，最高峰值年(1976 年)的水稻播种面积超过 1956 年成为新中国成立以来水稻播种面积最大的年份；第四阶段是 1976—2003 年共 27 年，水稻种植面积呈在波动中下降趋势，最低峰值年(2003 年)的水稻播种面积基本与 1949 年和 1962 年持平；第五阶段是 2003 年至今，呈稳步上升趋势，2013 年水稻播种面积达到极值，并在近几年略有下降。新中国成立以来，我国水稻播种面积变化呈现 13 年、26 年和 50 年三个长短不一的主周期，其中 27 年周期强度显著高于其他两个周期，说明水稻播种面积变化以中等长度周期为主。未来我国水稻播种面积虽然略有回落，但将在波动中继续增长。

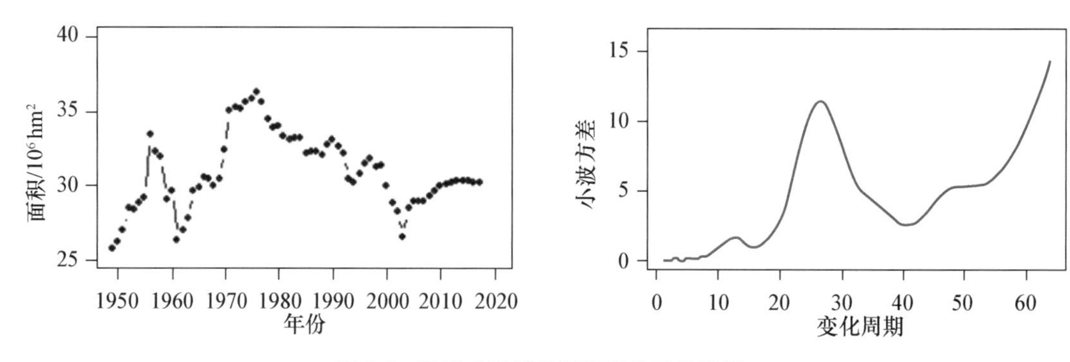

图 2-2 我国水稻播种面积变化及其周期

水稻单位面积产量变化仍然分为 5 个阶段(图 2-3)。第一阶段为 1949—1957 年共 8 年，是我国水稻单产上升期；第二阶段为 1957—1960 年共 3 年，是水稻单产骤减期，极低值与 1949 年基本持平；第三阶段为 1960—1998 年共 38 年，是我国水稻单产波动中增长阶段；第四阶段为 1998—2003 年共 5 年，是我国水稻单产短暂小幅度回落阶段；第五阶段为 2003 年至今，水稻单产呈稳步上升趋势。新中国成立以来，我国水稻单产变化呈现 21 年、39 年和 60 年三个主周期，其中 60 年长周期强度最高，显著高于两个较短周期强度，说明我国水稻单产变化以长周期为主。未来我国水稻单产将持续增长。

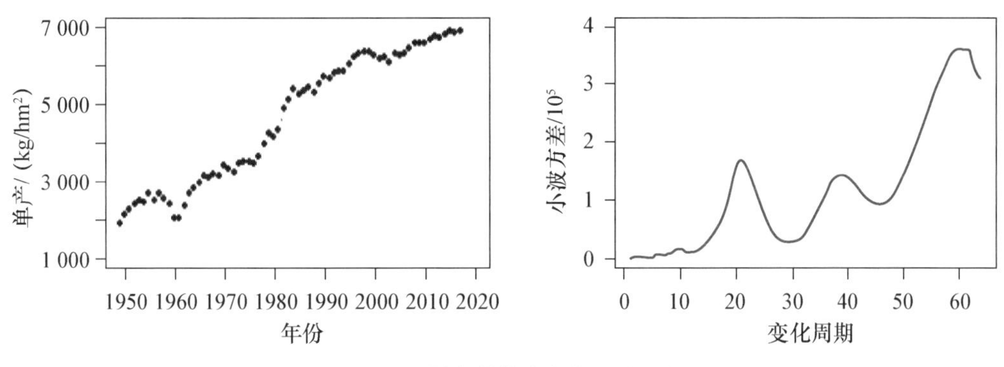

图 2-3　我国水稻单产变化及其周期

2.1.2　近 30 年我国水稻生产空间分布变化

我国水稻主要分布于大兴安岭—太行山—秦岭—横断山脉沿线以东；1985—2015 年，我国水稻种植区域北扩，黄淮海及西北农牧区缩小（图 2-4b 和图 2-4e）。东北平原山区农林区水稻种植最北区域北扩两个区县至鄂伦春自治旗和爱辉区；黄淮海平原农作区及西北农牧区水稻分布急剧缩小，包括黄淮海平原农作区燕山南侧、太行山东侧、海河低平原和黄淮平原，西北农牧区阿尔泰山脉以南和南疆大部分地区。

1985—2015 年，东北平原山区农林区水稻总产量和播种面积增长（图 2-4a 和图 2-4b），而黄淮海及西北农牧区随着种植区域的缩小而总产量减少（图 2-4a 和图 2-4d）。1985 年，水稻总产量和播种面积较大地区为长江中下游与沿海平原农作区、华南沿海农林渔区和四川盆地农作区，在青藏高原农林区分布极少。2015 年，水稻总产量和播种面积分别高于 1.1×10^{8} t 和 4×10^{7} hm^2 的地区主要分布在 4 个农作区，分别为东北平原山区农林区、长江中下游与沿海平原农作区、华南沿海农林渔区和四川盆地农作区，在黄淮海平原农作区、西北农牧区及青藏高原农林区分布极少。

1985—2015 年，我国水稻单产提升到新阶段，水稻种植区单产高于 6 000 kg/hm^2 的比例由 19.7%增长至 70.8%（图 2-4c 和图 2-4f）。1985 年，单产高于 6 000 kg/hm^2 的地区主要分布于四川盆地农作区、湖北省、江苏省和湖南省中部。2015 年，水稻单产高于 6 000 kg/hm^2 的地区主要分布于东北平原山区农林区、长江中下游与沿海平原农作区、四川盆地农作区和西南中高原农林区。

2.2　我国水稻生产重心迁移

2.2.1　全国水稻生产变化幅度和重心迁移

长江中下游与沿海平原农作区、江南丘陵农林区、华南沿海农林渔区、四川盆地农作区、西

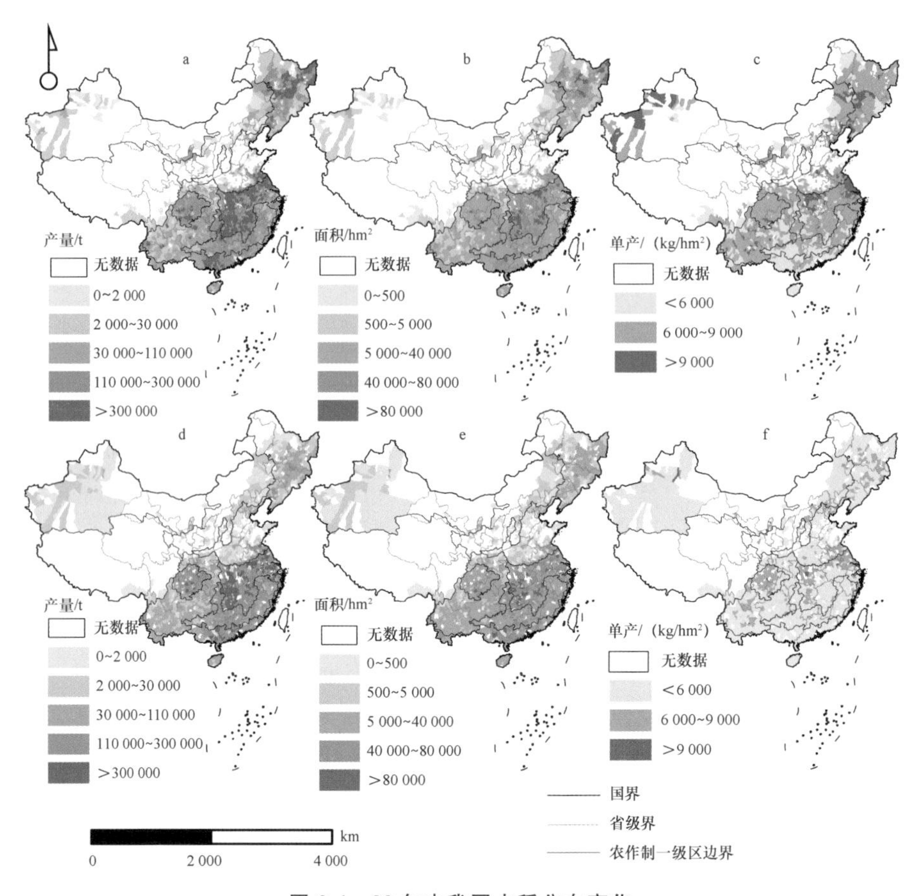

图 2-4　30 年来我国水稻分布变化

（a、b 和 c 分别为 2015 年总产量、面积和单产分布；d、e 和 f 分别为 1985 年总产量、面积和单产分布）

南中高原农林区及东北平原山区农林区的水稻总产量和播种面积比例依次递减，是我国水稻生产主要区域，分别占我国水稻总产量和播种面积的 93％以上（表 2-1）。长江中下游与沿海平原农作区总产量和播种面积比例常年处于 43％～49％，是水稻总产量和播种面积分布最多的农作区，且单产水平相对较高；但是长期以来，该区总产量和播种面积比例逐渐下降。江南丘陵农林区总产量和播种面积比例常年处于 10％～16％，单产水平居中。华南沿海农林渔区总产量和播种面积比例占 8％～15％，其单产水平为上述 6 个稻作区最低。四川盆地农作区总产量和播种面积比例占 8％～12％，是上述 6 个稻作区分布相对稳定的区域，且单产水平在前 4 个年份为最高。西南中高原农林区总产量和播种面积比例占 6％～8％，是上述 6 个稻作区分布最稳定的区域，但单产水平不高。东北平原山区农林区在 30 年间水稻种植迅速发展，其总产量比例由 3.93％上升至 12.89％，播种面积比例由 3.79％上升至 11.87％，逐步成为我国水稻生产的主要地区之一，其单产水平增长约 51％。黄淮海平原农作区总产量和播种面积占比 3％～6％，且比例略微上升，单产提升约 83％。北部中低高原农作区、西北农牧区和青藏高原农林区总产量和播种面积占比常年不足 1％，其中，西北农牧区水稻单产为后 3 个年份最高，青藏高原农林区单产为 7 个年份最低，但其单产水平增产约 41％。

表 2-1　我国各农作区水稻总产量、播种面积比例及单产水平变化

农作区	1985 年	1990 年	1995 年	2000 年	2005 年	2010 年	2015 年
总产量比例/%							
东北平原山区农林区	3.93	5.16	5.22	7.29	8.60	11.33	12.89
黄淮海平原农作区	4.18	4.72	5.13	5.37	5.22	5.88	5.66
长江中下游与沿海平原农作区	48.42*	46.40*	44.82*	42.48*	44.95*	45.46*	45.00*
江南丘陵农林区	14.07	13.44	13.79	13.26	12.08	10.56	10.04
华南沿海农林渔区	11.50	12.09	12.08	11.81	9.89	8.70	8.66
北部中低高原农牧区	0.15	0.30	0.42	0.59	0.62	0.91	0.79
西北农牧区	0.31	0.38	0.37	0.53	0.48	0.76	0.75
四川盆地农作区	10.79	11.03	11.52	11.20	10.15	9.41	9.31
西南中高原农林区	6.64	6.47	6.63	7.45	8.00	6.97	6.90
青藏高原农林区	0.01	0.01	0.01	0.02	0.02	0.02	0.02
播种面积比例/%							
东北平原山区农林区	3.79	4.89	5.10	6.63	7.77	9.95	11.87
黄淮海平原农作区	3.61	4.07	4.30	4.86	4.77	4.99	4.79
长江中下游与沿海平原农作区	45.14*	44.60*	43.46*	42.09*	44.71*	44.54*	43.88*
江南丘陵农林区	15.77	15.59	15.63	14.93	13.41	12.42	11.62
华南沿海农林渔区	14.62	14.29	13.92	13.28	11.55	11.27	10.68
北部中低高原农牧区	0.18	0.37	0.49	0.72	0.56	0.78	0.81
西北农牧区	0.27	0.33	0.34	0.43	0.38	0.62	0.62
四川盆地农作区	9.06	8.81	9.71	9.55	8.84	8.40	8.37
西南中高原农林区	7.53	7.03	7.03	7.50	7.99	7.00	7.32
青藏高原农林区	0.02	0.02	0.02	0.02	0.02	0.02	0.03
单产水平/(kg/hm^2)							
东北平原山区农林区	4 784	5 529	5 906	6 586	6 786	7 089	7 217
黄淮海平原农作区	3 866	5 470	6 212	6 416	6 584	7 133	7 078
长江中下游与沿海平原农作区	5 665	6 044	6 526	6 872	6 681	7 165	7 321
江南丘陵农林区	4 718	5 029	5 524	5 966	5 995	5 939	6 213
华南沿海农林渔区	4 007	4 733	5 344	5 798	5 534	5 254	5 716
北部中低高原农牧区	4 220	4 586	4 979	5 012	6 453	6 516	6 393
西北农牧区	4 434	5 205	6 233	6 922	8 666*	8 058*	8 970*
四川盆地农作区	6 185*	7 163*	7 498*	7 858*	7 555	7 689	7 680
西南中高原农林区	4 641	5 345	5 906	6 610	6 505	6 801	6 664
青藏高原农林区	3 809	3 771	3 966	4 825	4 820	5 504	5 381

注：* 表示该指标同年最高值。

我国水稻总产量增加地区比例呈现先增多后减少的趋势，但总体以增加为主，集中分布于东北平原山区农林区、西南中高原农林区和江南丘陵农林区西部。水稻总产量在 1985—2000

年期间，56.9%的县呈现不同程度增加，广泛分布于东北平原山区农林区、北部中低高原东部、西南中高原农林区、四川盆地农作区南部及东部、江南丘陵农林区西部和华南沿海农林渔区，其中 77.1%为高度增加区；34.3%的县呈现不同程度减少，主要分布于黄淮海平原农作区西部和山东半岛东部。水稻总产量在 2000—2015 年期间，34.9%的县不同程度增加，集中分布于东北平原山区农林区和长江中下游与沿海平原农作区，其中 72.2%为高度增加区；56.2%的县不同程度减少，分散分布于东北平原山区农林区和长江中下游与沿海平原农作区以外地区。总体来看，水稻总产量在 1985—2015 年期间，47.7%的县不同程度增加，广泛分布于东北平原山区农林区、北部中低高原东部、西南中高原农林区、江南丘陵农林区西部、长江中下游与沿海平原农作区和华南沿海农林渔区，其中 82.1%为高度增加区；46.0%的县不同程度减少，主要分布于黄淮海平原农作区及江南丘陵农林区东部(图 2-5)。

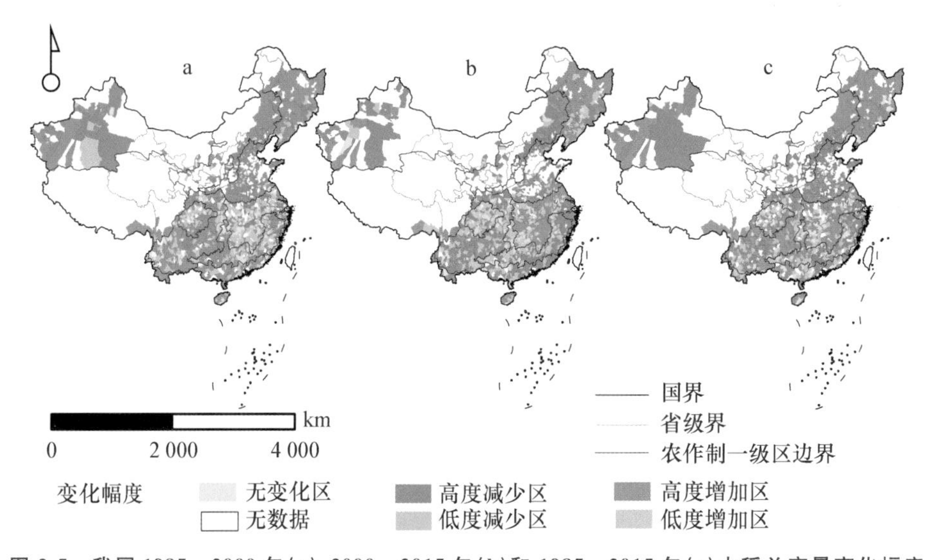

图 2-5 我国 1985—2000 年(a)、2000—2015 年(b)和 1985—2015 年(c)水稻总产量变化幅度

在不同时期内，我国水稻播种面积减少地区比例均高于增加地区。水稻播种面积在 1985—2000 年期间，61.5%的县呈现不同程度减少，广泛分布于处东北平原山区农林区以外各农作区，其中 60.6%为高度减少区，黄淮海平原农作区为主要的高度减少区；24.9%的县呈现不同程度增加，集中分布于我国东北平原山区农林区和北部中低高原农作区东部，其中 78%为高度增加区。水稻播种面积在 2000—2015 年期间，58.5%的县呈现不同程度减少，集中分布于江南丘陵农林区、四川盆地农作区、西南中高原农林区和华南沿海农林渔区，其中 75.8%为高度减少区；30.6%的县呈现不同程度增加，集中分布于我国东北平原山区农林区及长江中下游与沿海平原农作区，其中 67.3%为高度增加区。总体来看，水稻播种面积在 1985—2015 年期间，66.8%的县呈现不同程度减少，分散分布于黄淮海平原农作区、江南丘陵农林区、四川盆地农作区、西南中高原农林区、华南沿海农林渔区和长江中下游与沿海平原农作区沿海地区；26.3%的县呈现不同程度增加，主要分布于我国东北平原山区农林区，其中 79.1%为高度增加区(图 2-6)。

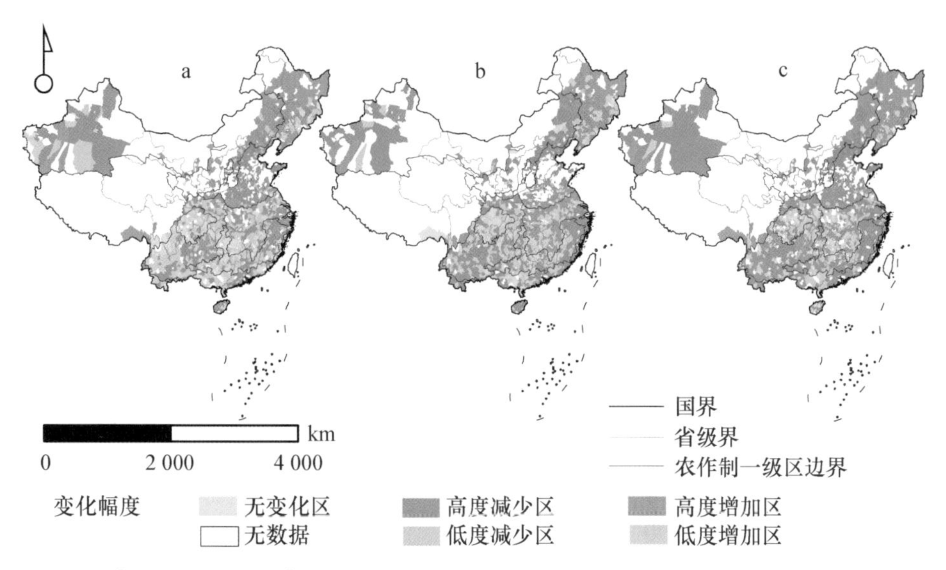

图 2-6　我国 1985—2000 年(a)、2000—2015 年(b)和 1985—2015 年(c)水稻面积变化幅度

在不同时期内，我国水稻单产增加区均高于减少区，但 1985—2000 年单产增加区比例高于 2000—2015 年。水稻单产在 1985—2000 年期间，86.8%的县不同程度增加，广泛分布于各农作区，其中 76.2%为高度增加区；仅 6.7%的县单产下降。2000—2015 年期间，50.1%的县单产增加，分散分布于东北平原山区农林区西部、北部中低高原东部、长江中下游与沿海平原农作区东部、江南沿海平原农作区东部和云南省。31.9%的县单产下降，分散分布于东北平原山区农林区东部、四川盆地农作区、长江中下游与沿海平原农作区西部、江南丘陵农林区西部和华南沿海农林渔区东部。1985—2015 年期间，82.4%的县水稻单产增加，广泛分布于各农作区，其中 81.7%为高度增加区；仅 5.3%的县单产下降，零星分布于各农作区(图 2-7)。

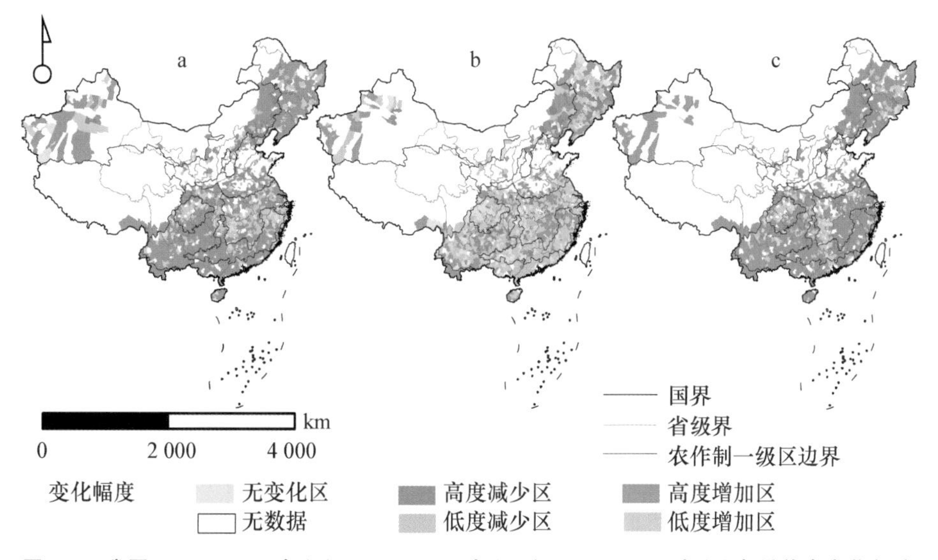

图 2-7　我国 1985—2000 年(a)、2000—2015 年(b)和 1985—2015 年(c)水稻单产变化幅度

我国水稻生产地理分布不均衡，生产重心在近 30 年发生了巨大的变化，总产量重心迁移距离略大于播种面积重心（图 2-8）。总产量重心由与湖南省、江西省交界的湖北省崇阳县北上，先后途经湖北省赤壁市、汉南区、黄陂区，直达与河南省交界的湖北省红安县，向东北方向移动 227 km，其中北移 217 km。播种面积重心由湖南省东北部平江县一直北上，途经湖北省东部的通城县、赤壁市、嘉鱼县、蔡甸区，直至湖北省黄陂区，向东北方向移动 223 km，其中北移 214 km。

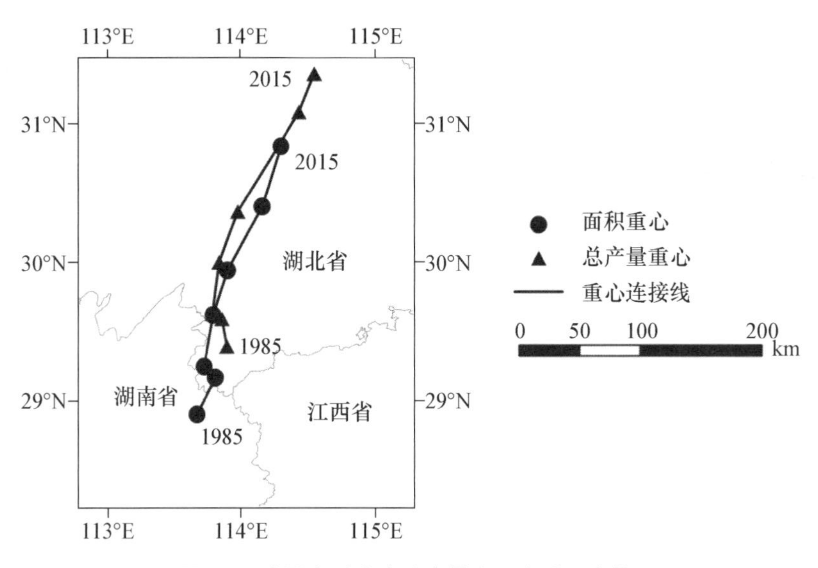

图 2-8　我国水稻生产总产量和面积重心变化

2.2.2　东北平原山区农林区水稻生产变化幅度和重心迁移

1985—2015 年期间，东北平原山区农林区水稻发展迅速，总产量、播种面积和单产均出现大幅度上升，分别为 74.7%、65.6%和 73.0%；总产量和单产经历两个时间段的连续上升，单产虽以增长为主，但后期增长比例较低。总产量在 1985—2000 年高度增加的比例最高，为 74.7%；2000—2015 年高度增加的比例仍为最高，为 55.7%，但高度减少的比例不低，为 24.0%；30 年间，总产量高度增加的比例最高，同为 74.7%，高度减少的比例达到 18.2%。播种面积在 1985—2000 年高度增加的比例最高，为 61.0%，高度减少的比例为 14.2%；2000—2015 年高度增加的比例仍为最高，为 48.0%，高度减少的比例达到 28.5%；30 年间，播种面积高度增加的比例最高，达到 65.6%，高度减少的比例为 20.8%。单产在 1985—2010 年高度增加的比例最高，为 72.5%；2000—2015 年高度增加的比例仍为最高，但骤降为 35.4%，低度增加的比例为 24.7%；30 年间，高度增加的比例最高，达到 73.0%（图 2-9）。

东北平原山区农林区水稻生产地理分布由不均衡变为均衡，最后仍然不均衡，生产重心向东偏北方向迁移较多，总产量重心迁移距离略小于面积重心（图 2-10）。总产量重心由吉林省双阳区，先后途经九台区、舒兰市、榆树市，直达黑龙江省的阿城区，向东北方向移动 244 km，其中北移 220 km。面积重心由吉林省永吉县迁至黑龙江省阿城区，共向东偏北迁移 242 km。东北平原山区农林区地理重心位于吉林省德惠市，其与生产重心的距离先缩短，后增长。

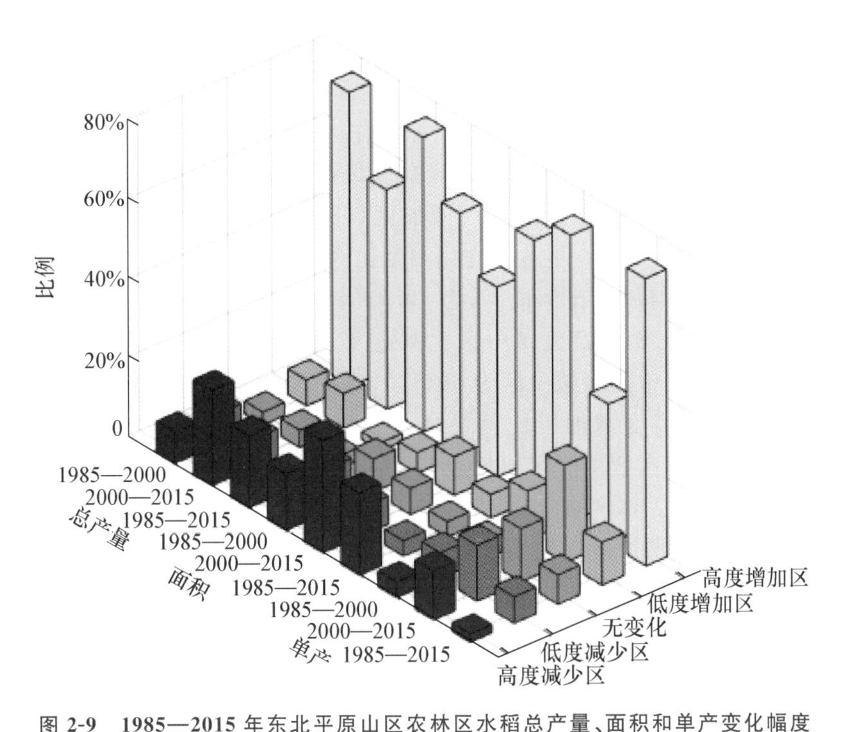

图 2-9　1985—2015 年东北平原山区农林区水稻总产量、面积和单产变化幅度

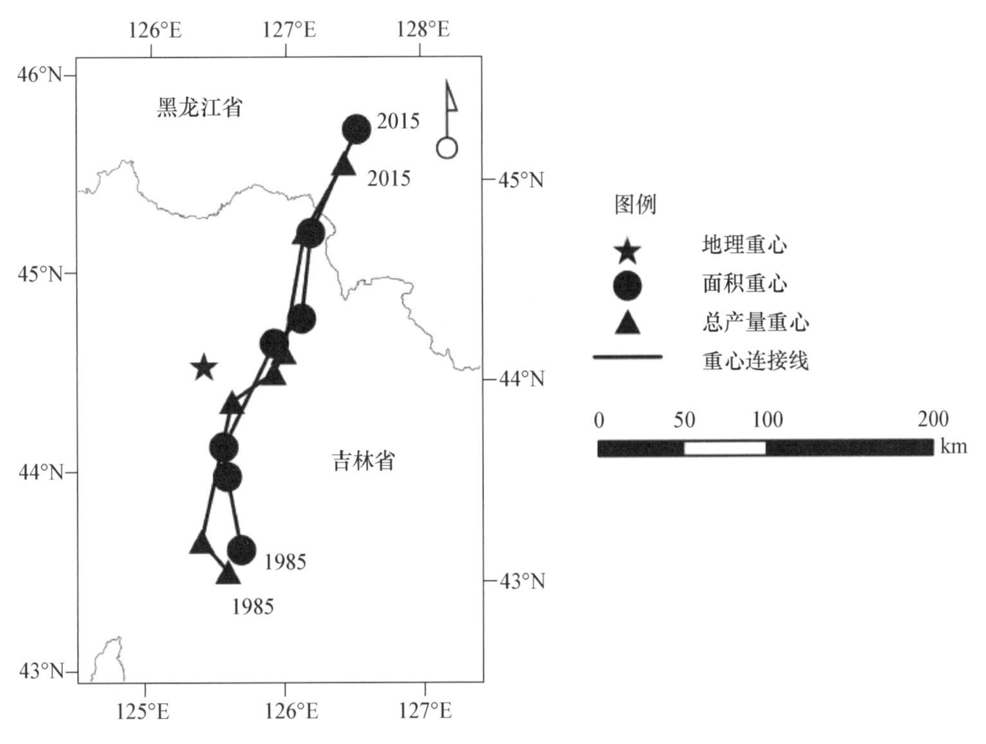

图 2-10　东北平原山区农林区水稻生产总产量和面积重心变化

2.2.3 长江中下游与沿海平原农作区水稻生产变化幅度和重心迁移

1985—2015 年期间，长江中下游与沿海平原农作区水稻种植经历较大调整。1985—2000 年水稻播种面积减少区较多(75%)导致总产量减少区范围略大于增加区范围，2000—2015 年面积增加区较多(33.8%)伴随高比例单产增加区(58.5%)导致的总产量增加区范围较大(图 2-11)。总产量在 1985—2000 年各级变化幅度比例均衡，均为 20%左右，但增加区少于减少区；2000—2015 年高度增加区比例最高，为 42.0%，但高度减少区占比 29.0%；30 年间，产量高度增加区比例达到 45.3%，高度减少区比例达 27.3%。播种面积在 1985—2000 年减少区比例较高，达 75.0%，其中高度减少区为 38.3%，低度减少区为 36.7%；2000—2015 年增加区比例高于减少区，其中高度增加区比例最高，为 33.8%，但高度减少区比例紧随其后，为 29.9%；30 年间，播种面积高度减少区比例最高，为 37.9%，高度增加区比例仅为 19.3%，减少区比例高于增加区比例。单产在 1985—2000 年增加区比例达到 87.6%，其中高度增加区为 50.2%；2000—2015 年增加区比例为 58.5%，低度增加区比例最高，为 37.5%；30 年间，水稻单产增加区比例为 90.2%，其中高度增加区为 68.4%。

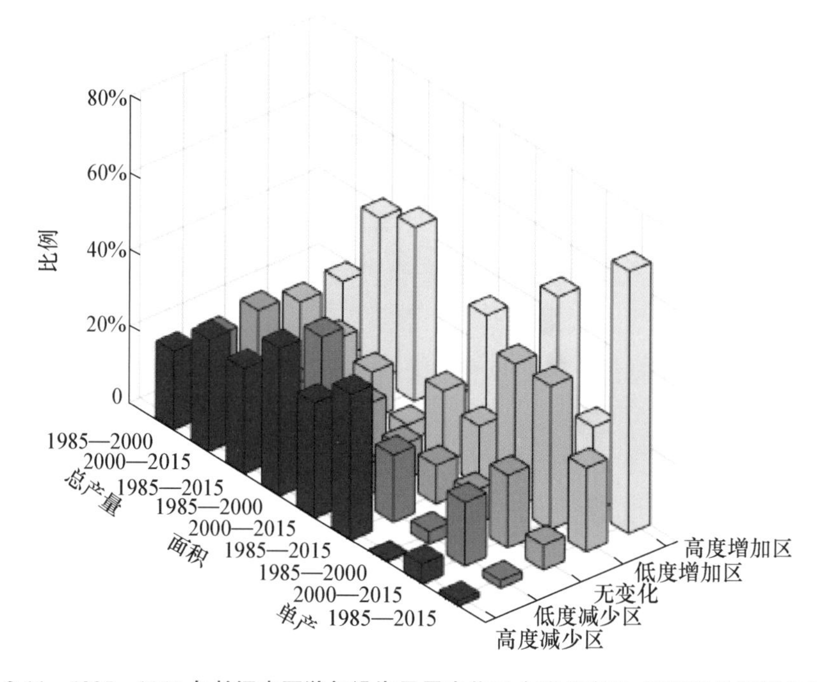

图 2-11 1985—2015 年长江中下游与沿海平原农作区水稻总产量、面积和单产变化幅度

长江中下游与沿海平原农作区生产重心较地理重心整体偏西，总产量重心在播种面积重心正北方，且生产重心一路向西迁移，总产量重心迁移距离小于面积重心(图 2-12)。总产量重心由与湖北省交界的安徽省宿松县，途经湖北省黄梅县，止于湖北省武穴市，共迁移 59 km，其中 2000—2005 年迁移距离最长。播种面积重心由江西省湖口县与庐山市交界处，途经九江市，直至瑞昌市，共迁移 75 km，其中 2000—2005 年迁移距离最长。长江中下游与沿海平原农作区地理重心位于江西省彭泽县，由于该区沿海地区水稻总产量和播种面积较少且在持续减少导致该区水稻生产分布不平衡，地理重心与生产重心的距离由近及远。

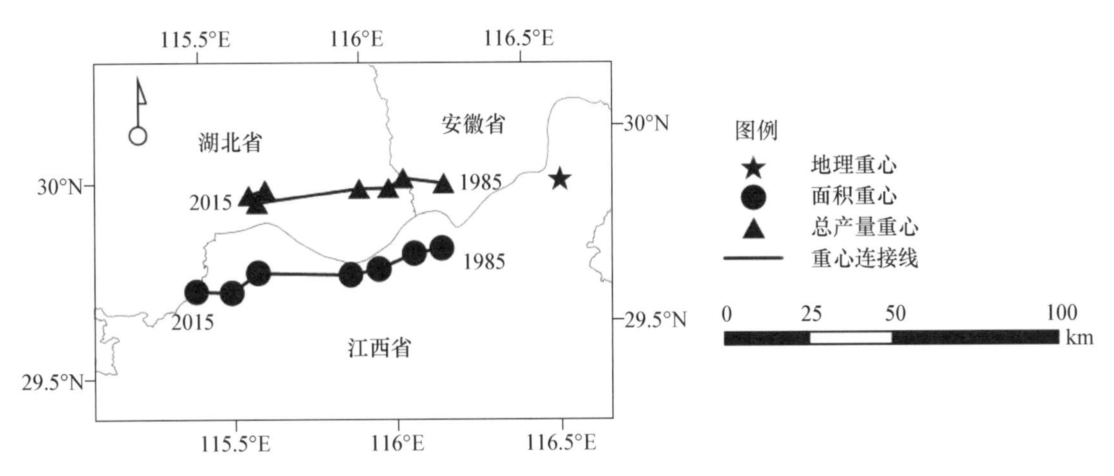

图 2-12　长江中下游与沿海平原农作区水稻生产总产量和面积重心变化

2.2.4　江南丘陵农林区水稻生产变化幅度和重心迁移

江南丘陵农林区在 1985—2000 年单产增加区较多(90.4%)而导致总产量增加区较多(62.1%),2000—2015 年播种面积减少区范围大(75.1%)且单产减少区较多(50.7%)导致总产量减少区比例达到 74.6%(图 2-13)。总产量在 1985—2000 年高度增加区比例最高,为 41.1%,低度增加区为 20.7%;2000—2015 年减少区比例为 74.6%,其中高度减少区为 40.5%;30 年间,总产量高度减少区比例最高,为 33.3%,高度减少区为 23.2%。播种面积在 1985—2000 年减少区比例为 65.2%,其中高度减少区为 31.8%,增加区比例仅为 11.5%;2000—2015 年减少区比例为 75.1%,其中高度减少区为 46.3%,增加区比例仅为 11.6%;30 年间,

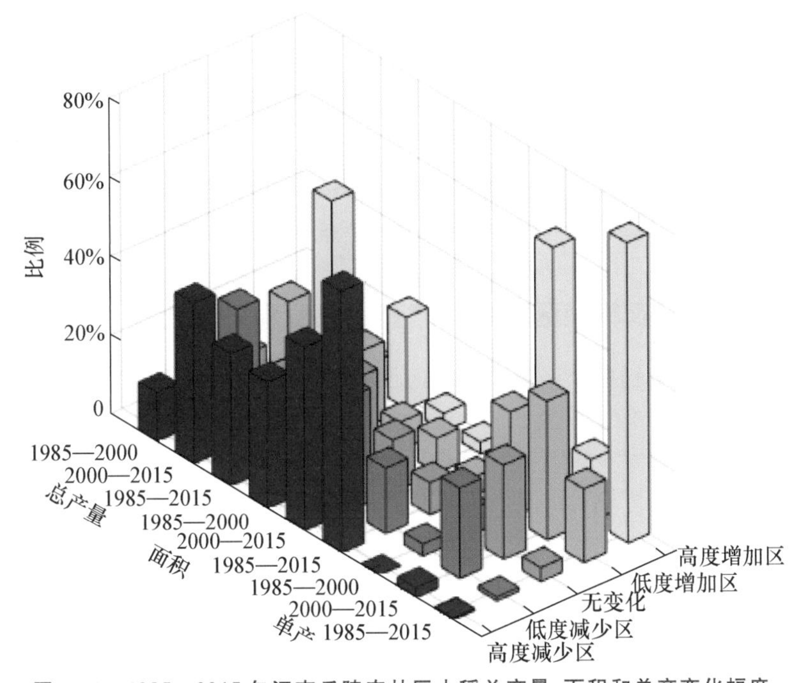

图 2-13　1985—2015 年江南丘陵农林区水稻总产量、面积和单产变化幅度

播种面积高度减少区比例最高，达到 66.2%，增加区仅为 9.0%。单产在 1985—2000 年高度增加区比例最高，为 63.6%，无高度减少区；2000—2015 年低度增加区比例最高，为 35.1%，无变化区和低度减少区比例分别为 23.9% 和 22.9%；30 年间，单产增加区比例为 94.9%，其中高度增加区比例为 76.3%。

江南丘陵农林区水稻总产量重心迁移距离远于播种面积重心，水稻地理分布由不均衡变均衡，最后仍为不均衡(图 2-14)。总产量重心由江西省泰和县向西北方向迁移，途经万安县、遂川县、井冈山市，直至湖南省炎陵县，共迁移 111 km，其中北移 98 km，且 1985—1990 年和 2000—2005 年迁移距离最长。播种面积重心由江西省万安县向西北方向迁移，途经遂川县、炎陵县，止于湖南省资兴市，共迁移 98 km，其中北移 88 km，2000—2005 年迁移距离最长。江南丘陵农林区地理重心位于江西省遂川县，该区东部为经济较为发达的浙江和福建两省，水稻总产量和播种面积较少且在持续减少导致该区生产重心向内陆迁移，地理重心与生产重心的距离先缩短后增长。

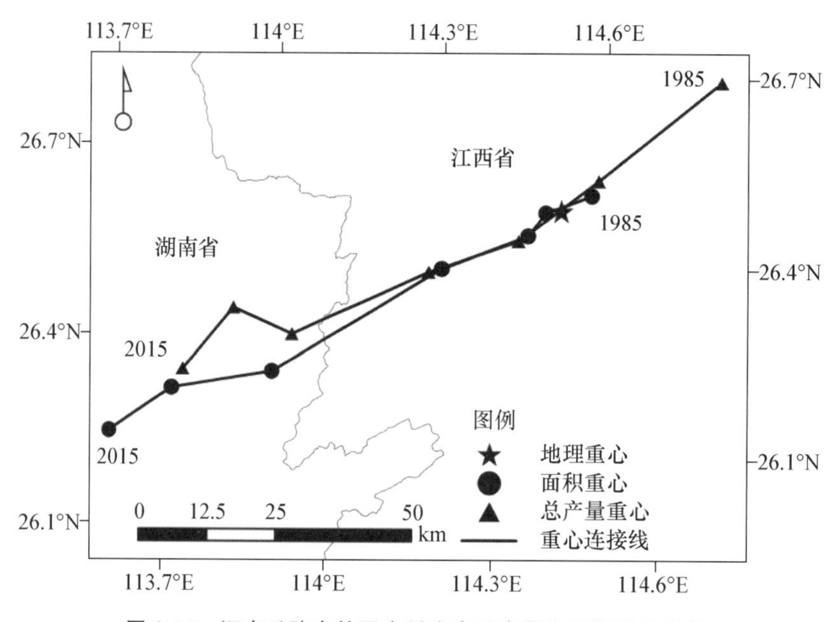

图 2-14　江南丘陵农林区水稻生产总产量和面积重心变化

2.2.5　华南沿海农林渔区水稻生产变化幅度和重心迁移

华南沿海农林渔区水稻种植经历 2 个时间段：1985—2000 年面积减少区较多(75.4%)但单产高度增加区比例近 90%，导致总产量高度增加区比例高(70.8%)，2000—2015 年面积(69.4%)和单产(52.9%)减少区范围均较广，导致总产量减少区比例达 71.5%(图 2-15)。总产量在 1985—2000 年高度增加区比例为 53.1%；2000—2015 年高度减少区为 54.9%；1985—2015 年期间，总产量高度增加区和高度减少区比例分别为 33.8% 和 35.4%。面积在 1985—2000 年减少区比例为 65.1%，其中高度减少区为 31.8%；2000—2015 年减少区比例为 55.1%，其中高度减少区为 46.3%；1985—2015 年期间，面积高度减少区比例最高，为 63.1%，增加区比例仅为 3.1%。单产在 1985—2000 年期间高度增加区比例为 86.9%，2000—2015 年期间低度减少区比例为 50.0%，1985—2015 年期间，单产高度增加区比例最高，为 79.4%。

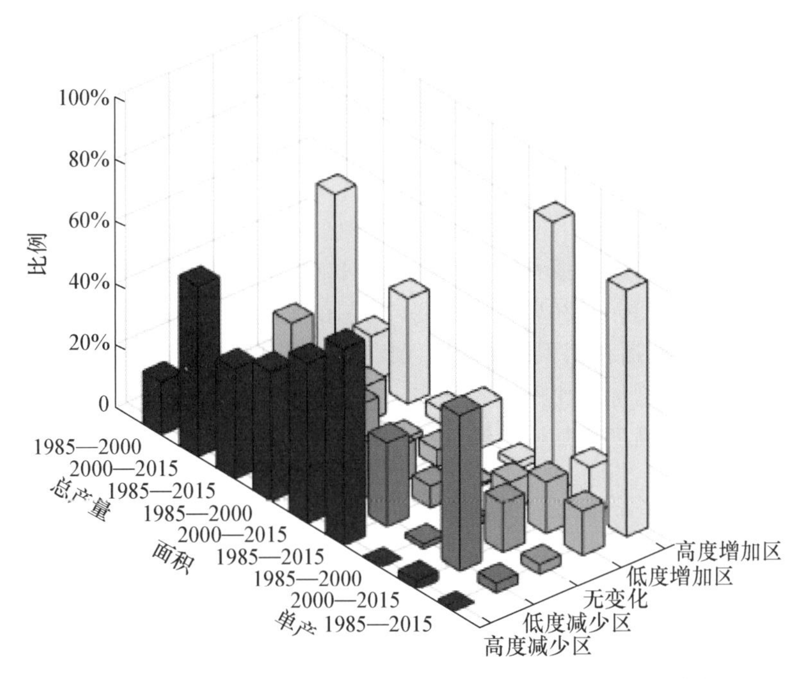

图 2-15　1985—2015 年华南沿海农林渔区水稻总产量、面积和单产变化幅度

华南沿海农林渔区生产重心整体偏西，总产量重心迁移距离远于面积重心（图 2-16）。总产量重心由广东省罗定市向西迁移，途经岑溪市，直至与广东省交界的广西壮族自治区容县，共迁移 104 km，其中 2000—2005 年和 2005—2010 年迁移距离最长。面积重心由广东省罗定市，途经广东省信宜市，止于广西壮族自治区容县，共迁移 58 km，其中 2000—2005 年迁移距离最长。华南沿海农林渔区地理重心位于广东省新兴县，其位于生产重心的东部，与 1985 年总产量重心相距 67 km，与生产重心中心距离由近及远。

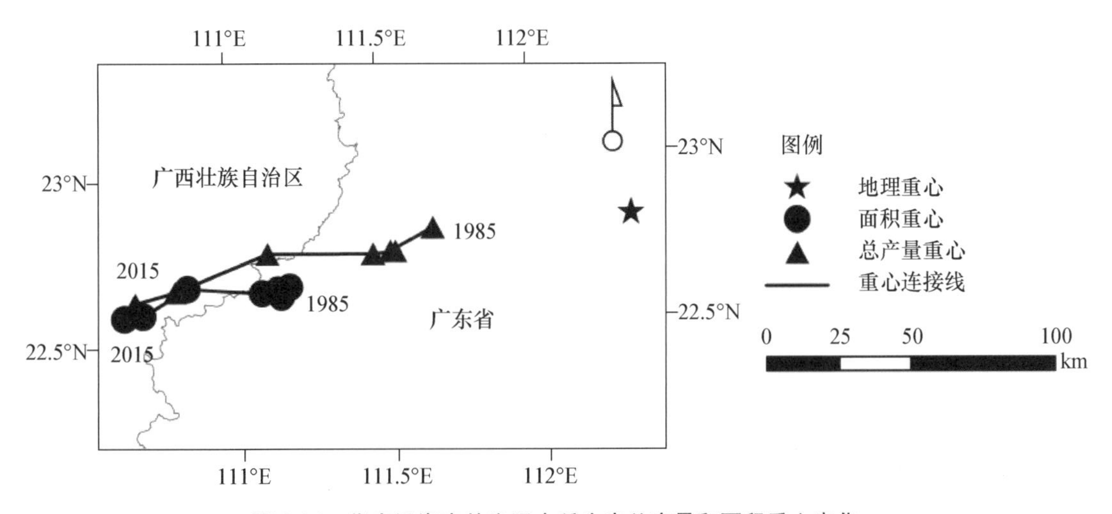

图 2-16　华南沿海农林渔区水稻生产总产量和面积重心变化

2.2.6 四川盆地农作区水稻生产变化幅度和重心迁移

四川盆地农作区水稻播种面积在较大范围内(43.1%)小幅度减少,在 1985—2000 年期间单产提升(94.0%),而面积缩减范围(54.7%)扩大,总产量随之相继发生较大范围的增加和减少(图 2-17)。总产量在 1985—2000 年增加区比例为 80.2%,其中高度增加区为 50.0%;2000—2015 年减少区比例为 58.6%,其中低度减少区为 32.0%;1985—2015 年期间,产量高度增加区比例最高,为 39.7%。播种面积在 1985—2000 年低度减少区比例最高,为 40.5%,无变化区比例为 39.6%;2000—2015 年低度减少区比例仍最高,为 32.8%,无变化区比例为 32%;1985—2015 年期间,播种面积低度减少区比例为 43.1%。单产在 1985—2000 年增加区比例为 94.0%,其中高度增加区比例为 67.2%;2000—2015 年无变化区比例最高,为 44.1%;1985—2015 年期间,单产高度增加区比例最高,为 57.8%。

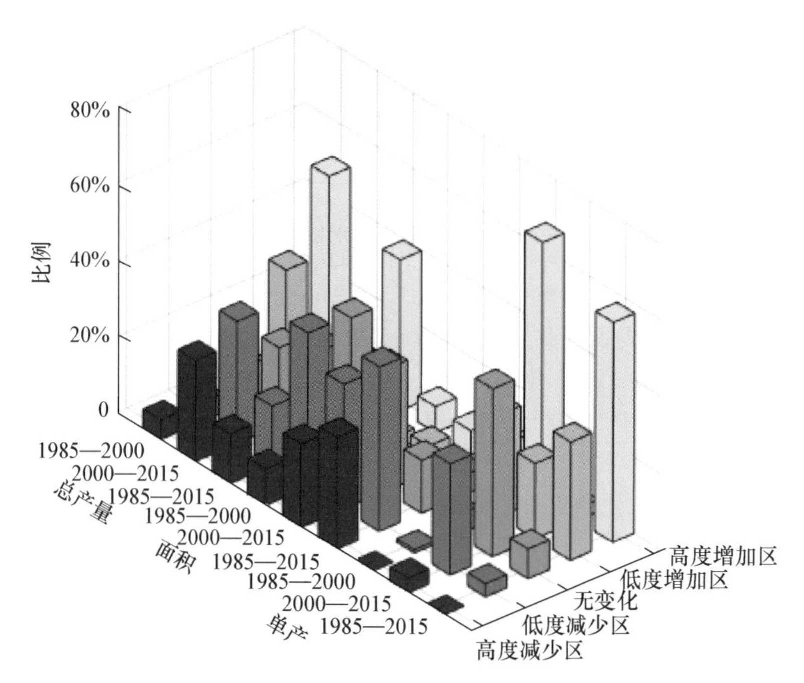

图 2-17 1985—2015 年四川盆地农作区水稻总产量、面积和单产变化幅度

四川盆地农作区重心迁移路线复杂,总产量重心迁移距离远于面积重心,但总产量重心总迁移路径长度短于面积重心,且水稻地理分布不均衡(图 2-18)。总产量重心由四川省安居区,途经重庆市潼南区,返回安居区,止于重庆市潼南区,共向正南方迁移 8 km,总迁移路径 41 km,其中 1990—1995 年和 1995—2000 年迁移距离最长。面积重心由安居区西迁至潼南区后回到安居区,共迁移 0.25 km,总迁移路径 45 km,其中 1990—1995 年和 1995—2000 年迁移距离最长。四川盆地农作区地理重心位于安居区,在生产重心的西边。

2.2.7 西南中高原农林区水稻生产变化幅度和重心迁移

西南中高原农林区水稻生产经历 2 个阶段:1985—2000 年面积大范围降低(59.7%)但单产大范围上升(92.7%)导致大范围(71.0%)增产,2000—2015 年在更大范围的面积降低(63.9%)和较大范围单产降低(39.9%)导致 59.5%的县减产(图 2-19)。总产量在 1985—

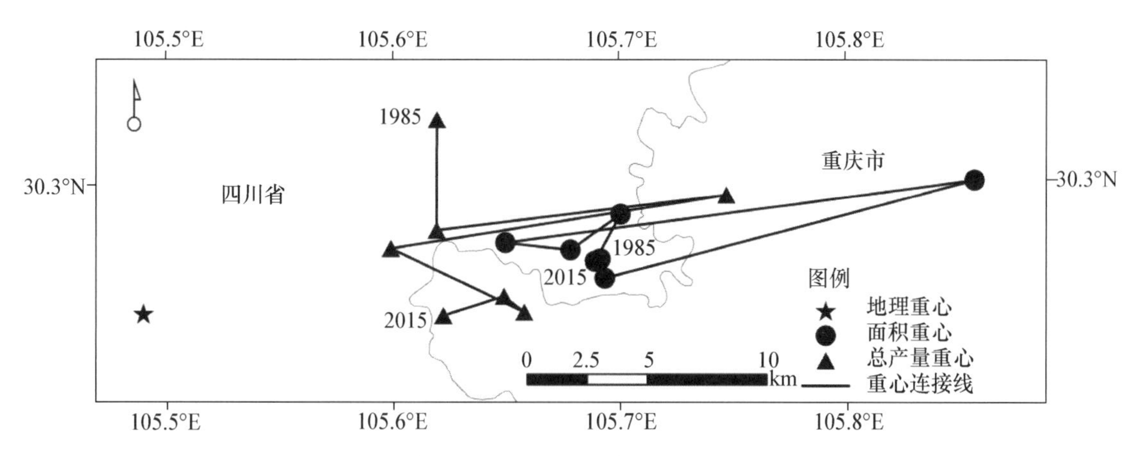

图 2-18　四川盆地农作区水稻生产总产量和面积重心变化

2000 年增加区比例为 71.0%，其中高度增加区为 57.9%；2000—2015 年总产量减少区比例为 59.5%，其中高度减少区为 42.9%；30 年间，高度增加区比例最高，为 45.5%，高度减少区比例为 30.0%。面积在 1985—2000 年减少区比例为 59.6%，其中低度减少区比例为 34.1%；在 2000—2015 年减少区比例为 63.8%，其中高度减少区比例为 41.2%；30 年间，高度减少区比例最高，为 50.3%，高度增加区仅为 19.7%。单产在 1985—2000 年高度增加区比例最高，为 78.2%；2000—2015 年增加区比例与减少区比例相近，分别为 39.9%和 41.6%；30 年间，高度增加区比例为 77.5%。

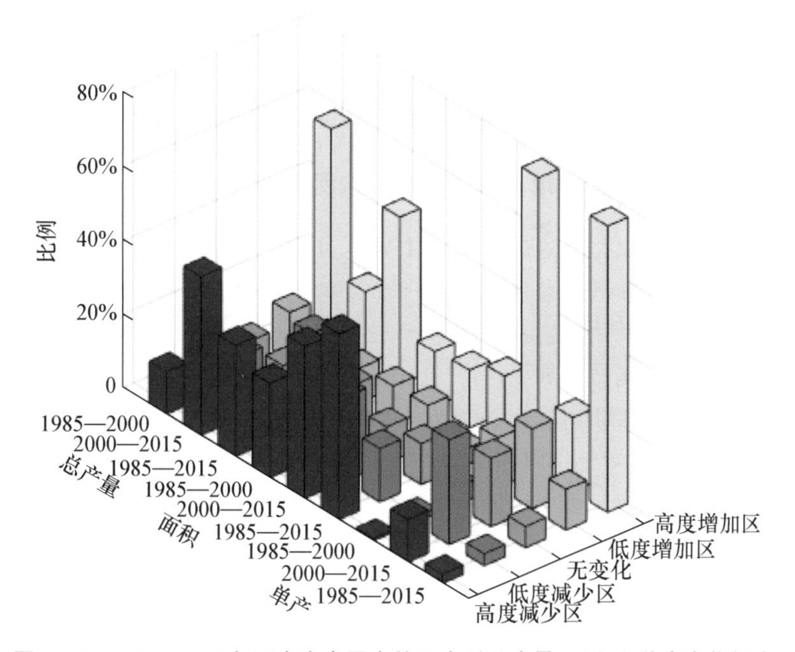

图 2-19　1985—2015 年西南中高原农林区水稻总产量、面积和单产变化幅度

西南中高原农林区重心迁移路线复杂，总产量重心迁移距离比面积重心近，但总产量重心总迁移路径长度长于面积重心，且 2015 年水稻地理分布最均衡(图 2-20)。总产量重心由贵州省大方县，途经仁怀市，回到大方县，最后止于七星关区，共向北偏西方向迁移 13 km，总迁移

路径 211 km,其中 2000—2005 年和 2005—2010 年迁移距离最长。面积重心由大方县,迁至仁怀市,止于大方县,共向北偏东方向迁移 42 km,总迁移路径 178 km,其中 2000—2005 年和 2005—2010 年迁移距离最长。西南中高原农林区地理重心位于四川、云南、贵州三地交界处的叙永县,在生产重心的西北方向;其与 2015 年总产量和面积重心最近。

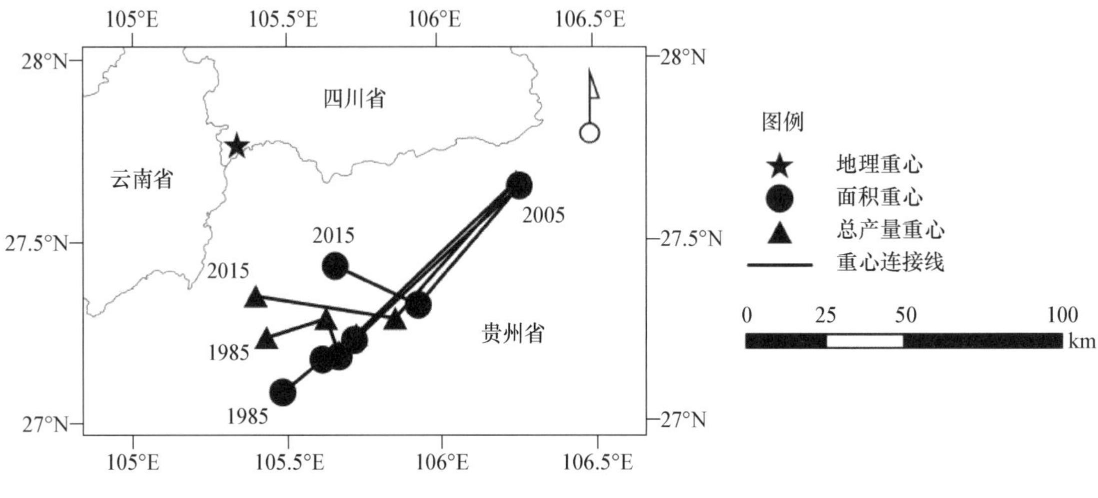

图 2-20 西南中高原农林区水稻生产总产量和面积重心变化

2.3 我国水稻产量贡献因素分析

2.3.1 全国水稻面积和单产对总产量的贡献率

我国水稻总产量的贡献类型逐步由单产主导转为面积主导(图 2-21)。水稻种植县级行政单元中,面积绝对主导和面积主导比例由 1985—1990 年的 23.7%增加至 2000—2005 年的 62%后下降至 51.2%,单产绝对主导和单产主导比例由 1985—1990 年的 62.9%下降至 2000—2005 年的 27.8%,随后增加至 40.8%,互作绝对主导和互作主导比例常年低于 15%。1995 年之前,单产绝对主导和单产主导县数多于面积绝对主导和面积主导县数,1995 年之后则表现为相反的态势,但未来一段时间总单产主导比例可能超过总面积主导比例。

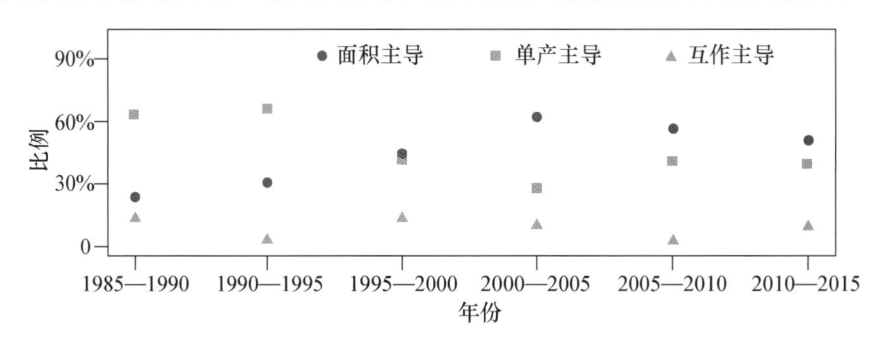

图 2-21 全国不同产量贡献率主导类型县数比例

1985—1995年的10年间，单产为主导因素的县数占58.2%(914个)，其中有686个县为单产绝对主导型，分布于华南双季稻区大部分地区、华中双单季稻区北部和南部、西南单双季稻区东部等(图2-22a)。1995—2015年的20年间，面积为主导因素的县数占53.1%(965个)，其中709个县为面积绝对主导型，广泛分布于东北稻作区中部及东部、华南稻作区中部地区、华中及华南稻作区沿海(图2-22b)。1985—2015年的30年间，35.3%(690个)的县数单产为主导因素，33.4%(652个)的县数面积为主导因素，31.3%(611个)的县数互作为主导因素，单产和面积主导地区错落分布于东北及广大南方稻区，互作主导地区集中分布于华北及西北单季稻区(图2-22c)。

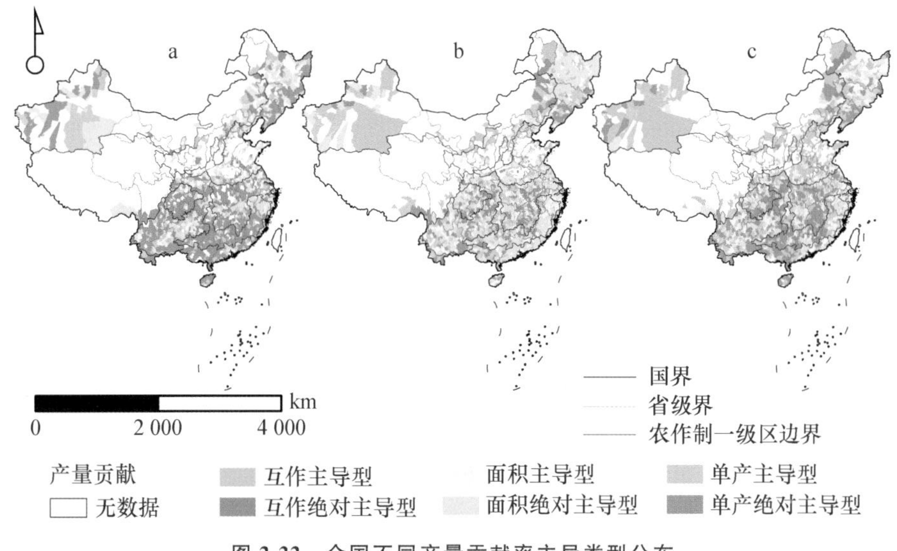

图2-22　全国不同产量贡献率主导类型分布

2.3.2　各农作区水稻面积和单产对总产量的贡献率

东北平原山区农林区贡献率经过3个阶段的变化(图2-23)。东北平原山区农林区水稻总产量变化由面积主导和面积绝对主导的县数比例由1985—1990年的58.3%(面积绝对主导达42.9%)下降至1995—2000年的29.6%，后涨至2005—2010年的63.8%(面积绝对主导达45.7%)，随后仍有略微下降；单产主导和单产绝对主导的水稻总产量变化的县数比例由1985—1990年的33.3%上升至1990—1995年的58.8%(单产绝对主导达43.1%)，后降至1995—2000年的29.2%，随后缓慢上升至2010—2015年的43.3%(单产绝对主导为29%)；互作主导和互作绝对主导贡献率均低于15%，但1995—2000年达到41.2%。1985—1990年为面积主导期；1990—2000年为面积和单产同步增长，但单产贡献大于面积贡献，1995—2000年期间，面积和单产变化剧烈，互作贡献率超过面积或单产贡献率。2000年后，面积贡献率再次超过单产贡献率和互作贡献率，成为主导东北平原山区农林区水稻总产量的主要贡献因素；但在2010年后，面积贡献率开始下降，并在未来一段时间内，单产贡献率将超过面积贡献率。

长江中下游与沿海平原农作区贡献率经过了2个阶段的变化(图2-24)。长江中下游与沿海平原农作区由面积主导和面积绝对主导的水稻总产量变化的县数比例由1985—1990年的21.2%上升至2000—2005年的73.5%(面积绝对主导达59.1%)后降至52.0%(面积绝对主

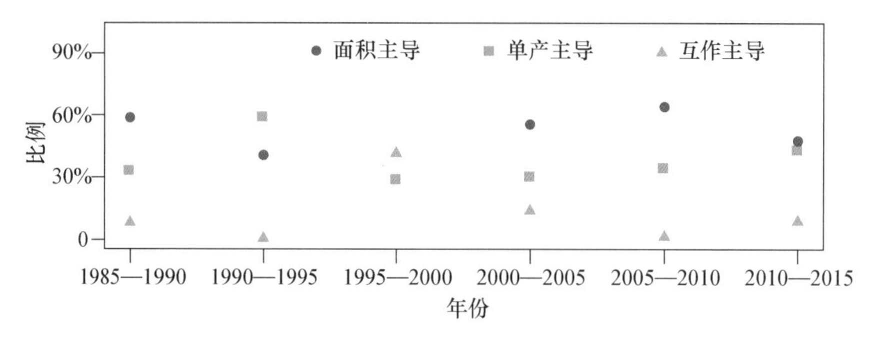

图 2-23　东北平原山区农林区不同产量贡献率主导类型县数比例

导达 39%)左右;单产主导和单产绝对主导的水稻总产量变化的县数比例由 1985—1990 年的 73.6%(单产绝对主导达 63.3%)下降至 2000—2005 年的 21.0%,随后略升至 45%左右;互作贡献范围均低于 6%,但 1995—2000 年达到 27.6%。1985—2005 年间,面积贡献上升而单产贡献下降,并在 1995 年左右面积主导范围大于单产,随后面积一直占主导地位。

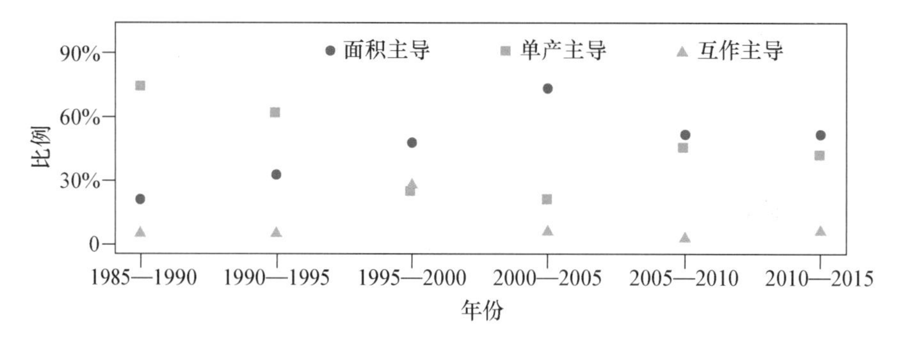

图 2-24　长江中下游与沿海平原农作区不同产量贡献率主导类型县数比例

江南丘陵山地平原农作区贡献主导因素经历了 2 个阶段的变化(图 2-25)。江南丘陵山地平原农作区由面积主导和面积绝对主导的水稻总产量变化的县数比例由 1985—1990 年的 20.5%上升至 2000—2005 年的 72.4%(面积绝对主导达 51.9%)后降至 49.8%,单产主导和单产绝对主导的水稻总产量变化的县数比例由 1990—1995 年的 77.0%(单产绝对主导达 68.8%)下降至 2000—2005 年的 20.0%后升至 46.4%,互作贡献范围均低于 8%。1985—1995 年间,单产主导贡献范围大于面积主导贡献范围,之后则面积主导范围大于单产主导贡献范围,但近 10 年来面积主导贡献范围与单产主导贡献范围相当。

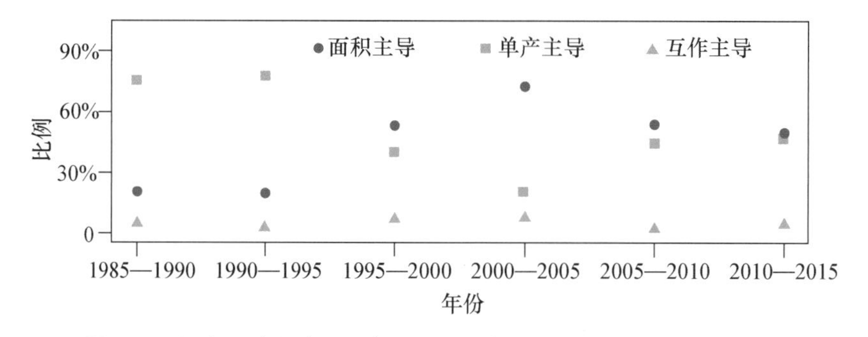

图 2-25　江南丘陵山地平原农作区不同产量贡献率主导类型县数比例

华南沿海农林渔区贡献主导因素经历了3个阶段更替(图2-26)。华南沿海农林渔区由面积主导和面积绝对主导的水稻总产量变化的县数比例由1985—1990年的1.5%上升至2000—2005年的69.8%(面积绝对主导达52.3%)后降至40.0%,单产主导和单产绝对主导的水稻产量变化的县数比例由1985—1990年的88.0%(单产绝对主导达84%)持续下降至2000—2005年的20.8%后升至57.2%(单产绝地主导为33.8%),互作主导和互作绝对主导的比例基本不超过10%。1985—1995年单产主导范围高于面积主导范围,1995—2010年面积主导范围高于单产主导范围,2010—2015年则单产主导范围再次大于面积主导范围。

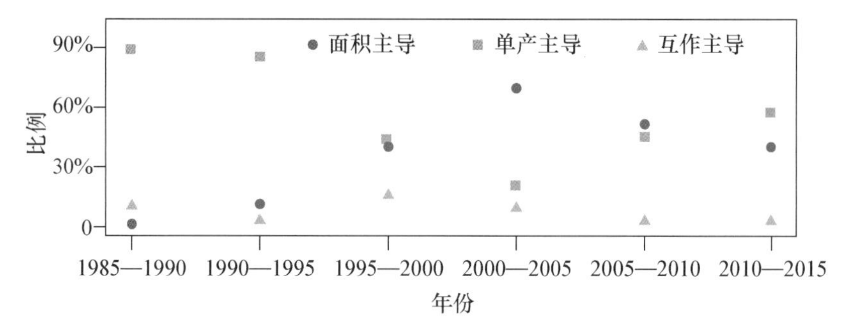

图2-26 华南沿海农林渔区不同产量贡献率主导类型县数比例

四川盆地农作区经历了2个阶段的变化(图2-27)。四川盆地农作区由面积主导和面积绝对主导的水稻总产量变化的县数比例由1985—1990年的0上升至2000—2005年的53.9%,单产主导和单产绝对主导的水稻总产量变化的县数比例由1985—1990年的97.4%(单产绝对主导达95.7%)下降至2000—2005年的42.2%,随后面积和单产主导范围在50%上下浮动,而互作贡献范围基本不超过10%。1985—2000年单产主导范围大于面积主导范围,2000年后,单产主导范围与面积主导范围相当,趋于平衡。

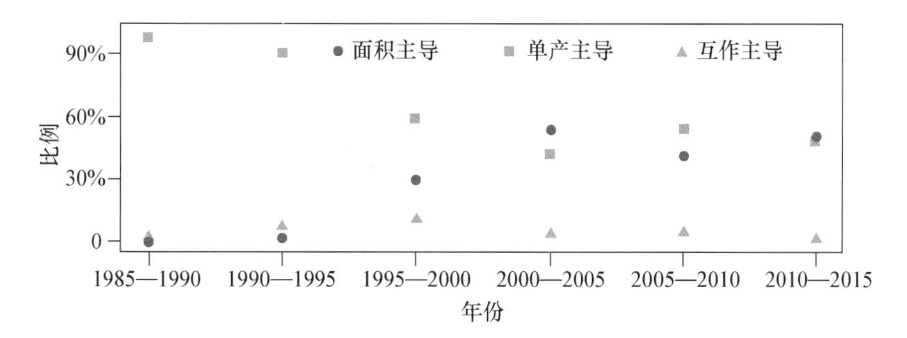

图2-27 四川盆地农作区不同产量贡献率主导类型县数比例

西南中高原农林区可分为2个变化阶段(图2-28)。西南中高原农林区面积主导和面积绝对主导的水稻总产量变化的县数比例由1985—1990年的4.1%上升至2000—2005年的52.1%(面积绝对主导为34.7%),单产主导和单产绝对主导的水稻总产量变化的县数比例由1985—1990年的94.8%(单产绝对主导达83.1%)下降至2000—2005年的41.2%,随后面积和单产主导范围在50%上下浮动,而互作范围基本不超过7%,但在1995—2000年达到20.3%。1985—2000年,为单产主导范围大于面积主导范围时期,2000年后,单产主导范围与面积主导范围相当,趋于平衡,但在1995—2000年,面积和单产均发生较大变化导致互作主导范围较大。

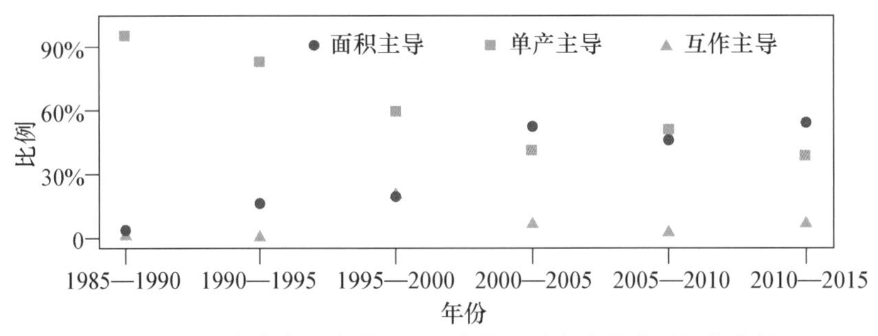

图 2-28 西南中高原农林区不同产量贡献率主导类型县数比例

2.3.3 我国不同种植制度水稻贡献率

早稻和双季晚稻分布于长江中下游与沿海平原农作区、江南丘陵农林区和华南沿海农林渔区，中稻和一季晚稻分布与全国水稻分布大致相同(图 2-29)。长江中下游与沿海平原农作区中湖南东部和江西、华南沿海农林渔区广东南部和广西东部是我国双季稻分布最集中的区域。内陆地区湖北东部和沿海一线，包括江苏、浙江、福建和广东双季稻播种面积下降。东北

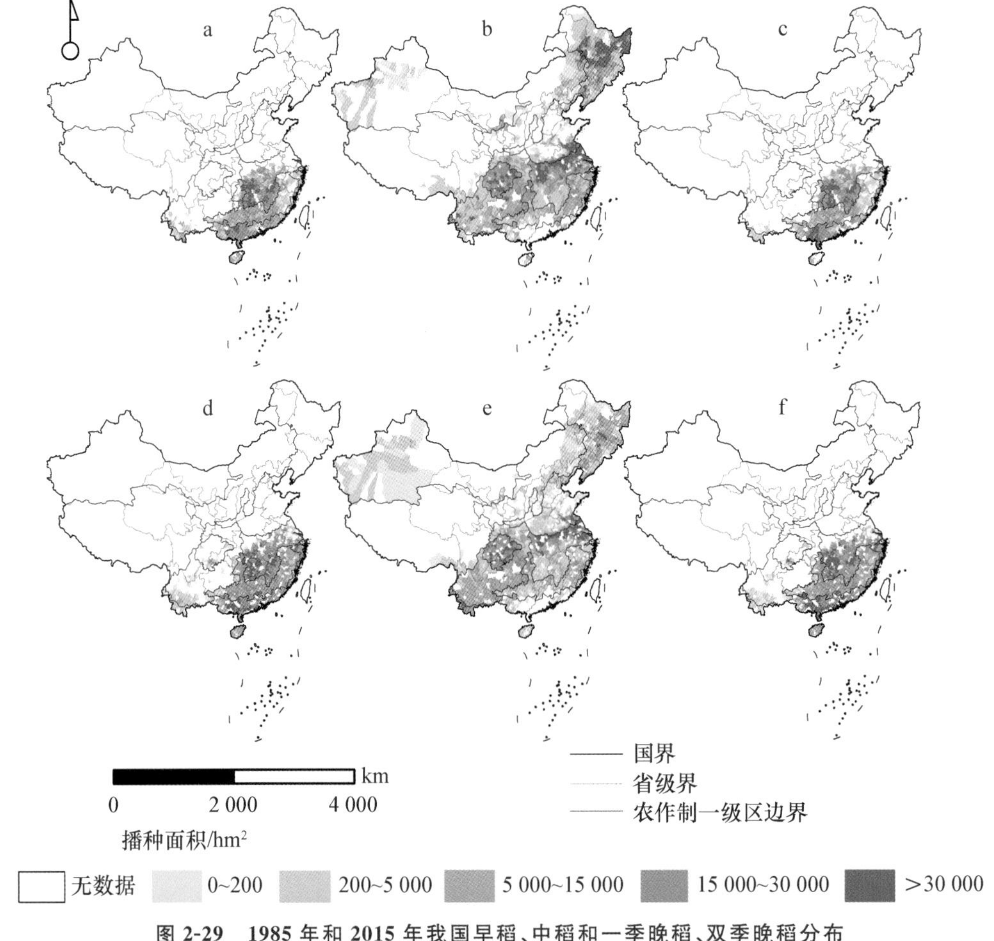

图 2-29 1985 年和 2015 年我国早稻、中稻和一季晚稻、双季晚稻分布

(a、b 和 c 分别为 2015 年早稻、中稻和一季晚稻及双季晚稻分布；d、e 和 f 分别为 1985 年早稻、中稻和一季晚稻及双季晚稻分布)

平原山区农林区、长江中下游与沿海平原农作区、四川盆地农作区是我国单季稻分布最集中的区域，其中东北平原山区农林区、湖北中部、安徽中部、江苏单季稻扩增明显，四川盆地农作区长期种植单季稻。同时，华南沿海农林渔区单季稻极少，云南中部单季稻增多。

我国早稻和双季晚稻播种面积缩减范围较大，中稻和一季晚稻播种面积增加地区多于缩减地区(图 2-30)。51.5％和 51.3％的双季稻区早稻和双季晚稻播种面积不同程度缩减(变化速率小于－50 hm^2/年)，早稻仅在湖南和江西两湖地区略有上升，双季晚稻面积增加区域集中在湖南中部和江西中部。早稻和双季晚稻面积缩减较剧烈区域分布于浙江、福建和广东沿海一线，内陆地区湖北中部、安徽中部、湖南东部缩减幅度也较大。31.7％和 17.5％的水稻种植区中稻和一季晚稻面积上升或下降，上升区域集中于东北平原山区农林区三江平原和松嫩平原以及长江中下游沿海平原北部和东部、江南丘陵农林区东部沿海，减少地区集中分布于四川盆地农作区和云南省。黄淮海平原农作区、北部中低高原农作区和西北农牧区中稻和一季晚稻面积变化不明显，主要由于该区水稻面积基数小。

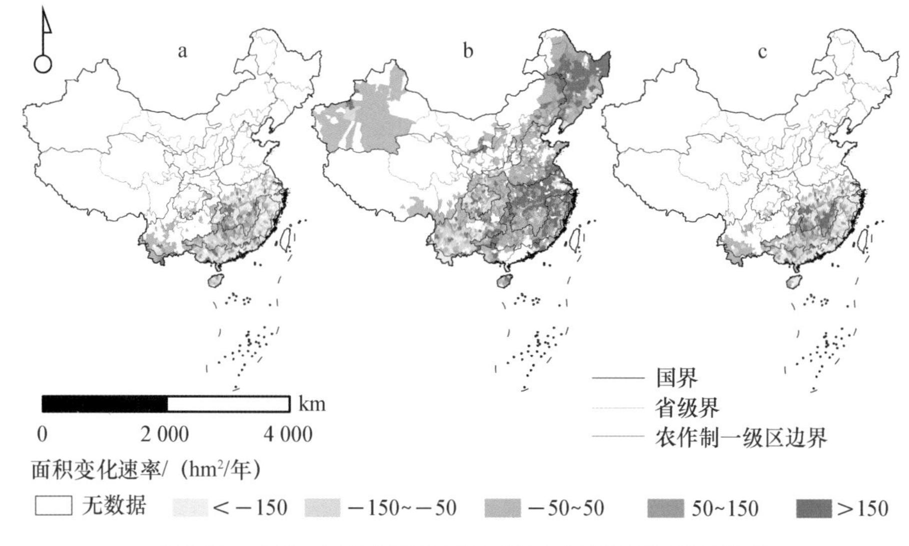

图 2-30　1985—2015 年我国不同播期水稻播种面积变化速率

(a、b 和 c 分别表示 1985—2015 年早稻、中稻和一季晚稻及双季晚稻面积变化速率)

我国双季稻总产量和面积比例均下降，但双季晚稻下降幅度低于早稻(表 2-2 和表 2-3)。早稻和双季晚稻总产量比例分别下降 10.26％和 8.69％，且双季晚稻总产量在 1990 年比例略有上升；面积分别下降 8.27％和 7.75％，且双季稻面积在 1990 年比例略有上升。

表 2-2　我国各农作区早稻总产量和面积比例

农作区	总产量比例/％				面积比例/％			
	1985 年	1990 年	2010 年	2015 年	1985 年	1990 年	2010 年	2015 年
长江中下游与沿海平原农作区	31.84	30.74	21.05	21.37	33.66	32.62	26.14	25.52
江南丘陵农林区	40.52	41.79	30.14	30.11	39.73	39.91	32.48	31.42
华南沿海农林渔区	44.99	45.44	44.07	42.55	38.94	41.88	42.48	40.57
北部中低高原农牧区	2.06	6.14	0.83	0.97	2.09	6.02	1.43	1.30
四川盆地农作区	1.61	1.31	0.05	0.01	2.19	1.65	0.07	0.02
西南中高原农林区	2.95	2.85	2.05	1.18	2.56	2.44	2.12	1.13
总计	26.67	25.72	16.74	16.41	27.55	27.09	20.63	19.28

我国主要的双季稻区为长江中下游与沿海平原农作区、江南丘陵农林区和华南沿海农林渔区，其双季稻总产量和播种面积在该区所占比例较大，但长江中下游与沿海平原农作区和江南丘陵农林区早稻总产量和面积比例在1985—2015年下降幅度均超过10%，双季晚稻的总产量和面积比例下降稍小，为7.5%～9%，而华南沿海农林渔区早稻和双季晚稻总产量比例下降约2.5%，但面积比例却上升约1.7%，且早稻比例均大多高于双季晚稻比例。

北部中低高原农作区、四川盆地农作区以及西南中高原农林区双季稻种植比例较低，总产量和面积大部分均低于3%。北部中低高原农作区为北方稻区，且双季稻播种面积绝对值最高，仅3 261 hm^2，集中分布于河西走廊一带；该农作区双季稻总产量和面积比例均在缩减，但早稻比例高于双季晚稻；四川盆地农作区以及西南中高原农林区以单季稻为主，双季稻为辅，虽然双季稻占比较小，但绝对值确是北部中低高原农牧区的100倍；以上三农作区总产量和面积比例缩减显著，但早稻比例高于双季晚稻。

表2-3　我国各农作区双季晚稻总产量和面积比例

农作区	总产量比例/%				面积比例/%			
	1985年	1990年	2010年	2015年	1985年	1990年	2010年	2015年
长江中下游与沿海平原农作区	34.17	34.59	28.29	26.38	31.39	31.32	26.40	24.55
江南丘陵农林区	38.78	40.20	31.24	29.76	37.84	37.69	30.22	28.31
华南沿海农林渔区	41.68	43.82	40.64	39.15	36.30	42.77	40.24	38.06
北部中低高原农牧区	1.76	0.00	0.01	0.34	1.26	0.00	0.01	0.35
四川盆地农作区	2.12	1.59	0.07	0.01	1.41	1.05	0.07	0.01
西南中高原农林区	1.47	1.36	0.57	0.54	1.23	1.32	0.46	0.50
总计	27.95	28.19	21.11	19.26	24.93	24.97	18.73	17.22

全国各稻作区均种植中稻和一季晚稻，且我国中稻和一季晚稻总产量和面积比例均上升，总产量比例由1985年的40.70%上升至2015年的59.83%，面积比例由1985年的36.77%上升至2015年的54.69%，涨幅近20%（表2-4）。

表2-4　我国各农作区中稻和一季晚稻总产量和面积比例

农作区	总产量比例/%				面积比例/%			
	1985年	1990年	2010年	2015年	1985年	1990年	2010年	2015年
东北平原山区农林区	100	100	100	100	100	100	100	100
黄淮海平原农作区	100	100	100	100	100	100	100	100
长江中下游与沿海平原农作区	29.58	32.24	46.79	46.17	24.94	27.08	40.14	40.37
江南丘陵农林区	15.99	17.14	36.96	36.75	15.59	16.45	33.50	33.88
华南沿海农林渔区	4.43	4.68	9.31	8.82	6.52	7.09	10.57	9.49
北部中低高原农牧区	95.03	93.86	99.16	99.66	94.42	93.98	98.55	99.67
西北农牧区	100	100	100	100	100	100	100	100
四川盆地农作区	87.36	87.90	93.09	93.16	86.79	87.83	93.20	93.26
西南中高原农林区	84.95	86.62	83.52	84.50	84.89	85.98	82.13	83.31
青藏高原农林区	100	100	100	100	100	100	100	100
总计	40.70	43.66	59.45	59.83	36.77	39.08	53.17	54.69

东北平原山区农林区、黄淮海平原农作区、西北农牧区和青藏高原农林区只种植中稻和一季晚稻。北部中高原农作区、四川盆地农作区和西南中高原农林区主要种植中稻和一季晚稻，80%以上的总产量和面积由中稻和一季晚稻构成，其中北部中高原农作区和四川盆地农作区总产量和面积比例上升约5%和7%，西南中高原农林区总产量和面积比例变幅不大。

长江中下游与沿海平原农作区、江南丘陵农林区和华南沿海农林渔区的中稻和一季晚稻总产量和面积比例低于双季稻，但中稻和一季晚稻在3个农作区中比例趋重，长江中下游与沿海平原农作区、江南丘陵农林区和华南沿海农林渔区的中稻和一季晚稻总产量和面积比例分别上升15%～16%、18%～20%和3%～4%。

全国各农作区均有单季稻分布，1985—2015年我国单季稻总产量和面积在全国水稻总产量和面积的比例上升20%以上，总产量比例由23.28%上升至46.55%，面积比例由21.17%上升至41.78%(表2-5)。我国单季稻总产量最高的农作区由四川盆地农作区先后转变为长江中下游与沿海平原农作区和东北平原山区农林区，面积最高的农作区由四川盆地转变为东北平原山区农林区。

单季稻总产量和面积比例上升的农作区包括东北平原山区农林区、长江中下游与沿海平原农作区、江南丘陵农林区和北部中低高原农作区。东北平原山区农林区和长江中下游与沿海平原农作区单季稻总产量和面积比例分别上升了约10%和9%，成为我国单季稻分布最广的两个农作区。江南丘陵农林区和北部中低高原农作区总产量和面积比例上升幅度约1%，但江南丘陵农林区单季稻分布面积远远多于北部中低高原农作区。

单季稻总产量和面积比例下降的农作区包括黄淮海平原农作区、华南沿海农林渔区、四川盆地农作区、西南中高原农林区和青藏高原农林区。其中黄淮海平原农作区、四川盆地农作区和西南中高原农林区单季稻总产量和面积比例较大，均高于10%，其总产量和面积比例分别下降4%～5%、8%～11%和7%～9%。华南沿海农林渔区单季稻部分相对较少，青藏高原农林区单季稻总产量和面积比例不足0.1%。

表2-5　全国各农作区单季稻总产量和面积比例

农作区	总产量比例/%				面积比例/%			
	1985年	1990年	2010年	2015年	1985年	1990年	2010年	2015年
东北平原山区农林区	16.87	17.07	25.15	27.69	17.91	18.58	25.40	28.41
黄淮海平原农作区	16.74	15.58	13.06	12.15	16.05	15.44	12.74	11.47
长江中下游与沿海平原农作区	17.21	25.44	26.31	26.41	15.22	22.70	24.15	23.98
江南丘陵农林区	0.00	0.14	0.95	1.09	0.00	0.20	1.19	1.29
华南沿海农林渔区	0.49	0.29	0.26	0.29	0.76	0.37	0.35	0.38
北部中低高原农牧区	0.62	0.93	2.00	1.69	0.80	1.34	1.97	1.94
西北农牧区	1.35	1.26	1.70	1.62	1.26	1.25	1.59	1.48
四川盆地农作区	29.31	25.17	19.29	18.47	26.43	22.89	19.84	18.54
西南中高原农林区	17.34	14.08	11.26	10.55	21.47	17.17	12.73	12.45
青藏高原农林区	0.06	0.04	0.03	0.04	0.09	0.07	0.05	0.06
单季稻比例	23.28	30.20	45.04	46.55	21.17	26.29	39.16	41.78

2.4 水稻生产时空变化驱动因素

2.4.1 东北平原山区农林区水稻生产变化驱动分析

东北平原山区农林区水稻主要为单季稻，在 1985—2015 年间总产量和面积增加，分别占全国的 12.89％和 11.87％。水稻种植区中，76.6％的地区总产量上升，71.4％的地区面积上升，83.8％的地区单产上升。总产量和面积重心分别向北偏东方向迁移 244 km 和 251 km。东北平原山区农林区水稻生产主导因素由单产转为面积，但面积的贡献正在下降，未来一段时间，单产贡献可能将再一次超过面积贡献。

东北平原山区农林区的水稻类型为中稻及一季稻品种，粳型常规稻与粳型杂交稻，籼稻品种类型稀少，该地区水稻品种主要以常规稻为主，常规稻约占水稻品种的 80.98％（表 2-6）。东北平原山区农林区是我国增温最显著的地区之一，水稻生长期气候变暖对提高单产有显著正向影响（图 2-31），该区水稻适宜区逐渐北移，安全生长季由于安全播种期的提前和安全成熟期的延迟而增长（图 2-31），适宜生育期较长的水稻品种是单产增长的主要因素（图 2-32），且月平均气温上升，低温冷害减少，光温生产潜力明显增长，低温冷害频率下降；同时，适应低温、长日照及耐冷水稻品种大批育成（孙岩松，2008）。东北平原山区农林区稻谷商品化量最高，市场需求量大，产业化潜力最大，逐步成为我国水稻主产区，且主要集中在黑龙江嫩江平原和三江平原地区。该区白浆土及盐碱土占相当的比例，种植水稻可改善土壤理化性质、释放土壤潜在养分，是改低产田为中高产田的重要举措。

表 2-6　北方稻区不同类型水稻品种的释放数量及年代分布

年份	粳型常规稻	粳型杂交稻	籼型常规稻	籼型杂交稻
1980—1989	36	2	0	0
1990—1999	32	2	1	0
2000—2009	111	44	0	2
2010—2017	67	8	0	0

另外，该区地势平缓，地广人稀，人均耕地面积达 3.5 亩（1 亩≈666.7 m^2），机械化、信息化程度不断提高，水稻高效轻简栽培技术如旱育秧稀植技术、盐碱地水稻栽培技术、水稻节水栽培技术、机插栽培技术等得到广泛应用。同时，该区人为种植意愿对作物的种植分布贡献率远远高于其他因素，北方饮食习惯由面改米，增加了北方人民对大米的市场需求量；而水稻相较于小麦、玉米、大豆等大宗粮食作物，有较高的净利润和比较效益，提升了农民种植积极性（方福平等，2008）。但是，1980—2000 年期间，黑龙江新增稻田有 70.5％来自旱地，16.59％来自沼泽，10.13％来自草地，继续增加稻田潜力有限；受地区水资源条件限制，水田种植加剧黑土地水土流失，黑土地有机质含量明显降低，水田多年连作导致地力消耗严重；且该区水稻品种遗传多样性低，遗传脆弱性强，东北三省水稻种植进一步扩张有一定困难。

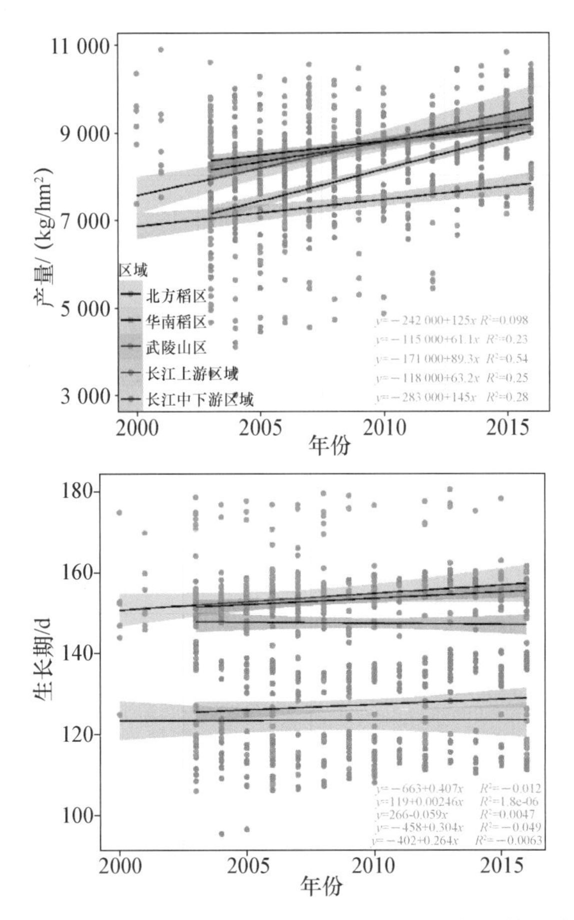

图 2-31　2000—2016 年国家水稻审定品种单产和相关性状的演变

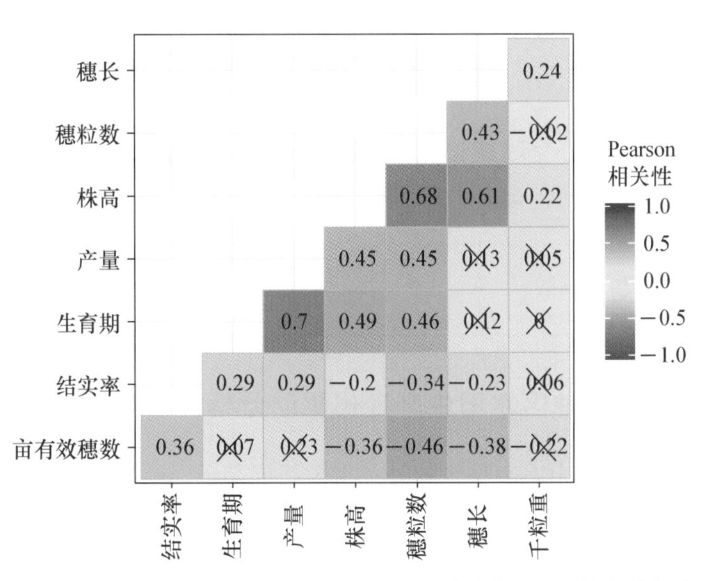

图 2-32　2000—2016 年北方稻区国家水稻审定品种单产和相关性状的相关性分析

（×表示未通过显著性检验）

2.4.2 长江中下游与沿海平原农作区水稻生产变化驱动分析

在1985—2015年，长江中下游与沿海平原农作区水稻总产量和面积比例下降，分别占全国的45.00%和43.88%。水稻种植区中，57.6%的地区总产量上升，55.3%的地区面积下降，90.2%的地区单产上升。总产量和面积重心分别向西迁移59 km和75 km。长江中下游与沿海平原农作区水稻生产主导因素由单产转为面积。

长江中下游与沿海平原农作区是我国最大的稻作区和全世界最大的双季稻区。长江中下游与沿海平原农作区是长江中下游稻区的重要组成部分，水稻种植模式多样，水稻品种类型复杂，以籼稻为主，粳稻播种面积正在扩张(表2-7)。该农作区经济繁荣，分布许多沿江沿海城市及省会，长江三角洲平原位于该区东侧，距离珠江三角洲平原不远，农村人口向经济较为发达的城市转移；双季稻种植在早稻收获和晚稻播种期间需要大量的人力和时间，繁复的农事劳动以及农民日益增长的消费水平催生大量"双改单"和撂荒现象(辛良杰等，2009)，水稻播种面积收缩型县级行政单元增多(杨万江等，2011)。同时，南方人对品质和口感更加优质的粳米的需求进一步推动了长江中下游与沿海平原农作区水稻熟制的调整。在减少水稻播种面积的基础上，为保证水稻产量，农民投入较多农药和化肥，使长江中下游与沿海平原农作区、"长株潭"地区成为我国大米重金属污染最严重区域。该区光温水资源丰富，油麻、蚕茧、茶、柑橘、蔬菜等经济作物蓬勃发展，一定程度上制约了水稻生产。

表2-7 长江中下游稻区不同类型水稻品种的释放数量及年代分布

品种	类型	1980—1989年	1990—1999年	2000—2009年	2010—2017年
早稻	籼型常规稻	5	1	5	4
	籼型杂交稻	0	1	16	30
中稻	粳型常规稻	3	7	5	1
	粳型杂交稻	0	0	10	2
	籼型常规稻	0	12	17	0
	籼型杂交稻	1	11	102	178
晚稻	粳型常规稻	4	0	1	1
	粳型杂交稻	1	1	6	9
	籼型常规稻	3	0	1	0
	籼型杂交稻	1	0	23	52

2.4.3 江南丘陵农林区水稻生产变化驱动分析

江南丘陵农林区是长江中下游稻区的另一重要组成部分，是单双季稻并重区域，以籼稻为主(表2-7)，粳稻播种面积增加，常规稻和杂交稻平分秋色。在1985—2015年，该农作区水稻总产量和面积比例下降，分别占全国的10.04%和11.62%。水稻种植区中，42.9%的地区总产量上升，82.8%的地区面积下降，94.9%的地区单产上升。总产量和面积重心分别向西南方向迁移111 km和98 km。江南丘陵农林区水稻生产主导因素由单产转为面积。

江南丘陵农林区全区90%是丘陵或山区，田块小，坡度大，田薄地瘦，水田以双季稻为主，粮食以自给为主。该区地形限制的小规模生产格局很难打破,新品种、新技术难以大规模推广(徐春春等,2013),农机研发正值瓶颈期,相比于高效益的柑橘、茶、油茶等,水稻的比较效益较低。

长江中下游稻区的早稻,主要为籼型常规稻和籼型杂交稻,籼型杂交稻品种逐渐成为早稻的主导品种;中稻方面,粳型常规稻、粳型杂交稻、籼型常规稻以及籼型杂交稻等品种类型均有出现,但是主要以籼稻为主,其中籼型杂交稻占中稻品种释放量的83.67%,到2010—2017年达到了98.34%;晚稻方面,4种类型的水稻品种也均有出现,但是依然主要以籼型杂交稻为主,籼型杂交稻占晚稻品种释放量的73.79%,最近的2010—2017年达到了83.87%(表2-7)。品种更替导致长江中下游稻区在生育期无显著增长的同时单产显著提升(图2-31),但生育期长度仍然与该稻区水稻单产具有较高相关性(图2-33)。

2.4.4 华南沿海农林渔区水稻生产变化驱动分析

在华南沿海农林渔区水稻种植区中,45.4%的地区总产量上升,90%的地区面积下降,93.7%的地区单产上升。总产量和面积重心分别向西偏南方向迁移104 km和58 km。华南沿海农林渔区水稻生产主导因素由单产转为面积,但面积贡献在近期再次超过单产,华南稻区的水稻品种的生育期和穗粒数与水稻单产相关性较高(图2-34)。华南沿海农林渔区为双季稻区,同时有双季稻和一季稻种植,品种以籼稻为主(表2-8)。1980—1989年籼型常规稻占比分别为早稻76.19%、中稻100%以及晚稻70.97%,2010—2017年籼型常规稻占比分别仅有早稻0、中稻1.25%以及晚稻0。在华南稻区,籼型杂交稻已经是绝对的育种及生产主力。在1985—2015年,总产量和面积比例下降,分别占全国的8.66%和10.68%。

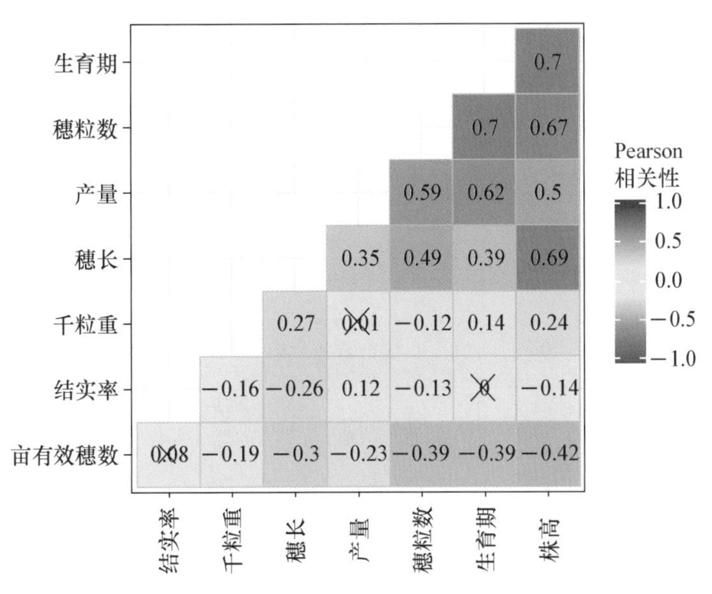

图2-33 2000—2016年长江中下游稻区国家水稻审定品种单产和相关性状的相关性分析

(×表示未通过显著性检验)

表 2-8　华南稻区不同类型水稻品种的释放数量及年代分布

品种	类型	1980—1989 年	1990—1999 年	2000—2009 年	2010—2017 年
早稻	籼型常规稻	16	4	3	0
	籼型杂交稻	5	1	8	8
中稻	籼型常规稻	1	9	3	1
	籼型杂交稻	0	7	25	7
晚稻	籼型常规稻	22	0	1	0
	籼型杂交稻	9	0	7	14

华南沿海农林渔区位于我国南部，以双季稻为主，三季稻和单季稻为辅，品种以籼型杂交水稻和常规籼稻为主。该区经济发展迅速，工业化进程快，城镇化率高于我国大部分其他地区。近年来，该区水稻播种面积、单产和总产量均下降。华南沿海农林渔区城镇化发展减少了耕地面积，农村人口向城镇转移，农村常住人口以妇女、儿童和老人为主，是我国吸纳农村转移人口最大的区域（张学浪等，2014）；冬春连旱和倒春寒导致部分水田无法种植水稻，夏季台风、暴雨和洪涝灾害频繁，损坏部分农田水利设施，减少了水稻的播种面积和单产；相比于高效益的务工和种植甘蔗、蔬菜、蚕桑和烤烟等，持续增加的水稻生产成本降低了水稻生产利润率，降低了水稻生产比较效益。

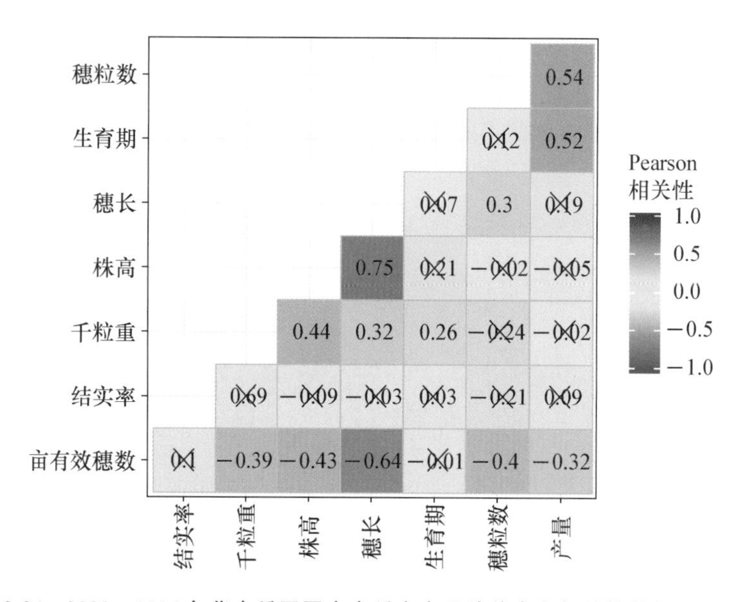

图 2-34　2000—2016 年华南稻区国家水稻审定品种单产和相关性状相关性分析

（×表示未通过显著性检验）

2.4.5　其他农作区水稻变化驱动分析

四川盆地农作区分布有成都平原及周边低山丘陵，有成都、重庆等大都市。西南中高原农林区全区 95%的面积是丘陵、山地和高原，一般海拔 500～2 500 m。相比于四川盆地农作区，西南中高原农林区在耕地和水资源在数量、质量和集中度上优势弱，水利灌溉条件较差，机械化程度低；川西平原高湿、寡照、小温差、早秋雨，川中及东北的夏旱、伏旱，云贵高原的春旱、倒春寒、秋风异常等气象灾害频发，气候风险大(张晓梅等，2015)；在水稻面积下降时因水稻单产的提升而使水稻总产量略有上升，但水稻生产投入量增加导致净利润减少，水稻生产效益下降，比较优势低，有明显"水改旱"趋势，主要替代作物为玉米、花卉、热带水果等轻简化、高效益作物。近年来，再生稻的发展对于两区水稻面积和总产量的稳定有一定贡献，但再生稻的大规模推广由于技术不配套、不成熟等问题仍面临重重困难。

黄淮海平原农作区由于水资源紧缺，且为小麦和玉米主产区，其水稻种植逐步北移至东北平原山区农林区。北部中低高原农牧区水稻主要分布于黄河灌区，该区大米品质优良，极富营养价值，但受土壤盐渍化、水资源和灌溉条件的限制，水稻总产量和面积提升空间不大。西北农牧区和青藏高原农林区水稻分布受气候资源限制分布极少。

参考文献

[1]陈锡文. 当前中国的粮食供求与价格问题[J]. 中国农村经济，1995(1)：3-8.

[2]方福平，潘文博. 我国东北三省水稻生产发展研究[J]. 农业经济问题，2008(6)：92-95.

[3]李裕瑞，刘彦随，龙花楼. 中国农村人口与农村居民点用地的时空变化[J]. 自然资源学报，2010(10)：1629-1638.

[4]李正国，杨鹏，唐华俊，等. 气候变化背景下东北三省主要作物典型物候期变化趋势分析[J]. 中国农业科学，2011(20)：4180-4189.

[5]梁俊芳，周怀康. 广东水稻生产成本收益比较分析[J]. 中国稻米，2017，23(1)：60-64.

[6]孙岩松. 我国东北水稻种植快速发展的原因分析和思考[J]. 中国稻米，2008(5)：9-11.

[7]辛良杰，李秀彬. 近年来我国南方双季稻区复种的变化及其政策启示[J]. 自然资源学报，2009(1)：58-65.

[8]徐春春，孙丽娟，周锡跃，等. 我国南方水稻生产变化和特点及稳定发展的政策建议[J]. 农业现代化研究，2013(2)：129-132.

[9]杨万江，陈文佳. 中国水稻生产空间布局变迁及影响因素分析[J]. 经济地理，2011，31(12)：2086-2093.

[10]杨晓光，刘志娟，陈阜. 全球气候变暖对中国种植制度可能影响Ⅰ. 气候变暖对中国种植制度北界和粮食产量可能影响的分析[J]. 中国农业科学，2010(2)：329-336.

[11]张晓梅，丁艳锋，张巫军，等. 西南稻区水稻产量的时空变化[J]. 浙江大学学报(农业与生命科学版)，2015(6)：695-702.

[12]张学浪，潘泽瀚. 城镇化进程中的农村人口转移与分布空间[J]. 华南农业大学学报(社会科学版)，2014(4)：88-100.

[13]PENG S B，HUANG J L，SHEEHY J E，et al. Rice yields decline with higher night temperature from global warming[J]. Proceedings of The National Academy of Sciences of

The United States of America, 2004, 101 (27): 9971-9975.

[14]YU YQ, HUANG Y, ZHANG W. Changes in rice yields in China since 1980 associated with cultivar improvement, climate and crop management[J]. Field Crops Research, 2012, 136: 65-75.

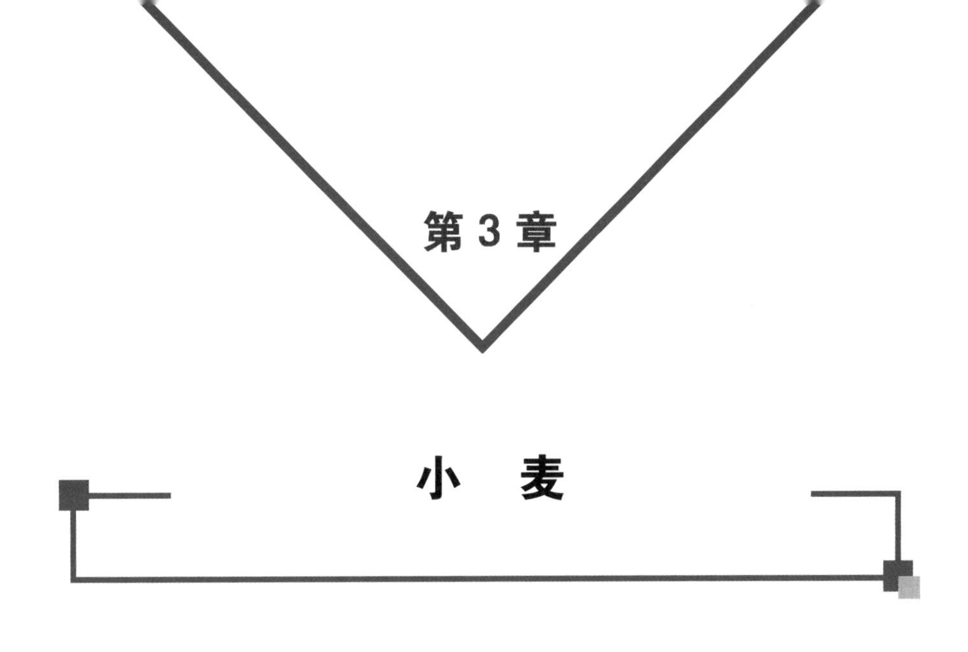

第3章

小　麦

我国是全球最大的小麦生产国和消费国，生产了全球大约 17%的小麦；小麦作为我国三大粮食作物之一，受气候变化的影响较大。当前，我国小麦生产中面临诸多的问题：一是气候变化的影响日益明显，极端低温、高温频繁出现；二是病害问题日益严重，赤霉病已经成为黄淮麦区最重要的病害之一；三是生产成本较高，在生产中大量灌溉和使用氮肥，造成严重的资源环境压力。存在的这一系列问题使得小麦的种植结构调整变得势在必行。因此，本研究在考虑气候变化与技术进步背景下，对我国小麦生产时空变化规律特征进行描述，采用集中度指数、重心迁移、产量贡献因素分解、替代性作物相关性分析、经济效益分析及小麦品种特性等不同方法进行分析，探明我国小麦生产时空变化的关键驱动因素，以期为解决小麦生产实际问题提供思路，为我国粮食作物种植结构调整和小麦布局优化提供理论依据。

3.1 1985—2015 年我国小麦生产时空变化

过去 30 年，我国小麦播种面积呈“稳定—下降—稳定”的变化趋势(图 3-1)，其大致分为 3 个时间段：①1985—1999 年较稳定，播种面积大约为 3 000 万 hm^2；②2000—2004 年迅速下降，在 2004 年到达低谷，全国仅有 2 000 万 hm^2 小麦种植；③2005—2015 年播种面积稳定中有少量增长，基本在 2 400 万 hm^2 左右。

30 年来，我国小麦的单产总体上呈现不断上升的趋势(图 3-1)，大致可以划分为 3 个阶段：①1985—1997 年，单位面积产量不断上升，从 2 937 kg/hm^2 左右上升到 4 102 kg/hm^2 左右；②1998—2003 年，小麦单产基本保持稳定在 3 800 kg/hm^2 左右；③2004—2015 年，单位面积产量再一次不断上升，在 2015 年单产达到 5 396 kg/hm^2 左右。30 年中，我国小麦单产共增加约 2 459 kg/hm^2，增产幅度相较于 1985 年达到 83.7%。

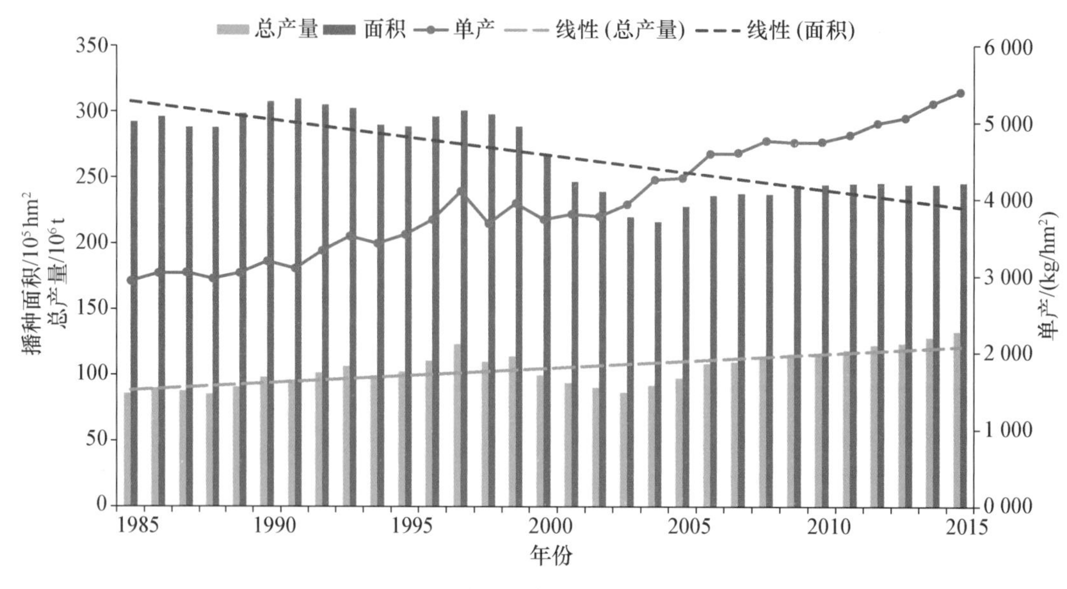

图 3-1 1985—2015 年我国小麦总产量、播种面积和单产变化

1985—2015 年期间，黄淮海平原农作区、长江中下游与沿海平原农作区北部、西南中高原农林区南部和新疆西部地区是我国小麦播种面积增加的主要区域(图 3-2)。在此期间，小麦播种面积增加的县仅占 1985 年全国小麦种植县数的 29.4%；其中 2015 年 440 个县无小麦播种面积，占 1985 年小麦种植县数的 19.7%。黄淮海平原农作区的小麦播种面积在 1985—2015 年一直呈现增加趋势，其余农作区变化均不稳定。小麦播种面积增加县数占比从 1985—2000 年的 42.3%下降到 2000—2015 年的 28.0%。30 年间黄淮海平原农作区小麦面积增加的县数占 1985 年小麦种植县数的 50.8%，占同时期全国小麦播种面积增加县数的 43.5%。

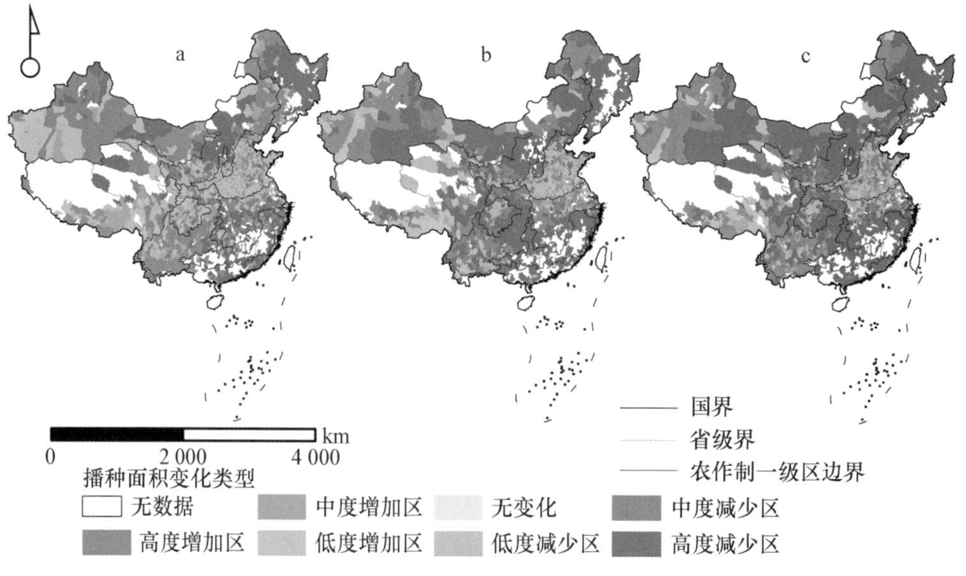

图 3-2 1985—2000 年(a)、2000—2015 年(b)和 1985—2015 年(c)我国小麦播种面积变化

近 30 年，我国小麦总产量在不同区域变幅不一(图 3-3)。我国小麦总产量增加区域主要

集中在黄淮海平原农作区、长江中下游与沿海平原农作区、西南中高原农林区和西北农牧区，黄淮海平原农作区和西北农牧区在1985—2015年总产量增加较多，西南中高原农林区和四川盆地农作区则经历了先增加后降低的过程；1985—2015年全国小麦总产量增加的县数占1985年小麦种植县数的44.7%，比例从1985—2000年的55.7%减少到2000—2015年的34.7%。30年间，黄淮海平原农作区的小麦总产量增加县数占1985年小麦种植县数的75.9%，占同时期全国小麦增加县数的42.8%。

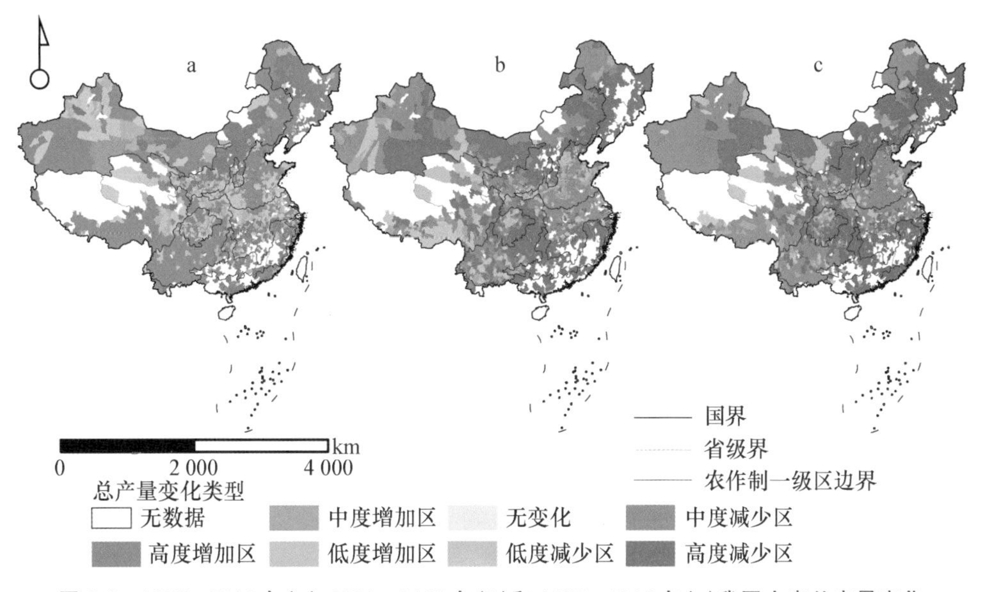

图3-3 1985—2000年(a)、2000—2015年(b)和1985—2015年(c)我国小麦总产量变化

1985—2015年期间，我国大部分地区小麦单产持续增加(图3-4)。30年间，小麦平均单产提高了83.6%，小麦单产增加的县数占1985年小麦种植县数的72.9%；小麦单产增加县数

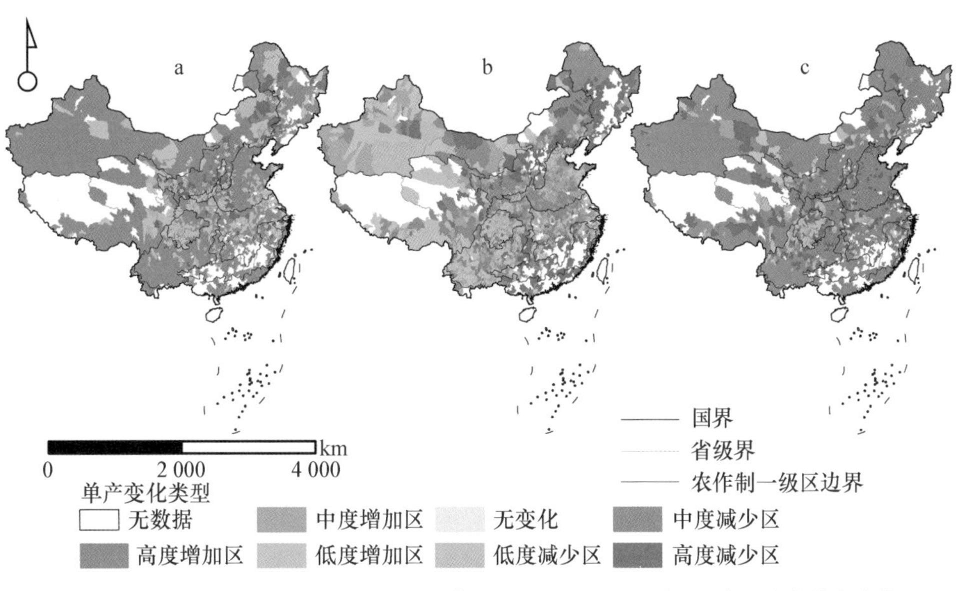

图3-4 1985—2000年(a)、2000—2015年(b)和1985—2015年(c)我国小麦单产变化

在过去 30 年间不断减少，由 1985—2000 年的 74.9%减少到 2000—2015 年的 64.6%；且单产高幅度提升的县数占单产增加的县总数的比例从 43.5%下降到 34.7%。相较于 1985—2000 年，2000—2015 年小麦单产增加县更加集中于黄淮海平原农作区和长江中下游与沿海平原农作区。30 年间，黄淮海平原农作区小麦单产增加的县数占 1985 年小麦种植县数的 94.7%，占同时期全国小麦单产增加的县数的 47.2%。

近 30 年，我国大部分农作区的小麦单产均显著提升(表 3-1)。各农作区小麦平均单产除华南沿海农林渔区外均显著提高，黄淮海平原农作区单产提高最快，每年达 103.5 kg/hm²。黄淮海平原农作区各亚区单产水平均显著提高，各亚区之间平均单产水平差距不大。

黄淮海平原农作区单产高值区与面积产量高度集中区不匹配(表 3-2)。7 个亚区单产与时间变化均呈显著线性相关关系，其中，豫西丘陵亚区单产水平提高最快，每年为 133.3 kg/hm²；燕山太行山山前平原亚区增速最慢，年增速为 67.0 kg/hm²，低于全国平均水平。而面积产量高度集中区的黄淮平原亚区、海河低平原亚区和汾渭谷地亚区虽不是单产最高的亚区，但仍保持较高的单产增长速率。

表 3-1　1985—2015 年我国各农作区小麦平均单产变化特征

农作制一级区	1985 年	1990 年	1995 年	2000 年	2005 年	2010 年	2015 年	平均单产/(kg/hm²)	增加速率/[kg/(hm²·年)]	P 值	R^2
东北平原山区农林区	1 798	2 555	2 971	1 802	3 242	3 797	5 466	2 495	98.3	0.021	0.96
黄淮海平原农作区	3 461	3 675	4 459	4 658	5 249	6 008	6 472	4 859	103.5	0.000	0.983
长江中下游与沿海平原农作区	2 924	3 163	3 566	3 640	4 240	4 930	5 078	3 923	76.2	0.000	0.961
江南丘陵农林区	2 014	2 014	1 972	2 260	2 162	2 501	2 733	2 084	23.7	0.006	0.801
华南沿海农林渔区	1 686	2 330	2 619	2 473	2 132	2 172	1 767	2 208	−4.0	0.789	0.016
北部中低高原农作区	1 691	2 139	1 795	1 987	2 457	2 582	2 933	2 123	37.7	0.005	0.816
西北农牧区	3 055	3 519	4 328	4 880	5 263	5 588	5 699	4 556	92.9	0.000	0.954
四川盆地农作区	3 215	3 336	3 680	3 733	3 965	4 166	3 738	3 652	25.1	0.024	0.671
西南中高原农林区	1 649	2 007	2 147	2 226	2 288	2 224	2 463	2 129	21.6	0.005	0.814
青藏高原农林区	2 576	3 193	3 406	3 965	4 521	4 486	4 513	3 746	67.9	0.001	0.911

表 3-2　黄淮海平原农作区小麦平均单产变化特征

黄淮海平原农作区	1985 年	1990 年	1995 年	2000 年	2005 年	2010 年	2015 年	平均单产/(kg/hm²)	增加速率/[kg/(hm²·年)]	P 值	R^2
环渤海亚区	3 589	4 290	5 207	5 492	5 683	5 812	6 585	5 117	89.3	0.000	0.927
燕山太行山山前平原亚区	3 591	3 566	4 347	4 200	4 444	4 936	5 773	4 381	67.0	0.002	0.881
海河低平原亚区	3 355	3 410	4 504	4 355	5 235	6 107	6 527	4 879	111.7	0.000	0.951
鲁西平原亚区	3 669	4 041	5 365	5 166	5 825	6 349	6 785	5 236	103.0	0.000	0.947
黄淮平原亚区	3 519	3 780	4 595	4 758	5 272	6 118	6 610	4 877	104.5	0.000	0.979
豫西丘陵亚区	2 758	3 756	3 767	4 942	5 526	6 279	6 712	4 917	133.3	0.000	0.979
汾渭谷地亚区	3 137	3 346	3 675	4 370	5 205	6 207	6 362	4 774	120.9	0.000	0.956

3.2 我国小麦生产重心迁移

在各农作区中，我国小麦面积也向黄淮海平原农作区集中(表3-3)。1985—2015年，黄淮海平原农作区小麦播种面积集中度指数呈上升趋势，由1985年的51.64%增长到2015年的62.84%，黄淮海平原农作区是我国小麦播种面积最大的农作区，同时全国小麦播种面积也在不断向其集中。其余农作区，除长江中下游与沿海平原农作区和西北农牧区集中度指数有少量增加外，均呈现减少趋势，东北平原山区农林区减少最明显。

表3-3 1985—2015年我国各农作区小麦面积集中度变化值 %

农作制一级区	1985年	1990年	1995年	2000年	2005年	2010年	2015年
东北平原山区农林区	7.37	4.19	3.40	2.05	1.07	1.47	0.91
黄淮海平原农作区	51.64	52.29	53.71	57.92	63.02	62.47	62.84
长江中下游与沿海平原农作区	11.96	12.38	11.19	10.60	10.18	13.22	14.43
江南丘陵农林区	0.89	1.14	0.81	0.61	0.33	0.16	0.11
华南沿海农林渔区	0.29	0.48	0.21	0.13	0.09	0.06	0.04
北部中低高原农牧区	10.54	10.70	10.41	8.69	7.59	6.52	6.12
西北农牧区	5.41	5.33	4.87	4.66	4.61	5.70	6.08
四川盆地农作区	6.36	6.79	7.75	6.95	6.39	5.36	4.55
西南中高原农林区	5.08	6.26	7.15	7.85	6.28	4.66	4.42
青藏高原农林区	0.45	0.45	0.50	0.54	0.45	0.39	0.50

在黄淮海平原农作区内，小麦播种面积也向黄淮平原亚区、海河低平原亚区和汾渭谷地亚区集中(表3-4)。海河低平原和汾渭谷地亚区的小麦播种面积集中度指数持续上升；2015年黄淮平原、海河低平原和汾渭谷地亚区播种面积总和占黄淮海平原农作区小麦播种面积的68.06%，是我国主要的小麦产区。

表3-4 1985—2015年黄淮海平原农作区小麦播种面积集中度变化值 %

黄淮海平原农作区	1985年	1990年	1995年	2000年	2005年	2010年	2015年
环渤海亚区	13.20	10.24	10.38	10.61	9.47	8.76	8.27
燕山太行山山前平原亚区	10.79	12.25	12.22	12.49	11.48	10.74	10.18
海河低平原亚区	14.22	19.60	19.10	18.51	19.63	20.89	20.64
鲁西平原亚区	10.07	9.86	9.14	8.65	7.51	8.53	8.32
黄淮平原亚区	37.77	23.84	24.45	24.17	24.93	25.28	25.77
豫西丘陵亚区	3.65	5.04	5.18	5.27	5.36	5.09	5.16
汾渭谷地亚区	10.29	19.17	19.52	20.29	21.61	20.71	21.65

30年来，我国小麦总产量在不同农作区间向黄淮海平原农作区集中(表3-5)。黄淮海平原农作区、长江中下游与沿海平原农作区和西北农牧区产量集中度指数总体上呈现上升趋势，2015年以上3个农作区小麦总产量之和占全国小麦总产量的90.60%。黄淮海平原农作区的集中度指数最大，增幅也最明显，近30年产量集中度由60.88%上升到71.60%。

表 3-5　1985—2015 年我国各农作区小麦产量集中度变化值　%

农作制一级区	1985 年	1990 年	1995 年	2000 年	2005 年	2010 年	2015 年
东北平原山区农林区	4.51	3.31	2.68	0.92	0.75	1.05	0.87
黄淮海平原农作区	60.88	59.36	63.52	67.56	71.45	70.86	71.60
长江中下游与沿海平原农作区	11.92	12.10	10.59	9.67	9.32	12.30	12.90
江南丘陵农林区	0.61	0.71	0.43	0.35	0.15	0.07	0.05
华南沿海农林渔区	0.17	0.34	0.14	0.08	0.04	0.02	0.01
北部中低高原农作区	6.07	7.07	4.96	4.32	4.03	3.18	3.16
西北农牧区	5.63	5.79	5.59	5.70	5.24	6.01	6.10
四川盆地农作区	6.96	7.00	7.57	6.49	5.48	4.21	3.00
西南中高原农林区	2.85	3.88	4.07	4.37	3.10	1.96	1.92
青藏高原农林区	0.40	0.44	0.45	0.54	0.44	0.33	0.40

而在黄淮海平原农作区内，小麦总产量则逐渐集中在黄淮平原亚区、海河低平原亚区和汾渭谷地亚区（表 3-6）。其中以黄淮平原亚区集中度指数最大，1985 年超过 38%，此后保持在 25%左右，海河低平原和汾渭谷地亚区在过去 30 年间产量集中度增加较多，2015 年以上 3 个亚区小麦总产量占比超过 68%。

表 3-6　1985—2015 年黄淮海平原农作区小麦产量集中度变化值　%

黄淮海平原农作区	1985 年	1990 年	1995 年	2000 年	2005 年	2010 年	2015 年
环渤海亚区	13.69	11.96	12.12	12.51	10.26	8.47	8.42
燕山太行山山前平原亚区	11.20	11.88	11.92	11.26	9.72	8.83	9.08
海河低平原亚区	13.78	18.19	19.30	17.30	19.58	21.23	20.81
鲁西平原亚区	10.68	10.84	11.00	9.60	8.33	9.02	8.72
黄淮平原亚区	38.41	24.52	25.20	24.69	25.04	25.74	26.33
豫西丘陵亚区	2.91	5.15	4.38	5.59	5.65	5.31	5.36
汾渭谷地亚区	9.33	17.46	16.09	19.04	21.43	21.40	21.28

我国小麦播种面积和总产量的重心迁移在方向上具有一定的一致性（图 3-5a）。我国小麦生产的面积和总产量重心在 1985—2015 年均向西南方向移动。1985 年，我国小麦的总产量重心在河南省辉县市，1990 年小麦的总产量重心向西南移动 34.9 km，进入河南省焦作市山阳区，之后 1995 年向东南方向移动 11.1 km，进入河南省焦作市马村区，2000 年总产量重心向南移动 36.9 km 进入河南省焦作市武陟县，并在之后一直停留在武陟县内，2015 年总产量重心相比于 1985 年，总体上向西南方向移动了 48.6 km。相比于总产量重心，面积重心的移动幅度较大，1985 年面积重心位于山西省陵川县，1990 年全国面积重心向西南方向移动了 89 km，进入河南省焦作市沁阳市，此后一直停留在河南省内，1995 年、2000 年和 2005 年面积重心不断南移，2005 年到达最南端，进入河南省偃师市（现偃师区），2010 年向北移动进入孟州市，2015 年又向西南方向进入吉利区，30 年间全国小麦生产的面积重心共向西南方向移动了 133.7 km。全国小麦生产重心迁移的现象说明我国小麦生产中心区域有南移的趋势，造成这种现象的主要原因是东北平原山区农林区和北部中低高原农作区的小麦生产不断减少，而黄淮海和长江中下游与沿海平原农作区小麦生产增加。

1985—2015 年，东北平原山区农林区的小麦生产的面积和总产量重心迁移也呈现出高度一致性（图 3-5b）。总产量和面积重心在 30 年间的迁移路径是 1985—2000 年向东南方向移动，随后向北部移动，在 2010 年由黑龙江省进入内蒙古自治区境内，随后在 2015 年向西部移动。东北平原山区农林区小麦生产的总产量和面积重心在1985—2015年整体呈现出向西北方向迁移的趋势，两者均由黑龙江省绥化市绥棱县迁移到内蒙古自治区呼伦贝尔市牙克石市境内，总产量重心向西北迁移了492.4 km，面积重心向西北迁移了484.7 km。东北平原山区农林区小麦生产的重心迁移幅度较大，说明该地区的小麦生产在近30年间变化显著，该区生产重心不断向西部和北部地区移动，表明该区的小麦生产重心逐步转移到东北平原山区农林区的西北部地区。该区作为一熟区，小麦与玉米、大豆等作物存在生长时期的交错，小麦不断向西北部迁移的原因可能与该区南部和东部地区玉米与大豆播种面积扩大具有直接的关系，反映了东北平原山区农林区小麦产量的变化主要由播种面积的变化造成的。

1985—2015年，西北农牧区小麦生产的总产量和面积重心移动幅度最大，且呈现出较强的一致性(图3-5c)。1985—2005年的20年中，总产量和面积重心均位于新疆维吾尔自治区若羌县境内，1985—1995年不断向东移动，两者均在1995年到达最东端，之后波动向西迁移，2005—2010年移动幅度较大，两者均向西移动到尉犁县内，之后两者继续向西迁移，最终总产量重心在2015年迁移到库尔勒市，面积重心迁移到尉犁县。30年间，总产量重心由若羌县向西北方向移动633.5 km进入库尔勒市；面积重心由若羌县向西北移动509.2 km进入尉犁县。西北农牧区小麦生产重心向西迁移的主要原因是新疆维吾尔自治区西部地区的小麦生产规模不断扩大，在一定程度上表明播种面积的变化是该地区小麦总产量变化的主要原因。

1985—2015年，北部中低高原农作区小麦生产的总产量和面积重心在迁移的路径上高度一致，迁移距离上总产量重心的迁移距离要大于面积重心(图3-5d)。北部中低高原农作区虽

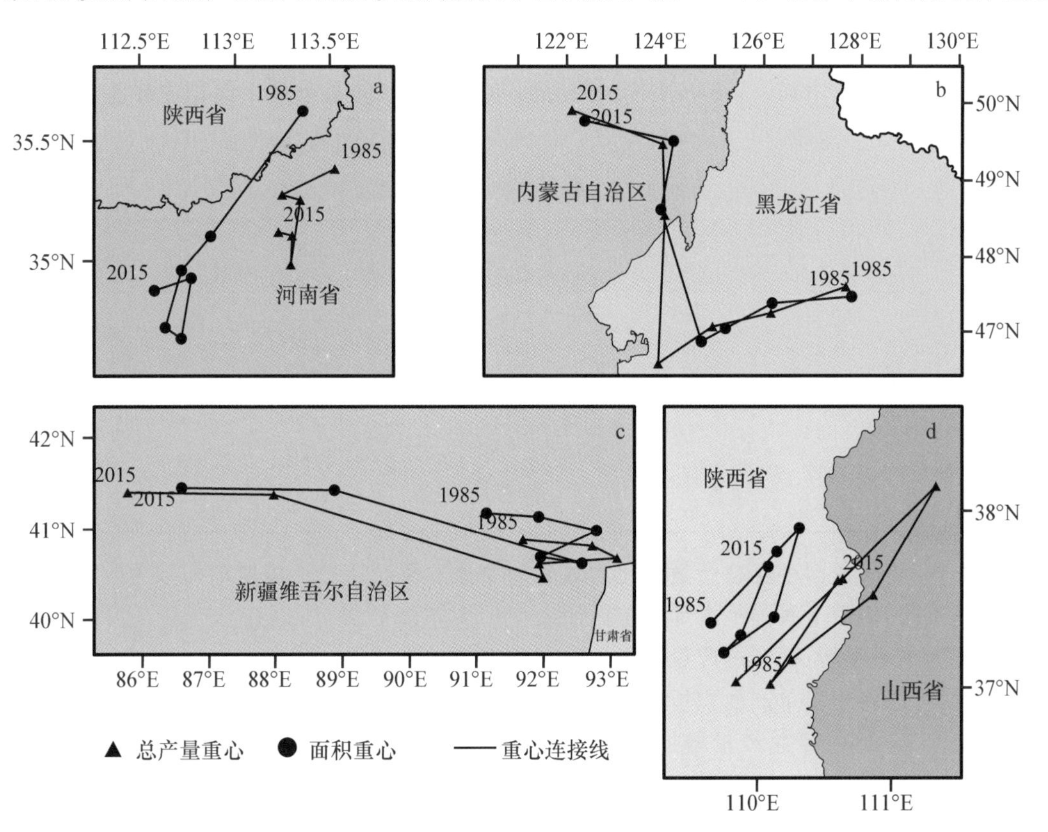

图3-5 全国(a)、东北(b)、西北农牧区(c)和北部中低高原(d)小麦生产总产量和面积重心变化

然不是我国主要的小麦产区，但是其小麦种植范围广泛，是我国重要的春小麦种植地区。1985年，该地区小麦的面积重心位于陕西省子长县(现子长市)，随后向西北方向迁移，在 1995 年向西北方向迁移 82.7 km 进入陕西省米脂县和佳县交界处，随后向南迁移，在 2000 年到达绥德、子洲和清涧三县交界处，之后向东南方向移动 39.7 km，在 2005 年又回到子长县境内；之后又继续向西北方向移动，在 2015 年达到子洲、米脂和绥德 3 县交界地区附近；30 年间，该地区小麦的面积重心共向西北方向迁移了 51.3 km。与面积重心的迁移路径相似，总产量重心的迁移也是在 1985—1990 年期间不断向西北迁移，在 1990 年到达山西省娄烦和兴县两县交界处，之后向东南迁移 79.4 km 进入柳林县境内，2000—2010 年继续向东南迁移 87.9 km 进入陕西省清涧县，随后向西北迁移，在 2015 年进入吴堡县和绥德县两县交界地区，30 年间共向西北方面迁移了 92.6 km。

3.3 我国小麦产量贡献因素分析

在不同年代和地区，我国小麦单产和面积对总产量的贡献不同(图 3-6)。1985—2015 年期间，单产主导型的县数呈波动中减少趋势(表 3-7)，1985—2005 年，单产主导的县数减少，在 2000—2005 年达到最低点，随后 10 年有一定程度恢复。面积主导型的县数变化与单产主导型相反，在 2000—2005 年达到最高 1 007 个县，随后减少。而单产面积互作的县数量比较稳定，但占比却在缓慢增加。1985—1995 年期间，单产主导型的县数高于面积主导型，随后面积主导型超过单产主导型。

表 3-7　3 种贡献类型县数及占比

时间阶段	单产主导型		面积主导型		单产面积互作型	
	县数/个	占比/%	县数/个	占比/%	县数/个	占比/%
1985—1990 年	777	37.77	684	33.25	596	28.97
1990—1995 年	882	39.27	646	28.76	718	31.97
1995—2000 年	601	27.15	862	38.93	751	33.92
2000—2005 年	384	17.84	1 007	46.79	761	35.36
2005—2010 年	417	20.37	927	45.29	703	34.34
2010—2015 年	455	24.61	746	40.35	648	35.05

过去 30 年间我国小麦总产量变化大致分为 3 个阶段。在总产量增加和减少时，贡献率分析有些许不同，但由于我国绝大部分地区小麦单产为增加趋势，所以在总产量减少地区，以面积主导型为绝对类型；而在总产量增加地区，3 种贡献类型分别分析。

因此，可以将小麦单产面积贡献时空变化分为以下 3 个阶段(图 3-6)。

(1)1985—2000 年总产量增加区域较多，其中 1985—1995 年，除黑龙江及东南沿海少部分地区小麦总产量下降外，其余地区均呈增加趋势。其中单产主导型以黄淮海平原农作区、北部中低高原农牧区西南部、西北农牧区新疆地区为主要集中区域；互作型以西北农牧区的内蒙古地区及部分新疆地区为主；面积主导型主要在西北农牧区的内蒙古东部地区。1995—2000

年，黄淮海农区河南大部总产量增加以单产主导型为主，河北和山东以面积主导型为主；西南中高原农林区3种增产类型区域大体相当，相间分布。

(2)2000—2005年，全国除黄淮海平原农作区中南部、东北平原山区农林区大兴安岭地区和西北农牧区内蒙古地区之外，大部分地区总产量减少。其中，黄淮海平原农作区和东北平原山区农林区以单产主导型为主，西北农牧区以面积主导型为主。

(3)2005—2015年，黄淮海平原农作区东部总产量增加(山东地区)以面积主导型为主，西部(河南地区)以单产主导型为主；西北农牧区小麦总产量增加以面积主导型为主；西南中高原农林区总产量增加地区3种贡献类型分布区域大体相当。

我国小麦播种面积较多的5个农作区分别为黄淮海平原农作区、长江中下游与沿海平原农作区、北部中低高原农牧区、西北农牧区和四川盆地农作区。其中黄淮海平原农作区最为集中，长江中下游与沿海平原农作区播种面积也较大，且近些年小麦生产能力不断提升。北部农牧区和西北农牧区以种植春小麦为主，四川盆地农区也有一定小麦播种面积。

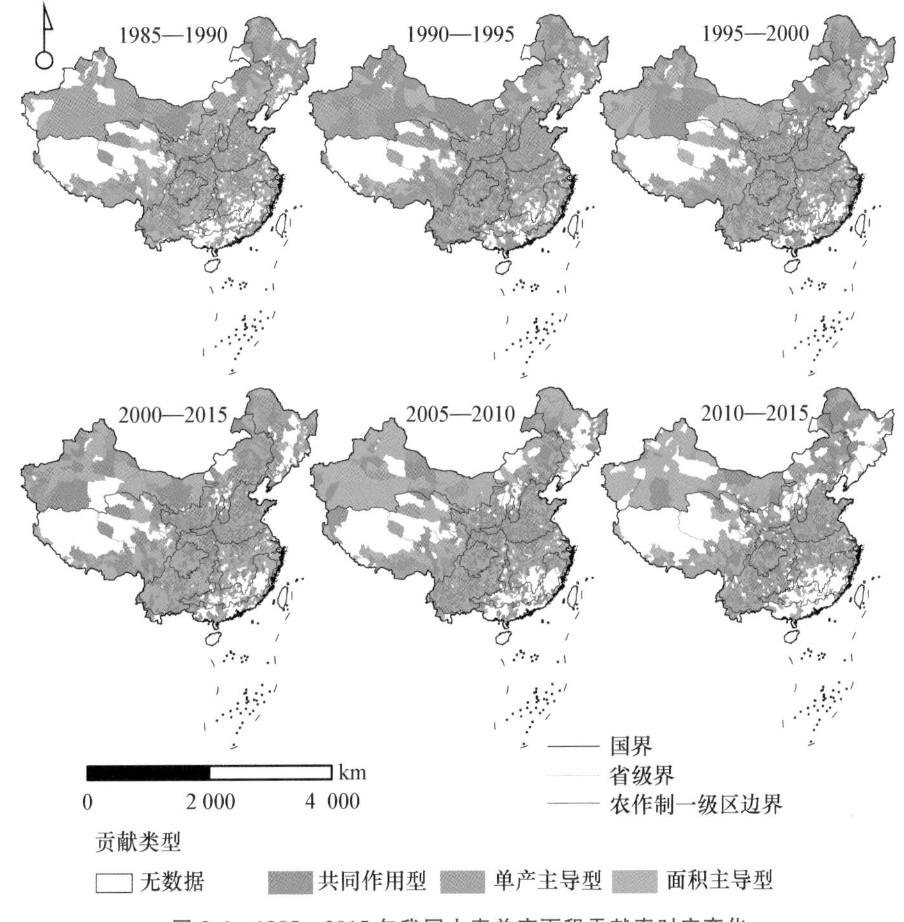

图3-6 1985—2015年我国小麦单产面积贡献率时空变化

黄淮海平原农作区产量贡献由单产主导逐渐发展成面积主导和单产主导交互影响(图3-7)。黄淮海平原农作区是我国小麦播种面积最大、产量最多、单产水平最高、单产水平提高最快的农作区。近30年来，该农作区总产量始终不断增加，从1985年的5 100多万t增加到2015年超过1亿t。1995年之前，该区总产量增加以单产主导型为主，且其占比较大；面积主导型在这一时期占比较小，不到 20%。2000 年以后，3 种贡献类型县数占比差异不大，均在 30%左右，但以面积主导型最多，因此在此期间以面积增加为总产增加的主要因素，但单产贡献也不可忽视。但应注意，1985—1995 年以单产主导型为主并不代表其单产水平提高较快，该区在近 30 年间单产水平增速较为稳定，只是因为单产增加带来的产量变化量高于面积变化带来的影响。2000—2015 年，该区小麦面积和单产均有明显提高，因此三者占比相近。

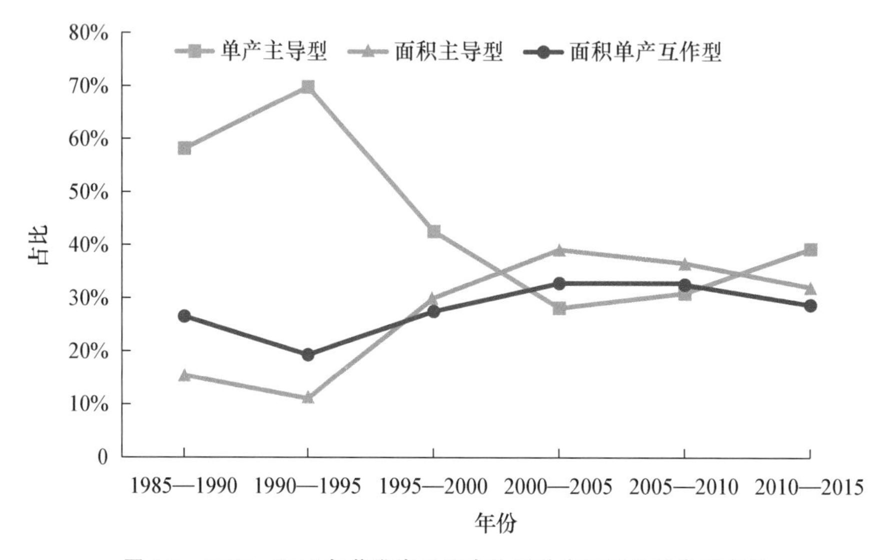

图 3-7　1985—2015 年黄淮海平原农作区单产面积贡献类型变化

北部中低高原农牧区单产主导效应一直减弱，而面积单产互作主导效应却一直增强（图 3-8）。依据小麦种植区划，北部中低高原农牧区中的内蒙古高原亚区、晋西北中高原亚区和蒙东南辽吉西冀北亚区、晋东土石山地亚区和黄土高原西部丘陵亚区和黄土高原东部丘陵亚区北部部分地区等亚区是春麦区，其余亚区是北部冬麦区。在 1985—1990 年小麦总产量提高，随后 25 年逐渐下降。由于该区小麦单产水平提高较慢，小麦播种面积下降迅速，所以该区在总产量下降变化中，单产主导型县数占比逐渐减小，共同作用型不断增加，占比在 1995 年之后保持最大。

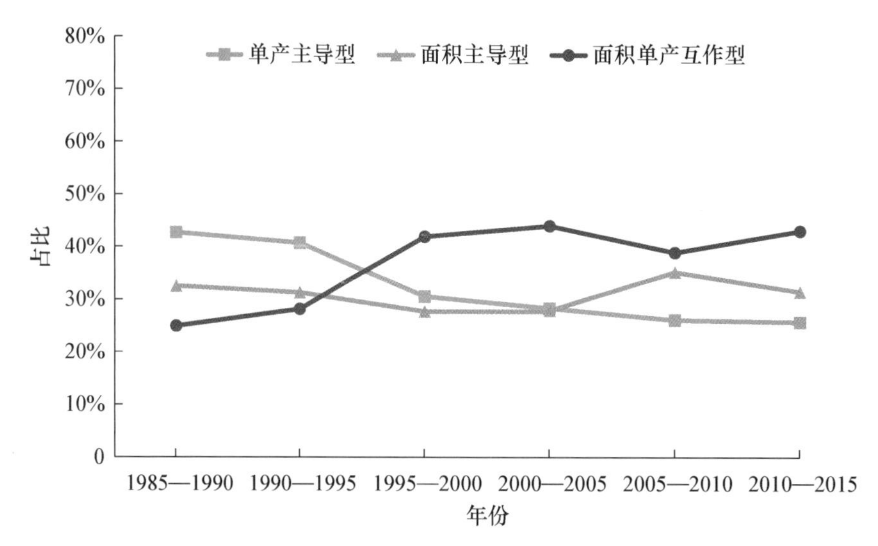

图 3-8　1985—2015 年北部农牧区单产面积贡献类型变化

西北农牧区从以单产主导型转变为以面积主导型为主(图 3-9)。在小麦种植区划中主要为西北春麦区和新疆冬春麦区，在 1985—2005 年其总产量缓慢增加，1985—1995 年以单产提高为主要贡献因素，1995—2005 年以面积增加为主要贡献因素；在 2005—2015 年总产量迅速增加，其总产量从 2005 年的 541 万 t 提高到 2015 年的超过 855 万 t，这一期间主要以面积增加为主要贡献因素。

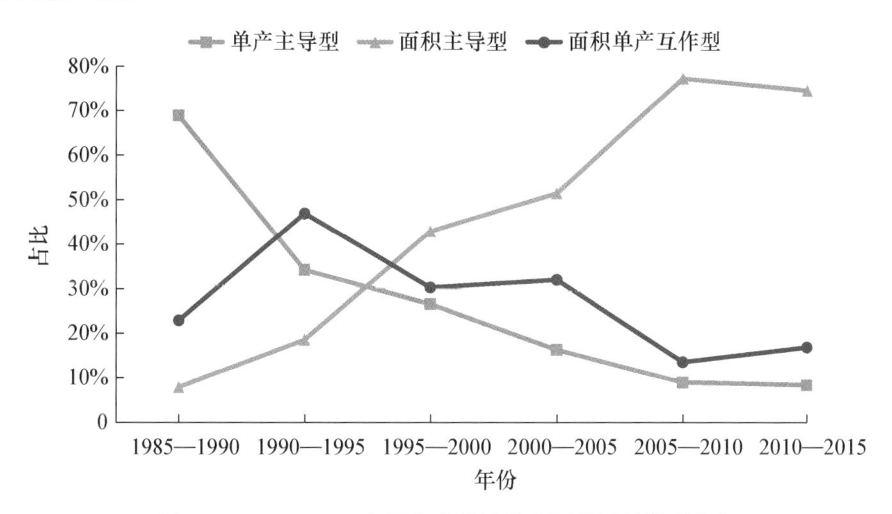

图 3-9　1985—2015 年西北农牧区单产面积贡献类型变化

四川盆地农作区近年来面积主导型远高于单产主导型(图 3-10)。四川盆地农作区是我国西南地区小麦种植较为集中的区域，在 1985—1995 年其总产量增加，其中 1985—1990 年以面积主导型和面积单产互作型为主，1990—1995 年以单产提高为主要贡献因素；随后总产量不断下降，从 1995 年的 800 万 t 减少到 2015 年的 420 万 t，主要由面积减少导致。

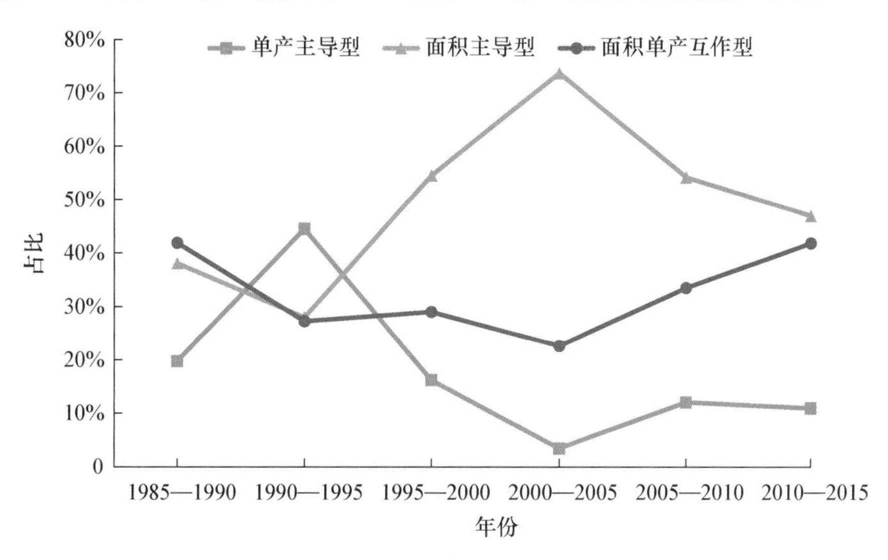

图 3-10　1985—2015 年四川盆地农作区单产面积贡献类型变化

3.4 不同因素对小麦生产变化的影响

3.4.1 一熟地区小麦和玉米种植替代性分析

在耕地资源有限的前提下，同期作物因播种时间和生长周期较为接近，互相存在一定的竞争性用地关系，因此其空间分布格局也具有明显的关联性（徐慧等，2017），是互为替代性作物。我国种植制度划分为 3 个零级带（刘巽浩，1987），其中一年一熟带与小麦种植区划（赵广才，2010）中东北春麦区、北部春麦区、西北春麦区、新疆冬春麦区和青藏春冬麦区大体重合，而新疆东春麦区北疆以春小麦为主，南疆大部分适宜种植强冬性小麦，青藏春冬麦区春小麦面积占 66％以上，这两个小麦种植亚区的小麦和玉米种植时期并不重合，因此其相互之间竞争性用地关系不强。而东北春麦区、北部春麦区和西北春麦区的春小麦和玉米生长期满足替代性作物关系。故本节将以上 3 个小麦种植亚区作为一熟地区小麦和玉米种植替代性分析研究区域，以下简称一熟地区（图 3-11）。

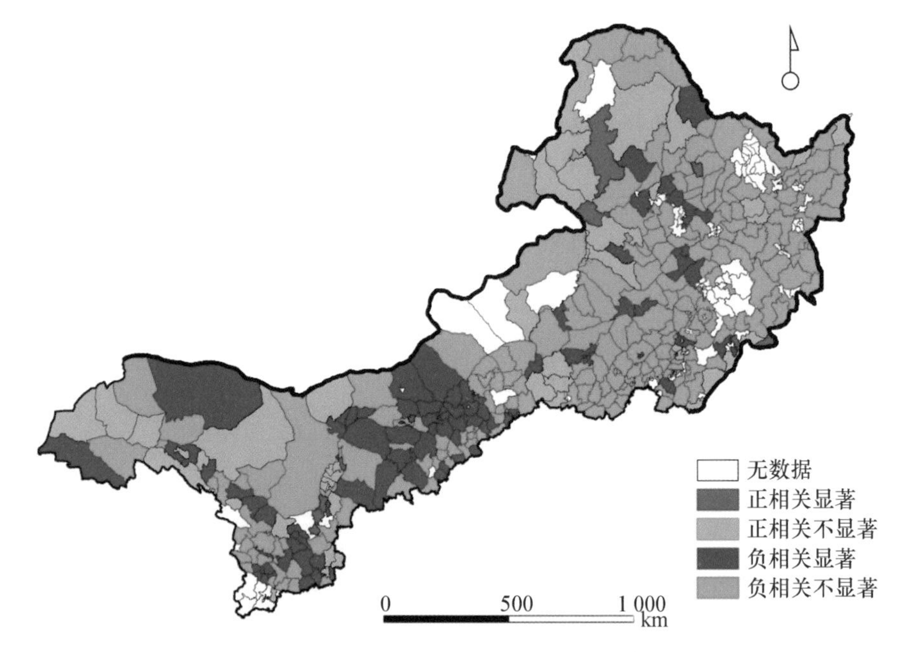

图 3-11 一熟地区小麦和玉米播种面积相关性空间分布

对一熟地区共 507 个县的相关性分析发现，小麦和玉米播种面积负相关比例较大（表 3-8）。该区数据有效县为 377 个，其中小麦和玉米播种面积呈负相关关系的县有 312 个，占数据有效县的 82.76％，显著相关的县为 85 个，主要分布在山西大同市、忻州市和朔州市地区，内蒙古呼和浩特市、赤峰市、鄂尔多斯市、巴彦淖尔市、乌兰察布市、锡林郭勒盟和阿拉善盟等地区，甘肃省白银市、武威市、张掖市、平凉市、酒泉市、定西石嘴山市和临夏回族自治州等地区；东北地区较为分散，主要在黑龙江富裕县、林甸县、安达市、兰西县、安农县及前郭尔罗斯蒙古族自治县、辽宁铁岭县和海城市。小麦和玉米播种面积呈正相关的县有65 个，主要分布在内蒙古东部呼伦贝尔地区和甘肃酒泉北部部分地区，其中达到显著相关的县仅有 15 个。

表 3-8　一熟地区小麦和玉米播种面积相关性分析

相关性	显著性差异	数据有效县数/个	占比/%
正相关	显著	15	3.98
	不显著	50	13.26
负相关	显著	85	22.55
	不显著	227	60.21

注：$P<0.05$ 显著相关。

内蒙古中部地区小麦和玉米播种面积呈现显著负相关(图 3-12)。内蒙古中部地区包括通辽市、鄂尔多斯市、巴彦淖尔市、乌兰察布市、锡林郭勒盟和阿拉善盟等地区，对该区小麦和玉米播种面积呈显著负相关地区的小麦、玉米播种面积加和后进行相关性分析发现，随着玉米播种面积的增加，小麦播种面积在不断减少，且具有显著性。在 1985—2015 年的 30 年间，该区域玉米播种面积平均增加 1 hm^2，小麦减少 0.35 hm^2。

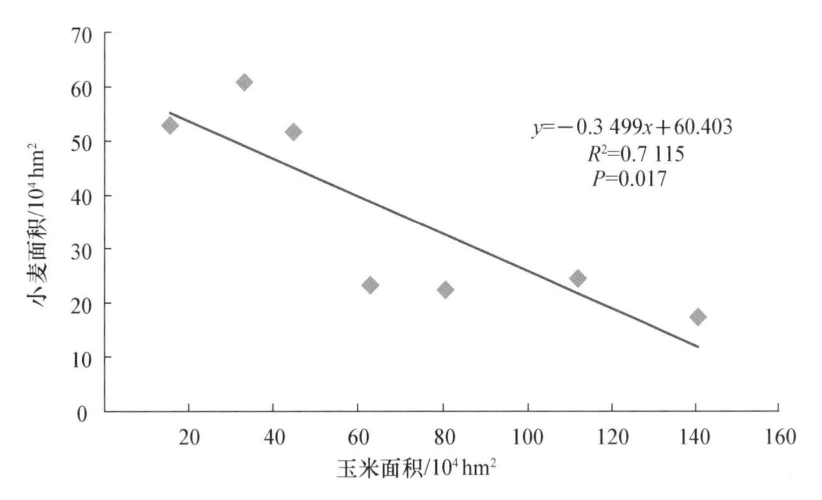

图 3-12　内蒙古中部地区小麦和玉米播种面积相关性分析

甘肃地区小麦与玉米播种面积也呈现显著负相关(图 3-13)。甘肃地区包括白银市、武威市、张掖市、平凉市、酒泉市、定西市、临夏回族自治州、石嘴山市等 8 个地区，对该区小麦和玉米播种面积呈显著负相关地区的小麦、玉米播种面积加和后进行相关性分析发现，小麦和玉米播种面积呈现极显著负相关。该区域在 1985—2015 年的 30 年间，玉米播种面积平均每增加 1 hm^2，小麦减少 0.77 hm^2。

一熟地区农户在制订播种计划时，生产净收益是影响农户选择的重要因素。一般而言，农户倾向于选择种植净收益高的作物。因此在分析小麦和玉米的替代性的时候，比较两者的收益是确定两者竞争力的重要指标。本部分数据来源于《全国农产品成本收益资料汇编》，并以省级行政区为统计单位；为方便比较，将 1985—2015 年有连续数据的省份划分如下，小麦主产省包括河北、江苏、安徽、山东、河南 5 省，西北省份包括山西、内蒙古、陕西、甘肃、宁夏、新疆 6 省(自治区)，东北省份包括黑龙江一个省，南方省份包括湖北、四川、云南 3 省。

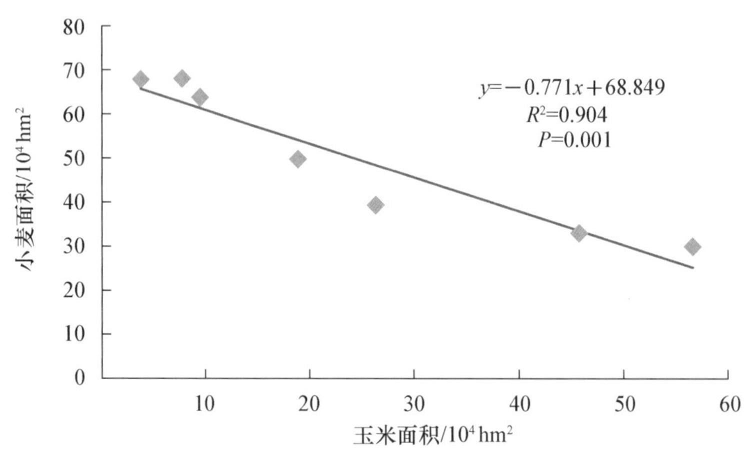

图 3-13　甘肃地区小麦和玉米播种面积相关性分析

1985—2015 年期间，各地区玉米净收益大于小麦，不同年份收益差距不同（图 3-14）。1985—1993 年，各地区间玉米和小麦净收益差较小，基本在 500 元/hm^2 以内。1993—2009 年，不同地区间净收益差增加且波动性增强，其差值在 500～2 250 元/hm^2，且以西部省份和东北省份净收益差较大，而西北和东北省份又是小麦和玉米存在极大竞争关系的地区，这两个地区玉米和小麦净收益差的增加进一步增加了该地区玉米播种面积的增加，从而减少了小麦的播种面积。2010—2014 年净收益差有所减小，且不同地区差异明显。其中西部省份两种作物净收益差最大，在 2010—2012 年超过 3 750 元/hm^2。受国家玉米临储价格下调的政策影响，2015 年主产省份、西部省份及南方省份出现玉米平均净收益低于小麦的情况。

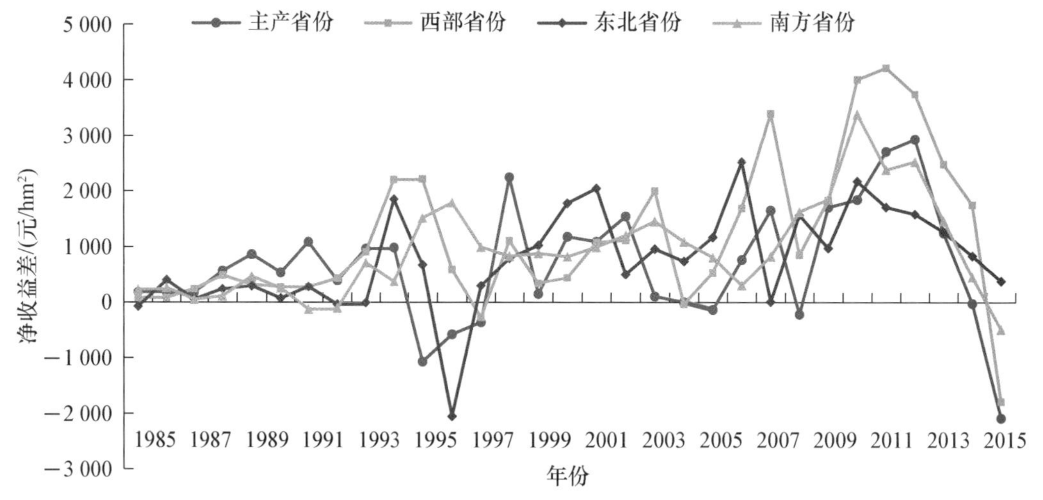

图 3-14　1985—2015 年玉米与小麦净收益差（玉米－小麦）变化

1985—2015 年期间，玉米成本利润率整体高于小麦，不同年份成本利润率差异不同（图 3-15）。1985—1993 年，相比其他区域，小麦主产省份的玉米和小麦成本利润率差最高。1994—2004 年，不同地区成本利润率差变化明显，其中西北省份和东北省份成本利润率差较高。2005—2015 年各地区间成本利润率差在波动中降低，且各区域之间差异缩小，但仍以西北省份成本利润率差为最高，这表明西北省份消耗全部资源的净回报率更高。

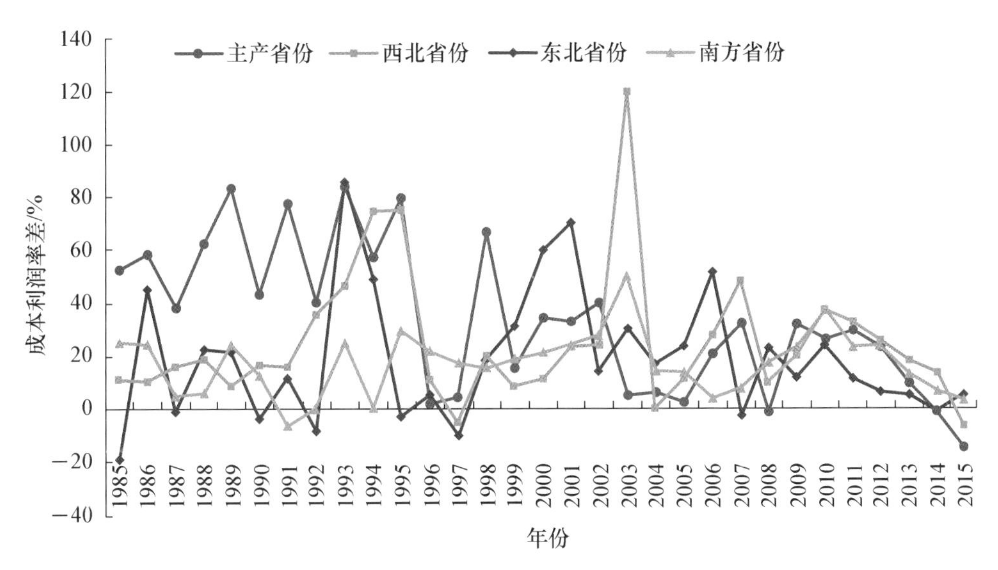

图 3-15 1985—2015 年玉米与小麦成本利润率差(玉米一小麦)变化

综合来看,一熟地区的小麦和玉米种植可相互替代,且在 1985—2015 年的 30 年中,两种作物的播种面积存在很强的负相关关系,即一种作物的增加往往会造成另一种作物播种面积的减少。在小麦和玉米的竞争中,小麦往往处于一种不利地位,主要是因为该地区主要种植春小麦,小麦产量要低于玉米,所以低产的春小麦被高产的玉米代替;同时对该地区小麦和玉米的成本收益进行分析也可以看出,1985—2015 年期间,大多数时间一熟区玉米的收益要高于玉米,且两者之间的收益差呈现一种逐步扩大的趋势,促进了该地区的玉米播种面积的增加和小麦播种面积的减少。最终,在多方面因素的作用下,该地区小麦播种面积不断减少而玉米播种面积持续扩大。

3.4.2 气候变化对小麦生产时空变化的影响

气候变暖是气候变化的最显著特征之一,其中又以北半球高纬度地区的气温升高最为明显。近 50 年来,我国气温增加幅度十分显著。杨晓光等(2011)对我国 1961—2007 年间农业气候资源时空变化特征进行研究发现,我国气候在全年和喜温作物生长期内总体表现为暖干趋势,但不同地区不同生长期内气候特征不同(表 3-9)。其中,我国北方地区在冬季增温趋势尤为显著,东北地区总体气温呈单调上升趋势,西北地区东部表现为暖干化趋势,西部呈暖湿化趋势。不同作物对温度的响应也不相同,玉米作为一熟地区主要粮食作物之一,是典型的喜温作物;春小麦也是该地区一种重要的粮食作物,为喜凉作物(王晓煜等,2015)。

表 3-9 不同地区作物生长期气候特征

生长期	特征	区域
喜温作物生长期	暖干	西南、华北、东北
	暖湿	长江中下游、西北、华南
喜凉作物生长期	暖干	华北
	暖湿	西北

引自杨晓光等(2011)。

1985—2015 年期间，该区域小麦玉米单产均显著增加（图 3-16）。其中小麦从 1985 年的 3 400 kg/hm^2 增加到 2015 年超过 6 300 kg/hm^2；玉米则从 1985 年的超过 3 800 kg/hm^2 增加到 2015 年的超过 7 000 kg/hm^2。其中两种作物增产速率相近，春小麦在此期间增产速率近 98 kg/(hm^2 · 年)；玉米近 91 kg/(hm^2 · 年)。同一时间段中，玉米单产始终高于小麦单产。

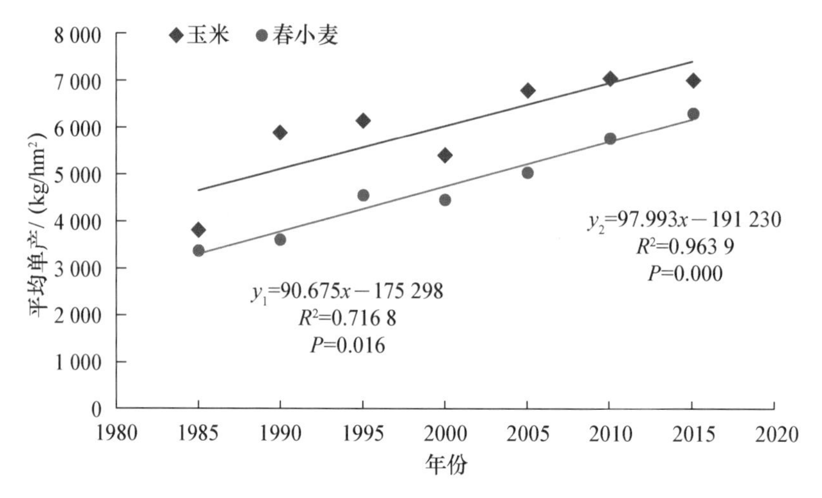

图 3-16　1985—2015 年一熟地区小麦和玉米平均单产变化趋势

作物单产水平增加的因素十分复杂，玉米作为 C4 作物，其高产潜力大于小麦，气候变暖对喜温作物玉米生长更有利，更有利于发挥其单产潜力。同样，气候变暖使得冬小麦种植北界北移（杨晓光，2014），在春麦种植区进行冬小麦的种植，可以发挥冬小麦产量高的优势，增加一熟地区粮食产量。

3.4.3　品种更替对小麦生产时空变化的影响

小麦品种是影响小麦单产的最重要的因子，一个地区小麦主要推广品种可以反映该地区小麦的生产水平。小麦生育期长短对于单产影响极大，小麦品种更替过程中适应气候变化的一个重要指标，生育期长的晚熟品种单产一般高于生育期短的早熟品种。对我国不同时期小麦主产省份主要推广品种及其生育期长短进行分析，可探究品种更替对小麦生产时空变化的影响。

1990—2015 年，我国冬小麦主要推广品种种类波动中增加，小麦种植品种类型更加多样化（图 3-17）。推广面积超过 45 万亩（1 亩≈666.7 m^2）的小麦品种数从 1985 年的 110 个增加到 2015 年的 135 个。其中推广面积 45 万～90 万亩的品种占比较高，且随着时间推移其占比越来越大。推广面积 90 万～500 万亩和 500 万亩以上的大品种数量保持稳定，分别为 50 个和 15 个左右。

以小麦增产速率较快的 3 个主产省江苏、河南、山东为例，由表 3-10 可以看出，3 个省份不同年份推广面积前 10 位的品种，是各省份小麦主体品种，因此可以利用这些品种的特征变化研究相应地区的小麦品种变化情况。对各省份推广面积前 10 位品种的生育期进行分析，可以反映相应地区小麦品种变化特征。

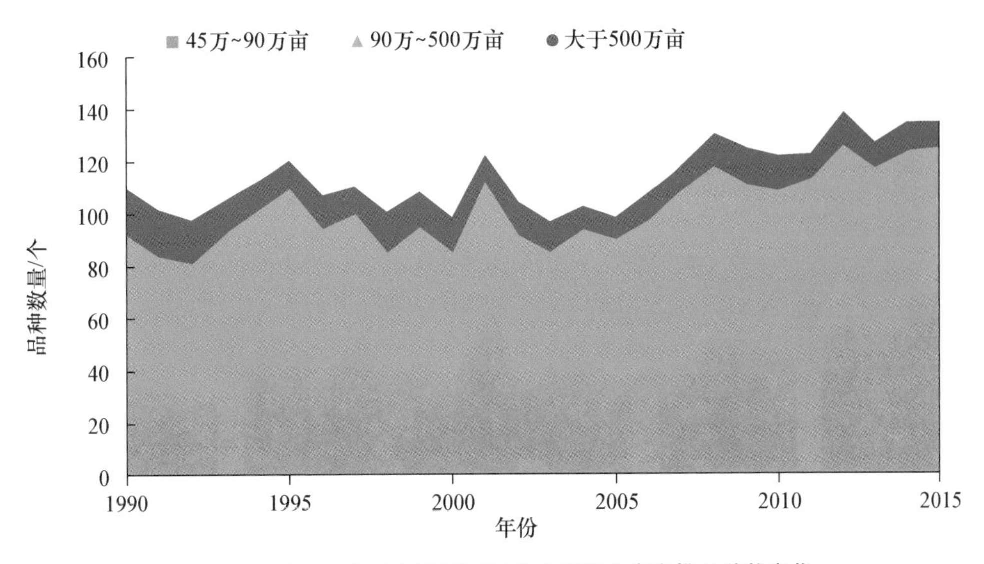

图 3-17 1990—2015 年我国不同推广面积小麦主推品种数变化

表 3-10 不同省份推广面积前 10 位品种面积占其小麦播种面积比例 %

省份	1990 年	1995 年	2000 年	2005 年	2010 年	2015 年
江苏	78.72	78.28	74.63	76.70	72.43	60.95
山东	64.83	66.60	77.14	97.40	97.08	87.83
河南	77.54	78.95	71.90	71.55	81.07	66.77

江苏省主推小麦品种生育期增长(图 3-18)。1990 年和 1995 年,以中早熟和中熟品种为主;2000 年中早熟、中熟和中晚熟品种占比相当;2005 年以后,以中熟和中晚熟品种为主,其中 2015 年中晚熟品种占比达到 31%。早熟品种从 1990 年的 539 万亩下降到 2015 年的 198 万亩,中熟品种在 1990 年为 263 万亩,而中晚熟品种则从 1985 年的 405 万亩增加到 2015 年的 626 万亩。其中徐州 25、烟农 19 号、淮麦 20 和济麦 22 等中晚熟品种推广面积较大。

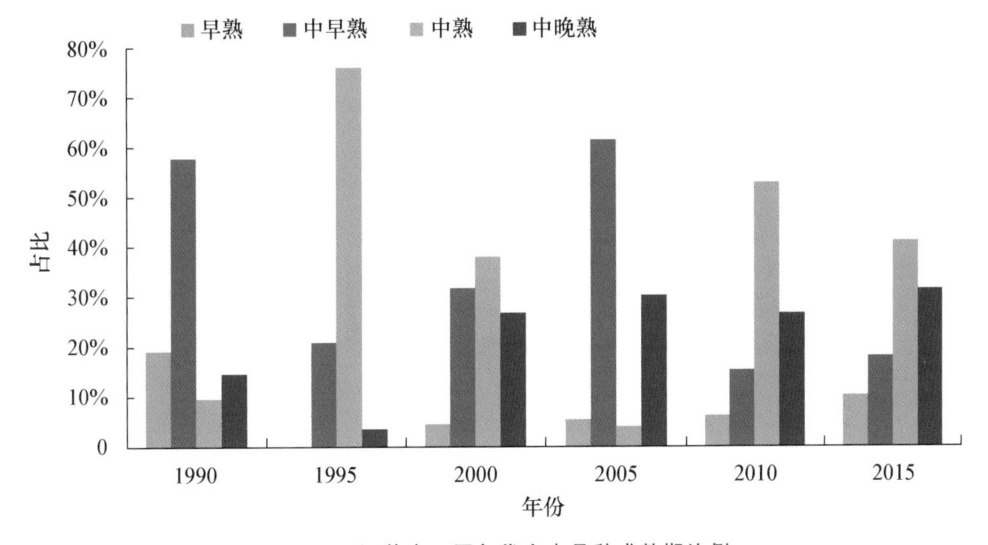

图 3-18 江苏省不同年代小麦品种成熟期比例

河南省早熟品种占比先增后减，而中熟品种在 2010 年后成为主要品种(图 3-19)。1990 年以中早熟品种为主，占比达 65.59%；1990—2005 年早熟品种占比不断增加，中熟品种减少；2010—2015 年，早熟品种占比降低，以中熟品种为主。2010 年中晚熟品种出现，推广面积为 356 万亩，到 2015 年达到 432 万亩。众麦 1 号、中麦 895、丰德存麦 1 号和洛麦 23 是河南省推广面积较大的中晚熟品种。

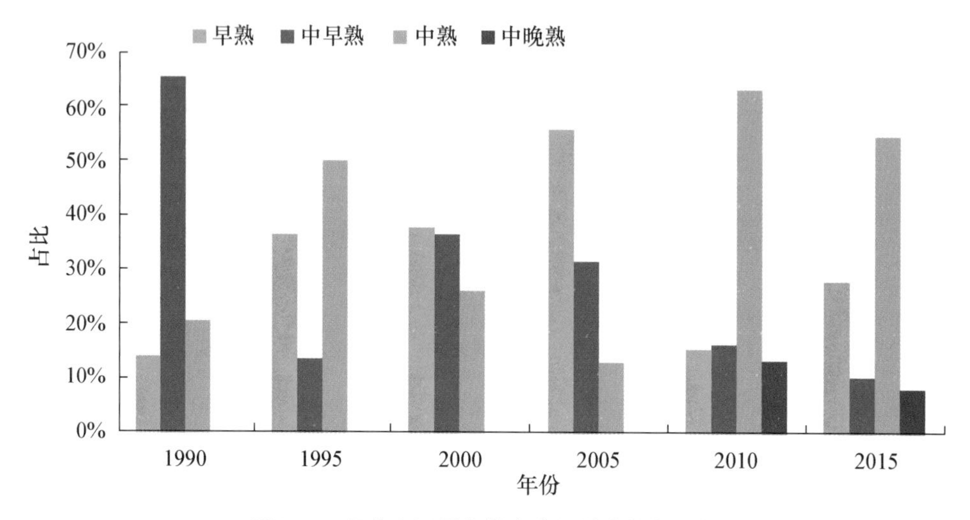

图 3-19　河南省不同年代小麦品种成熟期比例

山东省的长生育期小麦主推品种增多(图 3-20)。1990 年以中熟和中晚熟品种为主，两者占比之和超过 90%；1995—2005 年以中早熟品种为主，且中熟品种占比较稳定；2005 年早熟品种消失；2010 年和 2015 年，中晚熟品种占比最大，分别达到 60%和 78%，推广面积分别达到 3 076 万亩和 3 910 万亩；在 2015 年出现了晚熟品种，推广面积为 187 万亩。其中，中晚熟代表品种有济麦 22、烟农 19 号、烟农 21 和鲁原 502，晚熟品种为山农 22。

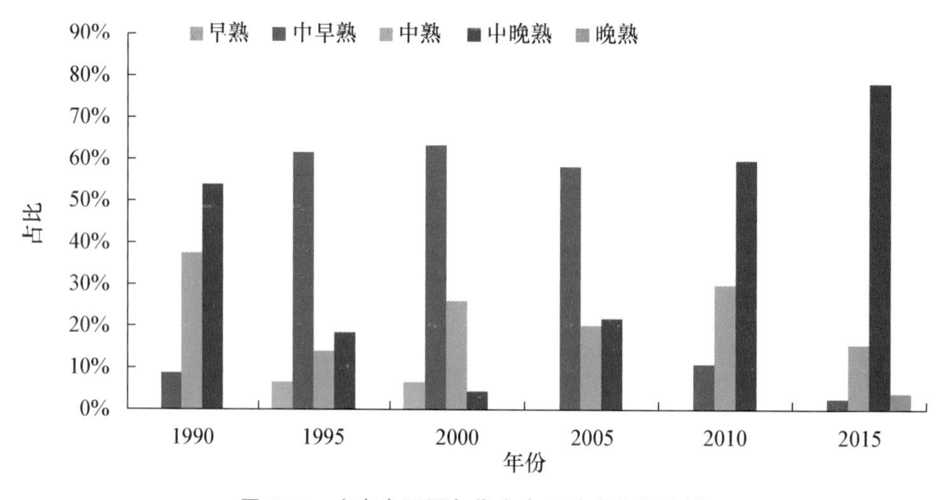

图 3-20　山东省不同年代小麦品种成熟期比例

参考文献

[1]刘巽浩. 中国的多熟种植[M]. 北京:北京农业大学出版社,1987:43-45.

[2]王晓煜,杨晓光,孙爽,等. 气候变化背景下东北三省主要粮食作物产量潜力及资源利用效率比较[J]. 应用生态学报,2015,26(10):3091-3102.

[3]徐慧,汪权方,李家永,等. 1980 年以来中国大宗作物空间格局变化分析[J]. 长江流域资源与环境,2017,26(1):55-66.

[4]杨晓光,李勇,代姝玮,等. 气候变化背景下中国农业气候资源变化Ⅸ. 中国农业气候资源时空变化特征[J]. 应用生态学报,2011,22(12):3177-3188.

[5]杨晓光. 气候变化对中国种植制度影响研究[M]. 北京:气象出版社,2014:102-112.

[6]赵广才. 中国小麦种植区划研究(一)[J]. 麦类作物学报,2010,30(5):886-895.

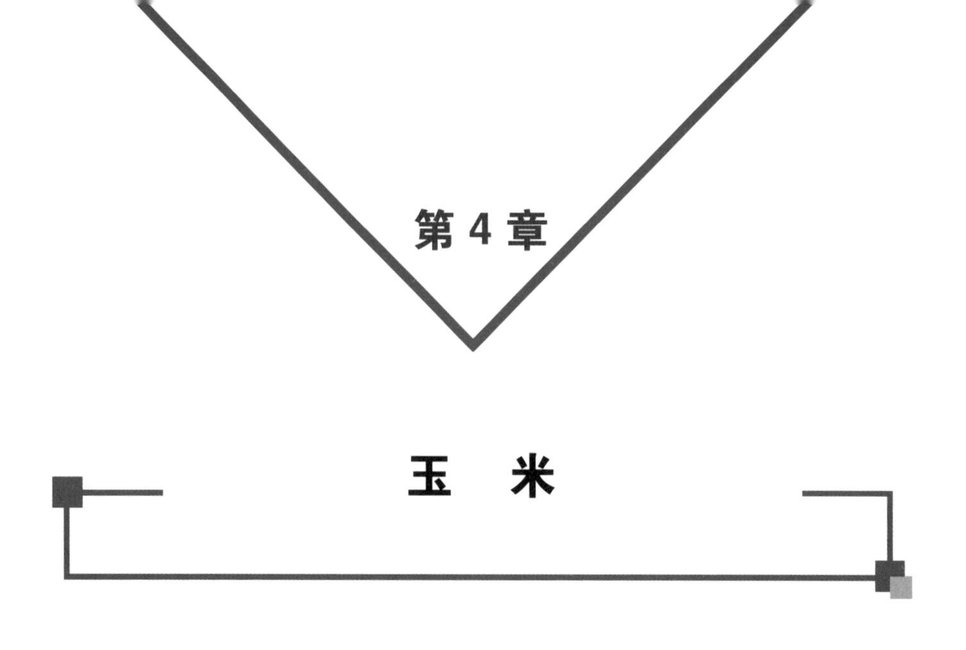

第4章

玉　米

玉米是我国三大粮食作物之一，2015 年其播种面积为 3 813 万 hm^2，总产量为 2.25 亿 t，分别占我国农作物总播种面积的 33.63%和粮食总产量的 36.15%，播种面积和总产量均居首位。作为重要饲料、食品和工业原料，伴随经济增长和社会发展，我国对玉米的需求量不断增长，保障玉米生产对保障我国粮食安全具有重要意义。在玉米生产快速发展的同时，我国的玉米产业也面临很多新挑战，生产区域持续向北集中，环境和社会经济因素的制约效应逐渐凸显；高水肥投入导致土壤和水污染问题加剧，也导致总体生产成本高而缺乏竞争力；生产规模偏小，新技术和机械化难以大面积推广；收储价格起伏不定，农民收入减少，损害生产积极性。鉴于以上情况，本章通过分析我国玉米生产时空变化趋势和不同时期玉米生产贡献因素，以期为我国调整玉米生产结构和解决玉米生产关键问题提供支持。

4.1　1985—2015 年我国玉米生产时空变化

4.1.1　1985—2015 年我国玉米生产的时间变化趋势

30 年来我国玉米总产量、播种面积和单产水平的发展速度均高于粮食生产总体情况，在粮食生产中的地位也越来越重要(图 4-1)。1985—2015 年，我国玉米总产量由 6 383 万 t 增长至 21 955 万 t，播种面积由 1 769 万 hm^2 增长至约 3 677 万 hm^2，平均单产由 3 607 kg/hm^2 增长至 5 971 kg/hm^2，近 30 年间玉米总产量增长 2.44 倍，年均增长率 4.07%；播种面积增长 1.08 倍，年均增长率 2.39%；单产水平提高 65.54%，年均增长率 1.64%。同期我国粮食总产量由 3.79 亿 t 增长至 6.16 亿 t，播种面积由 1.09 亿 hm^2 增长至 1.13 亿 hm^2，平均单产由 3 483 kg/hm^2 增长至 5 452 kg/hm^2，分别增长 62.53%、3.67%和 56.58%(国家统计局，2017)。玉米总产量和播种面积在我国粮食生产中的比重分别由 1985 年的 16.84%和

16.26%上升至 2015 年的 35.63%和 32.53%，均增长 1 倍以上。30 年来，我国玉米总产量、播种面积和单产水平的发展速度均高于粮食生产总体情况，在粮食生产中的地位也越来越重要（李少昆等，2009）。

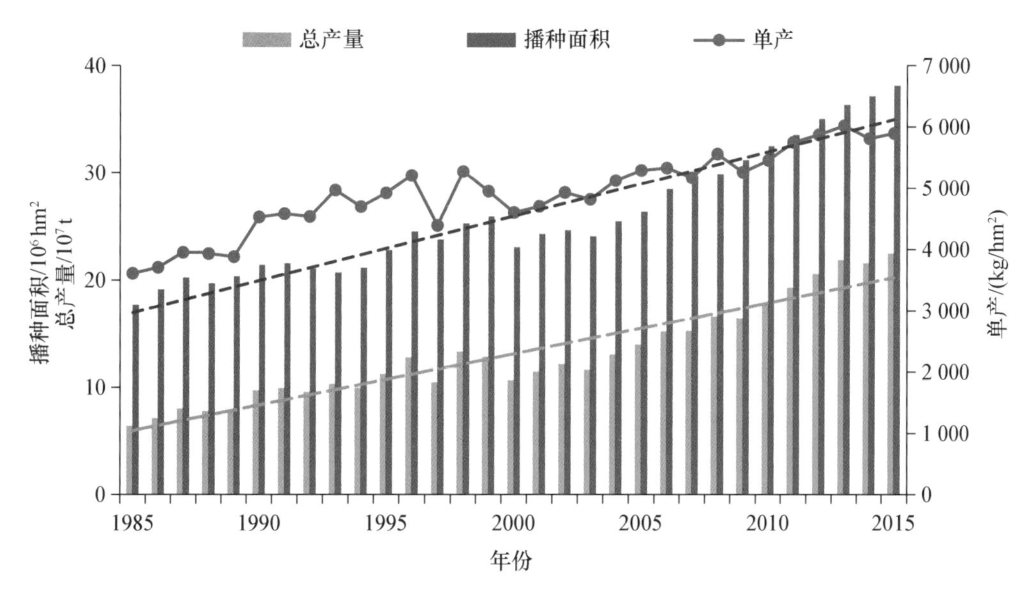

图 4-1　1985—2015 年我国玉米总产量、播种面积和单产

1985—2015 年我国玉米生产经历了以下 4 个阶段。

(1)1989 年以前的稳步增长期。玉米总产量由 1985 年的 6 383 万 t 增长至 1989 年的 7 893 万 t，年均增长率为 5.45%，播种面积由 1 769 万 hm^2 增长至 2 035 万 hm^2，年均增长率为 3.56%，单产水平由 3 607 kg/hm^2 提高到 3 878 kg/hm^2，年均增长率为 1.65%。此阶段玉米播种面积增长速度高于全国 30 年平均水平，单产提高速度略高于全国 30 年平均水平。

(2)1990—1998 年的快速增长期。玉米总产量增长至 13 295 万 t，年均增长率为 5.97%，播种面积增长至 2 524 万 hm^2，年均增长率为 2.42%，单产水平提高至 5 268 kg/hm^2，年均增长率为 3.46%。此阶段玉米播种面积增长速度与全国 30 年平均水平持平，单产提高速度高于全国 30 年平均水平。

(3)1999—2003 年的下降期。4 年间，玉米总产量降低至 11 583 万 t，年均降低 2.72%，播种面积降低至 2 407 万 hm^2，年均降低 0.95%，单产水平降低至 4 813 kg/hm^2，年均降低 1.79%。

(4)2004 年以后的稳定增长期。2004—2015 年的 11 年间，玉米总产量增长至 21 955 万 t，年均增长率为 5.04%，播种面积增长至 3 677 万 hm^2，年均增长率为 3.31%，单产水平提高到 5 971 kg/hm^2，年均增长率为 1.67%。2013 年后，全国玉米总产量、播种面积和单产水平保持稳定。此阶段玉米播种面积增长速度高于全国 30 年平均水平，单产提高速度与全国 30 年平均持平（赵久然等，2013）。

4.1.2　1985—2015 年我国玉米生产空间分布变化

玉米在我国种植分布广泛，但是主产区相对比较集中，主产区集中在东北—华北—西南条带，其中东北和华北是最主要的玉米生产区（图 4-2）。根据我国的农作制分区（刘巽浩等，2005），黄淮海平原农作区和东北平原山区农林区是最重要的玉米生产区，多年玉米播种面积占全国的 60%左右，并且玉米总产量超过了全国的 60%（刘忠等，2013）。北部中低高原农牧区是我国另一重要的玉米生产区（陈秧分等，2013），近 30 年来玉米生产发展迅速，占全国玉米总产量和播种面积的比重不断上升。其他玉米生产区有西北农牧区、西南中高原农林区和四川盆地农作区。长江中下游与沿海平原农作区、华南沿海农林渔区和江南丘陵农林区只有少量玉米生产分布，青藏高原农林区则只有零星玉米生产分布。

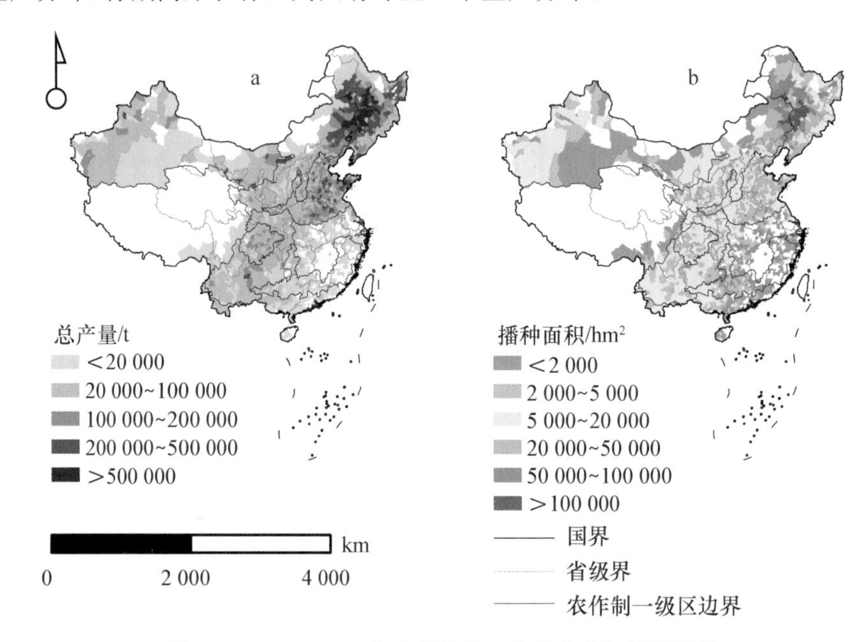

图 4-2　1985—2015 年各县平均玉米总产量和播种面积

近 30 年我国各农作区玉米生产均有发展，其中北方玉米生产区发展更迅速，占全国玉米的比重持续扩大（表 4-1）。分析 1985 年、1990 年、1995 年、2000 年、2005 年、2010 年和 2015 年各农作区玉米产量和播种面积占全国玉米总产量和总播种面积的比例，东北平原山区农林区、北部中低高原农牧区、西北农牧区的总产量比例和面积比例呈增加趋势，黄淮海平原农作区、西南中高原农林区、四川盆地农作区的总产量比例和面积比例呈下降趋势，长江中下游与沿海平原农作区、江南丘陵农林区、华南沿海农林渔区的总产量比例和面积比例保持稳定（徐志宇等，2013；刘珍环等，2016）。我国北方玉米生产区主要为东北平原山区农林区、黄淮海平原农作区、北部中低高原农牧区和西北农牧区，虽然黄淮海平原农作区玉米总产量比例和播种面积比例不断降低，但以上 4 个农作区玉米总产量比例总和与播种面积比例总和多年都呈上升趋势，2015 年玉米总产量比例超过 80%，播种面积比例超过 85%。西南玉米生产区主要为西南中高原农林区和四川盆地农作区，近 30 年来这两农作区玉米总产量比例和播种面积比例之和分别降低了约 10 个百分点（刘彦随等，2009）。南方玉米生产区主要为长江中下游与沿海平原农作区、江南丘陵农林区和华南沿海农林渔区，在全国玉米生产中比例小且比例稳定，玉米总产量约占全国总产量的 6%，播种面积约占全国总播种面积的 4%（邓宗兵等，2013）。

表 4-1　1985—2015 年各农作区玉米总产量和播种面积比例

农作区	1985 年	1990 年	1995 年	2000 年	2005 年	2010 年	2015 年
总产量比例/%							
东北平原山区农林区	24.77	25.67	25.02	20.62	24.81	28.1	30.38
黄淮海平原农作区	38.19	38.44	37.51	37.22	35.9	34.36	31.56
长江中下游与沿海平原农作区	1.70	1.42	1.75	2.66	2.17	2.00	2.26
江南丘陵农林区	1.49	1.74	1.74	2.35	2.05	1.70	1.64
华南沿海农林渔区	2.01	1.92	1.86	2.35	2.15	1.78	1.70
北部中低高原农牧区	7.97	9.70	11.29	12.99	14.31	15.05	15.79
西北农牧区	2.50	2.67	2.81	3.02	3.56	4.06	4.84
四川盆地农作区	6.60	5.69	5.65	5.83	4.72	3.90	3.50
西南中高原农林区	14.4	12.42	12.07	12.68	10.11	8.87	8.17
青藏高原农林区	0.36	0.33	0.30	0.29	0.22	0.19	0.16
播种面积比例/%							
东北平原山区农林区	25.84	33.16	30.83	23.30	30.02	32.80	34.45
黄淮海平原农作区	41.43	38.27	39.81	39.09	34.72	34.01	30.34
长江中下游与沿海平原农作区	1.99	1.34	1.73	2.77	1.81	1.73	1.90
江南丘陵农林区	0.78	0.71	0.85	1.51	1.33	1.11	1.12
华南沿海农林渔区	1.03	0.87	0.97	1.48	1.27	1.07	1.18
北部中低高原农牧区	8.15	9.84	10.00	10.74	13.44	13.01	14.56
西北农牧区	2.71	2.87	3.55	4.62	4.92	5.55	6.88
四川盆地农作区	6.93	5.06	4.30	5.55	4.47	3.52	3.07
西南中高原农林区	10.85	7.65	7.78	10.75	7.88	7.07	6.39
青藏高原农林区	0.30	0.22	0.19	0.21	0.14	0.12	0.11

4.2 我国玉米生产集中度的变化

4.2.1 玉米产量集中度变化

近 30 年，我国玉米生产县数量都呈连续增加趋势，但玉米总产量向少数产量大县（占 30%）集中的程度逐渐提高，剩余 70%左右的玉米生产县的总产量低于 10 万 t。1985 年全国玉米生产县为 1 891 个，2015 年为 2 456 个。玉米生产县数量增加最多的农作区为长江中下游与沿海平原农作区，30 年增加 174 个，其次为黄淮海平原农作区和东北平原山区农林区，分别增加 91 个和 63 个。以各县玉米总产量进行分级，<2 万 t 的数量最多，但比例呈降低趋势，1985 年、1990 年、1995 年、2000 年、2005 年、2010 年和 2015 年分别占总玉米生产县数的 55.53%、53.07%、50.28%、47.70%、46.22%、43.00%和 40.02%，其总产量占全国玉米总产量的比例由 1985 年的 9.25%降至 2015 年的 2.29%。总产量 2 万～10 万 t 的县数量较稳定，占全国玉米生产县数量由 1985 年的 37.97%降至 2015 年的 32.94%，其总产量占全国玉米总产量的比例由 1985 年的 54.57%降至 2015 年的 16.26%。总产量 10 万～20 万 t、20 万～50 万 t 和>50 万 t 的玉米生产县数量都快速增长，分别由 1985 年 100 个、18 个和 5 个增加至 2015 年

335 个、232 个和 97 个。总产量 10 万～20 万 t 的玉米生产县总产量占全国玉米总产量的比例呈先升后降趋势，1985 年、1990 年、1995 年、2000 年、2005 年、2010 年和 2015 年的占比分别为 21.50％、25.11％、28.72％、33.36％、25.75％、21.44％和 17.98％。总产量 20 万～50 万 t 和＞50 万 t 的玉米生产县总产量占全国玉米总产量的比例都呈上升趋势，分别由 1985 年的 8.94％和 5.74％上升至 2015 年的 26.74％和 36.73％，总产量＞50 万 t 的玉米生产县已成为我国玉米生产的重要部分。

按照每 10 年一个时间段，将 1985—2015 年分成 3 个时间段进行分析，结果如下。

(1)1985—1995 年，5 个总产量等级的玉米生产县数量都增加，增加较多的是总产量 10 万～20 万 t、20 万～50 万 t 和＞50 万 t 的玉米生产县，此时期玉米总产量增加主要依靠主产区东北平原山区农林区和黄淮海平原农作区。总产量 10 万～20 万 t 的玉米生产县总产量增加最多，占全国玉米总产量的比例由 21.50％增加至 28.72％；其次为总产量 20 万～50 万 t 和＞50 万 t 的玉米生产县，比例分别由 8.94％和 5.74％增加至 19.85％和 15.97％；总产量 2 万～10 万 t 和＜2 万 t 的玉米生产县总产量增加较少，占全国玉米总产量的比例分别下降约 24 个百分点和 4 个百分点。黄淮海平原农作区的玉米总产量增加最多，东北平原山区农林区的玉米总产量增加值略低于黄淮海平原农作区，都远高于其他农作区的玉米总产量增加值。但黄淮海平原农作区占全国玉米总产量的比例由 41.34％下降至 39.75％，东北平原山区农林区的占比由 25.79％增加至 30.78％。总产量 10 万～20 万 t 生产县主要增加在黄淮海平原农作区，其次是北部中低高原农牧区；总产量 20 万～50 万 t 生产县主要增加在黄淮海平原农作区和东北平原山区农林区；总产量＞50 万 t 生产县则全部增加在东北平原山区农林区。

(2)1995—2005 年，5 个总产量等级的玉米生产县数量都增加，增加最多的是 2 万～10 万 t 玉米生产县，其次为 20 万～50 万 t 和 10 万～20 万 t 玉米生产县，此时期东北平原山区农林区和黄淮海平原农作区玉米总产量增长速度放缓，北部中低高原农牧区和其他玉米生产区总产量增长较快。总产量 20 万～50 万 t 玉米生产县的总产量增加最多，占全国玉米总产量的比例增加至 25.31％；其次为总产量＞50 万 t 县，比例增加至 17.76％；总产量 10 万～20 万 t 县和 2 万～10 万 t 县的玉米总产量增加较少，比例分别下降约 3 个百分点；总产量＜2 万 t 县的玉米总产量增加值最低，占全国玉米总产量的比例继续下降。东北平原山区农林区的玉米总产量增加最多，其次为北部中低高原农牧区和黄淮海平原农作区。黄淮海平原农作区占全国玉米总产量的比例继续下降至 34.72％，东北平原山区农林区的占比下降至 30.02％，北部中低高原农牧区的占比则上升至 13.44％，除青藏高原农林区外其他农作区玉米总产量的占比均有不同程度增加。

(3)2005—2015 年，总产量＞50 万 t 县数量快速增加，其次为 20 万～50 万 t 县和 10 万～20 万 t 县，总产量 2 万～10 万 t 县和＜2 万 t 县数量减少，此时期东北平原山区农林区、北部中低高原农牧区和西北农牧区玉米总产量快速增长。总产量＞50 万 t 县的玉米总产量增加最多，约为本时期玉米增产量的 65％，占全国玉米总产量的比例继续增加至 36.73％；其次为总产量 20 万～50 万 t 县，比例降至 26.74％；总产量 10 万～20 万 t 县和 2 万～10 万 t 县的总产量略有增长，占比分别下降约 8 个百分点和 11 个百分点；总产量＜2 万 t 县的玉米总产量减少，占比由 4.23％下降至 2.29％。东北平原山区农林区的玉米总产量增加最多，占全国玉米总产量的比例上升至 34.41％，位列全国第一；其次为黄淮海平原农作区，比例下降至 30.30％；北部中低高原农牧区和西北农牧区玉米总产量也有较快增长，占比分别由 13.44％

和 4.92%增加至 14.54%和 6.87%；其他农作区玉米总产量的占比均不同程度下降(图 4-3)。

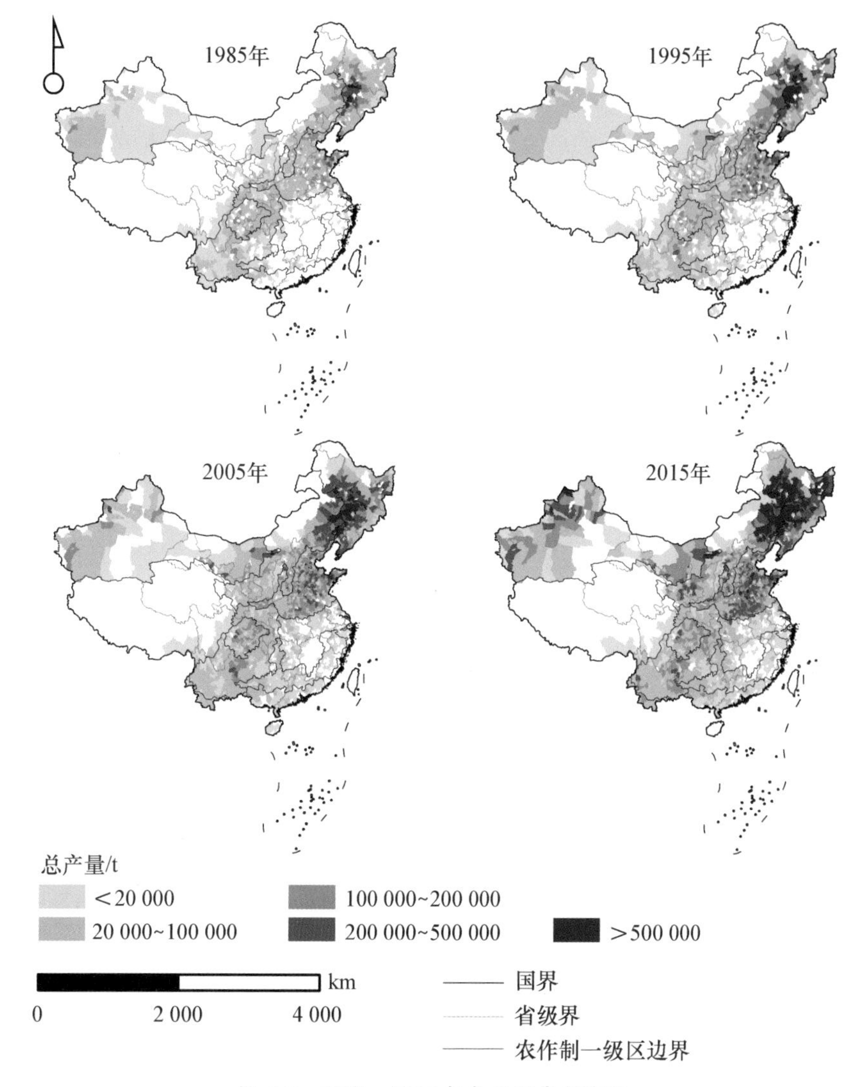

图 4-3　1985—2015 年各县玉米总产量

经过近 30 年的发展，我国玉米产量集中度逐渐提高，由以总产量 2 万～10 万 t 县为主发展为以 20 万～50 万 t 和>50 万 t 县为主，较高产县的数量和占玉米总产量的比例都快速增加。各农作区玉米总产量均有增长，东北平原山区农林区和黄淮海平原农作区仍为总产量最高的玉米主产区，但东北平原山区农林区、北部中低高原农牧区和西北农牧区发展速度高于其他农作区，占全国玉米总产量的比例持续上升，黄淮海平原农作区、西南中高原农林区和四川盆地农作区发展较慢，占比降低。东北平原山区农林区、黄淮海平原农作区和北部中低高原农牧区、西北农牧区各玉米生产县的总产量规模也有较大增产，东北平原山区农林区玉米总产量由 2 万～10 万 t、10 万～20 万 t、20 万～50 万 t 和>50 万 t 县比例相近发展为总产量>50 万 t 县主导；黄淮海平原农作区由总产量 2 万～10 万 t 县为主、10 万～20 万 t 县次之发展为 20 万～50 万 t 县为主、10 万～20 万 t 县次之；北部中低高原农牧区和西北农牧区由总产量 2 万～10 万 t 县为主、<2 万 t 县次之发展为总产量>50 万 t 县和 20 万～50 万 t 县为主、<2 万 t 县和

2 万～10 万 t 县次之，4 个主要玉米生产区都呈现集中度提高的趋势。

1985—2015 年，总产量增长的玉米生产县约占全国玉米生产县总数量的 91%，其中总产量增长超 1 000%的玉米生产县对全国总产量增长贡献最大，东北平原山区农林区、黄淮海平原农作区和北部中低高原农牧区是主要增产区（图 4-4）。本时期全国玉米总产量增长约 252%，产量增长幅度超过全国平均的玉米生产县约占总玉米生产县数量的 64%，其中总产量增长幅度超 1 000%的玉米生产县数量最多，约占 45%，对全国玉米增产的贡献率为 42.46%；其次为总产量增长 500%～1 000%和 252%～500%，对全国玉米增产的贡献率分别为 19.90%和 19.88%。总产量增长幅度低于全国平均的玉米生产县约占玉米总生产县数量的 26%，其中产量增长为 50%～252%的玉米生产县对全国玉米增产的贡献率为 18.35%，总产量增长低于 50%的玉米生产县对全国玉米增产的贡献率为 1.03%。总产量增长超 500%的玉米生产县中，东北平原山区农林区的玉米生产县对总产量增长的贡献最高，其次为北部中低高原农牧区和黄淮海平原农作区；总产量增长为 50%～500%的玉米生产县中，黄淮海平原农作区的玉米生产县对总产量增长的贡献最高，其次为东北平原山区农林区。东北平原山区农林区、黄淮海平原农作区和北部中低高原农牧区对全国玉米增产的贡献率分别为 34.38%、26.83%和 21.38%。

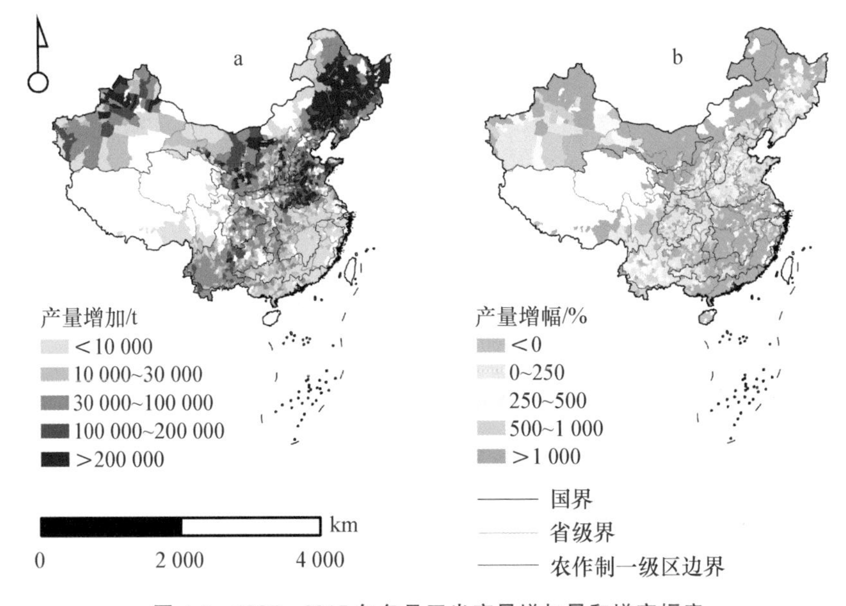

图 4-4　1985—2015 年各县玉米产量增加量和增产幅度

4.2.2　玉米播种面积集中度变化

近 30 年，不同播种面积规模的玉米生产县数量都增加，玉米播种面积同样表现为向较大规模生产县集中的趋势。1985 年，播种面积<0.2 万 hm^2、0.2 万～0.5 万 hm^2、0.5 万～2 万 hm^2、2 万～4 万 hm^2、4 万～10 万 hm^2 和>10 万 hm^2 的玉米生产县数量占全国的比例分别为 34.90%、14.75%、37.60%、10.79%、1.59%和 0.37%，2015 年演变为 29.55%、13.88%、32.84%、13.51%、7.86%和 2.36%，主要变化趋势是>10 万 hm^2、4 万～10 万 hm^2 和 2 万～4 万 hm^2 县的占比增加，0.5 万～2 万 hm^2、0.2 万～0.5 万 hm^2 和<0.2 万 hm^2 县的占比下降。<0.2

万 hm²、0.2 万～0.5 万 hm²、0.5 万～2 万 hm²、2 万～4 万 hm²、4 万～10 万 hm² 和>10 万 hm² 的玉米生产县的播种面积占全国玉米总播种面积的比例也由 1985 年的 2.05%、5.70%、45.78%、31.04%、9.97%和 5.45%演变为 2015 年的 1.24%、2.79%、22.70%、22.58%、27.58%和 23.12%，主要变化趋势是>10 万 hm² 县和 4 万～10 万 hm² 县的占比大幅度增加，2 万～4 万 hm² 县和 0.5 万～2 万 hm² 县的占比降低。

按照每 10 年一个时间段，将 1985—2015 年分成 3 个时间段进行分析，结果如下。

(1)1985—1995 年，玉米播种面积增加主要原因是 4 万～10 万 hm² 县和 2 万～4 万 hm² 县玉米的播种面积增加，其次为>10 万 hm² 县和 0.2 万～5 万 hm² 县的播种面积增加，增加区域主要位于黄淮海平原农作区，其次为东北平原山区农林区和北部中低高原农牧区，本时期北部中低高原农牧区玉米播种面积增加较快，西南中高原农林区较慢，其他农作区发展比较均衡。4 万～10 万 hm² 县和>10 万 hm² 县的玉米播种面积比例分别增加至 16.69%和 7.59%。东北平原山区农林区、黄淮海平原农作区和北部中低高原农牧区的玉米播种面积增加量占本时期全国玉米播种面积总增加量的比例分别为 25.81%、35.08%和 22.84%，北部中低高原农牧区玉米播种面积占全国的比例快速增加至 11.28%，东北平原山区农林区的比例小幅度增加至 24.98%，但黄淮海平原农作区的比例降至 37.45%。西南中高原农林区的比例降至 12.05%，降幅较大，其他农作区的比重变化较小。

(2)1995—2005 年，玉米播种面积增加主要来自 4 万～10 万 hm² 县，其次是 0.5 万～2 万 hm² 县、2 万～4 万 hm² 县和>10 万 hm² 县，增加区域主要位于北部中低高原农牧区、黄淮海平原农作区和东北平原山区农林区。>10 万 hm² 县、4 万～10 万 hm² 县、2 万～4 万 hm² 县和 0.5 万～2 万 hm² 县玉米播种面积增加量占本时期玉米播种面积增加量的比例分别为 15.28%、37.23%、19.30%和 21.74%，4 万～10 万 hm² 县播种面积占比由 16.69%增加至 20.27%，>10 万 hm² 县的占比由 7.59%增加至 8.93%。本时期北部中低高原农牧区玉米播种面积增加速度最快，占全国玉米播种面积的比例由 11.28%增加至 14.31%。

(3)2005—2015 年，玉米播种面积增加主要来自>10 万 hm² 县和 4 万～10 万 hm² 县，增加区域主要位于东北平原山区农林区，其次为黄淮海平原农作区和北部中低高原农牧区。>10 万 hm² 县和 4 万～10 万 hm² 县玉米播种面积增加量占本时期玉米播种面积增加量的比例分别为 49.44%和 41.42%，占全国玉米总播种面积的比重分别增加 14 个百分点和 7 个百分点。2 万～4 万 hm² 县玉米总播种面积增加较少，占全国玉米总播种面积的比例下降约 6 个百分点。东北平原山区农林区、黄淮海平原农作区和北部中低高原农牧区播种面积增加量占本时期全国玉米播种面积增加量的比例分别为 34.37%、26.82%和 21.37%，其中东北平原山区农林区和北部中低高原农牧区玉米播种面积增加较快，占全国玉米总播种面积的比例分别由 24.81%和 14.31%增加至 30.35%和 15.78%，黄淮海平原农作区玉米播种面积增加速度低于全国水平，占比由 25.90%降至 31.54%(图 4-5)。

近 30 年，我国玉米播种面积集中程度也呈逐渐提高趋势，但集中度低于玉米总产量。播种面积规模等级由 1985 年以 0.5 万～2 万 hm² 县和 2 万～4 万 hm² 县为主发展为 2015 年>10 万 hm² 县、4 万～10 万 hm² 县、2 万～4 万 hm² 县和 0.5 万～2 万 hm² 县占比相近。东北平原山区农林区和黄淮海平原农作区时播种面积最大的玉米生产区，东北平原山区农林区、北部中低高原农牧区和西北农牧区玉米播种面积增加速度高于全国，占比持续上升，黄淮海平原农作区、西南中高原农林区和四川盆地农作区发展较慢，占比降低，和全国玉米总产量变化趋势一致。

东北平原山区农林区、黄淮海平原农作区、北部中低高原农牧区和西北农牧区的玉米播种面积集中度呈提高趋势。东北平原山区农林区玉米播种面积由>10 万 hm^2 县、4 万～10 万 hm^2 县和 2 万～4 万 hm^2 县为主发展为>10 万 hm^2 县为主，黄淮海平原农作区由 0.5 万～2 万 hm^2 县和 2 万～4 万 hm^2 县为主发展为 2 万～4 万 hm^2 县和 4 万～10 万 hm^2 县为主，北部中低高原农牧区由 0.5 万～2 万 hm^2 县为主发展为 4 万～10 万 hm^2 县、>10 万 hm^2 县、2 万～4 万 hm^2 县和 0.5 万～2 万 hm^2 县占比相近，西北农牧区由 0.5 万～2 万 hm^2 县为主发展为 4 万～10 万 hm^2 县和 0.5 万～2 万 hm^2 县为主。其他农作区玉米播种面积规模集中度变化较小。

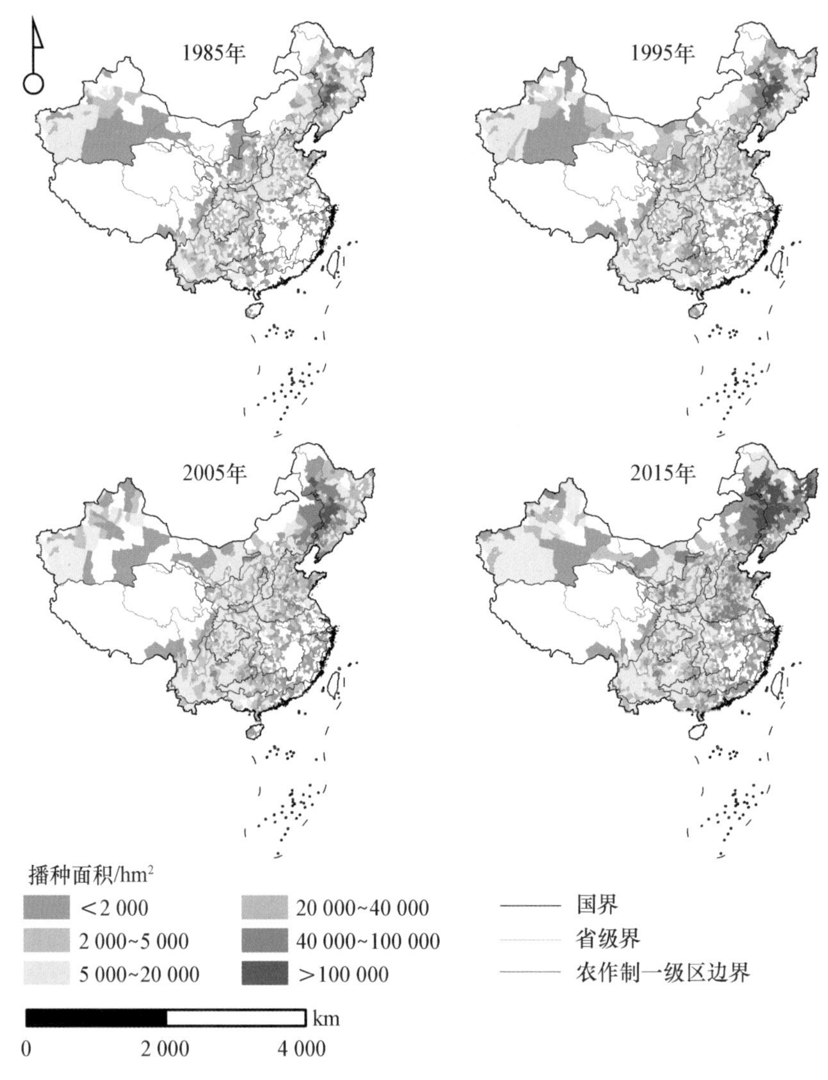

图 4-5　1985—2015 年各县玉米播种面积

1985—2015 年，播种面积增加的玉米生产县约占全国玉米生产县总数量的 85%，增长率为 115%～500%的玉米生产县对全国玉米播种面积增长贡献最大，主要播种面积增加区域为东北平原山区农林区、黄淮海平原农作区和北部中低高原农牧区（图 4-6）。本时期全国玉米播种面积增长约 115%，超过全国平均水平的玉米生产县约占 62%，其中面积增长 115%～500%的玉米生产县对全国玉米播种面积增长的贡献率为 45.12%，主要面积增加区域为东北平原山区农林区和黄淮海平原农作区；播种面积增长超 1 000%的玉米生产县贡献率为 27.23%，主要增加区域为北部中低高原农牧区，其次为东北平原山区农林区、黄淮海平原农作区和西北农牧区；面积增长 500%～1 000%的玉米生产县贡献率为 15.35%，主要面积增加区域为东北平原山区农林区和北部中低高原农牧区。低于全国平均水平的玉米生产县对玉米面积增长的贡献率为 17.85%，主要增加区域为黄淮海平原农作区，其次为东北平原山区农林区。播种面积减少的玉米生产县在各农作区都有分布，主要减少区域位于黄淮海平原农作区和西南中高原农林区，其次为四川盆地农作区。东北平原山区农林区、黄淮海平原农作区和北部中低高原农牧区对全国玉米播种面积增长的贡献率分别为 37.12%、26.90%和 16.54%。

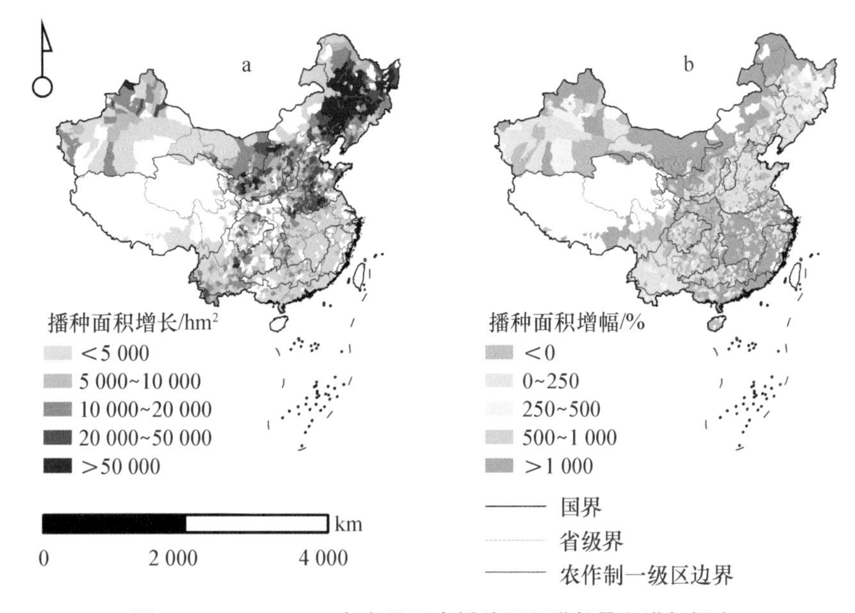

图 4-6　1985—2015 年各县玉米播种面积增长量和增加幅度

4.2.3　玉米单产集中度变化

近 30 年，我国玉米单产水平整体呈增加趋势，由 1985 年全国平均 3 607.21 kg/hm² 增长至 2015 年全国平均 5 892.91 kg/hm²。平均单产低于 4 500 kg/hm² 的玉米生产县数量减少，高于 4 500 kg/hm² 的玉米生产县数量大幅度增加，其中平均单产高于 7 500 kg/hm² 的玉米生产县数量增加最快。30 年来，全国玉米单产水平结构由以<3 000 kg/hm² 的县为主、3 000～4 500 kg/hm² 的县次之发展为以 4 500～6 000 kg/hm² 的县为主、6 000～7 500 kg/hm² 和 3 000～4 500 kg/hm² 的县次之。>9 000 kg/hm²、7 500～9 000 kg/hm²、6 000～7 500 kg/hm²、4 500～6 000 kg/hm²、3 000～4 500 kg/hm² 和<3 000 kg/hm² 的玉米生产县数量占全国玉米生产县的比例分别由 1985 年的 0.11%、0.37%、2.06%、14.66%、34.18%和 48.62%变化为 2015 年的 4.72%、8.59%、22.39%、34.16%、23.41%和 6.72%，6 000～7 500 kg/hm² 的县和 4 500～6 000 kg/hm² 的县占比增加最多，<3 000 kg/hm² 县占比下降最快(图 4-7)。

各农作区玉米单产水平和结构也有不同程度提高和改变，其中西北农牧区平均单产水平和单产提高量最高，单产水平结构变化最大。西北农牧区玉米平均单产由 3 907 kg/hm² 提高到 8 374 kg/hm²，单产水平结构由<3 000 kg/hm² 的县(占比 36.11%)和 3 000～4 500 kg/hm²

的县(占比 37.96%)为主发展为>9 000 kg/hm² 的县(占比 43.75%)和 7 500～9 000 kg/hm² 的县(占比 24.31%)为主。东北平原山区农林区玉米平均单产由 3 762 kg/hm² 提高到 6 683 kg/hm²,平均单产水平和单产提高量均居全国第 2,单产水平结构由<3 000 kg/hm² 的县(占比 46.28%)和 3 000～4 500 kg/hm² 的县(占比 28.75%)为主发展为 6 000～7 500 kg/hm² 的县(占比 41.70%)和 4 500～6 000 kg/hm² 的县(占比 21.08%)为主。黄淮海平原农作区玉米平均单产由 3 913 kg/hm² 提高到 5 664 kg/hm²,平均单产水平居全国第 3,单产水平结构由 3 000～4 500 kg/hm² 的县为主发展为 4 500～6 000 kg/hm² 的县和 6 000～7 500 kg/hm² 的县为主。北部中低高原农牧区玉米平均单产由 3 688 kg/hm² 提高到 5 432 kg/hm²,平均单产水平居全国第 4,单产水平结构由<3 000 kg/hm² 的县和 3 000～4 500 kg/hm² 的县为主发展为 6 000～7 500 kg/hm² 的县、4 500～6 000 kg/hm² 的县和 3 000～4 500 kg/hm² 的县比重相近。其他玉米生产区单产水平提高幅度介于 736～2 244 kg/hm²,单产水平结构总体变化趋势为由<3 000 kg/hm² 的县和 3 000～4 500 kg/hm² 的县为主发展为 3 000～4 500 kg/hm² 的县和 4 500～6 000 kg/hm² 的县为主,6 000～7 500 kg/hm² 的县和 7 500～9 000 kg/hm² 的县比重大幅度增加。

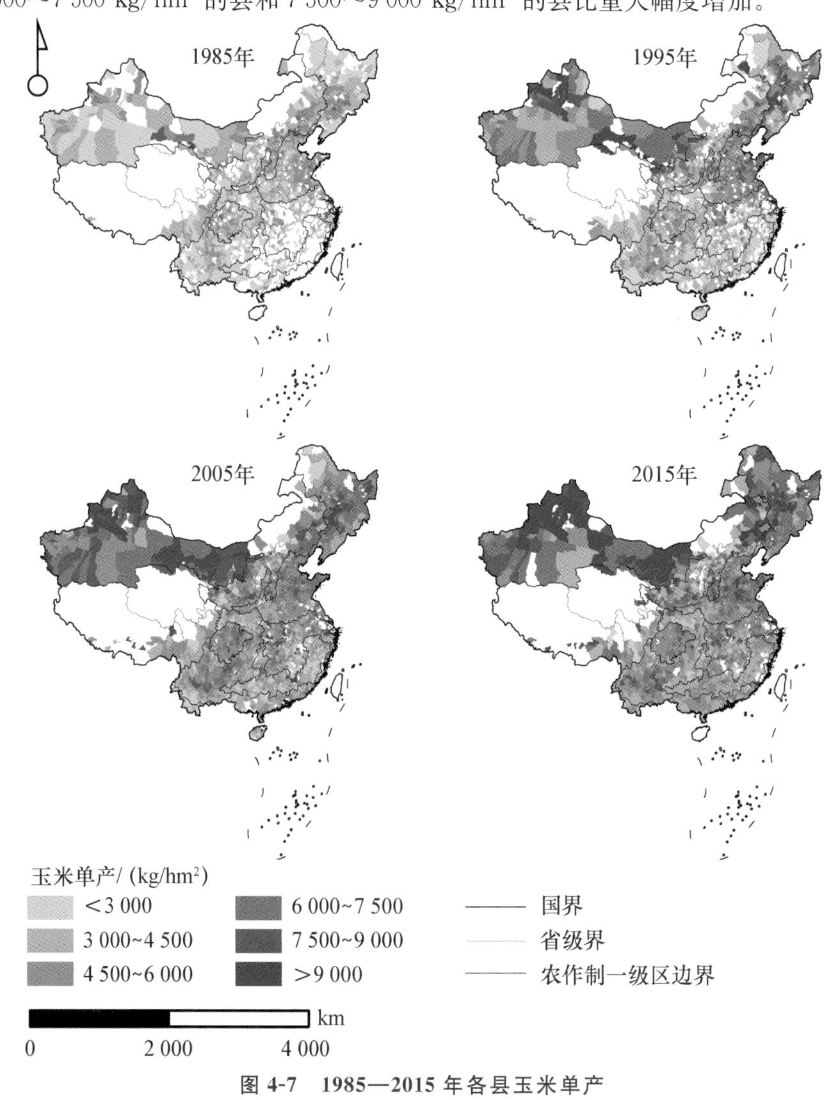

图 4-7　1985—2015 年各县玉米单产

1985—2015 年,全国超 92%玉米生产县的单产提高,单产提高 100%～200%的玉米生产县数量最大,单产提高超 200%的玉米生产县对总产量和播种面积增长贡献最大(图 4-8)。本时期全国玉米单产平均提高约 63%,单产提高超 63%的玉米生产县数量约占 68%。单产提高超 200%的玉米生产县占全国玉米总播种面积的 19.51%和总产量的 21.49%(2015 年),对玉米播种面积和总产量增加的贡献率分别为 27.37%和 26.75%,主要分布区域为东北平原山区农林区,其次为黄淮海平原农作区、北部中低高原农牧区和西北农牧区。单产提高 100%～200%的玉米生产县占全国玉米总播种面积的 26.79%和总产量的 28.51%(2015 年),对玉米播种面积和总产量增加的贡献率分别为 29.84%和 31.95%,主要分布区域为东北平原山区农林区,其次为黄淮海平原农作区。单产提高 63%～100%的玉米生产县占全国玉米总播种面积的 20.58%和总产量的 21.64%(2015 年),对玉米播种面积和总产量增加的贡献率分别为 18.18%和 20.96%,主要分布区域为黄淮海平原农作区,其次为东北平原山区农林区和北部中低高原农牧区。单产提高水平低于全国平均的玉米生产县占全国玉米总播种面积的 28.45%和总产量的 25.44%(2015 年),对玉米播种面积和总产量增加的贡献率分别为 21.09%和 19.12%,主要分布区域为黄淮海平原农作区,其次为东北平原山区农林区和北部中低高原农牧区。单产减少的玉米生产县数量较少,仅占全国玉米总播种面积的 4.67%和总产量的 2.92%(2015 年),主要分布于北部中低高原农牧区,其次为东北平原山区农林区和黄淮海平原农作区。

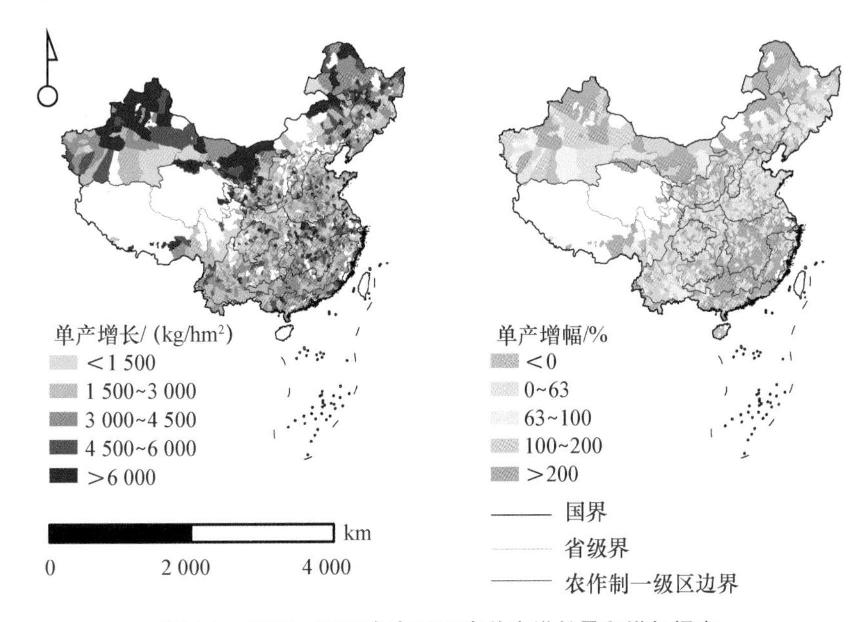

图 4-8　1985—2015 年各县玉米单产增长量和增加幅度

各农作区玉米生产县单产提高水平和结构也存在差异。不同单产提高等级玉米生产县在各农作区的面积比重和总产量比重趋势一致且数值相近(2015 年),可用 2015 年各农作区内不同单产提高等级玉米生产县的面积比重说明该农作区的玉米单产提高构成。东北平原山区农林区平均单产提高 91.50%,单产提高 100%～200%的玉米生产县总播种面积最高,其次为超过 200%和 0～63%;黄淮海平原农作区平均单产提高 56.02%,单产提高 0～63%的玉米生产县总播种面积最高,其次为 63%～100%和 100%～200%;北部中低高原农牧区平均单产提高 58.80%，不同单产提高等级的玉米生产县播种面积比重相近，单产减少县的面积比重为 13.46%，产量比重为 7.31%；西北农牧区平均单产提高 131.07%，单产提高超 200%的玉米生产县总播种面积最高，其次为 100%～200%和 63%～100%。长江中下游与沿海平原农作区、四川盆地农作区和青藏高原农林区单产提高较少，均低于 50%；农作江南丘陵农林区、华南沿海农林渔区和西南中高原农林区因基础单产水平低，单产提高都超过 80%。

4.3 我国玉米生产重心迁移

4.3.1 全国玉米生产重心迁移

近 30 年，我国玉米总产量重心和播种面积重心均向北偏东方向移动，和各农作区玉米产量和播种面积的空间变化规律一致。玉米主要生产区中，总产量比重和播种面积比重增大的东北平原山区农林区、北部中低高原农牧区和西北农牧区主要位于北方，总产量占比和播种面积占比减小的黄淮海平原农作区、西南中高原农林区和四川盆地农作区地理位置更靠南。不同农作区玉米产量和播种面积的不平衡发展和占比变化，导致全国玉米总产量重心和播种面积重心向东北方向移动（图 4-9）。

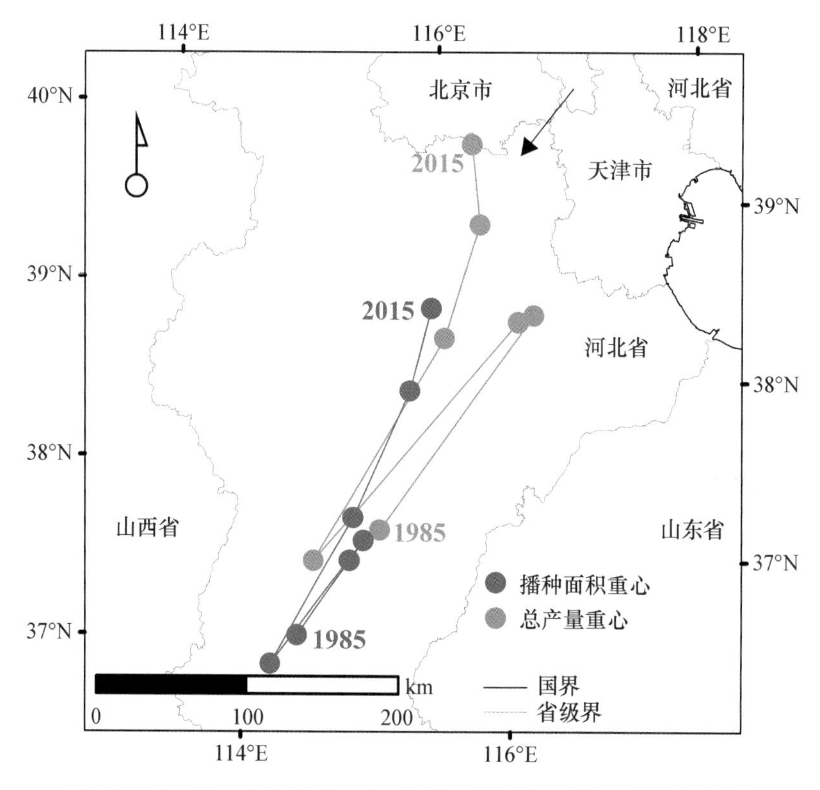

图 4-9　1985—2015 年全国玉米总产量重心和播种面积重心空间变化

1. 总产量重心

1985—2015年，玉米总产量重心由河北省邢台市移动至河北省涿州市，累计向北移动245 km，向东移动60 km，不同时期移动方向和距离存在较大差异。1985—1990年，全国玉米总产量重心向东北方向移动，由河北省邢台市移动至河北省廊坊市，北移动136 km，向东移动101 km；1990—1995年，全国玉米总产量重心基本未变化，仅向南移动4 km，向西移动10 km；1995—2000年，全国玉米总产量重心向西南方向移动，由河北省河间市移动至河北省邢台市，向南移动152 km，向西移动134 km；2000—2005年，全国玉米总产量重心向北偏东方向移动，由河北省邢台市移动至河北省沧州市，向北移动142 km，向东移动85 km；2005—2010年，全国玉米总产量重心继续向北偏东方向移动，由河北省沧州市移动至河北省保定市，向北移动72 km，向东移动23 km；2010—2015年，全国玉米总产量重心向北偏西方向移动，由河北省保定市移动至河北省涿州市，向北移动51 km，向西移动5 km。

2. 面积重心

1985—2015年，玉米播种面积重心由河北省沙河市移动至河北省保定市，累计向北移动208 km，向东移动88 km，移动距离小于同期玉米总产量重心。不同时期移动方向和距离也存在较大差异。1985—1990年，全国玉米播种面积重心向东北方向移动，由河北省沙河市移动至河北省邢台市，向北移动47 km，向东移动34 km；1990—1995年，全国玉米播种面积重心基本未变化；1995—2000年，全国玉米播种面积重心向西南方向移动，由河北省邢台市移动至河北省武安市，向南移动78 km，向西移动61 km；2000—2005年，全国玉米播种面积重心向东北方向移动，由河北省武安市移动至河北省邢台市，向北移动93 km，向东移动54 km；2005—2010年，全国玉米播种面积重心继续向东北方向移动，由河北省邢台市移动至河北省衡水市，向北移动81 km，向东移动37 km；2010—2015年，全国玉米播种面积重心向北偏东方向移动，由河北省衡水市移动至河北省保定市蠡县，移动距离较小，向北移动53 km，向东移动14 km。

4.3.2 主要农作区玉米生产重心迁移

近30年，不同农作区玉米总产量和播种面积重心变化趋势存在较大差异，西北农牧区玉米总产量重心和播种面积重心变化幅度较大，东北平原山区农林区、北部中低高原农牧区和西南中高原农林区变化较小，黄淮海平原农作区和四川盆地农作区玉米总产量重心和播种面积重心几乎无变化。东北平原山区农林区玉米总产量重心和播种面积重心均向东偏北方向移动，分别移动140 km和107 km；黄淮海平原农作区玉米总产量重心和播种面积重心呈向西南方向移动趋势；北部中低高原农牧区玉米总产量重心和播种面积重心呈向北移动趋势，分别移动114 km和66 km；西北农牧区玉米总产量重心和播种面积重心向东移动，分别移动705 km和843 km；四川盆地农作区玉米总产量重心呈向东北方向移动趋势，播种面积重心向西北方向移动；西南中高原山地玉米总产量重心和播种面积重心均向西南方向移动，分别移动160 km和122 km。

西北农牧区玉米总产量重心和播种面积重心先向东大幅度移动后向西北小幅度移动，总产量重心和播种面积重心位置和移动方向一致，移动范围较大（图4-10）。总产量重心累计向东移动703 km，向北移动49 km，由新疆巴音郭楞蒙古自治州内移动至新疆哈密市内。1985—1990年，总产量重心向东移动376 km，向南移动6 km；1990—1995年，总产量重心继续向东移动 204 km,向南移动 7 km,移至新疆哈密市内;1995—2000 年,总产量重心向东移动 57 km,向南移动 21 km;2000—2005 年,总产量重心继续向东移动 177 km,向南移动 23 km,移至甘肃省酒泉市内;2005—2010 年,总产量重心向西移动 63 km,向北移动 36 km;2010—2015 年,总产量重心继续向西移动 73 km,向北移动 70 km,移回新疆哈密市内。西北农牧区播种面积重心累计向东移动 843 km,向南移动 9 km,由新疆巴音郭楞蒙古自治州内移至新疆哈密市内。1985—1990 年,面积重心向东移动 278 km,向南移动 11 km,移动距离最远;1990—1995 年,面积重心继续向东移动 237 km,向南移动 5 km;1995—2000 年,面积重心向东移动 157 km,向南移动 38 km;2000—2005 年,面积重心向东移动 189 km,向南移动 23 km,移至甘肃省酒泉市内;2005—2010 年,面积重心向东移动 15 km,向北移动 19 km;2010—2015 年,面积重心向西移动 33 km,向北移动 50 km,移至新疆哈密市内。

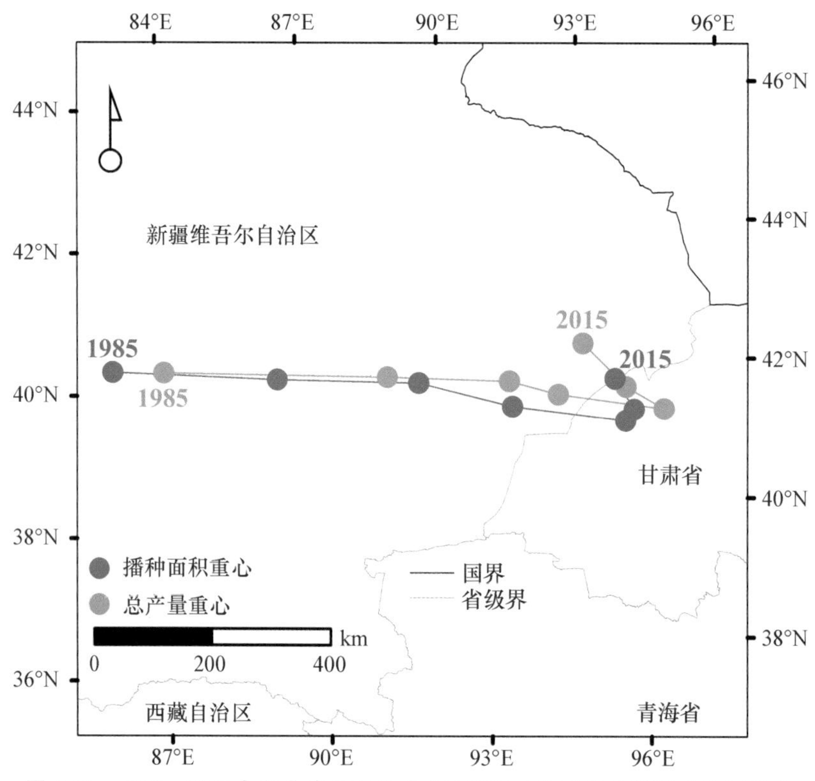

图 4-10　1985—2015 年西北农牧区玉米总产量重心和播种面积重心空间变化

4.4 我国玉米产量贡献因素分析

4.4.1 全国玉米产量贡献因素

近 30 年,玉米单产提高和面积增加的互作效应是全国玉米总产量增加的最主要因素,增产贡献占比为 43.43%,其次为面积增加和单产提高,对增产贡献占比分别为 35.26%和

21.32%，不同区域玉米增产贡献因素及比例存在较大差异（表4-2）。互作主导型（含互作主导和互作绝对主导）玉米生产县对产量增长的贡献最高，贡献占比为53.13%，占全国玉米生产县数量比例为42.49%，产量和播种面积占比分别为44.37%和40.51%。其次为面积主导型（含面积主导和面积绝对主导）玉米生产县，贡献占比为32.43%，占全国玉米生产县数量比例为25.78%，产量和播种面积占比分别为36.01%和39.34%。单产主导型（含单产主导和单产绝对主导）玉米生产县贡献较低，贡献占比为14.44%，占全国玉米生产县数量比例为19.30%，产量和播种面积占比分别为19.62%和20.14%（图4-11）。

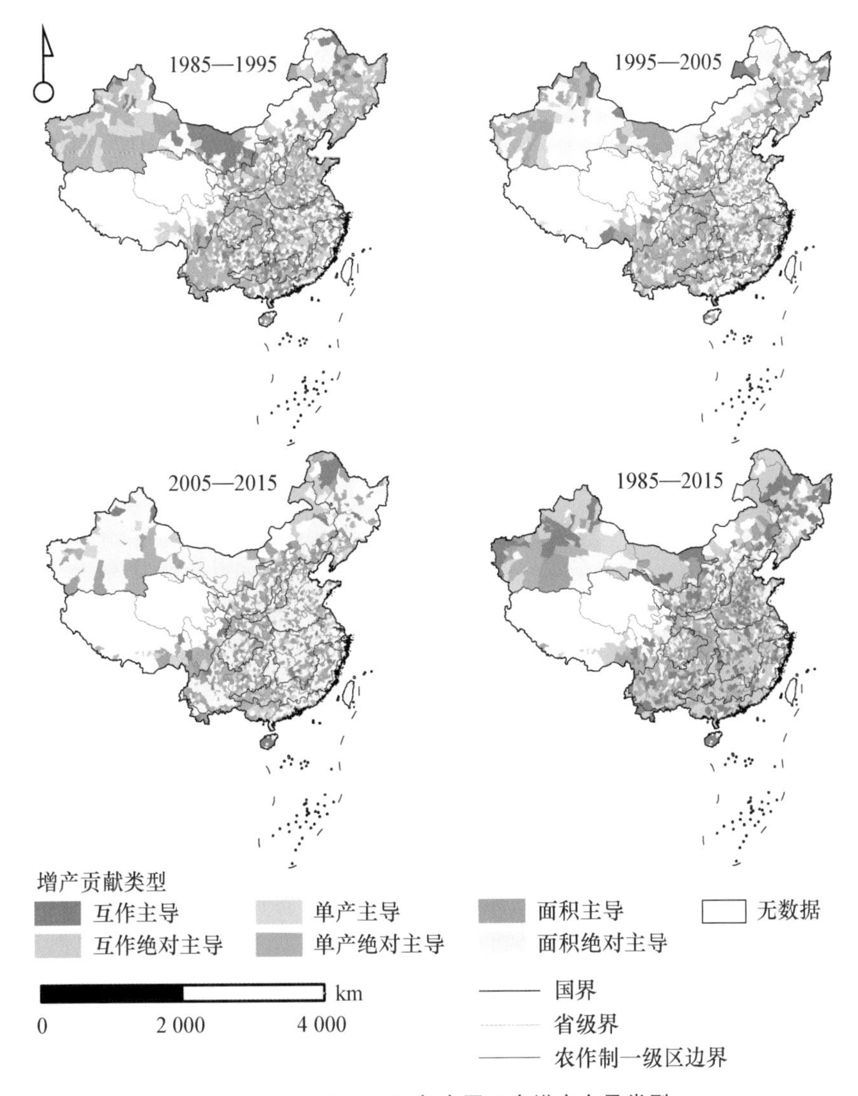

图4-11 1985—2015年全国玉米增产主导类型

玉米增产的主要因素由单产提高转变为播种面积增加。1985—1995年，玉米产量增加的主要因素是单产提高，增产贡献为48.52%，其次为面积增加和单产提高与面积增加的互作效应，对增产的贡献分别为29.01%和22.47%。单产主导型玉米生产县对玉米增产的贡献占比为57.29%，产量占比和面积占比分别为62.08%和58.93%。1995—2005年，玉米产量增加的主要因素是播种面积增加和单产提高，对增产的贡献分别为41.94%和35.94%，单产提高与面积增加的互作效应对增产的贡献为22.12%。2005—2015年，玉米产量增加的主要因素是播种面积增加，增产贡献达83.27%，单产提高、面积增加与单产提高的互作效应对玉米增产的贡献分别仅为8.82%和7.91%。面积主导型玉米生产县对玉米增产的贡献占比为85.42%，产量占比和面积占比分别为79.06%和77.67%(表4-2)。

4.4.2 主要农作区玉米产量贡献因素

1. 东北平原山区农林区

本区玉米产量增加的最主要因素是玉米单产提高和面积增加的互作效应，增产贡献占比为45.62%，其次为面积增加和单产提高，对增产贡献占比分别为34.43%和19.95%，与全国玉米增产贡献因素一致(表4-2)。互作主导型玉米生产县是东北平原山区农林区最主要的增产区域，对产量增长的贡献最高，贡献占比为62.15%，占全区玉米生产县数量比例为46.91%，产量和播种面积占比分别为55.64%和53.97%。其次为面积主导型玉米生产县，贡献占比为24.72%，占全区玉米生产县数量比例为21.82%，产量和播种面积占比分别为29.03%和31.46%。单产主导型玉米生产县贡献较低，贡献占比为13.13%，占全区玉米生产县数量比例为13.45%，产量和播种面积占比分别为15.33%和14.57%(表4-3)。不同年代玉米增产的主要因素由单产提高转变为播种面积增加。1985—1995年和1995—2005年，玉米产量增加的主要因素是单产提高，增产贡献分别为56.69%和43.84%。2005—2015年，玉米产量增加的主要因素是播种面积增加，增产贡献达92.20%。

2. 黄淮海平原农作区

本区玉米产量增加的主要因素是玉米播种面积增加和面积单产互作效应，增产贡献占比分别为36.13%和37.24%，玉米单产提高对增产贡献较小，占比为26.64%，与全国玉米增产贡献因素基本一致(表4-2)。面积主导型玉米生产县对黄淮海平原农作区玉米产量增长的贡献最高，贡献占比为43.62%，占全区玉米生产县数量比例为39.73%，产量和播种面积占比分别为45.92%和48.35%。其次为互作主导型玉米生产县，贡献占比为37.26%，占全区玉米生产县数量比例为30.22%，产量和播种面积占比分别为29.15%和27.86%。单产主导型玉米生产县贡献较低，贡献占比为19.12%，占全区玉米生产县数量比例为26.15%，播种面积和产量占比分别为23.79%和24.94%(表4-4)。不同年代玉米增产的主要因素由单产提高转变为播种面积增加。1985—1995年，玉米产量增加的主要因素是单产提高，增产贡献为51.08%。1995—2005年和2005—2015年，玉米产量增加的主要因素是播种面积增加，增产贡献分别为54.51%和72.55%。

3. 北部中低高原农牧区

本区玉米产量增加的最主要因素是玉米播种面积增加和面积单产互作效应，增产贡献占比分别为48.97%和41.91%，玉米单产提高对增产贡献较很小，占比仅为9.13%，与全国玉米增产贡献因素不一致(表4-2)。互作主导型玉米生产县是北部中低高原农牧区最主要的增产区域，对产量增长的贡献最高，贡献占比为51.05%，占全区玉米生产县数量比例为35.76%，产量和播种面积占比分别为47.68%和41.06%。其次为面积主导型玉米生产县，贡献占比为46.70%，占全区玉米生产县数量比例为47.15%，产量和播种面积占比分别为49.24%

表 4-2 1985—2015 年玉米增产贡献因素及其占比

%

农作区	1985—2015 年增产贡献			1985—1995 年增产贡献			1995—2005 年增产贡献			2005—2015 年增产贡献		
	面积贡献	单产贡献	互作贡献	面积贡献	单产贡献	互作贡献	面积贡献	单产贡献	互作贡献	面积贡献	单产贡献	互作贡献
东北平原山区农林区	34.43	19.95	45.62	22.55	56.69	20.76	34.61	43.84	21.55	92.20	2.31	5.50
黄淮海平原农作区	36.13	26.64	37.24	27.44	51.08	21.48	54.51	12.01	33.48	72.55	16.99	10.46
北部中低高原农牧区	48.97	9.13	41.91	62.23	15.28	22.49	59.59	27.01	13.40	81.79	9.92	8.29
西北农牧区	27.79	11.82	60.39	27.95	42.86	29.19	48.66	21.05	30.29	86.60	4.73	8.68
四川盆地农作区	18.63	53.91	27.46	14.08	36.32	49.60	8.28	94.69	13.59	97.76	2.24	0.00
西南中高原农林区	20.91	45.96	33.13	14.74	62.37	22.89	3.00	89.43	7.57	73.86	15.63	10.51
全国	35.26	21.32	43.43	29.01	48.52	22.47	41.94	35.94	22.12	83.27	8.82	7.91

表 4-3 1985—2015 年东北平原山区农林区玉米生产县主导类型及其占比

%

主导类型	1985—2015 年			1985—1995 年			1995—2005 年			2005—2015 年		
	产量比例	面积比例	增产贡献	产量比例	面积比例	增产贡献	产量比例	面积比例	增产贡献	产量比例	面积比例	增产贡献
单产绝对主导	2.45	3.13	1.88	60.55	56.57	57.32	39.75	35.22	34.29	3.93	4.98	0.70
单产主导	12.88	11.44	11.25	18.28	18.57	20.66	12.92	12.73	8.19	5.79	6.28	3.31
互作绝对主导	18.38	17.49	21.47	0.55	0.63	1.00	3.87	4.51	16.13	0.72	0.64	1.49
互作主导	37.26	36.48	40.68	5.15	5.90	6.63	2.25	2.41	1.28	3.12	2.12	3.94
面积绝对主导	17.35	20.45	14.26	9.63	11.68	8.26	22.87	27.32	25.99	72.31	72.27	75.91
面积主导	11.68	11.01	10.46	5.84	6.64	6.12	18.33	17.81	14.10	14.14	13.71	14.65

和 55.89%。单产主导型玉米生产县贡献最低，贡献占比仅为 2.26%，占全区玉米生产县数量比例为 8.54%，产量和播种面积占比分别为 3.08% 和 3.04%（表 4-5）。1985—1995 年、1995—2005 年和 2005—2015 年，玉米产量增加的主要因素均为播种面积增加，增产贡献分别为 62.23%、59.59% 和 81.79%，1995—2005 年单产提高的贡献占比较大，为 27.01%，其他时间段单产提高的贡献占比较小。

4. 西北农牧区

本区玉米产量增加的最主要因素是玉米单产提高和面积增加的互作效应，增产贡献占比为 60.39%，其次为面积增加和单产提高，对增产贡献占比分别为 27.79% 和 11.82%，与全国玉米增产贡献因素一致（表 4-2）。互作主导型玉米生产县是西北农牧区最主要的增产区域，对产量增长的贡献最高，贡献占比达 75.05%，占全区玉米生产县数量比例为 57.23%，产量和播种面积占比分别为 70.57% 和 64.59%。其次为面积主导型玉米生产县，贡献占比为 18.80%，占全区玉米生产县数量比例为 20.75%，产量和播种面积占比分别为 20.55% 和 25.14%。单产主导型玉米生产县贡献最低，贡献占比为 6.15%，占全区玉米生产县数量比例为 12.58%，产量和播种面积占比分别为 8.87% 和 10.28%（表 4-6）。不同年代玉米增产的主要因素由单产提高转变为播种面积增加。1985—1995 年，玉米产量增加的主要因素是单产提高，增产贡献为 42.86%。播种面积增加对玉米增产的贡献越来越大，1985—1995 年、1995—2005 年和 2005—2015 年，增产贡献分别为 27.95%、48.66% 和 86.60%。

5. 四川盆地农作区

本区玉米产量增加的最主要因素是玉米单产提高，增产贡献占比为 53.91%，其次为面积单产互作效应和面积增加，对增产贡献占比分别为 27.46% 和 18.63%，与全国玉米增产贡献因素不一致（表 4-2）。单产主导型玉米生产县对农作西南中高原农林区玉米产量增长的贡献最高，贡献占比为 39.74%，占全区玉米生产县数量比例为 40.85%，产量和播种面积占比分别为 47.83% 和 46.62%。其次为互作主导型玉米生产县，贡献占比为 33.97%，占全区玉米生产县数量比例为 18.31%，产量和播种面积占比分别为 17.15% 和 17.15%。面积主导型玉米生产县贡献较低，贡献占比为 26.29%，占全区玉米生产县数量比例为 36.62%，产量和播种面积占比分别为 35.03% 和 36.23%（表 4-7）。不同年代玉米增产的主要因素由单产和播种面积互作效应转变为播种面积增加。1985—1995 年，玉米产量增加的主要因素是播种面积增加和单产提高的互作效应，增产贡献为 49.60%。1995—2005 年，玉米产量增加的主要因素是单产提高，增产贡献达 94.69%。而 2005—2015 年玉米产量增加全部是由面积增加引起的，单产提高贡献很小。

6. 西南中高原农林区

本区玉米产量增加的主要因素是玉米单产提高，增产贡献占比为 45.96%，其次为面积单产互作效应和面积增加，对增产贡献占比分别为 33.13% 和 20.91%，与全国玉米增产贡献因素不一致（表 4-2）。单产主导型玉米生产县对四川盆地农作区玉米产量增长的贡献最高，贡献占比为 44.12%，占全区玉米生产县数量比例为 47.96%，产量和播种面积占比分别为 52.08% 和 53.14%。其次为互作主导型玉米生产县，贡献占比为 37.37%，占全区玉米生产县数量比例为 27.59%，产量和播种面积占比分别为 25.88% 和 24.05%。面积主导型玉米生产县贡献较低，贡献占比为 18.51%，占全区玉米生产县数量比例为 22.57%，产量和播种面积占比分别为 22.04% 和 22.82%（表 4-8）。不同年代玉米增产的主要因素由单产提高转变为播种

表 4-4　1985—2015 年黄淮海平原农作区玉米生产县主导类型及其占比　%

主导类型	1985—2015 年			1985—1995 年			1995—2005 年			2005—2015 年		
	产量比例	面积比例	增产贡献	产量比例	面积比例	增产贡献	产量比例	面积比例	增产贡献	产量比例	面积比例	增产贡献
单产绝对主导	10.55	10.21	7.44	41.15	39.08	37.91	19.55	19.08	14.50	9.39	9.35	4.78
单产主导	14.38	13.58	11.68	20.58	20.48	19.39	13.97	13.96	8.22	9.34	9.70	4.82
互作绝对主导	7.69	8.34	11.23	3.39	3.35	7.59	3.68	3.85	24.24	0.76	0.81	2.38
互作主导	21.45	19.51	26.03	5.56	5.87	6.10	1.78	1.88	2.52	1.04	1.04	0.62
面积绝对主导	20.14	22.69	16.28	13.35	14.87	12.51	44.18	44.39	39.29	62.87	62.17	72.48
面积主导	25.78	25.66	27.34	15.97	16.33	16.48	16.79	16.79	10.97	16.60	16.93	15.03

表 4-5　1985—2015 年北部中低高原农牧区玉米生产县主导类型及其占比　%

主导类型	1985—2015 年			1985—1995 年			1995—2005 年			2005—2015 年		
	产量比例	面积比例	增产贡献	产量比例	面积比例	增产贡献	产量比例	面积比例	增产贡献	产量比例	面积比例	增产贡献
单产绝对主导	2.09	2.15	1.65	12.43	14.48	7.08	21.70	18.63	16.47	8.63	8.82	5.27
单产主导	0.99	0.89	0.61	8.46	7.44	6.86	12.33	12.85	14.12	13.69	12.96	11.02
互作绝对主导	18.17	16.71	20.24	4.79	4.34	8.40	1.92	2.75	4.24	1.62	1.50	3.54
互作主导	29.51	24.36	30.81	3.62	3.13	4.82	6.57	6.12	8.33	5.71	5.40	8.32
面积绝对主导	24.94	31.30	22.43	49.42	48.48	54.50	45.73	46.82	45.09	53.85	54.04	58.96
面积主导	24.30	24.59	24.27	21.28	22.13	18.33	11.75	12.81	11.74	16.49	17.28	12.90

表 4-6　1985—2015 年西北农牧区玉米生产县主导类型及其占比　%

主导类型	1985—2015 年			1985—1995 年			1995—2005 年			2005—2015 年		
	产量比例	面积比例	增产贡献	产量比例	面积比例	增产贡献	产量比例	面积比例	增产贡献	产量比例	面积比例	增产贡献
单产绝对主导	5.74	6.65	3.78	40.96	41.04	29.61	12.42	12.78	9.84	4.15	5.03	1.77
单产主导	3.14	3.63	2.38	14.26	16.81	10.74	10.08	10.13	4.15	2.72	2.84	2.05
互作绝对主导	46.06	41.04	50.07	4.30	4.22	7.23	11.75	11.16	25.19	0.69	0.77	1.20
互作主导	24.51	23.54	24.98	18.76	16.57	27.70	0.66	0.55	0.80	1.33	1.32	1.12
面积绝对主导	3.56	5.69	3.00	12.69	14.69	15.46	46.34	46.60	43.80	84.37	81.24	90.92
面积主导	17.00	19.45	15.80	9.03	6.67	9.26	18.74	18.76	16.22	6.75	8.81	2.93

表 4-7　1985—2015 年四川盆地农作区玉米生产县主导类型及其占比

%

主导类型	1985—2015 年			1985—1995 年			1995—2005 年			2005—2015 年		
	产量比例	面积比例	增产贡献	产量比例	面积比例	增产贡献	产量比例	面积比例	增产贡献	产量比例	面积比例	增产贡献
单产绝对主导	38.76	37.80	34.07	47.36	47.72	23.92	55.24	54.83	55.77	15.58	15.42	14.45
单产主导	9.06	8.82	5.68	12.92	13.05	9.75	11.32	11.36	13.71	9.65	9.40	1.88
互作绝对主导	11.79	12.19	25.27	7.26	7.52	52.56	5.53	5.05	17.49	0.00	0.00	0.00
互作主导	5.36	4.96	8.70	2.11	2.41	−2.99	3.57	3.31	5.15	3.04	3.20	1.58
面积绝对主导	22.02	22.67	20.09	19.74	19.01	19.28	13.41	14.17	4.78	56.11	56.21	72.82
面积主导	13.00	13.56	6.20	10.57	10.24	−2.81	10.92	11.27	3.16	15.62	15.78	9.33

表 4-8　1985—2015 年西南中高原农林区玉米生产县主导类型及其占比

%

主导类型	1985—2015 年			1985—1995 年			1995—2005 年			2005—2015 年		
	产量比例	面积比例	增产贡献	产量比例	面积比例	增产贡献	产量比例	面积比例	增产贡献	产量比例	面积比例	增产贡献
单产绝对主导	35.51	35.77	29.11	50.92	53.61	39.26	54.60	52.28	65.69	26.49	26.99	18.04
单产主导	16.56	17.37	15.00	11.59	10.32	7.98	14.01	16.02	9.07	12.03	11.85	8.18
互作绝对主导	8.04	7.77	13.23	3.72	3.51	14.36	3.60	2.82	13.33	0.01	0.02	0.05
互作主导	17.84	16.27	24.14	5.76	4.94	12.40	3.75	4.48	2.76	0.82	0.79	−2.87
面积绝对主导	9.69	10.89	6.15	15.25	16.04	9.68	16.45	17.13	6.15	46.05	45.21	65.77
面积主导	12.36	11.92	12.36	12.76	11.58	16.32	7.32	7.01	2.00	14.59	15.15	11.60

面积增加。1985—1995年和1995—2005年，玉米产量增加的主要因素是单产提高，增产贡献分别为62.37%和89.43%。2005—2015年，玉米产量增加的主要因素是播种面积增加，增产贡献达73.86%。

参考文献

[1]陈秧分，李先德. 中国粮食产量变化的时空格局与影响因素[J]. 农业工程学报，2013，29(20)：1-10.

[2]邓宗兵，封永刚，张俊亮，等. 中国粮食生产空间布局变迁的特征分析[J]. 经济地理，2013，33(5)：117-123.

[3]国家统计局. 主要农作物播种面积和产量[M]. 北京：中华人民共和国国家统计局，2017.

[4]李少昆，王崇桃. 中国玉米生产技术的演变与发展[J]. 中国农业科学，2009，42(6)：1941-1951.

[5]刘巽浩，陈阜. 中国农作制[M]. 北京：中国农业出版社，2005.

[6]刘彦随，翟荣新. 中国粮食生产时空格局动态及其优化策略探析[J]. 地域研究与开发，2009，28(1)：1-5.

[7]刘珍环，杨鹏，吴文斌，等. 近30年中国农作物种植结构时空变化分析[J]. 地理学报，2016，75(5)：840-851.

[8]刘忠，黄峰，李保国. 2003—2011年中国粮食增产的贡献因素分析[J]. 农业工程学报，2013，29(23)：1-8.

[9]徐志宇，宋振伟，邓艾兴，等. 近30年我国主要粮食作物生产的驱动因素及空间格局变化研究[J]. 南京农业大学学报，2013，36(1)：79-86.

[10]赵久然，王荣焕. 中国玉米生产发展历程、存在问题及对策[J]. 中国农业科技导报，2013(3)：1-6.

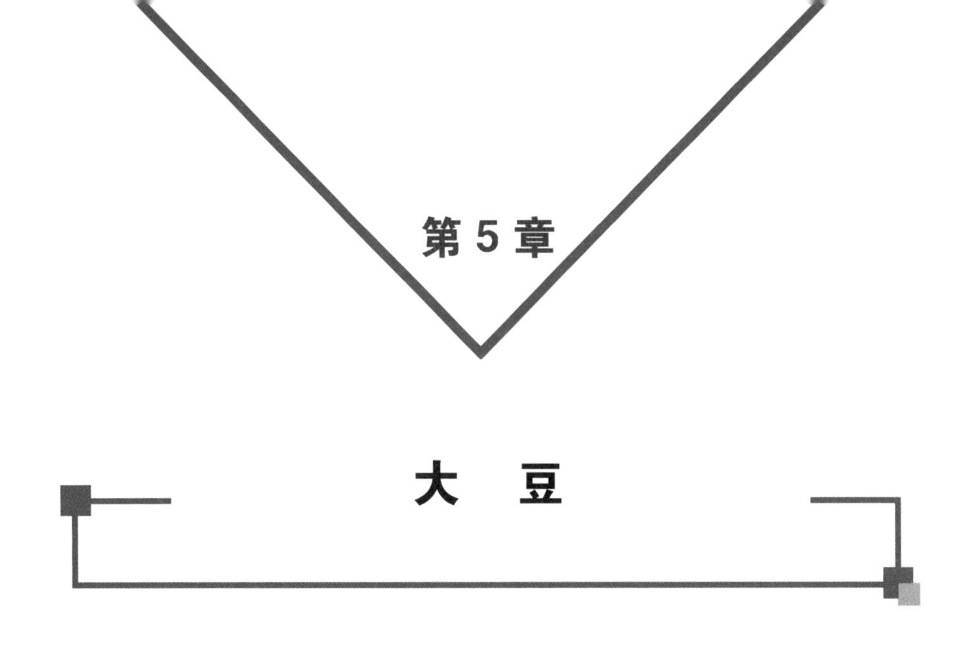

第5章 大豆

大豆是全球最重要的油料和蛋白质作物之一，是食品、饲料和工业产品的重要原料（卢良恕，2007；徐豹等，1984）。中国是大豆的起源国，同时也曾是世界上最重要的大豆生产国和出口国，但近年来进口量迅速增长，我国成了全球最大的大豆进口国（赵团结等，2004；程郭秀，2008）。近30年来，美国、巴西和阿根廷等大豆主产国的大豆收获面积不断增长，生产了超过全球80%的大豆，而我国大豆的收获面积则表现出不断下降的趋势，此外我国大豆单产水平多年来保持在1 800 kg/hm^{2}左右，远低于国际大豆主产国3 100 kg/hm^{2}的产量水平，且单产增加水平也远低于这些国家（尹小刚等，2019）。在需求不断增长、生产水平较低的双重压力下，我国大豆的粮食安全存在着较大的风险。因此，本章利用全国县域单元大豆生产数据，分析了1985—2015年来我国大豆生产的时空变化特征，以期为保障我国大豆粮食安全提供重要的参考依据。

5.1 1985—2015年我国大豆生产时空变化

5.1.1 1985—2015年我国大豆生产的变化

1985—2015年我国大豆生产历经波动。在此期间，播种面积总体呈下降趋势，年际间波动较大（图5-1）。1985—2005年大豆播种面积呈波动上升趋势，以每年近93 600 hm^{2}的速率增长，至2005年达到最高水平为9.59×10^6 hm^2，相比于1985年，全国大豆播种面积增长了24.26%。2005—2015年10年间，呈波动下降趋势，以每年2.76×10^5 hm^{2}的速率减少，到2015年播种面积最小为6.83×10^6 hm^2，相比于2005年，播种面积减少了28.78%。1985—2015年我国大豆产量总体呈现先增加后减少的变化趋势（图5-1），我国大豆总产量从1985年的1 050万t增加到2005年的1 635万t。1985—2005年期间全国大豆以每年29万t的速率增长，增加了 55.71%，呈极显著增加趋势。2005—2015 年全国大豆总产量呈下降趋势，以每年 39 万 t 的速率减少，减少了 23.85%。近 30 年来，大豆单产总体呈增加趋势，年际波动较大（图 5-1），由 1985 年的 1 360 kg/hm^2 增加到 2015 年的 1 810 kg/hm^2，单产提升了 33.09%。

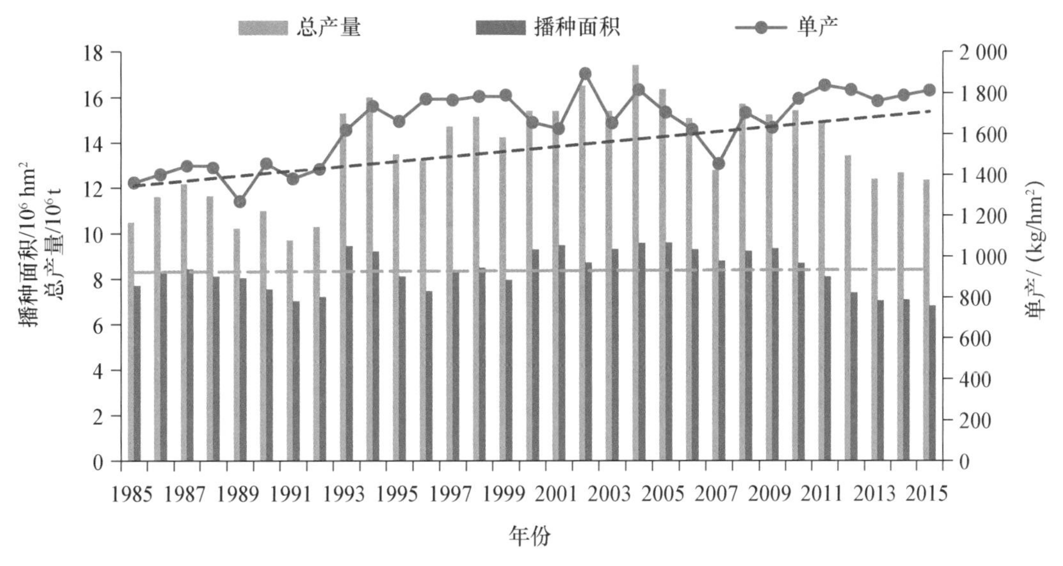

图 5-1　1985—2015 年我国大豆总产量、播种面积和单产变化

5.1.2　1985—2015 年我国大豆生产时空变化特征

我国大豆主要集中在东北平原山区农林区和黄淮海平原农作区，播种面积超过 10 000 hm^2 的县域单元主要分布在东北平原山区农林区以及黄淮海平原农作区南部（图 5-2）。其他地区大豆播种面积大多低于 5 000 hm^2，且通常是零星分布，没有在空间上形成聚集的效应。1985 年东北平原山区农林区中部的大豆播种面积大，南部和北部的大豆播种面积相对较小，随着时

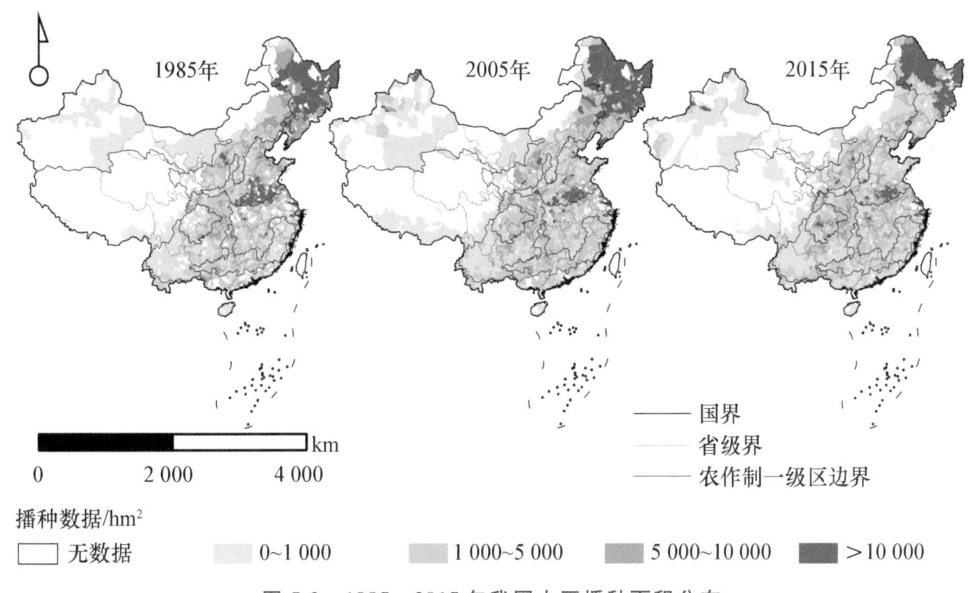

图 5-2　1985—2015 年我国大豆播种面积分布

间的推移，东北平原山区农林区逐渐形成了北部播种面积高于南部的格局。黄淮海平原农作区大豆播种面积较大的县域单元数量呈减少趋势，总体呈现出向南部聚集的特征。除个别区域外，其他地区大豆的播种面积变化不大。如西南地区的部分县多年来大豆的播种面积有所增加，新疆的个别县在 1985 年无大豆种植，但在 2005 年和 2015 年其播种面积超过了 10 000 hm^2。长江中下游和华南沿海农林渔区大豆播种面积较小，且没有表现出明显的变化特征。

我国大豆总产量的空间分布特征与大豆面积的空间特征基本保持一致。如图 5-3 所示，1985 年我国大豆总产量较高的县域单元主要分布在我国的东北平原山区农林区以及黄淮海平原农作区南部，这两个地区的多数县域单元总产量均超过了 10 000 t，其他县的大豆总产量以低于 5 000 t 为主。与 1985 年相比，2005 年大豆总产量的空间格局发生较大变化。到 2005 年，黄淮海平原农作区北部县域单元的大豆总产量降低，而南方地区总产量高的县域单元增加，此外，东北平原山区农林区县域单元的大豆总产量大多超过 10 000 t。自 2005 年以来，东北平原山区农林区南部县域的大豆总产量不断下降，且总产量低于 1985 年的县域单元数量不断增加。2015 年我国大豆总产量较高的县主要分布在东北平原山区农林区、黄淮海平原农作区南部以及西南部分地区。总体来看，近 30 年来，东北平原山区农林区南部产量高的县域单元数量不断减少，黄淮海平原农作区北部县域单元呈先增加后减少的特征，而西南地区总体表现出增加的趋势。

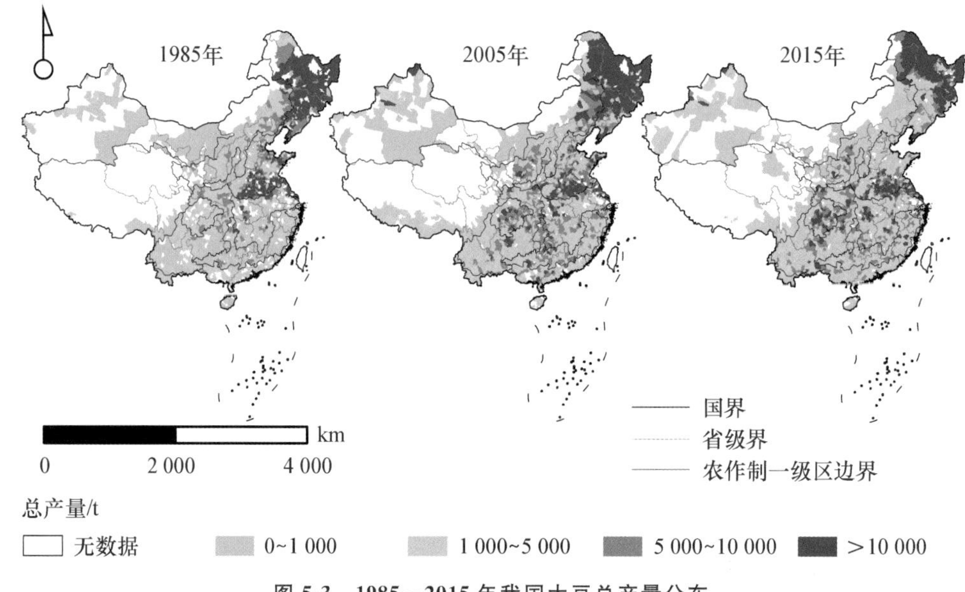

图 5-3　1985—2015 年我国大豆总产量分布

与播种面积和总产量的空间分布相比，我国大豆单产的分布呈现出不同的空间格局（图 5-4）。1985 年，大豆单产水平最高的地区集中在我国西南地区的西部，超过了 3 000 kg/hm^2。东北平原山区农林区、黄淮海平原农作区和长江中下游与沿海平原农作区等大豆主产区在 1985 年的单产以 1 000～2 000 kg/hm^2 为主。2005 年与 2015 年新疆地区部分县的大豆单产较高，同样超过了 3 000 kg/hm^2。1985—2005 年黄淮海平原农作区大豆的单产增加幅度大，多数县域单元从低于 2 000 kg/hm^2 增加到 2 000 kg/hm^2 以上。2005 年以后，全国大豆单产普遍增加，除西南地区这一大豆高产区外，黄淮海平原农作区、长江中下游与沿海平原农作区的大豆单产同样超过了 2 000 kg/hm^2。此外，在东北平原山区农林区中，其中部县域单元大豆单产相对较高，在 1985—2015 年得到了极大提高。

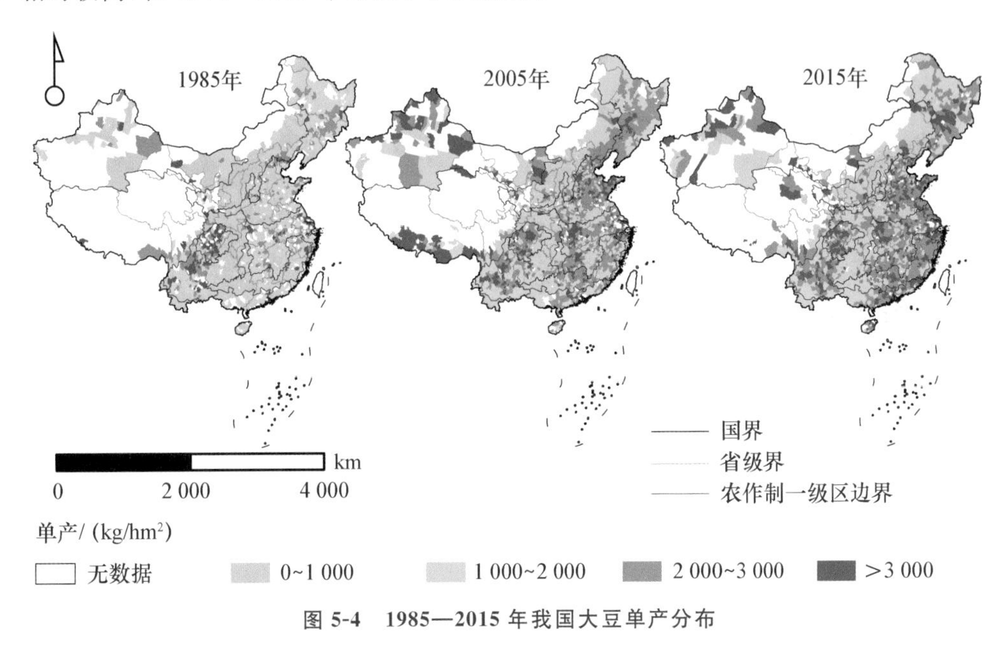

图 5-4　1985—2015 年我国大豆单产分布

5.1.3　不同时期大豆生产变化特征

我们在进一步分析大豆生产的变化特征时，将 1985—2015 年划分为 1985—2005 年和 2005—2015 年这 2 个阶段，总体来看，第一个阶段大豆的总产量和面积有增加的趋势，第二个阶段则表现出减少的趋势。

1985—2005 年，全国大部分地区的大豆总产量和单产都表现出增加的特征，而播种面积在黄淮海等地区有较大程度的降低(图 5-5)。在这个阶段，包括东北平原山区农林区的中部和北部，南方的绝大部分区域在，大部分县域的大豆总产量都表现出高度增加的特征，但黄淮海平原农作区部分县域单元产量变化特征为高度减少。与大豆总产量的变化特征不同，黄淮海平原农作区大豆的播种面积以高度减少为主，长江中下游与沿海平原农作区的部分县域单元的播种面积也表现出高度下降的特征。西南地区的大豆播种面积和总产量的变化特征相似，均以高度增加为主。在该阶段中，大豆的单产水平提升很大，全国大部分县的单产变化都属于高度增加。

2005—2015 年，大豆总产量和播种面积降低，单产水平增加(图 5-6)。东北和黄淮海平原农作区大多数县域单元大豆总产量变化特征都属于高度减少。西南地区和长江中下游与沿海平原农作区的部分区域大豆总产量有所增加。该阶段大豆播种面积的变化与总产量变化的空间分布特征基本相同，即大部分地区播种面积高度减少，仅南方少数县域单元有所增加。大豆单产变化的空间分布特征不明显，各个地区不同的县域单元变化趋势不相同，各种变化类型空间上交错分布。

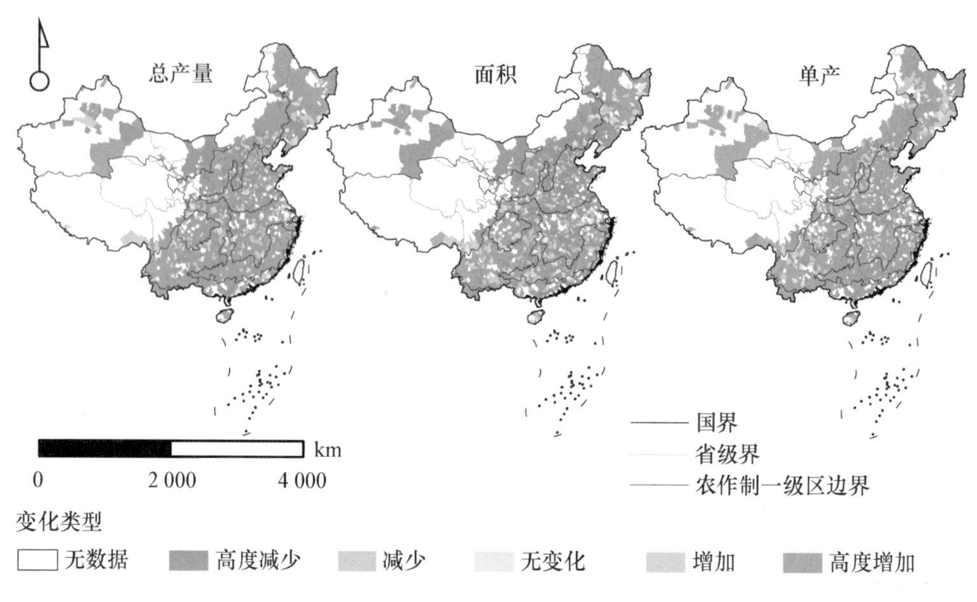

图 5-5　1985—2005 年我国大豆生产变化空间分布

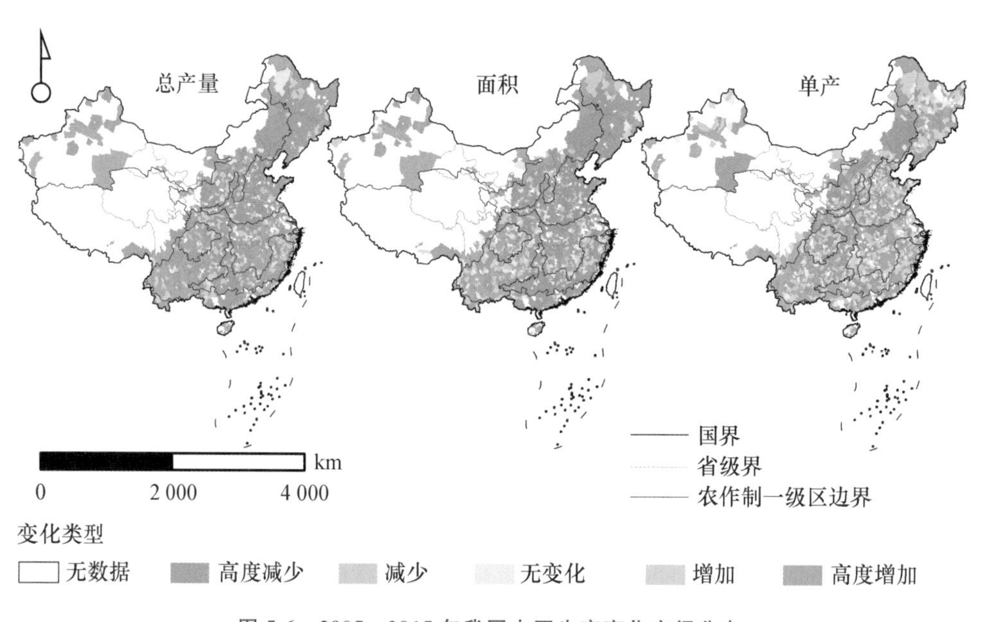

图 5-6　2005—2015 年我国大豆生产变化空间分布

1985—2015 年，大豆总产量的变化特征表现出北增南减的特征，北部地区大豆播种面积以降低为主，各个区域大豆单产均有所增加(图 5-7)。包括黄淮海和东北平原山区农林区在内的县域单元大豆总产量变化以降低为主，仅东北平原山区农林区北部有所增加，而南方则以增加为主。在该阶段，大豆播种面积增加的县主要分布在西南地区、新疆少数地区和东北地区北部。大豆单产在全国大部分地区的变化特征均为高度增加，仅极少数地区减少。

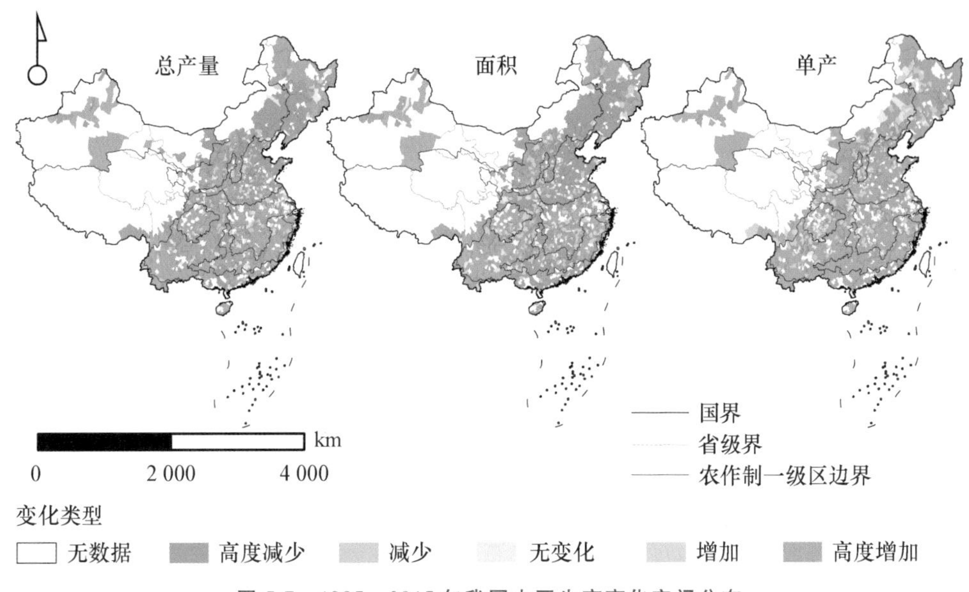

图 5-7　1985—2015 年我国大豆生产变化空间分布

5.2 主要农作区大豆生产变化

5.2.1 农作制一级区

近 30 年来，各个农作区的大豆产量集中度发生了较大的变化（表 5-1）。东北平原山区农林区大豆产量集中度在 1985 年和 2015 年基本保持在同一水平，但在前 10 年呈现下降的趋势，1995—2010 年增加约 20%，表明该阶段大豆生产向东北平原山区农林区进一步集中。黄淮海平原农作区近 30 年来大豆产量集中度下降较大，由 1985 年超过 30%变化到 2015 年不足 20%，下降幅度超过了 10%。长江中下游与沿海平原农作区大豆产量集中度增加较少，呈现出先增后减再增加的变化特征，在多个年份其集中度都在 10%以上。在其他农作区中，除北部中低高原农牧区外，其他农作区的大豆产量集中度都有所增加，尤其是四川盆地农作区增长了约 4%，增幅较大。北部中低高原农牧区的大豆产量集中度也经历了先增加后减少的变化，1990 年达到峰值。

表 5-1　1985—2015 年我国各农作制一级区大豆产量集中度变化　　%

农作制一级区	1985 年	1990 年	1995 年	2000 年	2005 年	2010 年	2015 年
东北平原山区农林区	44.31	39.07	36.87	40.79	54.63	55.58	44.64
黄淮海平原农作区	30.15	30.17	34.95	27.72	18.70	18.34	19.53
长江中下游与沿海平原农作区	8.59	9.11	10.13	11.10	7.74	7.72	11.12
江南丘陵农林区	3.45	4.15	4.36	4.35	3.76	2.77	4.30
华南沿海农林渔区	1.34	1.63	2.18	2.09	1.64	1.07	1.71

续表5-1

农作制一级区	1985 年	1990 年	1995 年	2000 年	2005 年	2010 年	2015 年
北部中低高原农牧区	5.11	8.09	5.30	5.10	5.03	4.94	4.31
西北农牧区	0.36	0.54	0.94	1.48	0.97	1.16	1.26
四川盆地农作区	2.17	2.29	2.01	2.73	3.08	3.95	6.14
西南中高原农林区	4.46	4.89	3.18	4.50	4.28	4.42	6.88
青藏高原农林区	0.06	0.06	0.09	0.13	0.16	0.05	0.12

东北平原山区农林区和黄淮海平原农作区面积集中度最大，1985—2015 年分别呈现出增加和降低的趋势(表 5-2)。在各个年份中，面积集中度最高的农作区均东北平原山区农林区，呈现出先增加后减小的变化趋势，2010 年面积集中度最高，接近 55%。2010—2015 年东北平原山区农林区大豆面积集中度下降了约 10%。1985—2015 年黄淮海平原农作区面积集中度由 31.20%下降到 20.38%，下降幅度超过 10 个百分点。四川盆地农作区和西南中高原农林区面积集中度的增加，变化幅度为 2～3 个百分点。北部中低高原农牧区面积集中度在 1985—1990 年增加了约 3%，但之后的年份呈下降的趋势，到 2015 年面积集中度低于 1985 年。总体来看，面积集中度最高的 3 个农作区，只有黄淮海平原农作区有所下降，面积集中度次高的 3 个农作区，只有北部中低高原农牧区表现出下降的特征，其他农作区面积集中度都有所增加，大豆种植进一步集中。

表 5-2　1985—2015 年我国各农作制一级区大豆面积集中度变化　　%

农作制一级区	1985 年	1990 年	1995 年	2000 年	2005 年	2010 年	2015 年
东北平原山区农林区	39.96	33.55	36.80	41.24	52.34	54.91	45.02
黄淮海平原农作区	31.20	30.82	29.38	24.53	18.94	17.49	20.38
长江中下游与沿海平原农作区	7.54	8.02	8.46	8.48	6.77	6.26	8.82
江南丘陵农林区	4.13	5.31	5.15	4.61	4.07	2.60	3.81
华南沿海农林渔区	2.41	2.71	2.78	2.43	1.92	1.25	1.74
北部中低高原农牧区	6.84	9.96	9.15	8.91	6.71	7.12	6.12
西北农牧区	0.37	0.75	1.01	1.33	0.79	1.10	1.09
四川盆地农作区	1.85	1.92	2.12	2.25	2.65	3.49	4.96
西南中高原农林区	5.66	6.90	5.08	6.10	5.70	5.73	7.93
青藏高原农林区	0.06	0.06	0.08	0.12	0.11	0.06	0.13

1985—2015 年，所有农作区大豆单产都有所增加(表 5-3)。1985 年单产水平最高的农作区为四川盆地农业区，其次为长江中下游与沿海平原农作区和东北平原山区农林区。2015 年单产水平位居前三的农作区依次为长江中下游与沿海平原农作区、四川盆地农作区和西北农牧区。东北平原山区农林区 1985—2015 年单产增加了约 500 kg/hm^2，黄淮海平原农作区单产增加了约 600 kg/hm^2，长江中下游与沿海平原农作区单产增加了约 1 000 kg/hm^2，这 3 个大豆主产区大豆单产都有大幅度的增加，其中长江中下游与沿海平原农作区增产幅度最大。在所有年份中四川盆地农作区均具有较高的单产水平，同时提升幅度大，多年来增加了约 1 000 kg/hm^2，到 2015 年达到了 2 513 kg/hm^2。华南沿海农林渔区单产增加幅度最大，增加

了 1 248 kg/hm²，但多年来单产水平相对较低，低于 2 000 kg/hm²。

表 5-3　1985—2015 年我国各农作制一级区大豆单产变化　kg/hm²

农作制一级区	1985 年	1990 年	1995 年	2000 年	2005 年	2010 年	2015 年
东北平原山区农林区	1 494	1 690	1 673	1 756	2 108	2 130	2 012
黄淮海平原农作区	1 302	1 421	1 987	2 007	1 995	2 207	1 947
长江中下游与沿海平原农作区	1 535	1 648	2 000	2 325	2 310	2 597	2 559
江南丘陵农林区	1 125	1 133	1 414	1 676	1 864	2 247	2 292
华南沿海农林渔区	751	872	1 311	1 521	1 727	1 798	1 999
北部中低高原农牧区	1 007	1 179	968	1 017	1 515	1 460	1 430
西北农牧区	1 329	1 050	1 540	1 975	2 479	2 214	2 346
四川盆地农作区	1 574	1 728	1 583	2 150	2 350	2 382	2 513
西南中高原农林区	1 062	1 029	1 047	1 310	1 518	1 625	1 759
青藏高原农林区	1 447	1 422	1 946	2 011	2 857	1 799	1 825

5.2.2　东北平原山区农林区

近 30 年，东北平原山区农林区的部分亚区大豆产量集中度变化较大(表 5-4)。在所有年份中，大豆产量集中度最高的亚区均为松辽平原亚区，在 2005 年之前该亚区大豆产量集中度超过 50%，2005 年之后集中度最高仅为 47%，表现出下降的趋势。大豆产量集中度变化较大的亚区为兴安岭亚区和三江平原亚区，二者变化趋势相反。兴安岭亚区的大豆产量集中度由 6.13%增加到 27.10%，增加了约 20 个百分点，而三江平原亚区下降幅度大，1985—2015 年从 25.45%下降到 9.68%，下降幅度达到 15 个百分点。长白山亚区和辽东滨海亚区的大豆产量集中度多年来都比较低，虽然年际间存在波动，但总体来看分别表现出减少和增加的特征。

表 5-4　1985—2015 年东北平原山区农林区各亚区大豆产量集中度变化　%

农作制亚区	1985 年	1990 年	1995 年	2000 年	2005 年	2010 年	2015 年
兴安岭丘陵山地纯林制与山麓岗地温凉作物一熟区	6.13	11.02	13.11	15.68	16.13	21.09	27.10
三江平原温凉作物一熟区	25.45	15.61	18.86	14.91	22.37	19.35	9.68
松辽平原喜温作物一熟区	51.46	53.89	50.67	53.15	50.03	46.31	47.01
长白山温和作物一熟农林区	14.12	16.12	13.62	13.76	10.06	11.84	11.58
辽东滨海平原温暖作物一熟农渔区	2.85	3.35	3.74	2.51	1.41	1.41	4.63

1985—2015 年，兴安岭亚区的大豆面积集中度增加了 23.14%，2015 年面积集中度最高，接近 30%(表 5-5)。和兴安岭亚区的变化趋势刚好相反，三江平原亚区面积集中度波动下降，多年来下降幅度超过 20%。面积集中度最高的地区多年来均为松辽平原亚区，在 1990 年和 2000 年该亚区面积集中度超过了 50%，其他年份也在 40%以上，是东北重要的大豆种植亚区。长白山亚区和辽东滨海亚区大豆面积集中度变化幅度小，长白山亚区多年来面积集中度均在 10%左右波动，未表现出明显的变化特征。而辽东滨海亚区则多年来均低于 5%，占比最小，尤其在 2005 年和 2010 年面积集中度仅为不到 1.5%。

表 5-5　1985—2015 年东北平原山区农林区各亚区大豆面积集中度变化　%

农作制亚区	1985 年	1990 年	1995 年	2000 年	2005 年	2010 年	2015 年
兴安岭丘陵山地纯林制与山麓岗地温凉作物一熟区	6.19	10.44	18.99	20.95	19.01	22.30	29.33
三江平原温凉作物一熟区	31.28	15.59	16.02	14.18	22.32	20.21	8.32
松辽平原喜温作物一熟区	48.03	55.30	49.06	52.57	47.58	44.38	47.34
长白山温和作物一熟农林区	10.90	13.73	12.39	9.58	9.80	11.88	10.36
辽东滨海平原温暖作物一熟农渔区	3.59	4.94	3.54	2.73	1.29	1.23	4.65

东北平原山区农林区各亚区的单产在 1985—2015 年均呈现出增加的趋势，增加幅度由大到小依次为三江平原亚区、辽东滨海亚区、松辽平原亚区、兴安岭亚区和长白山亚区域（表 5-6）。1985 年单产最高的亚区为长白山亚区，在波动中不断上升，到 2015 年其单产依旧排第 2 位，仅低于三江平原亚区。三江平原亚区的单产不仅增加幅度最大，且在 2015 年单产水平也高于其他地区，达到了 2 340 kg/hm^2。在所有的年份中，辽东滨海亚区在 2010 年的单产水平最高，达到了 2 455 kg/hm^2，2010 年之后单产水平下降，到 2015 年仅为 2 004 kg/hm^2，仅高于兴安岭亚区。松辽平原亚区是东北平原山区农林区大豆的主要种植区，其单产水平多年来稳步提升。

表 5-6　1985—2015 年东北平原山区农林区各亚区大豆单产变化　kg/hm^2

农作制亚区	1985 年	1990 年	1995 年	2000 年	2005 年	2010 年	2015 年
兴安岭丘陵山地纯林制与山麓岗地温凉作物一熟区	1 481	1 784	1 155	1 314	1 789	2 014	1 859
三江平原温凉作物一熟区	1 216	1 691	1 969	1 846	2 113	2 039	2 340
松辽平原喜温作物一熟区	1 600	1 647	1 728	1 775	2 217	2 222	1 998
长白山温和作物一熟农林区	1 935	1 985	1 839	2 523	2 165	2 122	2 250
辽东滨海平原温暖作物一熟农渔区	1 183	1 148	1 771	1 618	2 300	2 455	2 004

5.2.3　黄淮海平原农作区

在所有的黄淮海平原农作区的亚区中，环渤海亚区、燕山太行山山前平原亚区、海河低平原亚区和鲁西平原亚区的大豆产量集中度都呈现出下降的特征（表 5-7），其中环渤海亚区和海河低平原亚区下降，由 15%左右下降到 7%～8%。此外，环渤海亚区和海河低平原亚区大豆产量集中度的变化特征均为先增加后减少，环渤海亚区在 1995 年超过 18%，海河低平原亚区同样在 1995 年超过 20%。黄淮平原亚区的大豆产量集中度在所有年份中均最高，变化特征为先减少后增加，在波动中不断上升，到 2015 年超过 65%。汾渭谷地亚区虽然大豆产量集中度小，但是在 1985—2015 年其产量集中度增加了 1 倍。豫西丘陵亚区的大豆产量集中度在 1990 年达到最高，超过了 6%，之后不断下降，1990 年之后有着下降的趋势。

表 5-7　1985—2015 年黄淮海平原农作区各亚区大豆产量集中度变化　　%

农作制亚区	1985 年	1990 年	1995 年	2000 年	2005 年	2010 年	2015 年
环渤海山东半岛滨海外向型二熟农渔区	15.56	17.28	18.34	11.53	11.02	9.15	8.54
燕山太行山山前平原水浇地二熟区	4.38	6.61	7.79	8.74	6.72	4.03	4.08
海河低平原缺水水浇地二熟兼旱地一熟区	15.12	18.75	21.20	16.92	11.12	6.97	7.31
鲁西平原鲁中丘陵水浇地二熟兼一熟区	5.98	5.65	6.63	6.45	5.62	5.37	5.35
黄淮平原南阳盆地水浇地旱地二熟区	54.54	43.53	40.08	47.50	58.11	66.95	67.92
汾渭谷地水浇地二熟旱地一熟兼二熟区	1.65	2.08	1.33	3.04	3.55	3.52	3.20
豫西丘陵山地旱坡地一熟水浇地二熟区	2.78	6.10	4.64	5.81	3.86	4.01	3.62

2015 年黄淮海平原农作区大豆面积集中度最高的亚区为黄淮平原亚区，最低的为燕山太行山山前平原亚区，而在 1985 年，面积集中度最高和最低的亚区分别为黄淮平原亚区和汾渭谷地亚区（表 5-8）。环渤海亚区的面积集中度呈先增加后减少的趋势，到 1995 年达到最大，之后不断下降，到 2015 年仅为 6.13%。燕山太行山山前平原亚区的大豆面积集中度在 1985 年和 2015 年差异不大，但是年际间存在较大波动。海河低平原亚区的变化特征基本上与环渤海亚区类似，但下降幅度更大，鲁西平原亚区的变化特征则与燕山太行山山前平原亚区较为接近。除了 1990 年、1995 年和 2000 年这 3 个时期外，黄淮平原亚区的大豆面积集中度均高于 50%，其中 2010 年面积集中度超过了 70%。总体来看，汾渭谷地亚区大豆面积集中度小，且变化幅度小，多年来略有增加。而豫西丘陵亚区虽然在 1985 年面积集中度不超过 3%，但多年增加幅度大，到 2015 年已经超过了 10%。综上可以看出，黄淮海平原农作区的大豆播种面积，多年来不断向黄淮平原亚区和豫西丘陵亚区等亚区聚集。

表 5-8　1985—2015 年黄淮海平原农作区各亚区大豆面积集中度变化　　%

农作制亚区	1985 年	1990 年	1995 年	2000 年	2005 年	2010 年	2015 年
环渤海山东半岛滨海外向型二熟农渔区	12.28	14.85	16.77	14.52	9.47	7.44	6.13
燕山太行山山前平原水浇地二熟区	3.80	5.42	6.85	6.74	4.92	3.63	3.25
海河低平原缺水水浇地二熟兼旱地一熟区	14.94	18.48	21.41	17.03	10.18	6.41	5.77
鲁西平原鲁中丘陵水浇地二熟兼一熟区	4.74	4.27	4.67	4.78	4.21	3.96	3.51
黄淮平原南阳盆地水浇地旱地二熟区	59.44	48.44	42.47	46.62	62.81	70.11	66.44
汾渭谷地水浇地二熟旱地一熟兼二熟区	2.03	2.66	1.96	3.28	3.47	3.67	3.89
豫西丘陵山地旱坡地一熟水浇地二熟区	2.77	5.88	5.88	7.03	4.94	4.78	11.00

各个亚区的大豆单产均具有增加的趋势(表 5-9),1985 年单产最高仅为 1 650 kg/hm^2,而 2015 年单产最高的亚区达到 2 960 kg/hm^2。环渤海亚区大豆单产呈波动增加的趋势,1985—2015 年增加了约 1 000 kg/hm^2。燕山太行山山前平原亚区的大豆单产 2005 年最高,达到了 2 724 kg/hm^2。海河低平原亚区大豆单产多年来不断增加。大豆单产最高的亚区多为鲁西平原亚区,在 2010 年大豆单产达到了 2 996 kg/hm^2,多年来单产增加了约 1 倍。其他亚区大豆单产相对较低,且多年来增加幅度也比较小。

表 5-9　1985—2015 年黄淮海平原农作区各亚区大豆单产变化　kg/hm^2

农作制亚区	1985 年	1990 年	1995 年	2000 年	2005 年	2010 年	2015 年
环渤海山东半岛滨海外向型二熟农渔区	1 650	1 653	2 173	1 593	2 323	2 713	2 706
燕山太行山山前平原水浇地二熟区	1 501	1 733	2 259	2 605	2 724	2 446	2 435
海河低平原缺水水浇地二熟兼旱地一熟区	1 318	1 441	1 968	1 994	2 180	2 401	2 462
鲁西平原鲁中丘陵水浇地二熟兼一熟区	1 643	1 881	2 821	2 705	2 662	2 996	2 960
黄淮平原南阳盆地水浇地旱地二熟区	1 195	1 276	1 875	2 045	1 845	2 107	1 987
汾渭谷地水浇地二熟旱地一熟兼二熟区	1 058	1 109	1 344	1 856	2 046	2 116	1 597
豫西丘陵山地旱坡地一熟水浇地二熟区	1 305	1 473	1 566	1 660	1 557	1 848	640

5.2.4　长江中下游与沿海平原农作区

大豆产量集中度在年际间存在较大差异,不同亚区的变化趋势也表现出不同的特征(表 5-10)。滨南黄海东海平原亚区的大豆产量集中度在 1985 年约为 35%,与 2015 年基本相同,但经历了较大的波动,2010 年达到最大,超过了 40%。江淮江汉平原亚区和滨南黄海东海平原亚区相似,虽然 1985 年和 2015 年基本保持一致,但年际间波动更剧烈。两湖平原亚区的大豆产量集中度多年均最低,尤其在 2010 年仅为 24%左右,远远低于同年其他亚区。江淮江汉平原亚区的大豆产量集中度仅在 2010 年低于滨南黄海东海平原亚区,但在其他年份均超过其他两个亚区。两湖平原亚区的大豆产量集中度在 1995 年超过滨南黄海东海平原亚区 10%左右,除了该年份外,均远远低于滨南黄海东海平原亚区。

表 5-10　1985—2015 年长江中下游与沿海平原农作区各亚区大豆产量集中度变化　%

农作制亚区	1985 年	1990 年	1995 年	2000 年	2005 年	2010 年	2015 年
滨南黄海东海平原二三熟外向型农渔区	34.70	29.70	26.41	34.18	33.91	41.09	35.16
江淮江汉平原丘陵旱水二熟兼三熟农区	38.42	40.75	38.54	39.46	40.38	34.40	38.31
两湖平原丘陵水田三二熟农区	26.88	29.55	35.05	26.36	25.72	24.51	26.52

1985年江淮江汉平原亚区大豆面积集中度最高，接近40%，其次为两湖平原亚区和滨南黄海东海平原亚区(表5-11)。在2000年之前，两湖平原亚区的大豆面积集中度均高于滨南黄海东海平原亚区，2000年以后，滨南黄海东海平原亚区的面积集中度高于两湖平原亚区。到2015年，3个亚区的大豆面积集中度由大到小依次为江淮江汉平原亚区、滨南黄海东海平原亚区和两湖平原亚区，同1985年存在差异。1995年的面积集中度最高的亚区为两湖平原亚区，超过了40%。滨南黄海东海平原亚区面积集中度的年际间变化特征为先减少后增加再减少，江淮江汉平原亚区的面积集中度最高值在2005年，接近42%，年际间呈现先减少后增加再减少的变化特征，与滨南黄海东海平原亚区相同。两湖平原亚区大豆面积集中度先增加后减少，2005年之后相对保持稳定。

表5-11 1985—2015年长江中下游与沿海平原农作区各亚区大豆面积集中度变化 %

农作制亚区	1985年	1990年	1995年	2000年	2005年	2010年	2015年
滨南黄海东海平原二三熟外向型农渔区	27.33	25.59	23.80	29.35	30.44	37.03	31.44
江淮江汉平原丘陵旱水二熟兼三熟农区	39.38	38.85	36.00	38.60	41.88	35.27	40.34
两湖平原丘陵水田三二熟农区	33.30	35.56	40.19	32.05	27.68	27.70	28.23

滨南黄海东海平原亚区在所有年份中大豆单产均最高，其中在1985年超出江淮江汉平原亚区和两湖平原亚区400～700 kg/hm^2，在2015年超出其他两个亚区400 kg/hm^{2}左右。总体来看，3个亚区的大豆单产均表现出增加的趋势，滨南黄海东海平原亚区增加了约900 kg/hm^2，江淮江汉平原亚区增加量与滨南黄海东海平原亚区相近，两湖平原亚区的增加幅度最大，达到1 200 kg/hm^{2}左右。滨南黄海东海平原亚区和江淮江汉平原亚区在2010年的单产最高，分别为2 882 kg/hm^{2}和2 533 kg/hm^2，而两湖平原亚区单产最高的年份为2015年。滨南黄海东海平原亚区与江淮江汉平原亚区的变化趋势基本保持一致，波动较大。两湖平原亚区的单产持续增加，增加趋势显著。

表5-12 1985—2015年长江中下游与沿海平原农作区各亚区大豆单产变化 kg/hm^2

农作制亚区	1985年	1990年	1995年	2000年	2005年	2010年	2015年
滨南黄海东海平原二三熟外向型农渔区	1 949	1 912	2 219	2 708	2 574	2 882	2 862
江淮江汉平原丘陵旱水二熟兼三熟农区	1 497	1 729	2 140	2 377	2 228	2 533	2 431
两湖平原丘陵水田三二熟农区	1 239	1 369	1 744	1 912	2 146	2 298	2 404

5.2.5 北部中低高原农牧区

1985年大豆产量集中度最高的地区为蒙东南辽吉西冀北亚区，超过了41%，1985—2015年大幅度下降，到2015年产量集中度低于15%(表5-13)。2015年大豆产量集中度由大到小依次为黄土高原东部丘陵亚区、黄土高原南部塬区亚区、晋东土石山地亚区、蒙东南辽吉西冀北亚区、晋西北中高原亚区、黄土高原西部丘陵亚区和内蒙古高原亚区。内蒙古高原亚区的大豆产量集中度先增加后减少，到 2005 年达到最大，接近 10%。晋西北中高原亚区变化趋势和内蒙古高原亚区相反，变化趋势为先减少后增加，在 2005 年产量集中度最低，小于 4%。黄土高原西部丘陵亚区的产量集中度小，在 1985 年和 2005 年均不超过 2%，在 2000 年最高，超过 5%。蒙东南辽吉西冀北亚区呈波动下降的趋势，相比于 1985 年，2015 年下降幅度达到了 25%。晋东土石山地亚区的产量集中度相对稳定，多年来均维持在 20%左右。黄土高原东部丘陵亚区和黄土高原南部塬区亚区总体表现出增加的趋势，分别增加了约 8%和 17%。

表 5-13　1985—2015 年北部中低高原农牧区各亚区大豆产量集中度变化　%

农作制亚区	1985 年	1990 年	1995 年	2000 年	2005 年	2010 年	2015 年
内蒙古高原北部半干旱干旱草原牧兼农区	3.66	5.85	5.28	6.04	9.88	4.74	2.77
后山坝上晋西北中高原山地喜凉作物一熟兼轮歇区	6.83	6.55	5.54	4.48	3.77	5.44	5.95
黄土高原西部丘陵半干旱喜凉作物一熟农区	1.85	1.34	3.11	5.23	1.37	4.15	4.57
蒙东南辽吉西冀北半干旱喜温作物一熟农区	41.36	33.74	36.52	27.67	37.21	33.58	14.39
晋东土石山地半湿润易旱一熟填闲农区	20.42	20.76	21.42	25.63	17.65	16.48	20.91
黄土高原东部丘陵易旱喜温作物一熟农区	18.05	21.47	18.66	11.96	14.25	19.16	26.53
黄土高原南部塬区半湿润一熟填闲农区	7.83	10.30	9.47	18.98	15.87	16.45	24.88

1985 年大豆面积集中度最大的亚区为蒙东南辽吉西冀北亚区，最低的为黄土高原西部丘陵亚区，其中蒙东南辽吉西冀北亚区总体表现出下降的趋势，而黄土高原西部丘陵亚区则表现出增加的趋势(表 5-14)。到 2015 年，黄土高原东部丘陵亚区的大豆面积集中度最高，超过了 30%，其次是晋东土石山地亚区和黄土高原南部塬区亚区，这两个亚区的面积集中度接近 20%。内蒙古高原亚区在 2000 年大豆面积集中度最大，接近 10%，到 2015 年面积集中度最小，仅为不到 3%。相比于 1985 年，晋西北中高原亚区和黄土高原西部丘陵亚区的大豆面积集中度有所增加，但变化幅度小。晋东土石山地亚区在 1985 年的面积集中度最高，超过了 20%，其他年份均低于 20%。除 2000 年外，黄土高原东部丘陵亚区的面积集中度均高于 20%，2015 年超过了 30%。黄土高原南部塬区亚区的面积集中度在 1985—2015 年增加了 10%，在 2015 年面积集中度达到最大。

表 5-14　1985—2015 年北部中低高原农牧区各亚区大豆面积集中度变化　%

农作制亚区	1985 年	1990 年	1995 年	2000 年	2005 年	2010 年	2015 年
内蒙古高原北部半干旱干旱草原牧兼农区	4.07	4.84	9.73	9.81	8.44	9.55	2.81
后山坝上晋西北中高原山地喜凉作物一熟兼轮歇区	8.94	8.49	9.55	7.67	5.62	8.45	9.67

续表5-14

农作制亚区	1985年	1990年	1995年	2000年	2005年	2010年	2015年
黄土高原西部丘陵半干旱喜凉作物一熟农区	1.42	0.91	1.39	3.29	1.82	4.77	3.73
蒙东南辽吉西冀北半干旱喜温作物一熟农区	32.48	28.18	29.66	30.97	27.91	27.30	14.97
晋东土石山地半湿润易旱一熟填闲农区	20.03	19.54	19.23	18.58	17.82	15.15	19.22
黄土高原东部丘陵易旱喜温作物一熟农区	25.00	27.40	21.41	16.01	23.64	22.53	31.07
黄土高原南部塬区半湿润一熟填闲农区	8.07	10.64	9.04	13.67	14.76	12.26	18.54

内蒙古高原亚区、晋西北中高原亚区、黄土高原东部丘陵亚区和黄土高原南部塬区亚区在1985年的大豆单产均低于1 000 kg/hm^2，1985年黄土高原西部丘陵亚区单产水平最高，其次是蒙东南辽吉西冀北亚区(表5-15)。到2015年，大豆单产水平由高到低分别为黄土高原南部塬区亚区、黄土高原西部丘陵亚区、晋东土石山地亚区、内蒙古高原亚区、蒙东南辽吉西冀北亚区、黄土高原东部丘陵亚区和晋西北中高原亚区，单产水平最高的亚区单产达到了1 919 kg/hm^2，而单产水平最低的亚区单产依旧低于1 000 kg/hm^2。各个亚区的单产总体都表现出增加的趋势，其中内蒙古高原亚区和晋东土石山地亚区均增加约500 kg/hm^2，黄土高原南部塬区亚区增加幅度为1 000 kg/hm^{2}左右，晋西北中高原亚区的增加幅度仅为100 kg/hm^{2}左右，变化幅度最小。

表5-15 1985—2015年北部中低高原农牧区各亚区大豆单产变化 kg/hm^2

农作制亚区	1985年	1990年	1995年	2000年	2005年	2010年	2015年
内蒙古高原北部半干旱干旱草原牧兼农区	906	1 423	526	626	1 775	725	1 412
后山坝上晋西北中高原山地喜凉作物一熟兼轮歇区	769	909	561	594	1 017	939	880
黄土高原西部丘陵半干旱喜凉作物一熟农区	1 317	1 742	2 174	1 617	1 146	1 272	1 749
蒙东南辽吉西冀北半干旱喜温作物一熟农区	1 282	1 412	1 191	908	2 020	1 796	1 374
晋东土石山地半湿润易旱一熟填闲农区	1 026	1 252	1 078	1 402	1 501	1 588	1 556
黄土高原东部丘陵易旱喜温作物一熟农区	727	924	843	760	913	1 242	1 221
黄土高原南部塬区半湿润一熟填闲农区	976	1 141	1 015	1 412	1 629	1 958	1 919

5.2.6 西南中高原农林区

秦巴山区亚区是西南中高原农林区大豆产量集中度最高的亚区，而衡东高原亚区的大豆产量集中度最低(表 5-16)。但秦巴山区亚区的大豆产量集中度呈波动下降趋势,在 1985—2015 年下降了约 9%,但在各个年份中均高于其他亚区,尤其在 1995 年产量集中度超过了 40%,在所有年份中均最高。与秦巴山区亚区类似,川鄂湘黔交界亚区的产量集中度在 1995 年达到最大值,多年来有所下降。滇中高原亚区的产量集中度波动相对较小,多年来均保持在 20%左右,且表现出略微增加的趋势。横东高原亚区和滇南中低山宽谷亚区的大豆产量集中度都表现出增加的趋势,分别增加了 4%和 11%左右。2015 年大豆产量集中度由大到小依次为秦巴山区亚区、滇中高原亚区、滇南中低山宽谷亚区、川鄂湘黔交界亚区、贵州高原亚区和横东高原亚区,相比于 1985 年,面积集中度最小的亚区的值也有所增加。

表 5-16 1985—2015 年西南中高原农林区各亚区大豆产量集中度变化 %

农作制亚区	1985 年	1990 年	1995 年	2000 年	2005 年	2010 年	2015 年
秦巴山区旱坡地二熟一熟兼水田二熟林农区	36.83	33.43	43.26	31.01	25.28	25.69	27.50
川鄂湘黔交界低高原山地水田旱地二熟林农区	18.95	16.51	19.96	17.11	17.94	17.91	14.95
贵州高原水田旱地二熟兼一熟农林区	16.50	15.67	0.00	19.06	15.20	17.27	13.76
滇中高原盆地水田旱地二熟兼一熟农林区	17.87	23.09	18.87	19.56	17.02	17.43	18.57
横东高原高山峡谷旱地一二熟兼水田二熟农林区	5.18	6.31	7.93	5.19	15.44	10.24	9.33
滇南中低山宽谷炎热旱地水田二熟农林区	4.68	4.99	9.99	8.07	9.13	11.45	15.89

不同亚区的大豆面积集中度变化特征不同(表 5-17)。秦巴山区亚区的大豆面积集中度以 1995 年为节点,先增加后减少,1995 年的面积集中度接近 50%。1995 年以后,川鄂湘黔交界亚区的大豆面积集中度年际间上下波动,但总体呈下降的特征,在 1985—2015 年下降了约 5%。滇中高原亚区、横东高原亚区和滇南中低山宽谷亚区的面积集中度有所增加,分别增加了约 4%、3%和 10%。1985 年和 2015 年面积集中度最高的亚区均为秦巴山区亚区,最小的均为横东高原亚区。截至 2015 年,大豆面积集中度由大到小依次为秦巴山区亚区、贵州高原亚区、滇南中低山宽谷亚区、滇中高原亚区、川鄂湘黔交界亚区和横东高原亚区。

表 5-17 1985—2015 年西南中高原农林区各亚区大豆面积集中度变化 %

农作制亚区	1985 年	1990 年	1995 年	2000 年	2005 年	2010 年	2015 年
秦巴山区旱坡地二熟一熟兼水田二熟林农区	34.94	35.40	48.62	33.66	29.44	26.86	27.25
川鄂湘黔交界低高原山地水田旱地二熟林农区	21.38	19.60	22.64	17.94	17.20	18.32	15.76
贵州高原水田旱地二熟兼一熟农林区	21.42	16.52	0.00	18.21	15.76	16.60	17.79
滇中高原盆地水田旱地二熟兼一熟农林区	12.31	17.69	12.40	15.77	15.37	15.96	16.10

续表5-17

农作制亚区	1985 年	1990 年	1995 年	2000 年	2005 年	2010 年	2015 年
横东高原高山峡谷旱地一二熟兼水田二熟农林区	3.23	4.11	4.21	3.15	10.25	7.36	6.35
滇南中低山宽谷炎热旱地水田二熟农林区	6.72	6.68	12.13	11.27	11.98	14.90	16.74

西南中高原农林区各亚区间大豆单产差异较大(表 5-18)。1985 年大豆单产最高的亚区为横东高原亚区,其次为滇中高原亚区,这两个亚区的单产超过 1 500 kg/hm^2,而川鄂湘黔交界亚区、贵州高原亚区和滇南中低山宽谷亚区的单产低于 1 000 kg/hm^2。相比于 1985 年,2015 年各个亚区的单产都有较大的提升,增加幅度在 500～900 kg/hm^2 不等,其中滇南中低山宽谷亚区的增加幅度最大。2015 年大豆单产最高的亚区为横东高原亚区,其次为滇中高原亚区,分别为 2 583 kg/hm^2 和 2 029 kg/hm^2。1985 年大豆单产最低的滇南中低山宽谷亚区由于单产水平的持续增加,到 2015 年其单产水平略高于贵州高原亚区。

表 5-18　1985—2015 年西南中高原农林区各亚区大豆单产变化　kg/hm^2

农作制亚区	1985 年	1990 年	1995 年	2000 年	2005 年	2010 年	2015 年
秦巴山区旱坡地二熟一熟兼水田二熟林农区	1 120	971	931	1 207	1 303	1 555	1 775
川鄂湘黔交界低高原山地水田旱地二熟林农区	942	866	923	1 249	1 583	1 589	1 669
贵州高原水田旱地二熟兼一熟农林区	818	975	—	1 370	1 465	1 690	1 361
滇中高原盆地水田旱地二熟兼一熟农林区	1 542	1 343	1 592	1 625	1 681	1 775	2 029
横东高原高山峡谷旱地一二熟兼水田二熟农林区	1 702	1 579	1 970	2 155	2 286	2 260	2 583
滇南中低山宽谷炎热旱地水田二熟农林区	739	768	861	938	1 157	1 249	1 670

5.3 我国大豆生产重心迁移

我国大豆的总产量重心和生产重心分布区域接近,而单产重心则与其相差较远,表明了高产区与主产区分布的不一致性(图 5-8)。1995—2015 年大豆生产的单产重心、面积重心和总产量重心均分布在我国的北方。其中总产量重心的分布区域和面积重心较为接近,主要分布在 40°N 和 120°E 附近,且不同年份的生产重心存在着较远的距离。与总产量重心和面积重心的分布区域不同,单产重心主要分布区域接近 30°N 和 110°E。总产量重心的分布较为集中,年际间总产量重心的距离较小。

大豆的总产量重心多年来主要分布在40°N左右，且年际间重心位置存在偏移。其中1985—1990年、2000—2005年以及2010—2015年这3个阶段变化幅度大，均超过了100 km，其他时期变化较小。相比于1985年，2015年的总产量重心向西移动了140 km，二者的纬度变化不大，主要是经度的变化。1985—1990年总产量重心向西南方向偏移了109 km，经度和纬度都发生了较大变化。1990—1995年总产量重心移动了14 km，变化较小。与前一时期的变化相近，1995—2000年这一阶段总产量重心仅移动了16 km。2000—2005年是总产量重心移动第二大的时期，总产量重心向东北方向移动了271 km，纬度的变化超过了经度。2005—2010年总产量重心仅移动了35 km，主要表现为纬度的改变。2010—2015年这一时期总产量重心迁移距离最远，向西南方向移动了280 km，经度和纬度均发生了极大的改变。

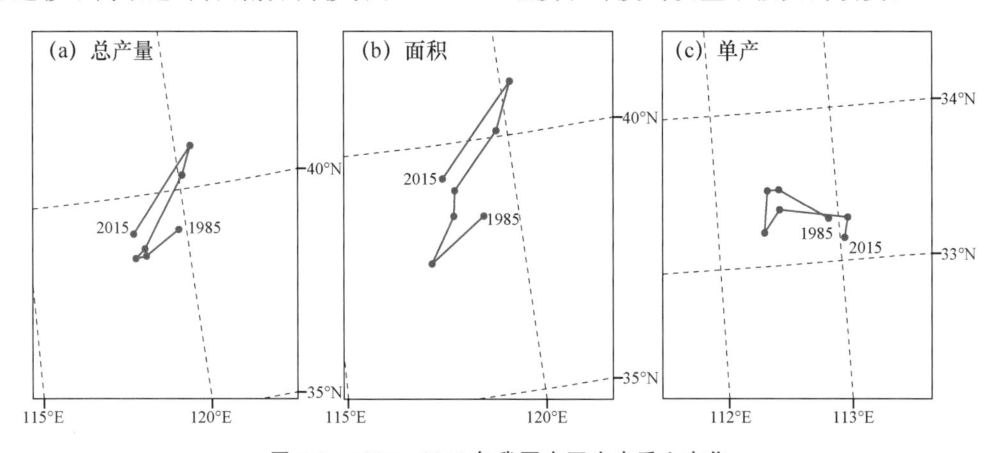

图5-8　1985—2015年我国大豆生产重心变化

相比于大豆的总产量重心，大豆的面积重心变化在不同时期均发生了较大程度的改变，但主要的分布区域依旧在40°N上下。2015年与1985年的面积重心距离为131 km，位于1985年面积重心的西北方向，二者的距离差异在经度和纬度上均有所体现。在不同年际间的变化中，2000—2005年和2010　2015年的面积重心变化幅度最大，均超过了200 km，1995—2000年和2005—2010年的面积重心距离最小，低于100 km。1985—1990年生产重心西南方向迁移了146 km，经度和纬度的变化幅度相近。1990—1995年面积重心向东北方向移动，变化了106 km，主要表现为纬度的变化。1995—2000年面积重心的移动距离仅为64 km，在所有的时期中变化最小，且经度发生的变化极小，主要是纬度发生了变化。在下一个时期中，面积重心向东北方向移动了203 km，经度和纬度的变化幅度均比较大。2005—2010年面积重心向北部偏东方向移动了78 km。与前几个时期向北移动不同，2010—2015年面积重心向西南方向迁移了277 km，是重心变化最大的阶段，在纬度和经度上均发生了较大改变。

大豆的单产重心主要分布在33°N附近，相比于面积重心和总产量重心，单产重心的迁移距离较小。在所有的时期中，单产重心迁移的最远距离仅为54 km，为2005—2010年这一时期。1988—2015年单产重心向东南方向迁移了13 km，虽然在中间的时期发生了相对较大的移动，但最终二者的重心距离较为接近。1985—1990年单产重心移动了40 km，移动方向为西北，主要是经度发生改变。1990—1995年单产重心向西南方向移动，变化了36 km。在下一个时期单产重心主要发生了纬度的变化，向北部移动了35 km。2000—2005年单产重心几乎没有发生变化，仅移动了8 km。2005—2010年单产重心在经度上发生了较大的改变，向东南方向迁移了 54 km。相比于 2010 年,2015 年的单产重心位于 2010 年单产重心的西南方向,二者距离 15 km。

5.4 我国大豆产量贡献因素分析

5.4.1 大豆产量贡献因素空间分布

1985—2015 年,我国大豆总产量变化的贡献因素主导类型空间分布如图 5-9 所示,总体来看,东北平原山区农林区和四川盆地农作区受面积影响大,其他农作区受单产水平影响大。互作主导型和互作绝对主导型的县域单元数量最少,在各个区域均有零星分布,无明显的空间聚集特征。单产和面积的影响在不同的地区特征不同,但总体来看,单产对这个阶段总产量影响较大的县域单元数量占比最高。东北平原山区农林区总产量的变化主要由面积变化导致的,其次是单产,二者的交互影响为主导的县数最小。黄淮海平原农作区大多数的县大豆总产量变化受单产的影响最大,且部分县为单产绝对主导型,仅东部少数县的影响类型为面积主导。长江中下游与沿海平原农作区南部产量影响类型属于单产绝对主导型,表明该区域的总产量受单产的影响最大。江南丘陵农林区的主导类型与长江中下游与沿海平原农作区基本保持一致,也是单产绝对主导型。四川盆地农作区为面积绝对主导型,位于其东边的西南中高原农林区的区域为单产绝对主导型,而南边的该农作区县域单元主要受面积的影响。新疆地区县域单元各种主导类型占比相差不大。

在 1985—2005 这一阶段中,虽然主导类型的空间分布基本与整个时期的变化特征较为相似,但面积主导和面积绝对主导类型的县数有所增加(图 5-9)。东北平原山区农林区的总产量变化主要是由面积变化导致的,多数县的变化类型属于面积主导型和面积绝对主导型,这些县主要集中在东北平原山区农林区的北部及中部。东北平原山区农林区与其他农作区交界的县,其主导类型以单产主导和单产绝对主导为主,在整个东北平原山区农林区仅少数几个县的主导类型为互作主导和互作绝对主导。黄淮海平原农作区总产量依旧受单产的影响最大,仅有少数县的以受面积的影响为主。长江中下游与沿海平原农作区总产量受面积影响和受单产影响的县域单元在整个区域内均有分布,但面积主导型和面积绝对主导型主要分布在该农作区的东南部。江南丘陵农林区受单产的影响最大,而四川盆地农作区与其相反,总产量受面积影响较大,多数县域单元为面积绝对主导型。属于互作主导型和互作绝对主导型的县在所有区域均有所分布,但数量极少,未呈现出明显的空间分布特征。

同前一个时期相比,2005—2015 年这一时期的产量变化主导类型的空间分布发生了较大的变化,这一时期受面积影响的县数明显占大多数,在各个地区均有较多分布(图 5-9)。与之前保持一致,单产和面积互作的县域单元数量同样极少,空间分布规律不明显。东北平原山区农林区的县域单元主要是面积绝对主导型,仅少数几个县产量受单产影响最大。黄淮海平原农作区的特征同 1985—2005 年相比存在的差异很大,在该时期黄淮海平原农作区的县主要因面积变化而发生总产量的变化,且很大一部分属于面积绝对主导型。这一地区受单产影响的县域单元主要分布在南部,在北部分布极少。长江中下游与沿海平原农作区和江南丘陵农林区同样受面积影响的县域单元占比很高，与前一个时期相反。四川盆地农作区的大多数县域单元的特征依旧属于面积主导型和面积绝对主导型，西南中高原农林区有较多的县为单产主导型和单产绝对主导型。新疆地区大部分县的总产量变化同样受面积影响最大。

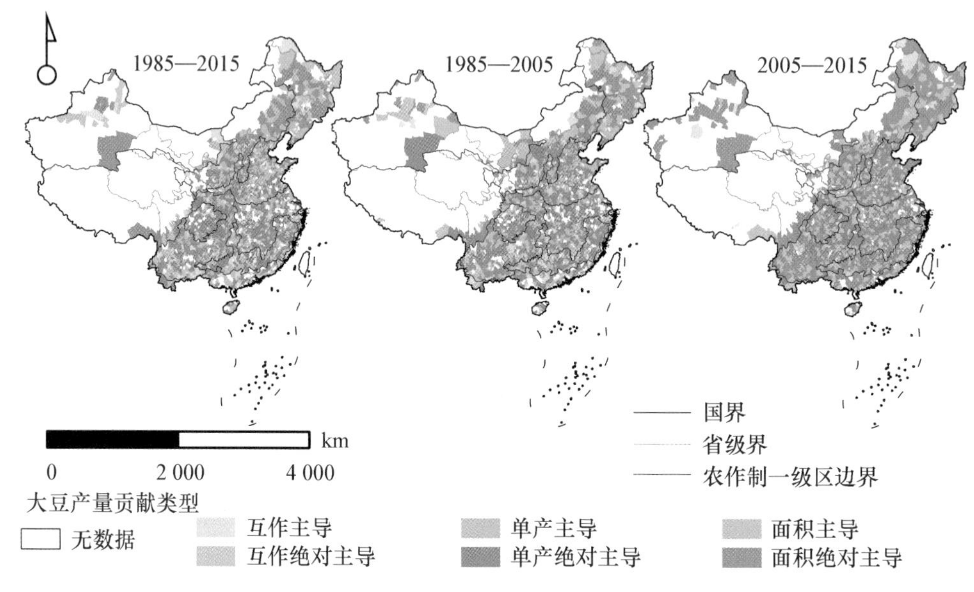

图 5-9 1985—2015 年我国大豆产量贡献类型分布

5.4.2 不同农作区大豆产量贡献因素

全国的县域单元主导类型在 1985—2015 年占比由大到小依次为单产主导、面积绝对主导、单产绝对主导、面积主导、互作主导和互作绝对主导，总产量变化受单产影响最大的县域单元多于受面积影响的(表 5-19)。华南沿海农林渔区单产主导型占比最多，超过了 40%，江南丘陵农林区单产绝对主导型占比最多。面积主导型占比最高的农作区为西北农牧区，而占比最低的农作区为江南丘陵农林区，四川盆地农作区面积绝对主导型占比最高，超过了 50%，其次是东北平原山区农林区，华南沿海农林渔区占比最低。华南沿海农林渔区和西北农牧区的互作主导型占比高，均超过了 15%，所有农业分区的互作绝对主导型均占比最低，仅西北农牧区超过了 5%。综合来看，华南沿海农林渔区超过 70%的县主要受单产影响，其次是华南沿海农林渔区和江南丘陵农林区，这几个农作区是受单产影响最大的区域。东北平原山区农林区和四川盆地农作区的大部分县，受面积影响最大。

表 5-19 1985—2015 年我国各农作制一级区大豆产量贡献率变化 %

农作制一级区	单产主导	单产绝对主导	面积主导	面积绝对主导	互作主导	互作绝对主导
全国	25.81	22.56	16.07	25.65	8.82	1.08
东北平原山区农林区	23.23	7.74	22.58	40.00	5.81	0.65
黄淮海平原农作区	30.79	17.98	20.22	21.35	9.44	0.22
长江中下游与沿海平原农作区	24.47	30.14	18.44	19.86	6.74	0.35
江南丘陵农林区	28.50	37.31	7.77	13.99	10.36	2.07
华南沿海农林渔区	40.91	29.09	8.18	5.45	15.45	0.91

续表5-19

农作制一级区	单产主导	单产绝对主导	面积主导	面积绝对主导	互作主导	互作绝对主导
北部中低高原农牧区	23.18	17.73	18.18	31.36	7.73	1.82
西北农牧区	15.15	9.09	24.24	30.30	15.15	6.06
四川盆地农作区	11.54	20.19	8.65	54.81	4.81	0.00
西南中高原农林区	22.15	24.57	12.46	29.07	9.69	2.08
青藏高原农林区	17.65	11.76	17.65	47.06	5.88	0.00

从全国来看，1985—2005 年不同类型的县域单元占比最高的为单产绝对主导型和面积绝对主导型，二者的比例较为接近，其次是单产主导型和面积主导型，单产主导型占比略高于面积主导型，互作主导型和互作绝对主导型占比最低(表 5-20)。东北平原山区农林区占比最高为面积绝对主导型，达到了 35.90%；而单产绝对主导型和面积主导型占比接近，超过了 20%；总体来看，该农作区受面积影响最大的县域单元占比接近 60%。黄淮海平原农作区占比最高为单产主导型，达到了 28.60%，其次是单产主导型和面积绝对主导型，受单产影响最大的县域单元较受面积影响的高出 12%左右。长江中下游与沿海平原农作区和江南丘陵农林区均是单产绝对主导型占比最高，超过了 30%，这两个区域受单产影响最大的县域单元数量远远超过单产以及互作影响。华南沿海农林渔区单产主导型和单产绝对主导型加起来占比超过 60%，受单产影响最大的比例极高。北部中低高原农牧区、西北农牧区、四川盆地农作区的受面积影响最大的县域单元占比高于受单产影响的。

表 5-20　1985—2005 年我国各农作制一级区大豆产量贡献率变化　%

农作制一级区	单产主导	单产绝对主导	面积主导	面积绝对主导	互作主导	互作绝对主导
全国	19.16	27.93	17.81	27.56	6.46	1.08
东北平原山区农林区	15.38	21.79	21.79	35.90	4.49	0.64
黄淮海平原农作区	24.39	28.60	17.96	22.62	5.99	0.44
长江中下游与沿海平原农作区	18.37	30.04	19.08	26.86	5.65	0.00
江南丘陵农林区	16.58	35.23	13.99	22.28	8.81	3.11
华南沿海农林渔区	22.22	40.74	12.96	7.41	13.89	2.78
北部中低高原农牧区	15.67	23.96	19.35	34.56	5.53	0.92
西北农牧区	20.51	15.38	12.82	41.03	5.13	5.13
四川盆地农作区	14.42	21.15	15.38	46.15	2.88	0.00
西南中高原农林区	18.69	25.26	19.03	28.37	7.27	1.38
青藏高原农林区	16.67	33.33	16.67	33.33	0.00	0.00

与 1985—2005 年这一时期相比，2005—2015 年不同区域县域单元主导类型占比存在着显著的一致性(表 5-21)，即在所有的农作制一级区中，受面积影响最大的县域单元占比均高于受单产影响最大的县域占比，且互作主导型占比均最低。全国不同主导类型占比由大到小依次为面积绝对主导、单产绝对主导、面积主导、单产主导、互作主导和互作绝对主导。东北平原山区农林区受面积影响最大的县域单元占比高出受单产影响的县域单元占比约 64%，是所有农作制分区中差异最大的。除西南中高原农林区外，其他所有的农作区的面积绝对主导型均最高，该农作区单产绝对主导型占比最高，其次才是面积绝对主导型。单产主导型占比最高的为华南沿海农林渔区，超过了 20%，最低为东北平原山区农林区，不到 9%。单产绝对主导型

占比最高为西南中高原农林区，其次为四川盆地农作区和长江中下游与沿海平原农作区。北部中低高原农牧区面积主导型的县域单元占比最高，而面积绝对主导型占比最高的区域为东北平原山区农林区。除北部中低高原农牧区和西北农牧区外，其他农作区的互作主导型占比均低于5%，所有的农作区互作绝对主导型占比均不超过1%；其中华南沿海农林渔区和北部中低高原农牧区互作绝对主导型占比最高，略高于0.8%。

表5-21　2005—2015年我国各农作制一级区大豆产量贡献率变化　%

农作制一级区	单产主导	单产绝对主导	面积主导	面积绝对主导	互作主导	互作绝对主导
全国	13.27	19.32	19.27	44.55	3.39	0.19
东北平原山区农林区	8.96	6.47	13.43	66.17	4.98	0.00
黄淮海平原农作区	11.02	13.31	20.17	53.01	2.49	0.00
长江中下游与沿海平原农作区	12.54	22.94	20.18	40.98	3.06	0.31
江南丘陵农林区	13.04	21.74	18.84	43.96	2.42	0.00
华南沿海农林渔区	20.49	15.57	21.31	39.34	2.46	0.82
北部中低高原农牧区	18.80	17.52	23.50	33.76	5.56	0.85
西北农牧区	10.64	10.64	10.64	61.70	6.38	0.00
四川盆地农作区	11.57	26.45	20.66	39.67	1.65	0.00
西南中高原农林区	14.52	33.00	18.15	30.69	3.63	0.00
青藏高原农林区	13.64	22.73	13.64	45.45	4.55	0.00

参考文献

[1]程郭秀. 中国大豆进出口贸易影响因素的实证分析[D]. 北京：对外经济贸易大学，2008.

[2]卢良恕. 抓住机遇人力推进我国大豆及油料油脂行业发展[J]. 中国食物与营养，2007(8)：4-5.

[3]徐豹，郑惠玉，吕景良，等. 中国大豆的蛋白资源[J]. 大豆科学，1984(4)：327-331.

[4]尹小刚，陈阜. 1961—2017年全球大豆生产时空变化[J]. 世界农业，2019(11)：65-71.

[5]赵团结，盖钧镒. 栽培大豆起源与演化研究进展[J]. 中国农业科学，2004，37(7)：954-962.

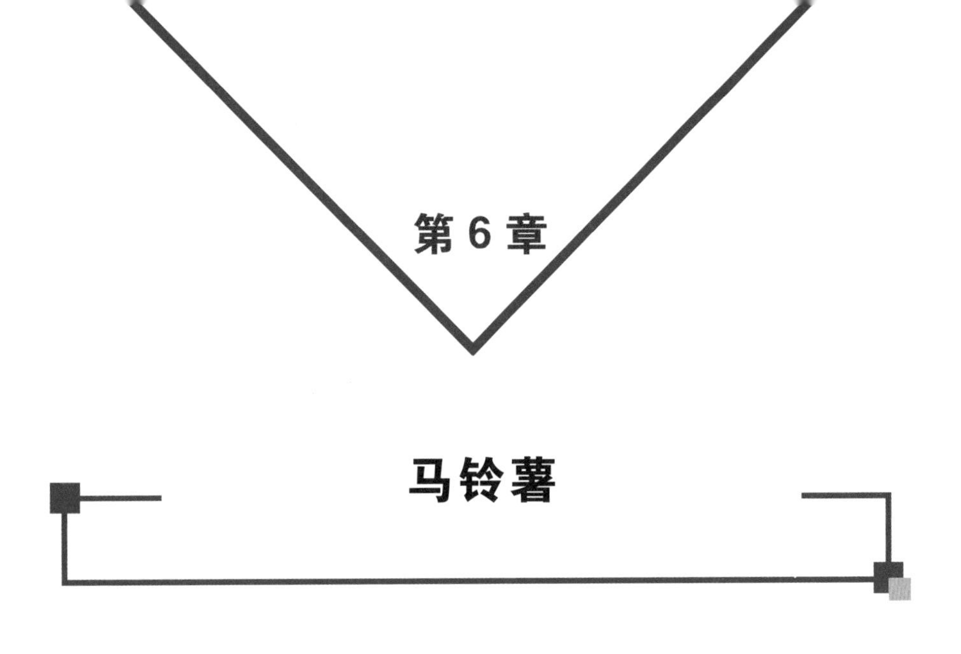

第6章

马铃薯

我国作为农业大国，具有作物种类丰富、种植方式多样、生产水平不均衡等特点，若要满足我国基数庞大的人口，对传统三大主粮作物提出了较大的挑战，那么马铃薯主粮化的实施，在一定程度上可缓解粮食需求带来的压力。马铃薯作为水稻、小麦、玉米传统三大主粮作物的补充，在不与传统主粮作物竞争土地的基础上，可有效增加我国粮食总产量，解决人口对粮食的需求问题。近年来马铃薯生产状况如何、达到什么层次的生产水平、在粮食生产中的地位如何等一系列问题有待证实。鉴于以上情况，本章分析了1985—2015年我国马铃薯的总产量、单产以及播种面积随时间的变化趋势，对比了水稻、小麦、玉米、马铃薯4种作物对粮食生产的贡献变化，同时采用数理统计方法研究了各省级行政区马铃薯的生产概况，这对于了解马铃薯的实际生产水平具有重要意义。

6.1 1985—2015年我国马铃薯生产时空变化

6.1.1 1985—2015年我国马铃薯的生产变化

1. 总产量

近30年，全国马铃薯平均总产量约为1 185万t，低于平均总产量的年份占48.39%，高于平均总产量的年份占51.61%，总产量与时间呈高度正相关，每增加一年，总产量提高47.71万t(图6-1)。平均同比增长率为4.63%，减产年份占40%，增产年份占60%，其中2006年较2005年总产量减少9.01%，且减产显著，1992年总产量较1991年提高24.81%，且增产显著。1985—1991年总产量变化不明显，几乎趋于平稳且稳定在580万t左右，1991—2004年总产量呈“波动式”上升趋势，由1991年的608.10万t升高到2004年的1 444万t，2004—2006年总产量显著下降，随后 2006—2013 年总产量大致线性增加，且逐年提高，2013—2015 年总产量再次降低，下降趋势缓慢。

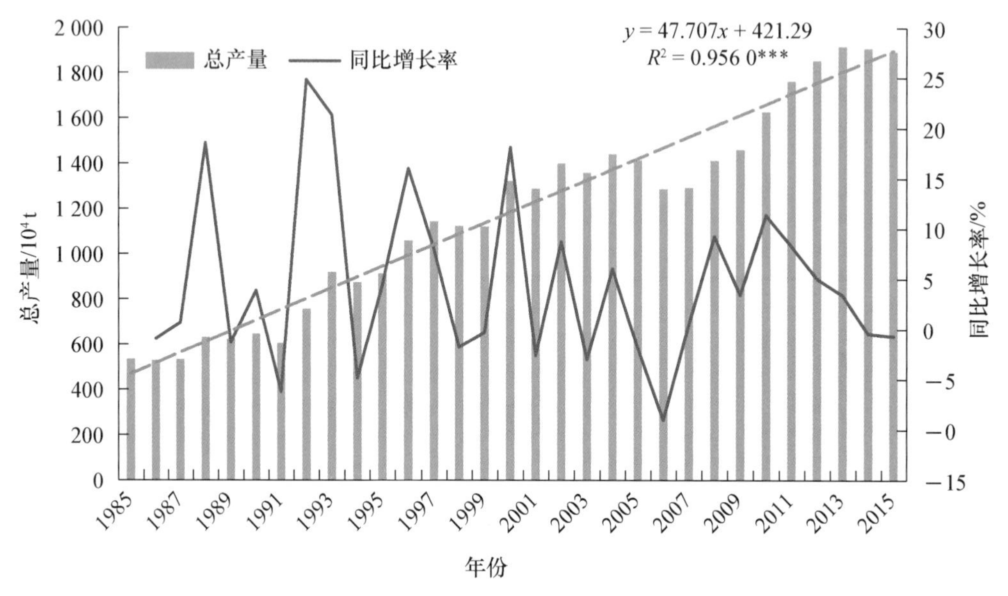

图 6-1　1985—2015 年我国马铃薯总产量变化趋势

（*** 表示通过 0.001 水平检验）

2. 播种面积

1985—2015 年我国马铃薯平均播种面积为 409.71 万 hm^2，随时间变化趋势与总产量相同，均呈正比例增加，每增加一年，播种面积提高 11.13 万 hm^2（图 6-2）。近 30 年播种面积平均同比增长率为 2.80%，2000—2001 年、2001—2002 年、2002—2003 年分别下降 0.09%、1.09%、3.11%，下降趋势不明显，但 2005—2006 年下降趋势显著为 13.70%，2008—2009 年

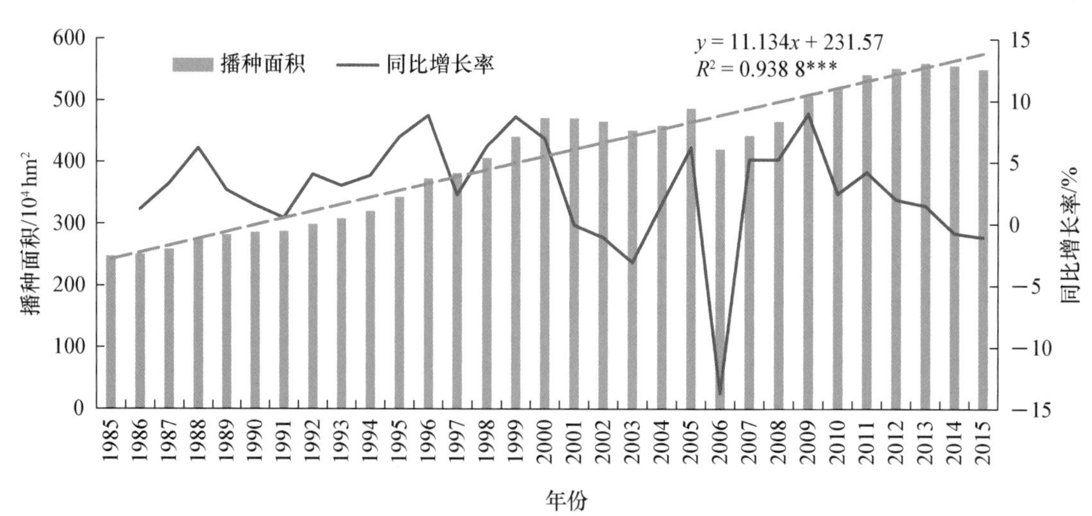

图 6-2　1985—2015 年我国马铃薯播种面积变化趋势

（*** 表示通过 0.001 水平检验）

增加幅度最大为8.95%。1985—2001年马铃薯播种面积随时间变化整体上呈现缓慢升高的趋势，2001—2005年趋于平稳，2005—2006年急剧下降，减少了66.85万hm^2，2006—2013年播种面积回升并在2013年达到峰值561.46万hm^2，之后2013—2015年又缓慢下降。

3. 单产

1985—2015年我国马铃薯单产水平变化趋势不明显，整体上随时间缓慢升高，每增加一年，单产水平提高0.04 t/hm^2，近30年平均单产水平为2.80 t/hm^2(图6-3)，其中单产由1985年的2.16 t/hm^2升高到2015年的3.44 t/hm^2。单产平均同比增长率为1.82%，同比增长率降低的年份有12年，升高的年份有18年。

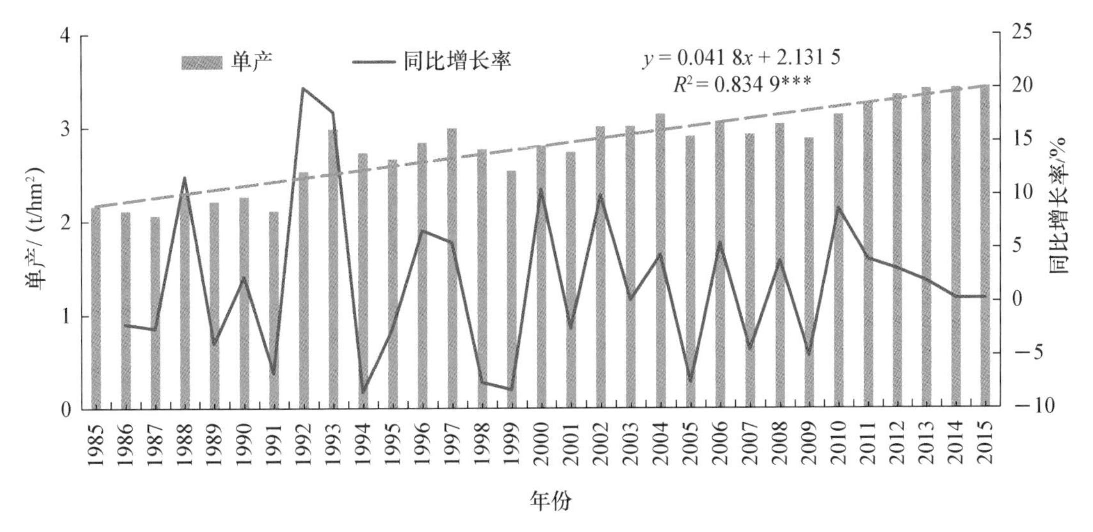

图6-3　1985—2015年我国马铃薯单产变化趋势

(*** 表示通过0.001水平检验)

对马铃薯这单一作物近30年来生产情况的分析发现，马铃薯的总产量、面积及单产水平均与时间呈显著正相关，每增加一年，总产量提高47.71万t，播种面积提高11.13万hm^2，单产提高0.04 t/hm^2，总产量与面积提高显著，而单产水平较低下，与全球马铃薯平均单产有一定距离，且落后于美国、荷兰等国家先进的生产水平，因此，我国马铃薯单产水平提升空间巨大，具有较大的挖掘潜力。

6.1.2　马铃薯在我国粮食生产中地位的变化

1. 总产量

与水稻、小麦和玉米三大作物相比，马铃薯总产量占我国粮食总产量的比例较低，但是我国马铃薯总产量逐渐提高。对比水稻、小麦、玉米、马铃薯总产量占粮食总产量比例随时间的变化发现(图6-4)，小麦和水稻随时间的推移总产量占比逐渐下降，近30年平均总产量占比分别为0.21和0.39，水稻总产量高于小麦，但水稻下降幅度大于小麦；玉米和马铃薯随时间的推移总产量占比逐渐升高，近30年平均总产量占比分别为0.27和0.02，但马铃薯升高幅度变化不明显。在4种作物中，虽然水稻总产量占比逐年下降，但在我国粮食总产量中仍占据优势，小麦总产量占比呈波动式下降，但下降幅度不明显，玉米“后来者居上”，在1998年超过小麦总产量占比，而在2011年超过水稻总产量占比，总产量占比并在不断升高，马铃薯总产量占比趋于平缓，但在我国粮食总产量中处于不可忽略的地位。

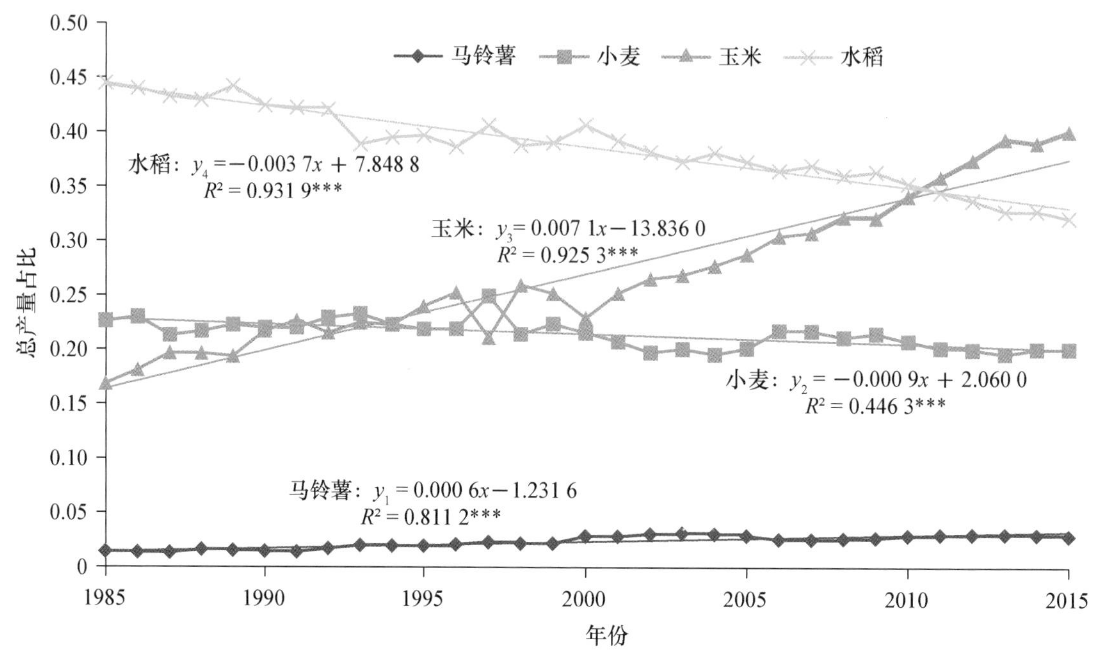

图6-4　1985—2015年我国四大主粮作物占粮食总产量比例

（*** 表示通过0.001水平检验）

2. 播种面积

马铃薯面积占粮食作物的播种面积比例只有0.04。水稻、小麦、玉米、马铃薯面积占比与总产量占比变化趋势相同，4种作物的平均面积占比分别是0.28、0.24、0.24、0.04（图6-5）。马铃薯的面积占比显著低于其他3种作物，但马铃薯的面积占比逐年呈升高趋势，表明我国马铃薯播种面积逐年增加，提高了粮食作物总播种面积。玉米面积占比升高趋势更明显，在2002年面积占比高于小麦，在2007年超过水稻，并在之后一直处于较高水平。小麦和水稻面积占比随时间呈下降趋势，近30年间水稻面积占比均大于小麦，且小麦的下降幅度大于水稻，未来差距可能会不断加大。

3. 单产

马铃薯的单产呈现稳定的增长趋势。对比1985—2015年我国水稻、小麦、玉米、马铃薯的总产量与播种面积发现，水稻、小麦、玉米的生产水平显著高于马铃薯，随着时间的变化，水稻、小麦的总产量与播种面积逐年下降，但玉米、马铃薯呈升高的趋势，表明玉米与马铃薯在粮食生产中的地位有所提升。马铃薯在欠发达山区更具有明显的效益优势，其中也存在着种薯价格、人工、水肥、机械等生产成本升高的问题，导致农民对马铃薯生产投入的积极性降低，面对多方面对农民利益的冲击，政府应采取有效措施帮扶广大农户（张千友，2016）。

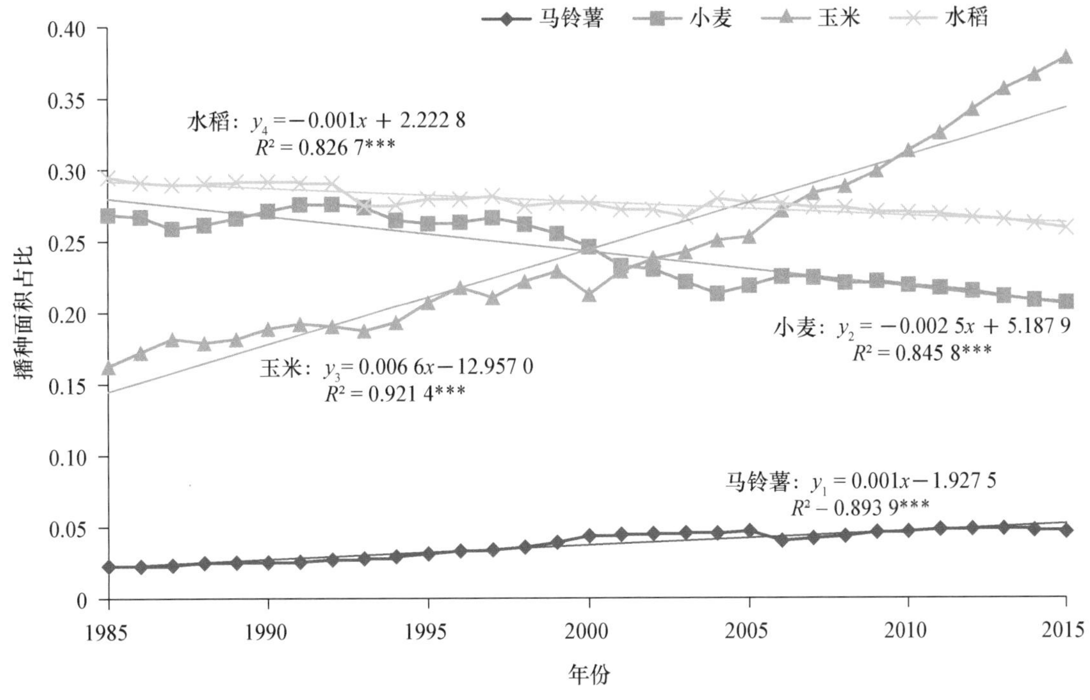

图 6-5　1985—2015 年我国四大主粮作物占粮食总面积比例

（*** 表示通过 0.001 水平检验）

6.1.3　马铃薯生产集中度与生产规模的变化

1. 生产集中度指数

分析各省（自治区、直辖市）马铃薯生产集中度指数发现（表 6-1），1985 年、1990 年、1995 年、2010 年、2015 年生产集中度指数最大的地区是四川，而内蒙古和甘肃分别是 2000 年和 2005 年生产集中度指数最大的地区，说明四川、内蒙古及甘肃在我国马铃薯生产中占有重要地位，是我国马铃薯重要的生产地。河北、山西、吉林、黑龙江、湖北、四川、云南、陕西等地近 30 年马铃薯生产集中度指数呈下降趋势，其中山西省下降最突出，由 1985 年的 0.089 2 降低到 2015 年的 0.015 7，内蒙古、贵州、甘肃等地呈上升趋势，而其他地区生产集中度指数相对较小，对全国马铃薯总产贡献较低。平均生产集中度指数最大的 5 个地区分别是四川、甘肃、内蒙古、贵州、云南，且分别为 0.155 8、0.098 6、0.098 2、0.093 9、0.079 2，说明我国西南大部、西北地区的甘肃以及华北地区的内蒙古是马铃薯优势产区，应充分利用当地资源优势，加大投入与管理，提高马铃薯总产量。

表 6-1　1985—2015 年我国各省（自治区、直辖市）马铃薯生产集中度指数情况

省（自治区、直辖市）	1985 年	1990 年	1995 年	2000 年	2005 年	2010 年	2015 年
北京	0.000 6	0	0	0	0	0	0
天津	0	0	0	0	0	0	0
河北	0.044 7	0.038 2	0.031 6	0.020 5	0.022 6	0.027 6	0.030 7
山西	0.089 2	0.090 4	0.047 0	0.053 1	0.032 6	0.013 0	0.015 7

续表6-1

省(自治区、直辖市)	1985 年	1990 年	1995 年	2000 年	2005 年	2010 年	2015 年
内蒙古	0.090 1	0.094 4	0.079 1	0.138 4	0.106 1	0.102 6	0.077 1
辽宁	0.010 3	0.013 3	0.023 3	0.030 3	0.020 7	0.021 4	0.018 0
吉林	0.042 6	0.042 7	0.035 0	0.033 9	0.051 3	0.044 5	0.029 5
黑龙江	0.081 9	0.114 3	0.086 6	0.061 0	0.060 0	0.075 6	0.052 7
上海	0	0	0	0	0	0	0
江苏	0	0	0	0	0	0	0
浙江	0.007 5	0.012 0	0.013 6	0.015 7	0	0.011 4	0.013 5
安徽	0	0	0.003 0	0.002 3	0.002 2	0.003 5	0.000 9
福建	0	0.013 7	0.020 7	0.021 9	0.020 8	0.016 2	0.017 7
江西	0	0	0	0	0.001 5	0	0.003 7
山东	0	0	0.028 4	0.057 3	0	0	0
河南	0	0	0	0	0	0	0
湖北	0.076 6	0.072 9	0.059 4	0.052 3	0.048 1	0.037 7	0.040 7
湖南	0.009 2	0.014 7	0.021 0	0.023 0	0.027 7	0.022 3	0.021 3
广东	0.006 0	0.016 8	0.017 1	0.016 4	0.013 6	0.013 4	0.012 2
广西	0	0	0	0	0	0.005 7	0.016 0
海南	0	0	0	0	0	0	0
重庆	0	0	0	0.062 7	0.071 9	0.068 8	0.067 5
四川	0.194 2	0.192 6	0.225 2	0.069 6	0.102 2	0.144 5	0.162 1
贵州	0.064 1	0.084 2	0.099 0	0.094 0	0.104 1	0.086 7	0.125 2
云南	0.102 4	0.005 6	0.070 2	0.081 0	0.111 4	0.093 7	0.089 9
西藏	0.000 7	0.000 3	0.000 3	0	0.000 4	0.000 2	0.000 4
陕西	0.069 2	0.062 9	0.048 4	0.054 4	0.021 0	0.037 3	0.038 9
甘肃	0.083 6	0.095 8	0.065 3	0.079 2	0.134 0	0.113 6	0.118 7
青海	0.015 7	0.016 8	0.016 2	0.011 2	0.022 9	0.022 4	0.018 3
宁夏	0.007 5	0.013 0	0.009 7	0.013 3	0.019 4	0.026 1	0.019 6
新疆	0.004 1	0.005 4	0	0.008 6	0.005 8	0.011 7	0.009 6

2. 生产规模指数

对比各省(自治区、直辖市)马铃薯生产规模指数发现(表 6-2),四川马铃薯生产规模指数最大的年份在 1985 年、1990 年、1995 年及 2015 年,且显著高于其他地区。2005 年与 2010 年生产规模指数最大的地区是甘肃,而内蒙古是 2000 年生产规模指数最大的地区,其中 2010 年马铃薯播种面积最大的地区是甘肃,但总产量最大的地区却是四川,表明四川马铃薯的单产水平较高,有效提高了马铃薯的总产量。近 30 年马铃薯生产集中度指数变化情况大致与生产规模指数变化情况一致,马铃薯总产量的提高得益于播种面积的增加,播种面积的大小限制着总产量的高低,但气候变化、栽培技术、品种等也是制约马铃薯总产量提高的主要因素。平均生产规模指数最大的5个地区分别是四川、贵州、内蒙古、甘肃、云南，且分别为0.130 2、0.113 5、0.107 6、0.105 0、0.082 2，而黑龙江、陕西、山西等地种植马铃薯面积逐渐减少，生产规模逐渐向西北、西南地区转移。

表6-2 1985—2015年我国各省(自治区、直辖市)马铃薯生产规模指数情况

省(自治区、直辖市)	1985年	1990年	1995年	2000年	2005年	2010年	2015年
北京	0.000 4	0	0	0	0	0	0
天津	0	0	0	0	0	0	0
河北	0.042 2	0.039 0	0.041 1	0.044 8	0.028 9	0.029 8	0.032 3
山西	0.084 2	0.081 8	0.075 7	0.068 2	0.063 9	0.032 7	0.030 3
内蒙古	0.091 7	0.085 7	0.102 0	0.136 9	0.113 4	0.130 9	0.092 9
辽宁	0.010 3	0.011 2	0.017 1	0.022 3	0.018 0	0.010 4	0.010 6
吉林	0.039 3	0.024 3	0.024 1	0.024 4	0.020 7	0.016 5	0.012 1
黑龙江	0.089 4	0.076 0	0.066 6	0.082 5	0.060 1	0.046 1	0.038 1
上海	0	0	0	0	0	0	0
江苏	0	0	0	0	0	0	0
浙江	0.008 3	0.011 8	0.014 0	0.014 2	0	0.011 2	0.011 5
安徽	0	0	0.001 5	0.001 6	0.001 5	0.001 7	0.001 3
福建	0	0.014 9	0.019 4	0.018 8	0.017 8	0.014 1	0.015 0
江西	0	0	0	0	0.000 9	0	0.002 2
山东	0	0	0.013 9	0.024 3	0	0	0
河南	0	0	0	0	0	0	0
湖北	0.068 2	0.068 2	0.058 3	0.049 0	0.044 1	0.036 8	0.045 9
湖南	0.009 7	0.015 9	0.021 3	0.020 7	0.022 8	0.018 6	0.019 0
广东	0.005 3	0.012 1	0.011 9	0.011 2	0.009 2	0.008 6	0.008 4
广西	0	0	0	0	0	0.005 9	0.013 3
海南	0	0	0	0	0.000 7	0	0
重庆	0	0	0	0.065 4	0.065 4	0.064 6	0.066 0
四川	0.173 0	0.175 2	0.168 9	0.064 3	0.075 3	0.110 4	0.144 6
贵州	0.083 5	0.099 3	0.103 5	0.101 1	0.154 1	0.124 1	0.128 6
云南	0.075 9	0.068 2	0.066 4	0.067 1	0.102 0	0.094 7	0.101 2
西藏	0.000 7	0.000 4	0.000 4	0	0.000 1	0.000 1	0.000 2
陕西	0.088 4	0.083 3	0.076 4	0.064 5	0.049 0	0.053 0	0.053 8
甘肃	0.099 2	0.102 5	0.091 2	0.088 3	0.108 8	0.124 0	0.120 6
青海	0.012 5	0.012 0	0.011 0	0.009 8	0.015 4	0.016 7	0.016 3
宁夏	0.014 3	0.015 4	0.015 4	0.016 2	0.024 0	0.042 6	0.030 9
新疆	0.003 5	0.003 1	0	0.004 8	0.003 8	0.006 4	0.005 0

分析马铃薯的生产集中度指数与生产规模指数发现，各省级行政区马铃薯的生产水平与种植规模存在区域间的差异，得出四川、甘肃、贵州、云南等地的指数较大，说明这些地区在近30年来种植的马铃薯对全国粮食的贡献度较大，主要支撑着我国马铃薯产业。马铃薯在各地

区生产优势的差异由多种因素导致，其中自然因素直接限制着马铃薯的播种面积和产量，各地区的光照、降水、温度等气候因素的不同影响着马铃薯的种植结构；市场因素的波动影响着农民对马铃薯投入的积极性，种薯价格的上涨、生产成本的提高等严重制约着农民的效益，进而影响马铃薯的播种面积；科技因素也是不可缺少的限制条件，脱毒马铃薯技术、全程一体机械化等高新技术的采用，使欠发达地区与发达地区之间马铃薯产量的差距越拉越大，最终可能会造成技术水平相对较低区域的马铃薯的播种面积和产量进一步降低（罗善军等，2018）。

6.1.4 马铃薯主产省份比较优势分析

效率比较优势、规模比较优势、综合比较优势分别反映了某地区的马铃薯是否具有单产优势、面积优势及综合优势，其值大于 1 表明具有优势，在我国马铃薯生产上占有重要地位，实际生产上应大力支持该地区的马铃薯产业，本文通过分析马铃薯主要生产省份的各级别优势，以探究各省份的马铃薯生产状况。

通过对不同年代各地区的规模优势指数（SAI）对比发现（表 6-3），具有高度规模比较优势的地区有陕西、贵州、云南、甘肃、山西、内蒙古、四川，但陕西、山西、四川逐渐向低度规模比较优势转变，而湖北一直处于低度规模比较优势范围中，黑龙江由低度规模比较优势逐渐向无规模比较优势发展，表明黑龙江马铃薯播种面积越来越少，取而代之的玉米、水稻等作物逐渐增多。比较效率优势指数（EAI）发现，9 个地区不存在高度效率比较优势，说明马铃薯单产水平不高，不仅导致种植马铃薯的区域减少，而且种植马铃薯区域的产量不高，不同程度地降低了农民的积极性。云南、甘肃、黑龙江、贵州处于低度效率比较优势，单产处于较高水平，陕西和内蒙古由低度效率比较优势逐渐向潜在效率比较优势转变，而四川由潜在效率比较优势向低度效率比较优势变化，单产水平逐渐升高，湖北几乎无效率比较优势。对比综合优势指数（AAI）得知，贵州和甘肃近 30 年一直处于高度综合比较优势，说明贵州和甘肃适宜种植马铃薯且单产水平相对较高，山西和内蒙古由高度综合比较优势逐渐转变为低度综合比较优势，陕西、云南、四川处于低度综合比较优势，总体上这些地区生产马铃薯仍具有优势，而湖北和黑龙江却是由低度综合比较优势向潜在综合比较优势变化，表明湖北和黑龙江生产马铃薯优势逐渐降低。

表 6-3　1985—2015 年我国马铃薯主产省级行政区比较优势情况

年份	指标	陕西	贵州	云南	甘肃	湖北	黑龙江	山西	内蒙古	四川
1985	SAI	2.43	4.11	2.49	3.89	1.45	1.35	3.00	2.92	2.01
	EAI	1.14	0.99	1.67	1.53	0.90	1.61	1.37	1.94	0.96
	AAI	1.66	2.02	2.04	2.44	1.14	1.47	2.03	2.38	1.39
1990	SAI	2.28	4.43	2.13	4.05	1.49	1.16	2.82	2.51	2.02
	EAI	1.15	1.18	0.11	1.53	0.88	1.90	1.47	1.73	1.00
	AAI	1.62	2.28	0.48	2.49	1.15	1.49	2.04	2.08	1.42
1995	SAI	2.21	3.98	2.01	3.43	1.34	0.98	2.64	2.71	1.87
	EAI	1.12	1.22	1.37	1.38	0.84	1.62	0.90	1.29	1.29
	AAI	1.57	2.21	1.66	2.17	1.06	1.26	1.55	1.87	1.55
	SAI	1.83	3.48	1.72	3.42	1.28	1.14	2.32	3.35	1.02

续表6-3

年份	指标	陕西	贵州	云南	甘肃	湖北	黑龙江	山西	内蒙古	四川
2000	EAI	1.26	1.08	1.48	1.50	0.85	0.97	1.24	1.54	0.94
	AAI	1.52	1.93	1.60	2.27	1.04	1.05	1.70	2.27	0.98
	SAI	1.57	5.23	2.50	4.39	1.17	0.72	2.20	2.70	1.20
2005	EAI	0.62	0.84	1.42	1.77	0.91	1.30	0.73	1.14	1.29
	AAI	0.99	2.09	1.89	2.78	1.03	0.97	1.27	1.76	1.24
	SAI	1.84	4.49	2.44	4.87	0.99	0.44	1.11	2.61	1.89
2010	EAI	0.95	0.95	1.37	1.33	0.90	1.86	0.59	0.99	1.29
	AAI	1.32	2.06	1.83	2.54	0.94	0.91	0.81	1.61	1.57
	SAI	1.98	4.68	2.56	4.80	1.17	0.37	1.04	1.84	2.54
2015	EAI	0.99	1.41	1.16	1.31	0.80	1.41	0.74	0.92	1.15
	AAI	1.40	2.57	1.73	2.51	0.97	0.72	0.88	1.30	1.71

利用综合比较优势模型分析了各地区马铃薯的效率优势，结果表明，山西和内蒙古综合比较优势逐渐降低，陕西、云南、四川一直处于较低的综合比较优势，而甘肃和贵州的效率比较优势指数、规模比较优势指数、综合比较优势指数一直处于较高水平，说明甘肃和贵州的马铃薯生产具有较大优势，此结论与周磊等(2016)的结论存在一致性，周磊等(2016)基于非参数核密度法对我国 19 个马铃薯主产省份进行了风险发生概率的计算，结果表明，我国西部、南部地区省份的马铃薯生产风险较小，在实际生产上可根据此优势适当加大我国西南部地区省份的投入与管理。

比较四大主粮作物生产水平随时间变化的趋势，我国玉米与马铃薯在粮食生产上的地位有所提高，其中相比于 1985 年，2015 年我国马铃薯的总产量增长了 255%，播种面积增长了 123%。我国马铃薯的播种面积、总产量与单产水平均与时间变化呈显著正相关，播种面积与总产量增幅较大，但单产水平增加不明显。近 30 年来，四川、甘肃、内蒙古、贵州、云南平均生产集中度指数与平均生产规模指数较大，是我国马铃薯重要的种植地区与生产地区。对比综合比较优势指数发现，甘肃和贵州的规模比较优势指数、效率比较优势指数及综合比较优势指数一直处于较高水平，说明马铃薯在甘肃和贵州生产具有较大优势。

6.2 马铃薯主产区生产时空变化

了解作物的生产时空分布，不能仅局限于分析时间的变化趋势，更要强调农作物的空间变化情况，生产空间格局反映了农业资源在农业生产中所利用的现状，是充分认识作物种类和作物分布的基础，也是作物结构调整与合理布局的依据。大部分学者对水稻、小麦、玉米等大宗作物空间分布的研究较多，那么我国马铃薯的生产格局是如何变化呢？基于上述讨论，本节利用地理信息系统方法分析了 1985—2015 年不同区域尺度马铃薯的生产空间变化，并对空间格局演变的原因做出解释，以期合理规划马铃薯的种植分布。

6.2.1 基于亚区尺度的马铃薯空间分布

研究1985—2015年全国各亚区马铃薯平均播种面积发现(图6-6),整体呈现出“条带”形状,即集中种植在由东北到西南方向上,表现为主要分布在东北平原山区农林区、四川盆地农作区、秦巴山区亚区。其中,平均播种面积大于10万hm^2的亚区有13个,晋西北中高原亚区、黄土高原西部丘陵亚区、贵州高原亚区、滇中高原亚区的平均播种面积大于30万hm^2,是播种面积最大的亚区。分析1985—2015年马铃薯播种面积的变化发现(图6-6),相比于1985年,2015年我国绝大多数地区的马铃薯播种面积有所提升,面积增量大于20万hm^2的亚区有内蒙古高原亚区、黄土高原西部丘陵亚区、贵州高原亚区、贵州高原亚区、滇中高原亚区、滇南中低山宽谷亚区,面积增量在10万~20万hm^2的亚区有晋西北中高原亚区、川鄂湘黔交界亚区、横东高原亚区,而面积增量在0万~10万hm^2的亚区共有26个。

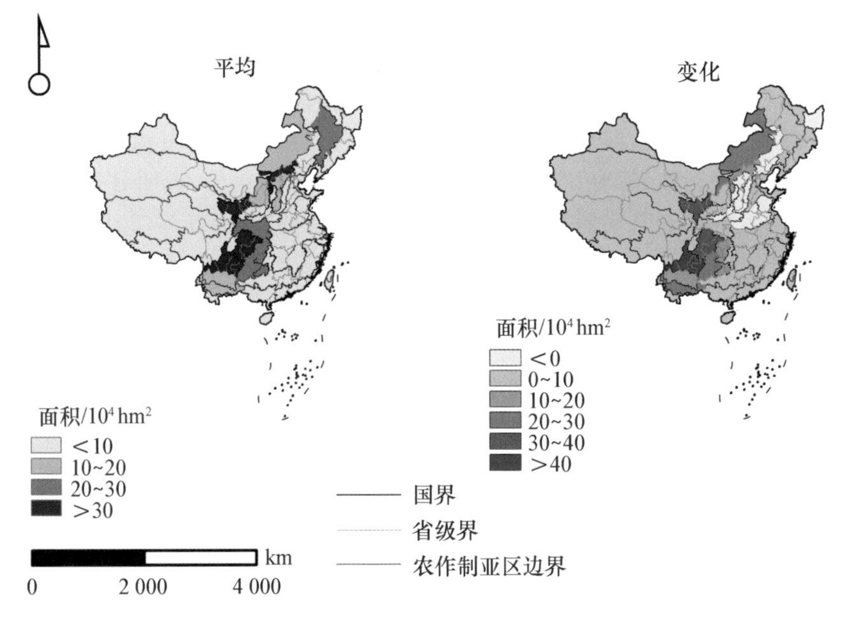

图6-6 1985—2015年各亚区马铃薯面积及其变化分布

近30年来,我国马铃薯的平均总产量分布与播种面积分布情况大体相似,主要集中在东北平原山区农林区、北部中低高原农牧区、四川盆地农作区和秦巴山区亚区,且由东北向西南呈现出增大的变化趋势(图6-7)。绝大多数亚区的平均总产量小于40万t,而平均总产量大于40万t的亚区共11个,贵州高原亚区和滇中高原亚区的平均总产量最大,均大于120万t。与1985—2015年马铃薯播种面积的变化相比,马铃薯总产量变化中的增加区同样较多,总产量增量在0万~40万t的亚区有26个,总产量增量大于40万t的有11个亚区,其中松辽平原亚区、黄土高原西部丘陵亚区、贵州高原亚区、贵州高原亚区、滇中高原亚区、滇南中低山宽谷亚区增幅较大,均在80万t以上。

比较马铃薯播种面积和总产量的变化趋势发现,东北—西南方向上的“条带状”是我国马铃薯的主产区。虽然东北平原山区农林区和北部中低高原农牧区的部分亚区在近30年来总产量和面积有所降低,但生产一直处于较高水平,所以东北平原山区农林区、北部中低高原农

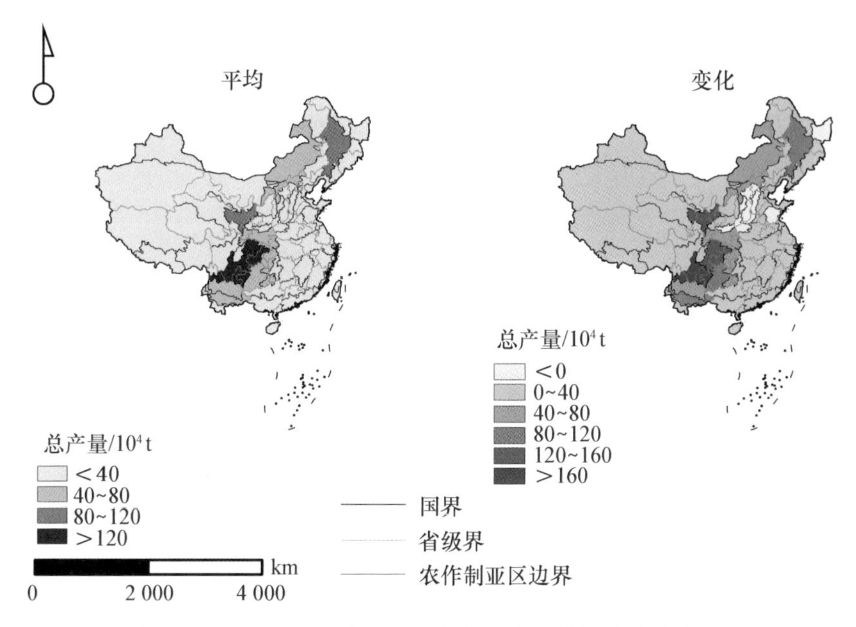

图 6-7 1985—2015 年各亚区马铃薯总产量及其变化分布

牧区、四川盆地农作区、秦巴山区亚区既是我国马铃薯重要的种植区域，又是重要的生产区域，应加大这些区域的管理和投入，促进马铃薯的稳产增产。

6.2.2 基于县域尺度的马铃薯空间分布

分析 1985—2015 年各县域马铃薯播种面积的变化和布局发现，播种面积相对较多的县域主要集中在东北—西南方向的“条带状”上，且由东北向西南呈增加的趋势，位于我国西部和东部两地区县域的马铃薯播种面积相对较少(图 6-8)。近 30 年马铃薯播种面积在 0.9 万～6.7 万 hm^2 的县域个数为 60～160 个，其中 1985 年与 1995 年马铃薯播种面积在 0.9 万～6.7 万 hm^2 的县域个数均低于 100 个，2005 年与 2015 年马铃薯播种面积在 0.9 万～6.7 万 hm^2 的县域个数均高于 100 个。云南省宣威市是 1985 年和 1995 年播种面积最大的县，而 2005 年、2015 年播种面积最大的县域分别是云南省会泽县、安定区。2015 年我国南方地区某些县域的播种面积有所提升，说明南方休闲田冬种马铃薯有所增加，冬种马铃薯提高了南方地区种植结构的多样性，确定了马铃薯在我国绝大多数地区的可种植性。

近 30 年，我国各县域马铃薯总产量变化与面积变化趋势类似，西部和东部地区县域的马铃薯总产量相对较低，东北—西南方向上县域的马铃薯总产量相对较高，且由东北向西南表现出增加的趋势(图 6-9)。2015 年我国西北地区和南方地区马铃薯总产量提高的县域有所增加，说明这些县域在面积增加不明显的情况下总产量增加显著，西北地区和南方地区同样可种植高产量的马铃薯。1985—2015 年马铃薯总产量在 3 万～27 万 t 的县域个数维持在 20～200 个，且县域个数逐年增加，1985 年与 1995 年总产量维持在 3 万～27 万 t 县域个数均低于 100 个，2005 年与 2015 年总产量维持在 3 万～27 万 t 县域个数均高于 100 个。云南省宣威市是 1985 年与 1995 年总产量最大的县域，云南省会泽县是 2005 年总产量最大的县域，2015 年总产量最大的县域是贵州省威宁彝族回族苗族自治县。

基于县域尺度分析了近 30 年我国马铃薯播种面积与总产量的时空分布特征，结果表明，我国马铃薯主要集中于“东北—西南条带状”上，并随着时间的变化，种植规模和生产逐渐由东北向西南转移，此结论与杨亚东(2018)的结论相吻合，杨亚东等利用标准差椭圆模型与标准距离方法分析了 1982—2015 年我国马铃薯种植空间格局的变化，种植重心沿西南到东北再到西南的方向运动，整体上呈“北向南移、东向西移”的趋势。

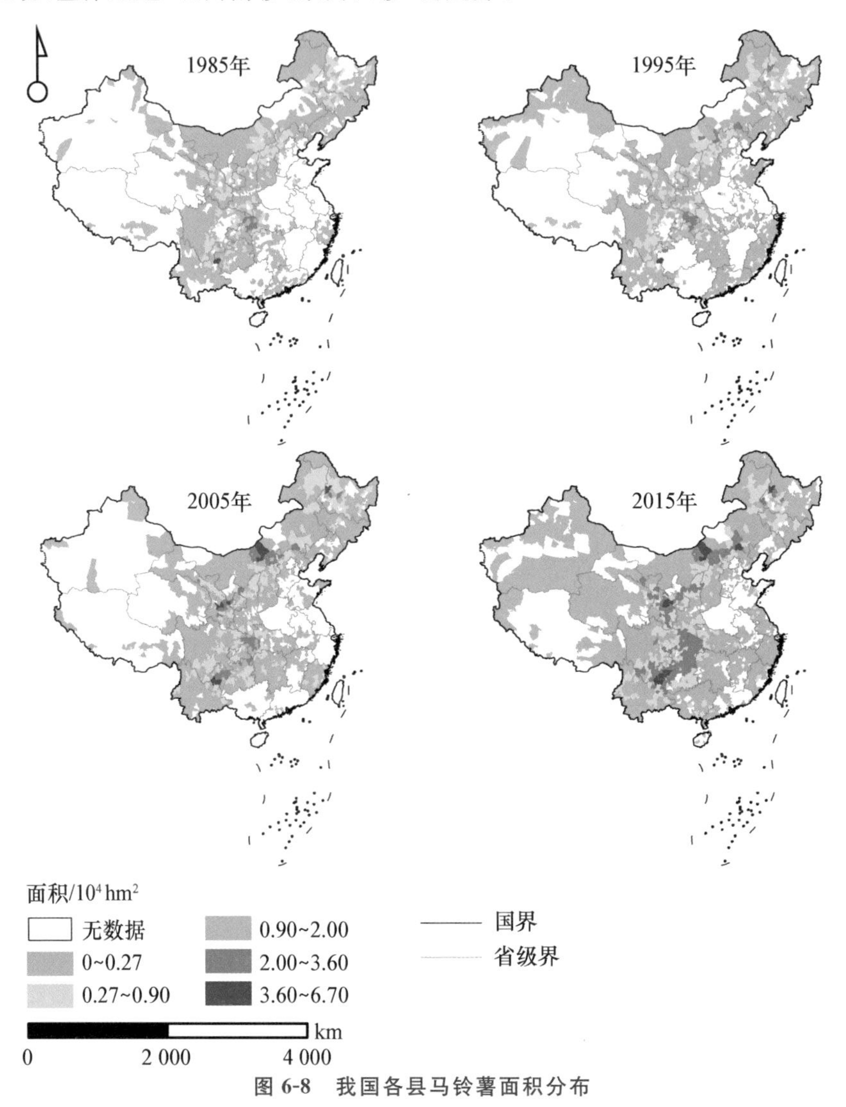

图 6-8 我国各县马铃薯面积分布

6.2.3 近 30 年我国马铃薯的生产动态变化

分析我国 1985—2015 年每隔 10 年的马铃薯生产变化发现(图 6-10)，1985—1995 年我国马铃薯播种面积变化主要集中在“东北—西南条带状”上，且播种面积增加区大于减少区；1995—2005 年我国西北地区出现种植减少区，且播种面积增加区小于减少区；2005—2015 年马铃薯播种面积增加区向西南方向移动，而播种面积减少区向东北方向移动。1985—1995 年、1995—2005 年、2005—2015 年马铃薯种植县域分别占全国县域的 38.36%、46.61%、50.21%，而种植增加县域分别占种植县域的 62.53%、47.66%、50.21%，虽然我国马铃薯种植区域整体呈逐渐扩大的趋势，但播种面积增加的区域表现出下降的趋势。

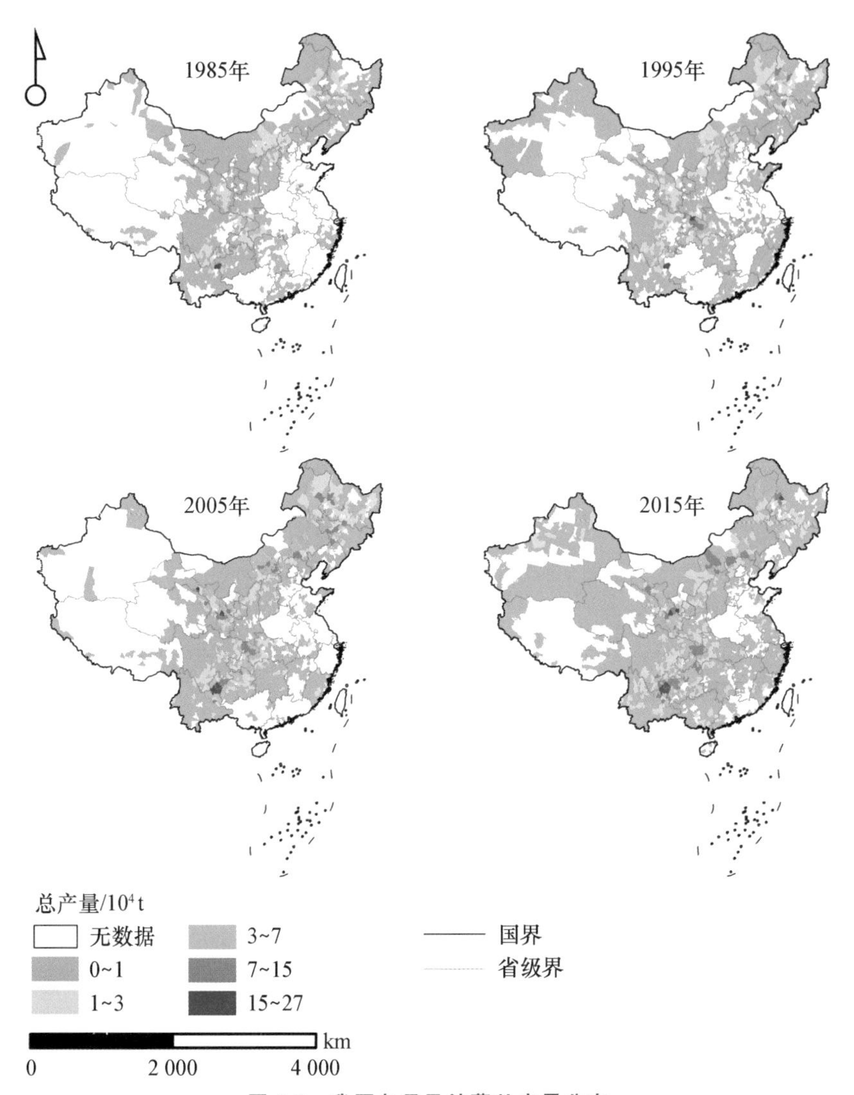

图 6-9　我国各县马铃薯总产量分布

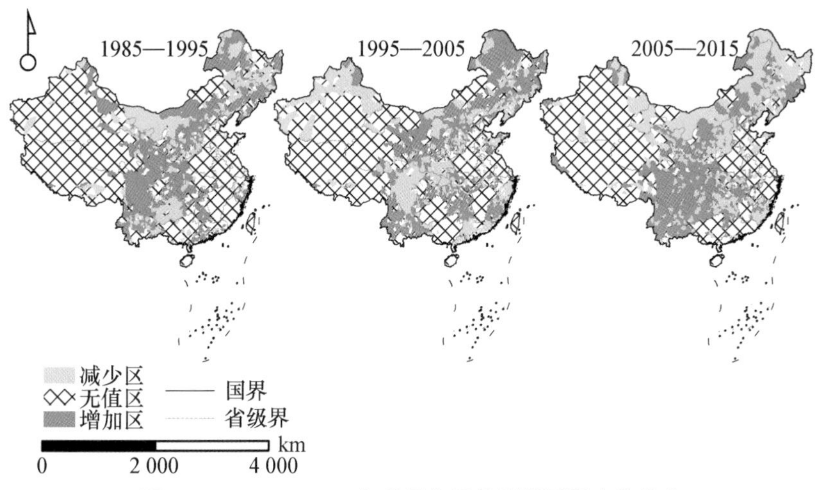

图 6-10　1985—2015 年我国各县马铃薯面积变化分布

1985—2015 年每隔 10 年我国马铃薯总产量变化趋势与面积变化趋势相似(图 6-11),总产量增加区由"东北—西南条带状"向西南方向移动,而减少区向东北方向移动,表明我国西南地区马铃薯增产潜力大于东北地区。1985—1995 年、1995—2005 年、2005—2015 年马铃薯总产量增加县域呈现先降低后升高的趋势,分别占种植县域的 67.95%、51.29%、56.62%。总产量的变化大于面积的变化,表明我国马铃薯的生产水平已得到进一步的提高。

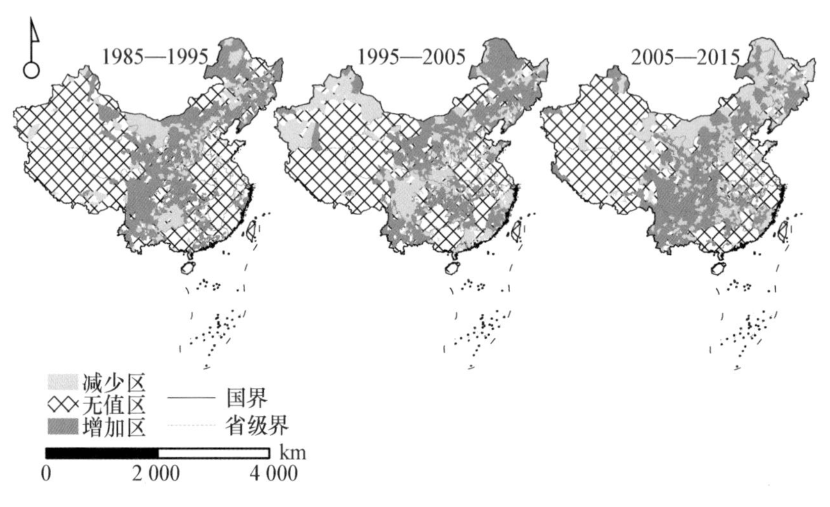

图 6-11　1985—2015 年我国各县马铃薯总产量变化分布

可能受到政策、市场、收益等的影响,我国种植马铃薯的地区逐年增多,1985—1995 年、1995—2005 年、2005—2015 年 3 个时段期间,种植马铃薯的县域分别占全国种植县域的 38.36%、46.61%、50.21%,种植马铃薯县域的数量明显上升,但是马铃薯总产量升高的县域数量整体表现为降低的趋势,由 1985—1995 年的 67.95%降低为 2005—2015 年的 56.52%。从马铃薯种植范围扩大的现象上看,说明马铃薯近年来受到国家的重视,已成为国家不可缺少的粮食作物,同时部分地区带来的总产量水平下降的问题,需要采用先进的管理手段、高产优质的品种、现代化的栽培技术等来有效解决面临的一系列问题(黄凤玲等,2017)。

近 30 年来,我国农作区亚区尺度与县域尺度的马铃薯播种面积和总产量整体上集中在东北—西南方向的"条带状"上,且由东北向西南方向呈增加的趋势,其中东北平原山区农林区、北部中低高原农牧区、四川盆地农作区和秦巴山区亚区既是我国马铃薯重要的种植区域,又是重要的生产区域。马铃薯的种植规模呈扩大趋势,由 1985—1995 年种植县域数量的 38.36%增加到 2005—2015 年的 50.21%,但总产量呈缩减的趋势,由总产量增加县域数量的 67.95%下降到 56.62%。

6.3 我国马铃薯生产重心迁移

地形地貌多样、作物种类多、气候环境多变等是我国的重要特征,导致了不同地区可种植不同作物,且同一地区仍可种植多种作物,对区域化、规模化的种植和管理带来了挑战。那么作为适应环境能力较强的马铃薯，中心地带主要位于我国的什么位置呢？鉴于以上情况，基于县域尺度分析我国马铃薯总产量重心和面积重心的迁移距离与方向，两者的重叠性与交叉性体现了马铃薯面积与总产量之间的关系，可充分认识我国马铃薯的生产重心，从而为马铃薯的生产提出科学性指导。

6.3.1　总产量重心迁移

对全国马铃薯1985—2015年总产量重心迁移的分析表明（图6-12），总产量重心主要在山西和陕西两地运动，总产量重心轨迹存在交叉现象，且轨迹方向多变，说明马铃薯总产量重心随时间的推移表现出不同的轨迹变化。1985—1990年迁移距离为15.41 km，方向为北偏西54.02°，在山西省运城市内部移动；1990—1995年迁移距离为27.62 km，方向为东偏南24.06°，在山西省运城市内部移动；1995—2000年迁移距离为55.42 km，方向为东偏北34.96°，在山西省运城市内部移动；2000—2005年迁移距离为135.67 km，方向为西偏南28.55°，由山西省运城市迁移到陕西省渭南市；2005—2010年迁移距离为27.76 km，方向为东偏北14.57°，在陕西省渭南市内部移动；2010—2015年迁移距离为125.05 km，方向为南偏西29.22°，由陕西省渭南市迁移到陕西省商洛市。

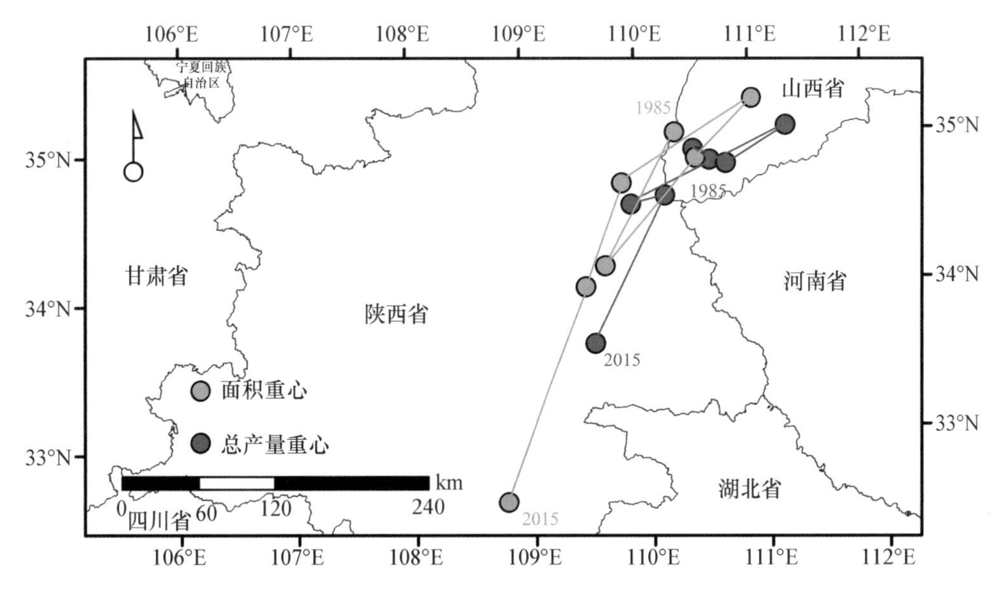

图6-12　基于县域尺度的1985—2015年全国马铃薯总产量重心和面积重心迁移

6.3.2　面积重心迁移

对全国马铃薯1985—2015年面积重心迁移的分析表明（图6-12），面积重心与总产量重心运动轨迹大致相同，均在山西和陕西两个省份运动，且轨迹方向多变存在交叉现象。1985—1990年迁移距离为115.15 km，方向为南偏西18.26°，由陕西省渭南市迁移到陕西省西安市；1990—1995年迁移距离为108.63 km，方向为东偏南67.05°，由陕西省西安市迁移到山西省运城市；1995—2000年迁移距离为62.81 km，方向为东偏北60.04°，在山西省运城市内部移动；2000—2005年迁移距离为120.49 km，方向为南偏西53.37°，由山西省运城市迁移到陕西省渭南市；2005—2010年迁移距离为83.71 km，方向为南偏西74.60°，由陕西省渭南市迁移到陕西省西安市；2010—2015年迁移距离为174.70 km，方向为南偏西66.36°，由陕西省西安市迁移到陕西省安康市。

分析马铃薯总产量重心迁移与面积重心迁移发现，1985年、1995年、2000年与2005年二者的迁移方向和位置大致相同，说明总产量与面积的分布相匹配，播种面积大的地区可相应获得较大的总产量，而1990年、2010年与2015年的总产量重心与面积重心存在不相匹配的现象，表明面积只是作为总产量增加的部分原因，而单产的增加改变了总产量重心轨迹。但是总产量重心和面积重心无论如何变动，二者均在我国的山西和陕西两个省份往返运动，表明我国马铃薯面积和总产量的增加，主要仍以主产区增加为主。

1985—2015年全国马铃薯总产量重心与面积重心主要位于我国的山西和陕西两个省份，迁移方向多变，轨迹具有交叉性。总产量重心迁移幅度较小，1985—2000年主要在山西省运城市内部移动，直到2010年迁移到陕西省渭南市，到2015年又迁移到陕西省商洛市，但面积重心迁移的距离较明显，大致经历了陕西省—山西省—陕西省3个阶段。总产量重心运动的轨迹方向与面积重心运动的轨迹大致相同，说明面积的扩大或缩小带动了马铃薯总产量的变化。按照每5年进行一次迁移，每次迁移的距离较近，且方向无明显规律性，但是从1985—2015年的30年间迁移来看，迁移的距离较远，且从山西省运动到陕西省，运动距离和轨迹方向较为明显。

6.4 我国马铃薯产量贡献因素分析

随着人口的不断增长，满足人口对粮食的需求问题对全球来说是一个巨大的挑战，在有限耕地面积的前提下，了解作物产量的增长因素对确保粮食供给具有重要意义。作物产量的提高受到多种因素的影响，包括气候、品种、管理措施等外界因素，更包括自身内部因素，探讨作物增产的原因有利于合理布局作物，从而对产量驱动因素做出合理解释。

6.4.1 我国马铃薯产量贡献因素分析

在1985—2015年期间，我国马铃薯总产量、播种面积及单产每5年均表现出不同程度的变化趋势（表6-4），1995—2000年马铃薯总产量和面积增量最大，分别为411.10×10^4 t和128.93×10^4 hm^2，而单产增量最大的年份出现在1990—1995年。马铃薯总产量增加的内在驱动因素归结为面积和单产的变化，近30年面积贡献率先降低再升高最后再降低，而单产贡献率的变化正好相反，表现为先升高再降低最后再升高。从数值上看，1985—1990年、1990—1995年、1995—2000年3个时段面积贡献率大于单产贡献率，而2000—2005年、2005—2010年、2010—2015年3个时段单产贡献率大于面积贡献率。其中，面积贡献率在1995—2000年达到最大，为88.01%，单产贡献率在2010—2015年达到最大，为60.09%。所以1985—2000年总产量的贡献因素主要归结为面积的增加，2000—2015年期间贡献因素主要归结为单产的增加。

对1985—2000年和2000—2015年期间的面积贡献率和单产贡献率进行了进一步的分

析，结果表明1985—2000年面积贡献率为79.72%，2000—2015年单产贡献率为52.40%，说明1985—2000年期间马铃薯播种面积的增加提高了总产量，而在2000—2015年期间，我国马铃薯栽培技术的改善、新品种的培育、水肥的合理施用、管理手段的成熟等显著提高了单产水平，进一步增加了总产量。

表6-4 近30年我国马铃薯各时段面积贡献率与单产贡献率

时间阶段	总产量增量 /10^4 t	面积增量 /10^4 hm^2	单产增量 /(t/hm^2)	面积贡献率 /%	单产贡献率 /%
1985—1990年	113.40	38.77	0.10	77.36	22.64
1990—1995年	266.00	56.87	0.40	56.93	43.07
1995—2000年	411.10	128.93	0.14	88.01	11.99
2000—2005年	91.89	15.67	0.10	49.52	50.48
2005—2010年	213.28	32.52	0.23	47.77	52.23
2010—2015年	266.63	30.92	0.31	39.91	60.09
1985—2000年	790.50	224.56	0.65	79.72	20.28
2000—2015年	571.80	79.11	0.63	47.60	52.40

6.4.2 基于县域尺度的马铃薯产量贡献因素分析

分析1985—2015年我国马铃薯增产因素的各县域数发现，面积主导型占比最大，其次为单产主导型，最小为互作主导型所导致，其中单产主导型、面积主导型及互作主导型的平均县域数分别为304个、519个及183个(图6-13)。随时间的推移，3种类型均呈现波动式增长的趋势，其中面积主导型增长速率最快，且幅度最大，单产主导型趋于平缓，而互作主导型介于二者之间。尤其在近10年，3种类型增长的速率显著高于之前的年份，且总县域数明显高于之前的年份。

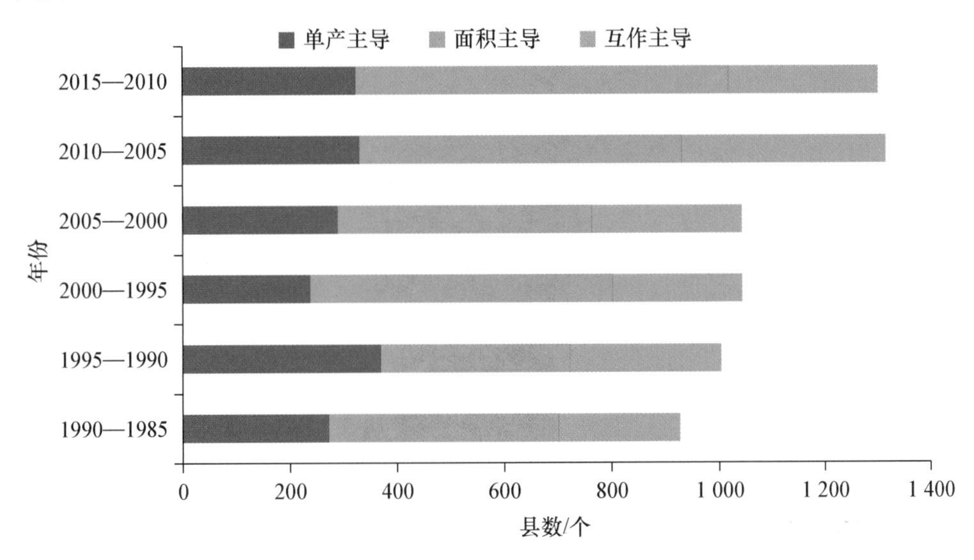

图6-13 1985—2015年我国马铃薯增产因素县数

6.4.3 基于亚区尺度的马铃薯产量贡献因素分析

对 1985—2015 年期间进行马铃薯增产因素分析发现(图 6-14),东北平原山区农林区、长江中下游与沿海平原农作区、江南丘陵农林区、华南沿海农林渔区、四川盆地农作区、秦巴山区亚区和青藏高原农林区面积主导型占主要地位,黄淮海平原农作区和西北农牧区主要为互作主导型,而只有北部中低高原农牧区为单产主导型。分别对每个农作区 3 种类型的增长因素所占有的县域数讨论发现,东北平原山区农林区中单产主导型随时间的推移而呈下降趋势,面积主导型呈现升高的趋势,而互作主导型趋于平缓;黄淮海平原农作区中单产主导和面积主导两种类型均表现出升高的趋势,且面积主导型增长趋势最明显,而互作主导型趋于平缓;长江中下游与沿海平原农作区中单产主导、面积主导及互作主导 3 种类型均表现出升高的趋势,且面积主导型增长趋势最明显;江南丘陵农林区中单产主导和面积主导两种类型均表现出升高的趋势,而互作主导型表现出下降的趋势;华南沿海农林渔区中单产主导型表现出降低的趋势,互作主导型表现出升高的趋势,而面积主导型趋于平缓;北部中低高原农牧区中单产主导、面积主导及互作主导 3 种类型均表现出在波动中接近于平缓的趋势;西北农牧区中单产主导型随时间的推移而呈下降趋势,面积主导型呈现升高的趋势,而互作主导型趋于平缓;四川盆

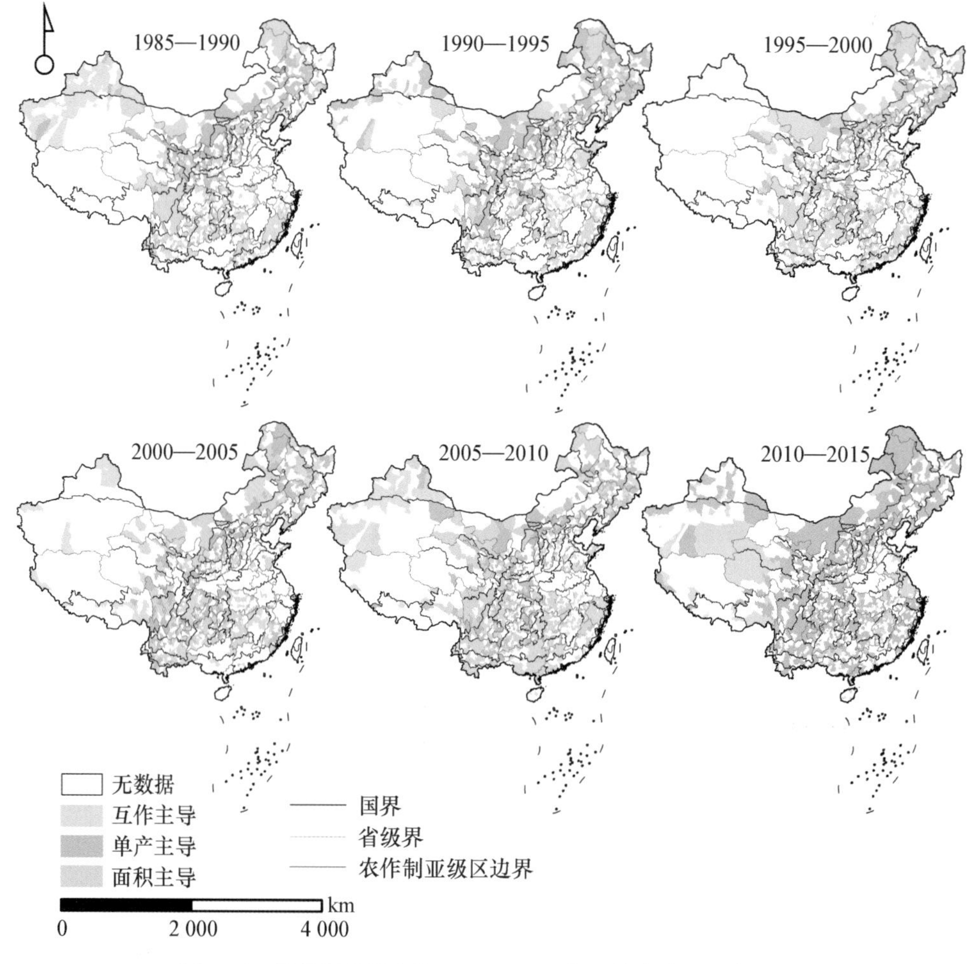

图 6-14 基于亚区尺度的 1985—2015 年马铃薯增产因素分布

地农作区中单产主导和面积主导两种类型均表现出升高的趋势，且面积主导类型增长趋势更快，而互作主导型趋于平缓；秦巴山区亚区中单产主导与互作主导两种类型均表现出平缓的趋势，而面积主导型呈现升高的趋势；青藏高原农林区中面积主导型呈现略微升高的趋势，而单产主导与互作主导两种类型均表现出平缓的趋势。

基于以上研究，分析了马铃薯总产量变化的内部驱动因素，将增产因素分为单产主导、面积主导及互作主导 3 种类型，面积对总产量增加的贡献率分别大于单产和互作水平的贡献率，表明我国对大力发展马铃薯政策的支持，从而扩大了马铃薯的播种面积，进而增加了全国马铃薯的总产量水平。但是黄淮海平原农作区、北部中低高原农牧区及西北农牧区中的单产和互作水平在总产量增加的贡献中占有重要地位，说明我国由面积对马铃薯总产量的影响转变为单产水平对马铃薯总产量的影响，马铃薯生产水平有所提高，覆膜技术的普及、“脱毒”马铃薯品种的推广、测土配方施肥的应用等增加了马铃薯的单产水平，进而提高了马铃薯的总产量。

6.4.4　马铃薯总产量对面积和单产变化的敏感性分析

由表 6-4 可知，1985—2000 年马铃薯总产量变化的主要内部驱动因素为面积，2000—2015 年马铃薯总产量变化的主要内部驱动因素为单产水平，在此基础上，分析了总产量对各因素的敏感性（图 6-15）。1985—2000 年期间，我国绝大多数地区马铃薯总产量与面积呈同向变化，贵州和内蒙古总产量增量大于其他地区，吉林省马铃薯总产量变化受面积增减的影响达到极高度敏感性，辽宁、贵州、陕西等省份马铃薯总产量变化对面积的敏感性达到高度敏感，说明马铃薯播种面积较小的变化对总产量增减的影响较大；2000—2015 年期间，我国马铃薯总产量与单产水平既有呈反向变化又有呈同向变化的地区，四川、甘肃、贵州等省份总产量增量大于其他地区，同样对单产水平的变化达到极高度敏感性，表明单产水平较小的变动可引起总产量较大的变动。

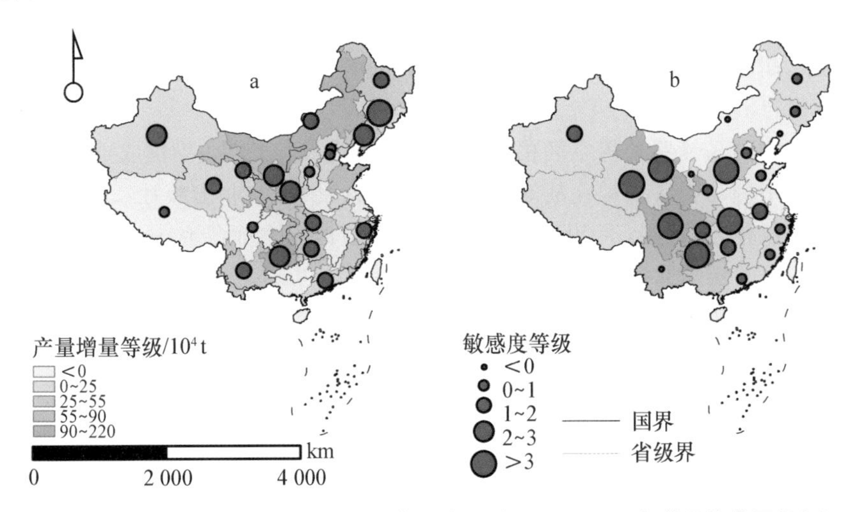

图 6-15　各省（自治区、直辖市）马铃薯总产量对 1985—2000 年的马铃薯面积（a）和 2000—2015 年的马铃薯单产（b）的敏感性分析

分析 1985—2000 年期间马铃薯总产量对面积的敏感性分析表明，马铃薯总产量变化受面积增减的影响达到极高度敏感性，吉林、辽宁、贵州、陕西等省份马铃薯面积较小的变化可引起总产量较大的变化；同样对 2000—2015 年马铃薯总产量对单产的敏感性分析表明，四川、甘肃、贵州等省份马铃薯单产较小的变化可引起总产量较大的变化。但马铃薯总产量的变化不仅受到内部因素的影响，还受到外在条件的制约，如效益的增加、政策的帮扶、技术的进步、气候条件的变化等都会或多或少地影响着马铃薯的生产（杨亚东等，2017）。研究近 30 年全国马铃薯种植时空布局的演化，并对马铃薯总产量变化的驱动因素做出解释，有利于为我国马铃薯种植区域布局优化提供决策性参考。

1985—2000 年面积对马铃薯总产量增加的贡献率大于单产水平的贡献率，且面积贡献率为 79.72%，2000—2015 年单产水平对总产量增加的贡献率大于面积的贡献率，且单产贡献率为 52.40%。对马铃薯增产因素的各县域数发现，面积主导型占比最大，其次为单产主导型，最小为互作主导型所导致。且东北平原山区农林区、长江中下游与沿海平原农作区、江南丘陵农林区、华南沿海农林渔区、四川盆地农作区、秦巴山区亚区及青藏高原农林区面积主导型占主要地位，黄淮海平原农作区和西北农牧区主要为互作主导型，而只有北部中低高原农牧区为单产主导型。吉林、辽宁、贵州、陕西等省份在 1985—2000 年期间马铃薯播种面积较小的变化对总产量增减的影响较大，而四川、甘肃、贵州等省份在 2000—2015 年期间单产水平较小的变动可引起总产量较大的变动。

参考文献

[1]黄凤玲，张琳，李先德，等. 中国马铃薯产业发展现状及对策[J]. 农业展望，2017，13(1)：25-31.

[2]罗善军，何英彬，罗其友，等. 中国马铃薯生产区域比较优势及其影响因素分析[J]. 中国农业资源与区划，2018，39(5)：137-144.

[3]杨亚东，胡韵菲，栗欣如，等. 中国马铃薯种植空间格局演变及其驱动因素分析[J]. 农业技术经济，2017(8)：39-47.

[4]杨亚东. 中国马铃薯种植空间格局演变机制研究[D]. 北京：中国农业科学院，2018.

[5]张千友. 中国马铃薯主粮化战略研究[M]. 北京：中国农业出版社，2016.

[6]周磊，马改艳，彭婵娟，等. 中国马铃薯生产风险区划实证研究——基于 19 个马铃薯主产省的数据[J]. 中国农学通报，2016，32(32)：193-199.

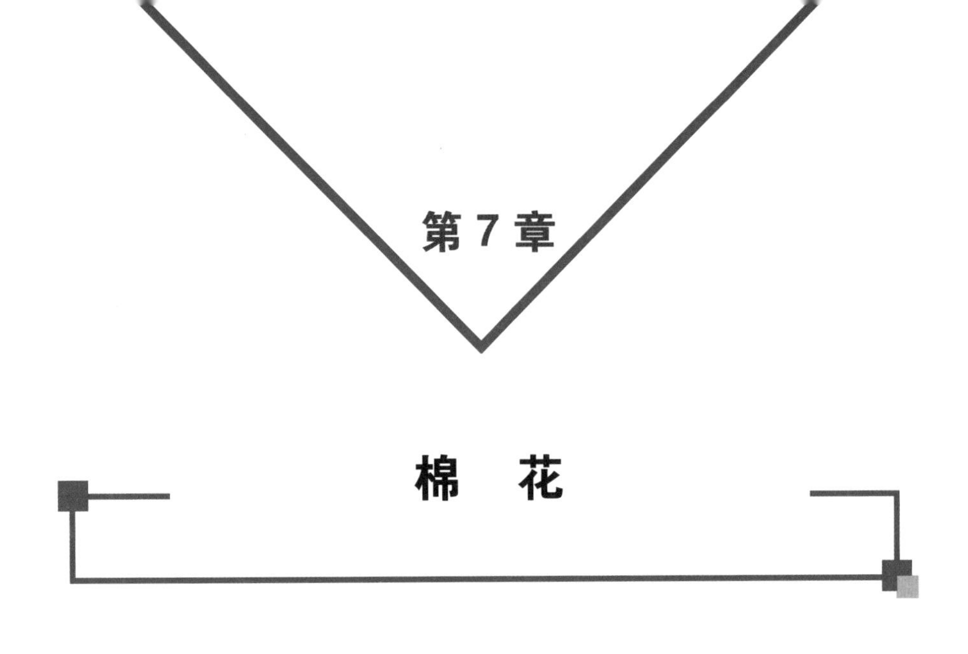

第7章 棉花

棉花是我国关乎民生的重要农产品，是重要的国家战略资源。棉花生产的稳定发展对于纺织产业意义重大(杨红旗等,2010)。中国是世界重要的棉花生产国和消费国，棉花年总产量约占世界棉花总产量的1/4，平均单产为1 281 kg/hm^2，比世界棉花单产水平高一半(喻树迅,2013)。我国棉花年需求量在1.00×10^7 t以上，而我国年均产棉量为7.06×10^6 t，占世界棉花年产量的28.7%，棉花自给率约为70%(葛秋颖等,2014)。随着社会经济的发展，我国棉花需求量逐年增加。因此，合理规划棉花生产布局使棉花优质高产，建设优质产棉基地巩固棉花生产能力，对保障农民增收、社会经济稳定有重要意义。鉴于以上情况，本章利用7个时间节点的全国棉花分县生产数据和1985—2015年全国棉花生产数据，采用定量分析和空间统计法，从全国、棉花主产区和产棉县3个尺度对我国棉花生产变化、生产优势、重心迁移和产量贡献率等进行探究，以期为我国为棉花生产布局调整提供理论和技术支撑。

7.1 1985—2015年我国棉花生产时空格局变化

7.1.1 1985—2015年我国棉花生产的变化趋势

1985—2015年来我国棉花总产量呈显著增加趋势($R^2=0.63$,$P<0.001$)，每增加一年，产量提高1.01×10^5 t，棉花总产量由1985年的4.15×10^6 t增加至2015年的5.60×10^6 t。近30年我国棉花平均产量为5.22×10^6 t，低于平均产量的年份占54.84%，高于平均产量的年份占45.16%；1985—2015年我国棉花平均播种面积为5.00×10^6 hm^2，近30年来我国棉花播种面积总体呈波动下降趋势($R^2=0.09$,$P>0.1$)，每增加一年，播种面积减小2.41×10^4 hm^2，播种面积由1985年的5.14×10^6 hm^{2}减小至2015年的3.80×10^6 hm^2；近30年平均单产水平为 1 057 kg/hm²，我国棉花单产水平呈显著升高趋势（$R^2=0.89$，$P<0.001$），每增加一年，单产提高 30 kg/hm²，由 1985 年的 807 kg/hm² 升高到 2015 年的 1 476 kg/hm²，增加了 82.90%（图 7-1）。1985—2015 年我国棉花生产大致经历如下 4 个阶段。

（1）1985—1991 年，波动上升阶段。该阶段棉花播种面积、总产量和单产均呈波动上升趋势，植棉面积以每年近 2.54×10^5 hm² 的速率增长，由 5.14×10^6 hm² 波动增加至 6.54×10^6 hm²。棉花产量也大幅度增加，由 4.15×10^6 t 增加至 5.68×10^6 t。该阶段家庭承包责任制、政府调整棉花收购价格和销售奖励政策调动了棉农生产积极性，植棉面积扩大。1988 年棉花受灾减产，使棉花生产出现波动。

（2）1992—1999 年，波动下降阶段。该阶段棉花面积和总产量呈波动下降趋势，单产呈波动增加趋势。植棉面积由 6.84×10^6 hm² 下降至 3.73×10^6 hm²，降幅为 45.47%。该阶段棉花单产持续增加，由 660 kg/hm² 增加至 1 028 kg/hm²，单产增幅达 55.76%。1993 年棉区虫灾导致棉花减产，1998 年降低棉花收购价格导致植棉面积下降。

（3）2000—2007 年，波动上升阶段。该阶段全国棉花生产呈稳步上升趋势，总产量、单产和植棉面积均呈增加趋势。棉花面积以每年近 4.0×10^5 hm² 的速率增长，增长速率大于 1985—1991 年。2007 年棉花产量达到近 30 年来最高产量，为 7.62×10^6 t。

（4）2008—2015 年，波动下降阶段。该阶段全国棉花总产量和面积呈波动下降趋势，单产呈波动增加趋势。植棉面积以每年 2.30×10^5 hm² 的速率减少，到 2015 年降至 3.80×10^6 hm²。但该阶段棉花单产持续增加，由 1 302 kg/hm² 增加至 1 476 kg/hm²，单产增幅达 13.36%。

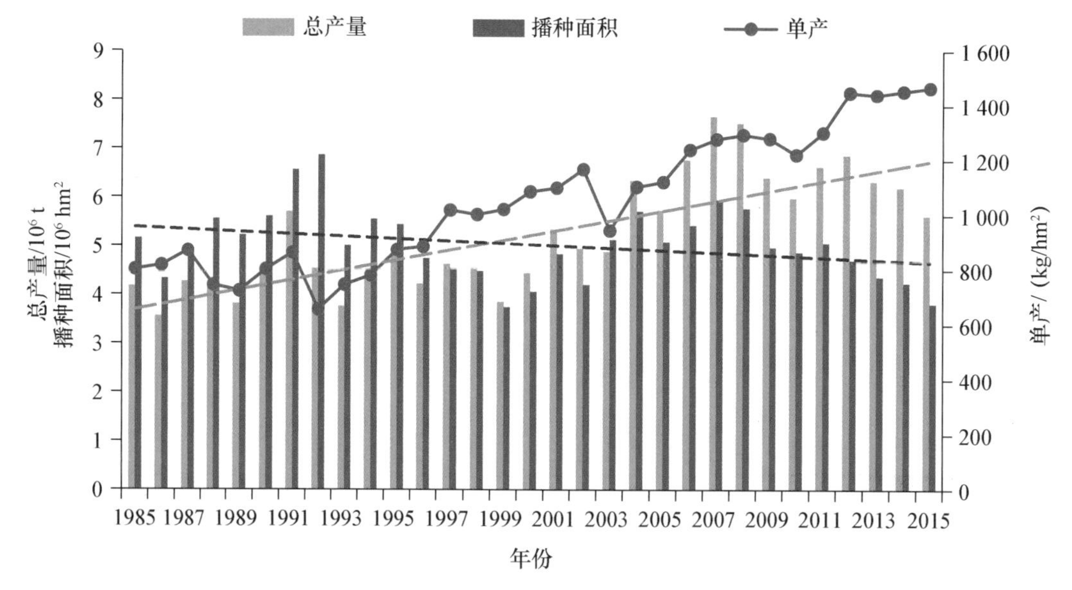

图 7-1　1985—2015 年我国棉花总产量、播种面积和单产变化趋势

7.1.2　基于县域尺度的棉花生产空间变化分析

对 1985 年、2000 年和 2015 年全国植棉县棉花面积、总产量和单产的时空变化以及 1985—2000 年和 2000—2015 年棉花总产量、面积和单产的变化幅度进行量化分析。近 30 年来我国棉花生产布局发生较大变化，植棉县数总体呈增加趋势，棉花生产县由 1985 年的 937

个增加至2000年的1 135个后降至2015年的1 015个。1985—2015年，棉花生产县占全国行政县的比例从32.88%增加至35.61%。

1.播种面积

基于1985—2015年棉花生产分县数据，结合ArcGIS对近30年来我国植棉面积进行分级比较，结果表明植棉面积在0～1 000 hm^2的县数呈波动增加趋势，从1985年的42.90%波动增加至2015年的65.61%。1985—2015年植棉面积为1 000～5 000 hm^2、5 000～10 000 hm^2和10 000～20 000 hm^2的县数呈波动减少趋势，占比分别从1985年的25.93%、14.51%、10.89%和5.76%波动减小至2015年的18.93%、7.43%、4.66%和3.37%。总体而言，1985—2015年我国低植棉规模县数持续增加，中高植棉规模县数呈持续减小趋势。

从不同年份全国棉花播种面积的县域分布来看，1985—2015年我国棉花生产的空间格局发生了明显变化，具有明显的移动趋势，表现为向棉花生产优势地区集中。1985年，高植棉规模（>20 000 hm^2）县主要分布在华北平原棉区、淮北平原棉区中部、长江中游和长江下游棉区，西北内陆棉区各县棉花播种面积处于中下水平，没有高植棉规模县。长江上游棉区有中等植棉规模（5 000～10 000 hm^2）县分布，1985年棉花生产主要集中在黄河流域和长江流域棉区（图7-2）。2000年，中等植棉规模县主要集中在西北内陆、长江中游、华北平原和淮北平原棉区。相较于1985年，2000年西北内陆棉区和黄淮平原棉区中等植棉规模县数增多，而长江中游、华北平原、长江上游和长江下游棉区中等植棉规模的县数减少（图7-2）。2015年高植棉规模县主要集中在西北内陆棉区，其余在华北平原中部和长江中游棉区有零星分布，黄河流域和长江流域棉区植棉面积大幅缩减（图7-2）。

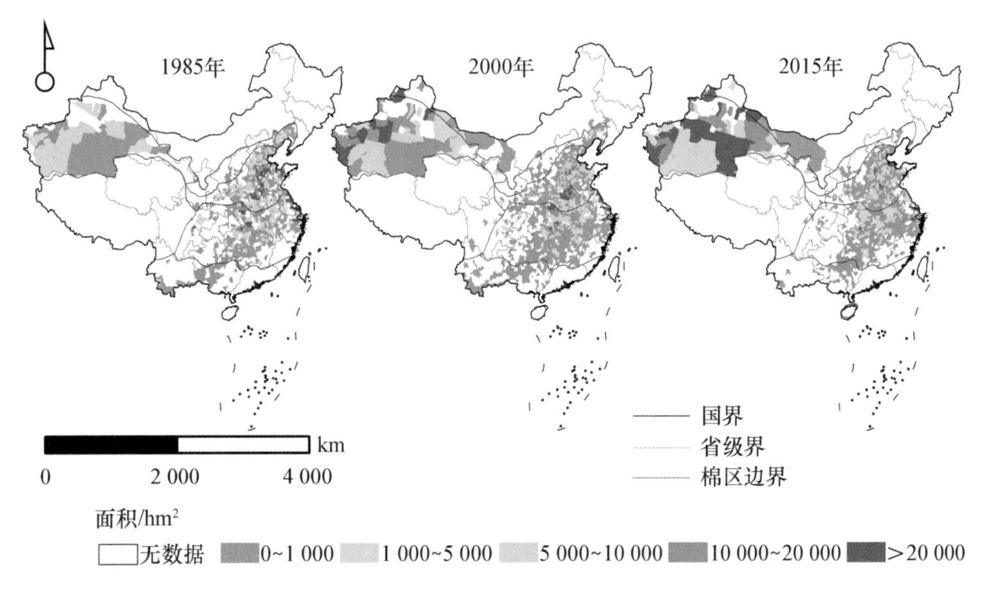

图7-2 我国棉花播种面积的县域分布

从棉花播种面积变化幅度来看，总体而言，近30年来华北平原棉区东北部、西北内陆棉区和长江中游棉区植棉面积大幅增加，而辽河流域棉区、河西走廊棉区、长江上游棉区、北疆—河西走廊棉区、长江下游棉区和华南棉区植棉面积持续减小（图7-3）；分阶段来看，1985—2000年间华北平原棉区、辽河流域棉区、华南棉区和长江上游棉区植棉面积显著降低，西北内陆棉区、黄淮海棉区和长江中游棉区植棉面积大幅度增加(图 7-3);2000—2015 年,华北平原棉区北部、长江中游棉区和西北内陆棉区植棉面积大幅度增加,黄淮海棉区、辽河流域棉区、长江上游棉区和华南棉区的植棉面积呈下降趋势(图 7-3)。

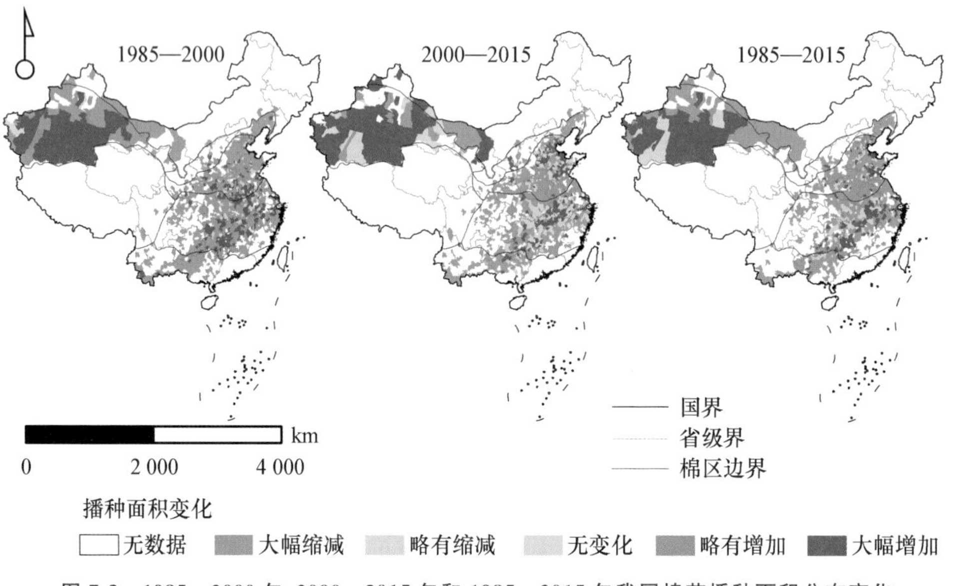

图 7-3 1985—2000 年、2000—2015 年和 1985—2015 年我国棉花播种面积分布变化

2. 总产量

对不同年份棉花总产量进行分级比较,近 30 年棉花总产量低于 1 000 t 的县数占全国植棉县的比例从 1985 年的 48.24%波动增加至 62.28%,说明近 30 年来我国低产量水平县数有所增加。1985—2015 年产量水平处于 1 000～5 000 t、5 000～10 000 t 和 10 000～20 000 t 的县数呈波动减少趋势,占比分别从 1985 年的 27.64%、10.99%和 8.86%波动减小至 2015 年的 19.60%、7.43%和 5.45%。近 30 年来产量超过 20 000 t 的县数呈先增加后减少趋势,从 1985 年的 40 个增加至 2005 年的 85 个后降至 53 个。总体而言,我国棉花产量水平县数呈现两头高中间低的分布特征,低产量和高产量水平县数逐渐增加,中等产量水平县数逐渐减小。

从不同年份全国棉花总产量的县域分布来看,1985 年全国棉花总产量水平普遍不高,棉花产量处于高水平(＞10 000 t)的县域主要位于华北平原中部和淮北平原北部,在西北内陆棉区和长江流域棉区有高产量水平县域零星分布(图 7-4)。2000 年高产量水平(＞10 000 t)县主要分布在南疆、华北平原、淮北平原和长江中游棉区(图 7-4),低产量水平(＜1 000 t)县主要分布在辽河流域、长江下游和华南棉区。2015 年高产量水平(＞10 000 t)的县主要分布在西北内陆棉区,其余在华北平原棉区和长江中游棉区中部有零星分布,低产量水平(＜1 000 t)县主要分布在黄土高原、长江上游、长江下游和华南棉区(图 7-4)。近 30 年来我国高产量水平植棉县从北方地区逐渐向西北内陆地区转移。

从棉花总产量变化幅度来看,近 30 年全国棉花总产量增长的区域主要集中于南疆地区、华北平原北部、淮北平原和长江中游地区,棉花产量减少的区域主要位于淮北平原南部、辽河流域、河西走廊和华南棉区(图 7-5);分阶段来看,1985—2000 年华北平原、长江上游、辽河流

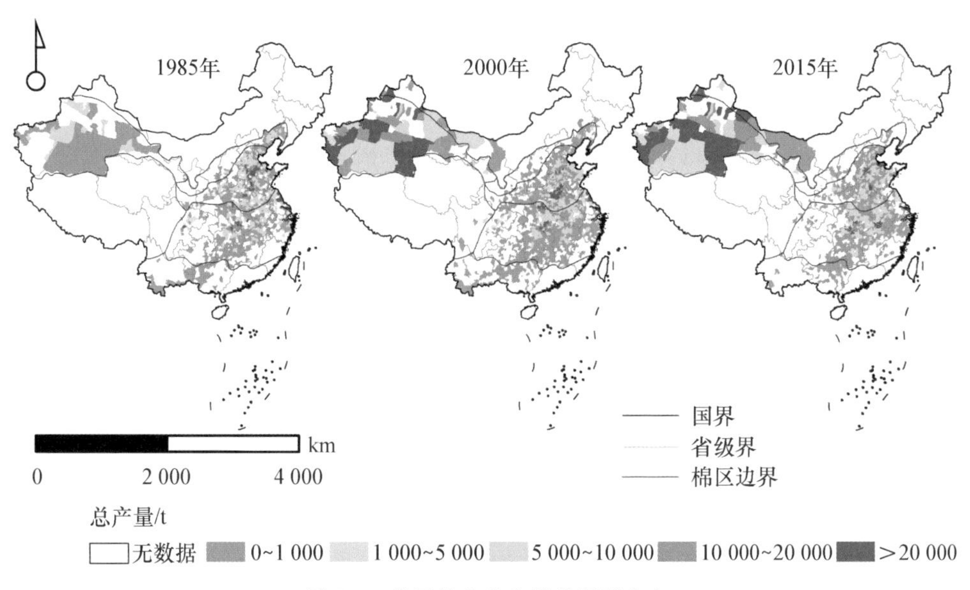

图 7-4　我国棉花总产量的县域分布

域和华南棉区棉花总产量呈下降趋势，而西北内陆、淮北平原和长江中游棉区总产量呈增加趋势（图 7-5）；2000—2015 年，华北平原、西北内陆和长江中游棉区棉花总产量呈增加趋势，辽河流域、长江上游、华北平原和华南棉区棉花总产量呈下降趋势（图 7-5）。

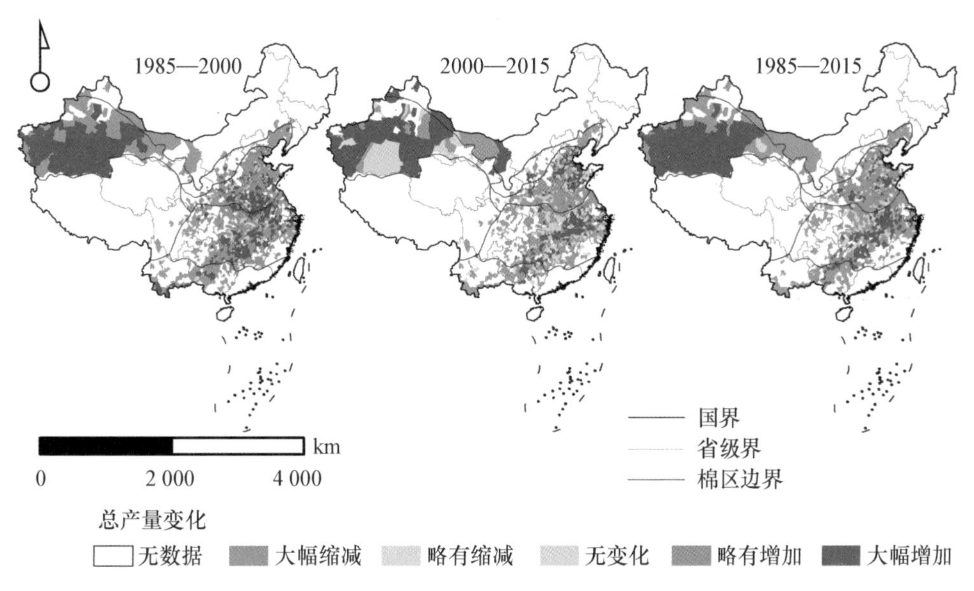

图 7-5　1985—2000 年、2000—2015 年和 1985—2015 年我国棉花总产量分布变化

3. 单产

过去 30 年间，全国不同棉花平均单产水平县数不断变化。其中，平均单产低于 1 000 kg/hm^2 的县数逐渐减少，由 1985 年的 839 个下降至 295 个，降幅为 64. 84%；平均单产在 1 000 kg/hm^2 以上的县数均呈增加趋势。1 000～1 500 kg/hm^2 的县数由 1985 年的 94 个持续增加至 2015 年的 472 个，增幅为 402. 13%。从 2010 年开始，该单产水平占全国植棉县的比例

均为最大。近 30 年来，单产水平在 1 500～2 000 kg/hm² 的县数从 1985 年的 4 个增加至 2015 年的 187 个，该单产水平占全国植棉县的比例从 0.43%增加至 18.42%。1985 年没有单产水平为 2 000～5 000 kg/hm² 的县，随后持续增加至 55 个。我国棉花单产呈现逐渐提高的趋势，低产棉田逐渐萎缩，高产棉田逐渐增加，大部分棉田单产水平稳定在 1 000～1 500 kg/hm²。

从不同年份全国棉花单产的县域分布来看，1985 年全国单产水平普遍不高，中等产量水平产棉县主要位于长江中游和华北平原棉区。黄河流域、长江流域、西北内陆棉区和辽河流域棉区棉花单产水平接近，华南棉区棉花单产主要为低单产水平(<500 kg/hm²)(图 7-6)；2000 年全国棉花单产水平普遍提高，高单产水平(>1 500 kg/hm²)县主要分布在西北内陆棉区，其余零星分布在黄河流域和长江流域棉区。黄河流域和长江流域棉区单产水平相比 1985 年有所提高，棉花单产主要为中等水平。辽河流域和华南棉区棉花单产处于低水平(图 7-6)；2015 年，全国棉花单产水平都显著提升，高单产水平的县主要分布在西北内陆棉、黄淮平原、长江中游和长江下游棉区(图 7-6)。近 30 年棉花单产发生了较大变化，技术进步是重要因素。转基因抗虫棉的培育、新疆棉区的机械化程度提高、高产高效栽培措施的研究等因素促进了单产的提高。

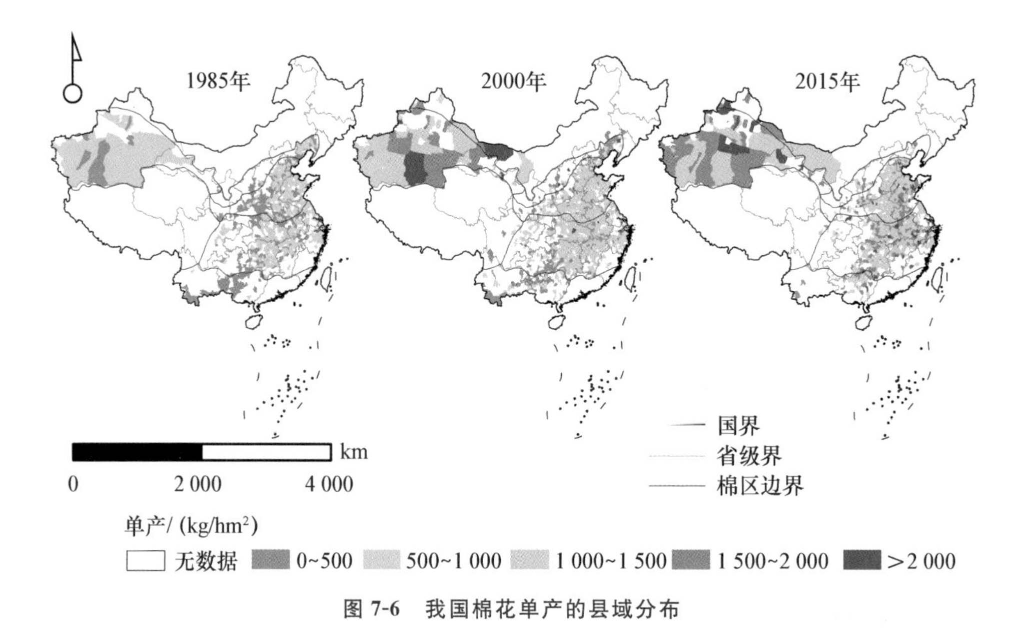

图 7-6　我国棉花单产的县域分布

从棉花单产变化幅度来看，近 30 年来全国棉花单产普遍提高，南疆棉区、黄河流域棉区、长江中游、长江下游棉区单产呈增加趋势，而北疆、河西走廊、辽河流域北部、长江上游和华南棉区单产都呈下降趋势(图 7-7)；分阶段来看，1985—2000 年，西北内陆棉区、黄河流域棉区和长江中下游棉区棉花单产大幅度增加，北疆—河西走廊棉区、辽河流域棉区、长江上游和华南棉区棉花单产也大幅度降低(图 7-7)；2000—2015 年，辽河流域棉区、华南棉区、长江上游棉区棉花单产显著下降。长江中游棉区、西北内陆棉区和黄河流域棉区棉花单产大幅度增加(图 7-7)。

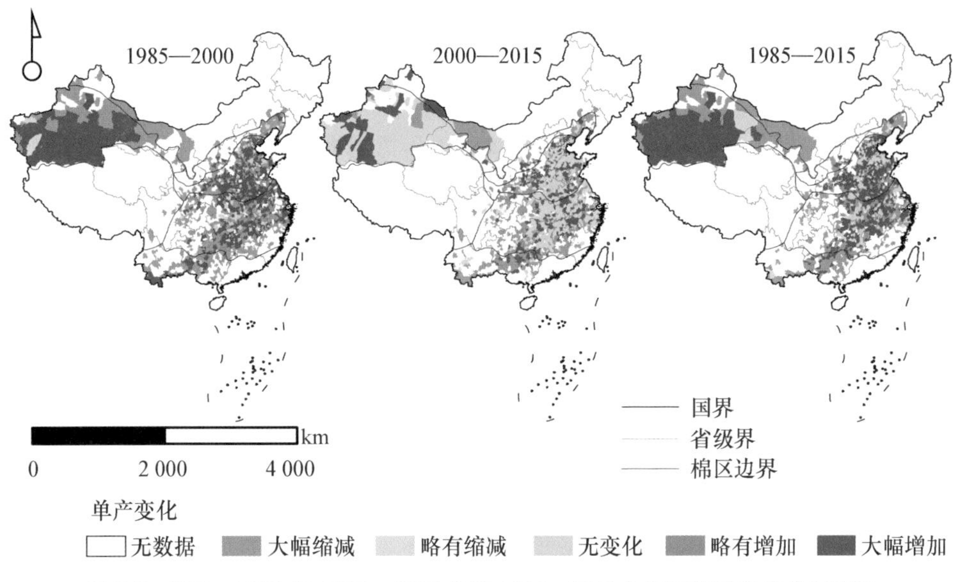

图 7-7 1985—2000 年、2000—2015 年和 1985—2015 年我国棉花单产分布变化

综上分析得出:①从全国来看,近 30 年全国棉花播种面积总体呈下降趋势,而棉花总产量和单产在波动中呈现上升趋势。我国棉花生产经历了波动上升、波动下降、波动上升和波动下降 4 个阶段。②从植棉县来看,近 30 年来我国植棉县数呈先增加后减小趋势,我国低植棉规模县数持续增加,中高植棉规模县数呈持续减小趋势。我国棉花产量水平县数分布呈现两头高中间低的特征,低产量和高产量水平县数逐渐增加,中等产量水平县数逐渐减小。同时,我国棉花单产呈现逐渐提高的趋势,低产棉田逐渐萎缩,高产棉田逐渐增加,大部分棉田单产水平稳定在 1 000～1 500 kg/hm^2。从空间分布看,我国棉花生产主要分布在西北内陆棉区、黄河流域棉区和长江流域棉区。黄河流域和长江流域棉区棉花生产总体呈逐渐萎缩趋势,而西北内陆棉区棉花生产持续扩张。我国棉花主产由北方地区向西北内陆地区迁移,黄河流域和长江流域棉区植棉面积显著下降,西北内陆棉区植棉面积持续增加。随着社会经济发展和技术进步,我国棉花主产区向种植规模大、机械化水平高、经济滞后的西北内陆棉区集中。

7.2 我国棉花生产优势的时空变化

一个地区作物生产的比较优势是该区域农业自然资源、区位条件、栽培技术、种植制度和市场需求等因素综合作用的结果。通过分析区域内主要作物生产的比较优势格局,有助于探究区域内作物的生产优势区分布状况和农业生产布局的演变,这不仅有助于解析影响我国棉花生产布局集聚的关键因素,从而发挥其比较优势并推动我国棉花生产发展,而且可为合理规划我国棉花生产区域布局,建设优质商品棉基地,保障棉花产业安全提供相应借鉴。本节利用生产集中度指数和生产规模指数分析三大棉区的集聚变化的过程。同时利用规模比较优势指数、效率比较优势指数和综合比较优势指数分析全国各县棉花生产比较优势状况。

7.2.1 棉花主产区生产布局的集聚变化

棉花生产规模指数为某地区某时期棉花播种面积占同期全国棉花播种面积的比重。棉花生产集中度指数为某地区某时期棉花产量占同期全国棉花总产量的比重。我国有三大棉花主产区,分别是黄河流域棉区、长江流域棉区及西北内陆棉区(毛树春,2019)。利用生产规模指数和集中度指数可以分析三大棉区棉花生产布局的演变过程。

1. 生产规模指数

从生产规模指数的变化情况来看(图 7-8),黄河流域棉区和长江流域棉区的生产规模指数在呈波动下降趋势,西北内陆棉区的生产规模指数在波动中不断上升。黄河流域棉区的生产规模指数从 1985 年的 0.64 增加至 1990 年的 0.66 后下降至 2015 年的 0.32。长江流域棉区的生产规模指数从 1985 年的 0.31 增加至 1995 年的 0.35 后下降至 2015 年的 0.21。西北内陆棉区的生产规模指数从 1985 年的 0.03 波动增加至 2015 年的 0.46。近 30 年来西北内陆棉区生产规模持续增加,黄河流域和长江流域棉区棉花生产持续萎缩。分阶段来看,1985—2010 年,三大棉区生产规模指数由大到小排序为和黄河流域、长江流域和西北内陆棉区。2010—2015 年,西北内陆棉区生产集中度指数超过黄河流域和长江流域棉区,成为我国植棉面积最大的区域。

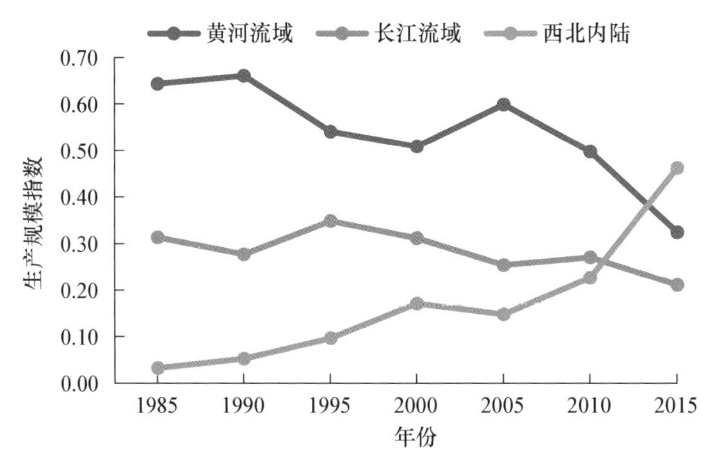

图 7-8　1985—2015 年棉花主产区生产规模指数变化

2. 集中度指数

从三大棉区的生产集中度指数变化来看(图 7-9),总体而言,黄河流域和长江流域棉区的生产集中度指数呈波动下降趋势,而西北内陆棉区的生产集中度指数呈持续上升趋势。黄河流域棉区的集中度指数从 1985 年的 0.62 波动下降至 2015 年的 0.26。长江流域棉区的集中度指数从 1985 年的 0.34 增加至 1995 年的 0.41 后下降至 2015 年的 0.18。西北内陆棉区的生产规模指数从 1985 年的 0.03 波动增加至 2015 年的 0.56,近 30 年来我国棉花生产逐渐向西北内陆棉区集中。分阶段来看,1985—2000 年,三大棉区生产集中度指数由大到小排序为和黄河流域、长江流域和西北内陆棉区。2000—2010 年,西北内陆棉区生产集中度指数超过长江流域棉区。2010—2015 年,西北内陆棉区生产规模指数超过黄河流域棉区,成为我国棉花生产集中度指数最大的区域。

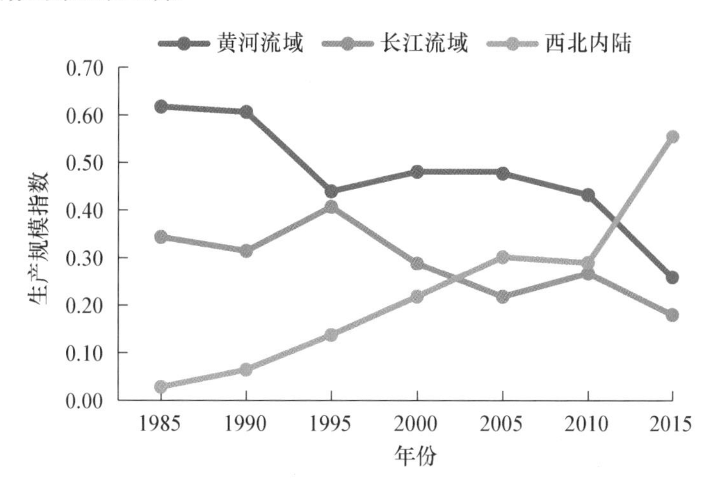

图 7-9　1985—2015 年棉花主产区集中度指数变化

总体而言，近 30 年来西北内陆棉区的生产规模指数和集中度指数持续增大，并逐渐与其他棉花主产区拉开差距。黄河流域和长江流域棉区生产规模指数和集中度指数呈波动减小趋势，我国棉花生产格局由三大棉区的“三足鼎立”逐渐变为西北内陆棉区的“一枝独秀”。

7.2.2　棉花生产县的比较优势变化

区域农作物比较优势可用于分析不同区域之间某种作物或同一区域内不同作物之间的比较优势差异，包括规模优势指数(scale advantage index，SAI)、效率优势指数(efficiency advantage index，EAI)和综合优势指数(aggregated advantage index，AAI)(李会忠，2006)。区域农作物单产水平是当地自然资源、科技进步和投入水平等因素的综合体现；区域农作物生产规模是劳动力、种植制度、市场需求、社会经济和自然资源条件等因素的综合体现。效率优势指数通过分析区域某种农作物的单位面积产量与该地区所有作物单产的相对水平与全国该比率平均水平的对比关系，分析该区域在该作物上的生产效率优势。规模比较优势指数是通过分析区域某种农作物的播种面积占该地区所有农作物总播种面积的比例与全国该比例平均水平比例关系来分析该种农作物在该地区生产上的规模优势情况。综合优势指数是效率优势指数和规模优势指数综合作用的结果，它能全面反映某种作物在区域生产中的优势程度。从县域层面对棉花生产比较优势进行分析，可以深入探究棉花生产比较优势在各区域间的变动。当 SAI、EAI、AAI 大于 1 时，说明该区域具有规模优势、效率优势和综合生产优势。

1. 规模和效率比较优势指数

从不同年份全国棉花规模和效率比较优势指数的县域分布来看，1985 年规模、效率均具有优势的区域集中在黄河流域的华北平原棉区、黄淮平原棉区和长江中游流域棉区，具有效率优势但不具有规模优势的区域集中在西北内陆棉区，具有规模优势但不具有效率优势的区域集中在黄淮平原棉区南部(图 7-10)。2000 年规模、效率均具有优势的区域集中在黄河流域的华北平原棉区、黄淮平原棉区和西北内陆棉区，具有效率优势但不具有规模优势的区域集中在长江中游棉区、长江下游棉区和黄淮平原棉区东北部，具有规模优势但不具有效率优势的区域集中在南襄盆地棉区(图 7-10)。2015 年规模、效率均具有优势的区域集中在西北内陆棉区、黄淮平原棉区中部和长江中游棉区,具有效率优势但不具有规模优势的区域集中在黄淮平原棉区东北部、长江中游和长江下游棉区,具有规模优势但不具有效率优势的区域集中在华北平原棉区北部(图 7-10)。近 30 年来,西北内陆棉区棉花效率比较优势明显增加,黄河流域棉区效率比较优势下降。

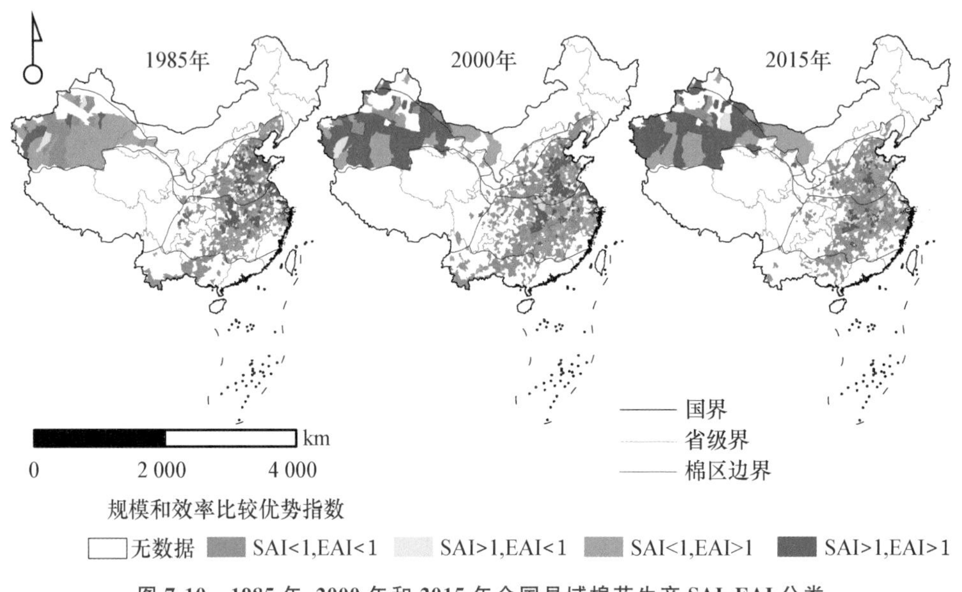

图 7-10　1985 年、2000 年和 2015 年全国县域棉花生产 SAI、EAI 分类

2. 综合比较优势指数

效率比较优势指数从资源适宜性方面体现区域的比较优势,而规模比较优势指数一定程度上体现了区域的生产规模,将两者结合起来得到综合比较优势指数,用于反映区域的综合生产优势。从不同年份全国棉花综合比较优势指数的县域分布来看,1985 年综合生产优势较高的地区主要集中在华北平原棉区南部、黄淮平原棉区、长江上游和长江中游棉区,西北内陆棉区只有较少县份具有综合植棉优势(图 7-11)。2000 年,综合生产优势较高的区域主要集中在华北平原棉区南部、黄淮平原棉区、西北内陆棉区和长江中游棉区,西北内陆棉区和黄淮平原棉区具有综合生产优势的县域个数大幅度增加(图 7-11)。2015 年,综合生产优势较高的区域主要集中在华北平原棉区南部、黄淮平原棉区中部、西北内陆棉区和长江中游棉区,黄河流域和长江流域棉区具有综合生产优势的县域个数减少且分布更加分散(图 7-11)。综合来看,综合比较优势较高的区域规模比较优势也较高,说明棉区的生产规模更能反映一个区域是否具有综合产棉优势,地区之间的综合生产优势差异主要是棉花播种面积不同造成的,而受单产的影响较小。近 30 年来,由于西北内陆棉区植棉面积不断增大,因此该区域的 AAI 指数也不断增大。

综上所述,1985—2015 年西北内陆棉区的生产规模指数和集中度指数持续增大,并逐渐与其他棉花主产区拉开差距。黄河流域和长江流域棉区生产规模指数和集中度指数呈波动减小趋势。近 30 年,我国规模、效率均具有优势的植棉县域集中分布区域逐渐从黄河流域和长江流域棉区转移至西北内陆棉区。西北内陆棉区具有综合比较优势的县数显著增加,黄河流域棉区和长江上游棉区具有综合比较优势的县数逐渐减少。我国棉花生产格局由三大

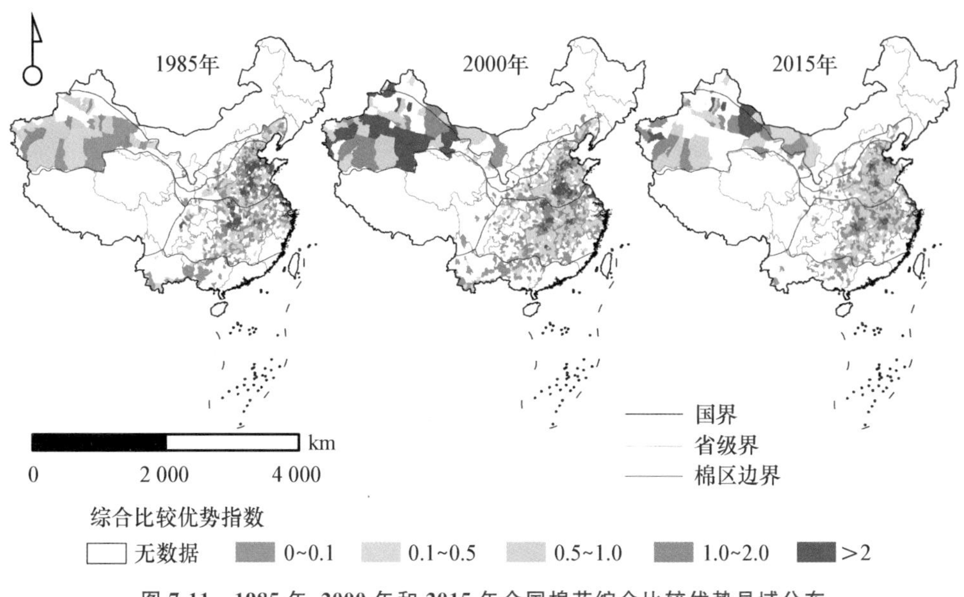

图 7-11 1985 年、2000 年和 2015 年全国棉花综合比较优势县域分布

棉区的“三足鼎立”逐渐变为西北内陆棉区的“一枝独秀”。综合比较优势的分布和规模比较优势的分布大致相同，说明区域棉花播种面积的差异导致了地区之间的综合生产优势差异。

7.3 棉花生产重心迁移

作物的生产重心及其位移取决于该区域作物生产活动在全国范围内的地域分布及其调整。在一定时期内作物生产重心向某个方向移动就说明作物生产活动在向同一地理方向转移（胡亚南，2017）。空间几何重心可用于表征地理事物的空间分布特征，当地理事物分布不均衡时，其空间几何重心位于地理事物的聚集区域。因此，通过分析目标物的空间几何分布重心可以获取地理事物的集中分布区域，探究其在研究区域内的空间分布是否均衡。本节利用棉花在 1985 年、1990 年、1995 年、2000 年、2005 年、2010 年和 2015 年的面积和产量数据，通过 ArcGIS 中的平均中心工具计算面积和产量分布重心，再进一步计算重心移动距离，对近 30 年来全国和三大棉区棉花生产的空间格局变化情况进行分析。

7.3.1 全国棉花生产重心迁移

1. 面积重心

从全国棉花面积重心迁移图来看（图 7-12），1985—2000 年全国面积重心由河南省东北部的封丘县不断向西北移动，先后途经新乡市和济源市，至陕西省黄龙县，移动距离分别为 81.41 km、144.55 km 和 217.74 km。在 1985—2000 年间我国棉花面积重心持续向西北移动的原因主要为黄河流域棉区棉花面积占全国比重从 64.27%下降至 50.79%，而西北内陆棉区棉花面积占全国比重从 3.16%上升至 16.98%；2000—2005 年棉花面积重心由陕西省黄龙县向东北移动 130.39 km 至山西省临汾市，该阶段面积重心迁移方向与 1985—2000 年不同，主要原因为在 2000—2005 年间黄河流域棉区面积从 18.20×10^6 hm^2 增加至 27.14×10^6 hm^2，而长江流域和西北内陆棉区面积变化不大；2005—2015 年棉花面积重心持续向西北移动，从山西省临汾市向西北方向移动 252.10 km 至陕西省志丹县。2010—2015 年棉花面积重心出现跨越式迁移，向西北移动 711.23 km 至甘肃省的民乐县，主要原因为西北内陆棉区棉花播种面积占全国比重从 22.54%急剧增加至 46.13%，该占比超过黄河流域棉区和长江流域棉区。近 30 年来我国棉花播种面积重心总体向西北方向移动 1 283.10 km，其中西移 1 229.44 km。

2. 总产量重心

从全国棉花总产量重心迁移图来看(图 7-12a)，1985—2005 年全国棉花总产量重心由河南省东北部的民权县不断向西北移动，先后途经河南省武陟县、山西省运城市和陕西省富县，至宁夏盐池县，移动距离分别为 186.17 km、211.13 km、249.58 km 和 231.01 km。1985—2005 年全国总产量重心持续向西北方向移动的原因主要为黄河流域棉区和长江流域棉区棉花产量占全国比重分别从 61.83%和 34.44%下降至 47.74%和 21.84%，而西北内陆棉区棉花产量占全国比重从 2.89%上升至 30.23%；2005—2010 年棉花总产量重心迁移距离最小，由宁夏盐池县向南移动 38.96 km；2010—2015 年棉花总产量重心出现大幅度迁移，由宁夏盐池县向西北移动 803.58 km 至甘肃省肃南裕固族自治县，该阶段西北内陆棉区产量从 16.09×10^6 t 增加至 30.21×10^6 t 导致棉花总产量重心大幅度迁移；近 30 年来我国棉花总产量重心总体向西北方向移动 1 617.78 km，其中西移 1 542.90 km。

综合全国棉花的面积和总产量重心迁移来看，近 30 年我国棉花生产的空间格局发生了显著变化，表现为向棉花生产优势地区集中。棉花播种面积和总产量的重心迁移在方向上具有一致性，全国棉花播种面积和总产量重心从河南省不断地向西北内陆移动，2015 年棉花生产的面积和总产量重心均位于甘肃地区。导致上述现象产生的直接原因是近 30 年来我国西北内陆棉区棉花的总产量和面积都大幅度增加，而黄河流域和长江流域棉区种植规模占比明显下降。近 30 年来西北内陆棉区棉花总产量增加了近 26.7 倍，而面积增加了近 10.2 倍。

7.3.2 各棉花主产区棉花生产重心迁移

1. 黄河流域棉区

从黄河流域棉区棉花面积重心迁移图来看(图 7-12b)，1985—2000 年黄河流域棉区棉花面积重心持续向南移动，1985—1990 年面积重心移动距离最小，在山东莘县境内向东南方向移动了 3.26 km。1990—1995 年从山东莘县向西南方向移动 52.50 km 至鄄城县，1995—2000 年在山东鄄城县境内向东南方向移动了 30.42 km；2000—2015 年黄河流域棉区棉花面积重心持续向东北方向移动，先后途经河南省台前县和山东省聊城市，至聊城市茌平区，移动距离分别为 58.19 km、36.59 km 和 34.80 km，2000—2005 年黄河流域棉区面积重心移动距离最大；1985—2015 年黄河流域棉区棉花面积重心向东北方向迁移 57.41 km。

从黄河流域棉区棉花总产量重心迁移图来看(图 7-12b)，1985—1995 年黄河流域棉区棉花总产量重心持续向西南方向移动，从山东省阳谷县经山东省莘县至山东省鄄城县，移动距离分别为 41.46 km 和 63.47 km；1995—2015 年黄河流域棉区棉花总产量重心持续向东北方向移动，1995—2000 年在山东省鄄城县境内向东北方向移动了 20.17 km。2000—2005 年棉花总产量重心移动距离最大，向北移动 66.34 km 至山东省阳谷县。2005—2010 年棉花总产量重心移动距离

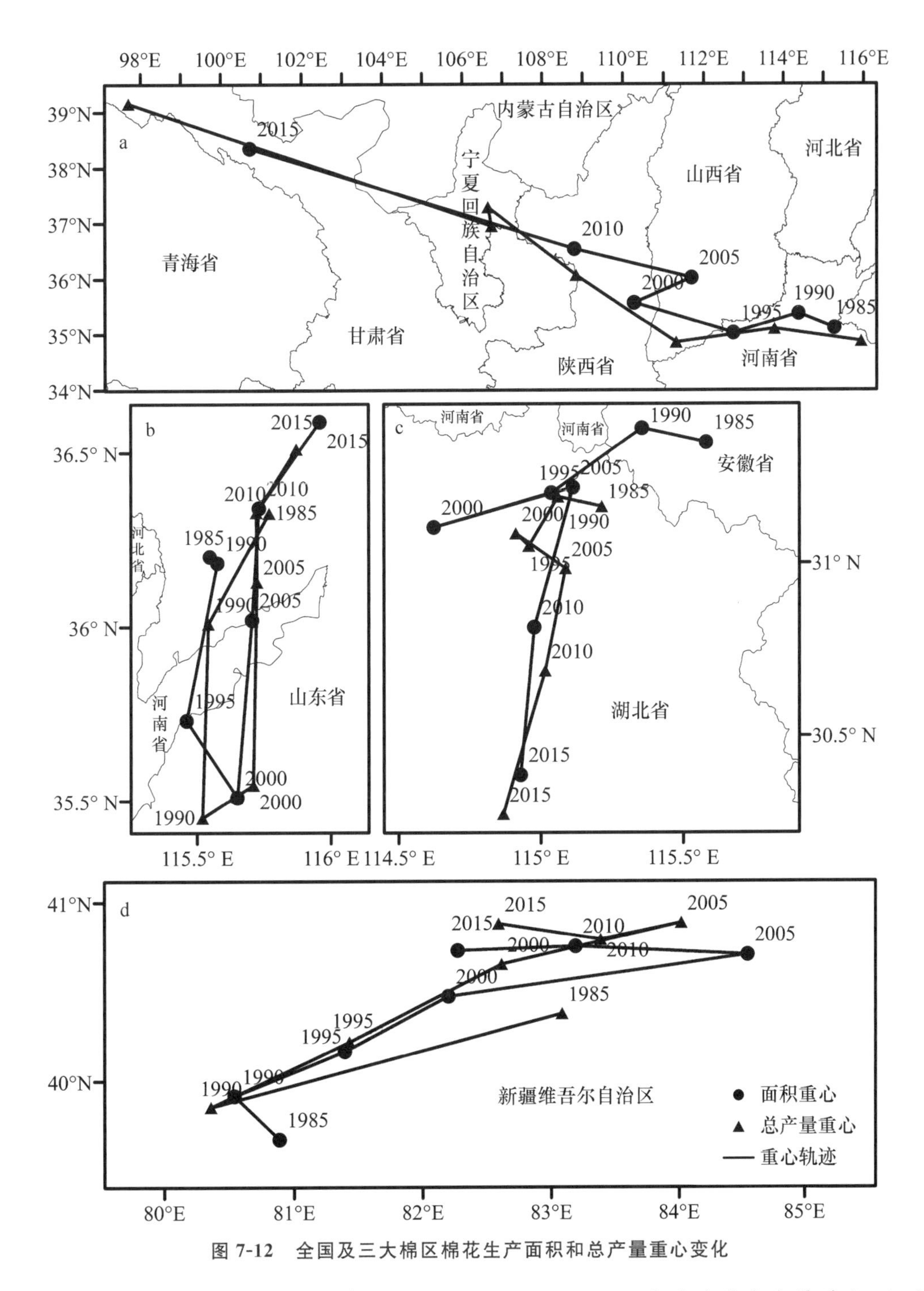

图 7-12　全国及三大棉区棉花生产面积和总产量重心变化

最小，在山东省阳谷县境内向北移动了 22.78 km。2010—2015 年向东北方向移动 24.60 km 至山东省聊城市。1985—2015 年黄河流域棉区棉花总产量重心向东北方向迁移 22.83 km。

综合来看，近 30 年来黄河流域棉区总产量和面积重心在河南和山东交界地区迁移，棉花播种面积和总产量的重心迁移在方向上具有一致性，均呈现先向南移动再向北移动的趋势，总体呈现向东北方向移动的趋势。

2. 长江流域棉区

从长江流域棉区棉花面积重心迁移图（图 7-12c）可看出，1985—1990 年长流流域棉区棉花面积重心移动距离最小，在安徽省金寨县境内向西南方向移动了 22.14 km。1990—2000 年面积重心持续向西南方向移动，经湖北省麻城市至湖北省红安县，移动距离分别为 37.02 km 和 40.98 km；2000—2005 年棉花面积重心移动距离最大，从湖北省红安县向东北方向移动 48.50 km 回迁至湖北省麻城市。2005—2015 年长江流域棉区面积重心持续向西南方向移动，从湖北省麻城市经湖北省武汉市至湖北省黄冈市，移动距离分别为 47.48 km 和 48.37 km；1985—2015 年长江流域棉区棉花面积重心向西南方向迁移 125.13 km。

从长江流域棉区棉花总产量重心迁移图（图 7-12c）可看出，1985—2005 年长江流域棉花总产量重心均位于湖北省麻城市，1985—2005 年棉花总产量重心在麻城市境内向西南方向移动了 23.63 km。2005—2015 年总产量重心持续向西南方向移动，经湖北省团风县至湖北省鄂州市，移动距离分别为 34.06 km 和 48.83 km，2010—2015 年棉花总产量重心移动距离最大。1985—2015 年长江流域棉区棉花总产量重心向西南方向迁移 105.68 km。

总体而言，长江流域棉区面积重心位于湖北和安徽交界地区，产量重心位于湖北省东北部。近 30 年来，棉花播种面积和总产量的重心迁移在方向上具有一致性，总体均向西南方向移动的趋势。

3. 西北内陆棉区

从西北内陆棉区棉花面积重心迁移图（图 7-12d）可看出，在 1985—1990 年间棉花面积重心移动距离最小，在新疆阿瓦提县境内向西北方向移动 41.11 km，1990—2005 年面积重心持续向东北方向移动，经新疆阿拉尔市和新和县至新疆轮台县，移动距离分别为 79.55 km、78.28 km 和 203.36 km；2005—2015 年间西北内陆棉区面积重心持续向西移动，经新疆沙雅县至新疆新和县，移动距离分别为 116.22 km 和 79.19 km，2005—2010 年棉花面积重心迁移距离最大。

从西北内陆棉区棉花总产量重心迁移图（图 7-12d）可看出，在 1985—1990 年间棉花总产量重心移动距离最大，从新疆沙雅县向西南方向迁移 243.59 km 至新疆阿瓦提县。1990—2005 年总产量重心持续向东北方向移动，经新疆阿拉尔市和新和县至新疆库车县，移动距离分别为 102.33 km、114.17 km 和 123.56 km；2005—2010 年棉花总产量重心移动距离最小，在新疆库车县境内向西南方向移动 55.12 km。2010—2015 年从新疆库车县向西北方向迁移 69.27 km 至新疆新和县。

综上所述，西北内陆棉区面积和总产量重心位于新疆中部地区，棉花总产量的重心总体呈向西北方向移动趋势，棉花面积重心呈向东北方向移动的趋势。1985—2015 年西北内陆棉区棉花总产量重心向西北方向迁移 72.38 km，面积重心向东北方向迁移 172.04 km。

总之，我国棉花生产的区域差异性较强，1985—2015 年我国棉花生产的空间格局发生了显著变化，具有明显的移动趋势，棉花播种面积和总产量的重心迁移在方向上具有一致性，均从河南省持续向西北方向移动至甘肃省，其中总产量重心迁移幅度略大于面积重心迁移。近 30 年来，三大棉区棉花播种面积和总产量重心发生了不同程度的变动。黄河流域棉区总产量和面积重心分别向东北方向移动了 22.83 km 和 57.41 km，长江流域棉区棉花面积和总产量重心向西南方向移动，面积和总产量重心分别向西南方向移动了 125.13 km 和 105.68 km。西北内陆棉区棉花总产量重心向西北方向迁移 72.38 km，面积重心向东北方向迁移 172.04 km。

7.4 棉花产量贡献因素时空变化

近30年来，我国棉花产量总体呈波动上升趋势，棉花生产格局发生重大变化，棉花生产重心显著向西北移动。然而，1985—2015年以来我国棉花播种面积呈波动下降趋势，植棉面积的减少威胁着棉花产量的稳定和提升，造成了国内棉花供需缺口的不断扩大。如何在有限耕地的约束下保障棉花需求的稳定供给是我国棉花生产面临的严峻挑战。作物产量的增减变化由作物播种面积和单产的变化共同决定，产量变化的贡献包括单产主导型、面积主导型和互作主导型3种（刘忠等，2013）。对棉花总产量变化进行面积、单产和互作的贡献率分解可探究不同地区产量变化的主要贡献因子及其贡献率，对保持我国棉花生产水平，提高棉花生产能力具有重要意义。本节利用单产、面积对产量的贡献率分类结果进行分析，对产量贡献率时空变化进行探究。首先分析近30年全国单产、面积对棉花产量贡献率的时空变化，然后对三大棉花主产区单产、面积贡献率进行解析，以期为我国棉花布局调整提供理论依据。

7.4.1 全国棉花产量贡献因素时空变化

不同阶段棉花总产量贡献率如表7-1所示，在不同阶段棉花单产和面积对总产量的贡献率差异较大。1985—2015年我国棉花产量贡献的面积主导型趋势逐年增大，面积主导型县数呈持续增加趋势，面积主导型占比从1985年的43.49%增加至2015年的64.51%；1985—2015年单产主导型县数总体呈波动减小趋势，单产主导型县数占比由1985年的28.62%增加至1995年的29.03%后降至2015年的17.88%，1995年单产主导型县数最高，为358个；近30年来，互作主导型县数呈波动减少趋势，互作主导型县数占比从27.89%升高至31.62%又降至17.61%。2000年互作主导型县数最高，为413个（表7-1）。总体而言，面积主导型县数始终高于单产主导型县数，且两者占比差值逐渐增大。

表7-1　三种贡献率类型县数及占比

时间阶段	单产主导型		面积主导型		互作主导型	
	县数/个	占比/%	县数/个	占比/%	县数/个	占比/%
1985—1990年	312	28.62	474	43.49	304	27.89
1990—1995年	303	26.56	580	50.83	258	22.61
1995—2000年	358	29.03	604	48.99	271	21.98
2000—2005年	245	18.76	648	49.62	413	31.62
2005—2010年	260	21.24	673	54.98	291	23.77
2010—2015年	202	17.88	729	64.51	199	17.61

从县级单元分析棉花产量贡献因素的地区格局因素，对于全面认识棉花增产过程具有重要的科学价值和实践意义。近30年来黄河流域棉区产棉县产量贡献因素主要以面积主导型为主，在华北平原棉区东北部和淮北平原有单产主导型县分布，其中面积主导型分布区域总产量主要呈大幅度缩减趋势，而单作主导型区域的总产量主要呈大幅度增加趋势。长江上游、长江下游和

南襄盆地棉区总产量呈下降趋势，长江上游棉区主要为互作主导型，长江下游和南襄盆地棉区主要为面积主导型。长江中游棉区总产量呈增加趋势，该区域面积主导型和单产主导型都有分布。南疆和东疆棉区总产量呈增加趋势，东疆棉区主要为单产主导型，南疆棉区主要为互作主导型。北疆、河西走廊、辽河流域和华南棉区总产量呈下降趋势，这些区域主要为互作主导型(图 7-13)。

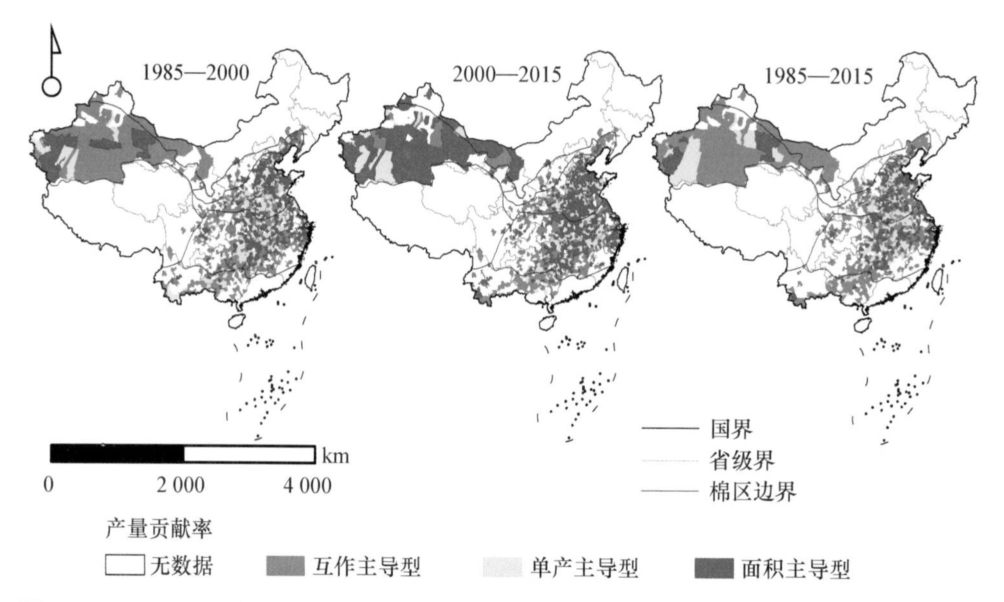

图 7-13　1985—2000 年、2000—2015 年和 1985—2015 年我国棉花不同产量贡献率主导类型分布

1985—2000 年，淮北平原、长江中游、南襄盆地和南疆棉区总产量显著增加，其中南襄盆地和长江中游主要为面积主导型，淮北平原为单产主导型，南疆棉区为互作主导型。华北平原、长江下游、东疆和辽河流域棉区总产量呈下降趋势，这些地区主要为面积主导型。长江上游、北疆、河西走廊和特早熟棉区总产量也呈下降趋势，这些区域主要为互作主导型(图 7-13)。

2000—2015 年，华北平原、长江中游和南疆棉区总产量显著增加，这些区域都以面积主导型为主。淮北平原、长江下游、南襄盆地、东疆、北疆和河西走廊棉区总产量呈下降区域，这些区域主要为面积主导型，说明这些区域总产量的增加或减少是由于面积的增加或减少导致的。华南棉区为互作主导型，长江上游、辽河流域和华南棉区总产量主要呈下降趋势，这些区域主要为互作主导型，说明这些区域总产量的减小是面积和单产共同作用的结果(图 7-13)。

7.4.2　各棉花主产区产量贡献因素时空变化

近 30 年来，各棉花主产区在不同阶段产量贡献主导因素有较大差异，总体而言，黄河流域棉区和长江流域棉区产量贡献因素为面积主导型，西北内陆棉区产量贡献因素由互作主导型转变为面积主导型。

1. 黄河流域棉区

黄河流域棉区光热条件较好，雨量适中。总体而言，黄河流域棉区产量贡献因素为面积主导，近 30 年面积主导型占比由 47.39%波动增加至 73.02%；单产主导型占比由 39.23%波动减小至 14.40%；互作主导型占比在 1985—2005 年期间增至最大值 23.58%，而后下降至 12.58%(图 7-14)。近 30 年来，黄河流域棉区分别有 75.06%和 84.17%县的棉花产量和面积呈减少趋势，说明由于植棉面积的下降导致了黄河流域棉区产量的减小。

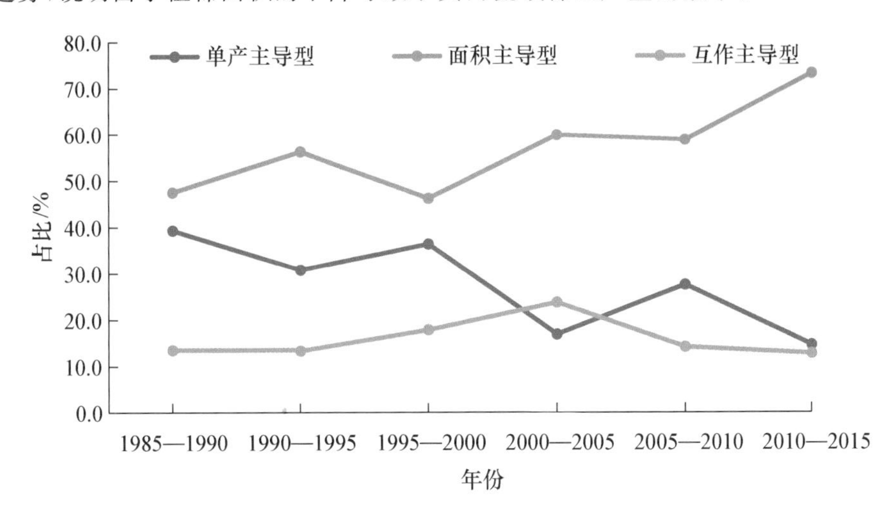

图7-14　1985—2015年黄河流域棉区单产面积贡献类型变化

2. 长江流域棉区

长江流域棉区主要分布于长江及其支流的河湖沿岸平原和滨海平原，以及部分丘陵地区。该区热量充足且霜后花少，但雨水较多有涝害风险。长江棉区产量贡献因素为面积主导型，近30年，面积主导型占比由48.16%波动增加至58.71%；单产主导型占比变化不明显，在23.00%左右浮动；互作主导型占比由28.11%波动减小至18.08%（图7-15）。近30年来，长江流域棉区分别有61.79%和69.65%县的棉花产量和面积呈减少趋势，说明长江流域棉区植棉面积的下降导致了棉区产量的减小。

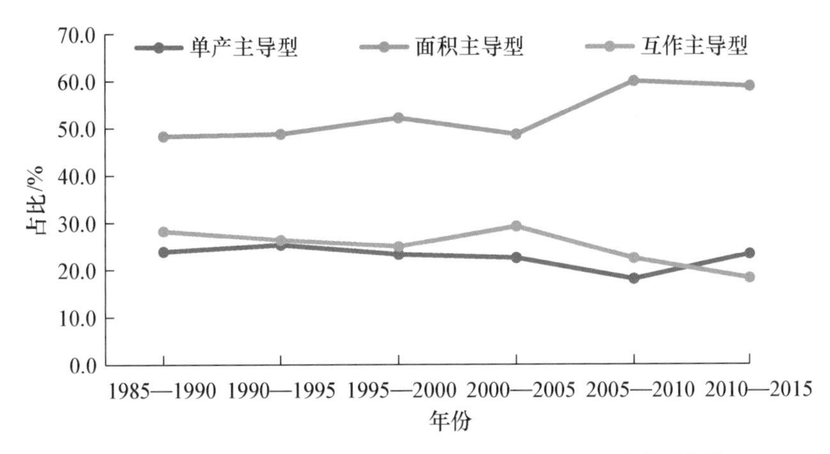

图7-15　1985—2015年长江流域棉区单产面积贡献类型变化

3. 西北内陆棉区

西北内陆棉区主要包括新疆地区和甘肃河西走廊。该区光照充足且昼夜温差较大，气候干燥少雨。近30年来，西北内陆棉区产量贡献因素由互作主导型转变为面积主导型，面积主导型占比由35.48%波动增加至76.81%，互作主导型占比由43.55%波动减小至14.49%；2000—2005年，西北内陆棉区面积主导型占比和互作主导型占比接近，随后面积主导型占比逐渐增大而互作主导型占比逐渐减少。近30年来，单产主导型占比由1985年的20.97%增加至1995年的

21.88%又降低至 14.40%(图 7-16);近 30 年来,西北内陆棉区有 74.00%县的棉花产量呈增加趋势,说明西北内陆棉区产量的增加的主导因素逐渐从面积和单产增加共同作用转为面积增加。

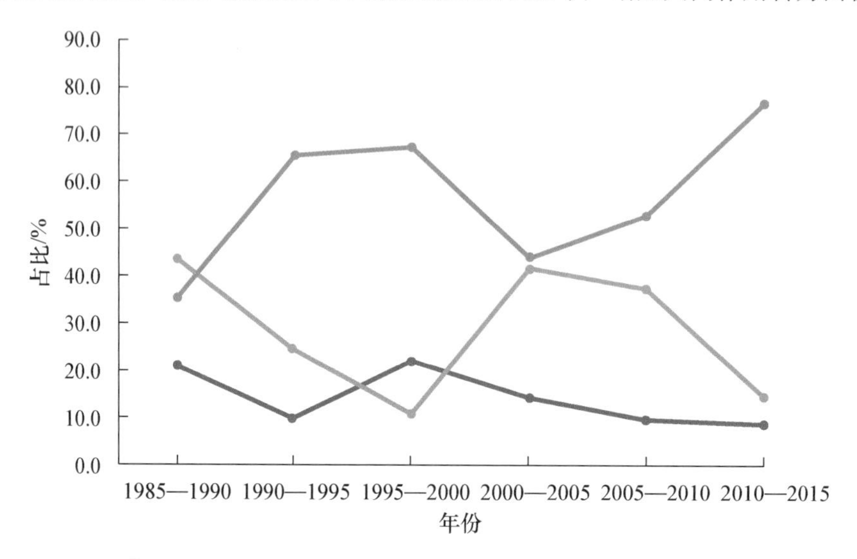

图 7-16　1985—2015 年西北内陆棉区单产面积贡献类型变化

综上所述,①1985—2015 年我国棉花产量贡献中面积主导型县数呈持续增加趋势,占比从 43.49%增加至 64.51%;单产主导型和互作主导型县数呈波动减少趋势,占比分别从 28.62%和 27.89%减小至 17.88%和 17.61%;近 30 年来,黄河流域棉区中面积主导型区域的棉花总产量呈减小趋势,而单作主导型区域的总产量主要呈增加趋势。长江流域棉区中长江下游和南襄盆地棉区棉花产量的下降是由面积下降导致的。西北内陆棉区中南疆和东疆棉区总产量呈增加趋势,东疆棉区主要为单产主导型,南疆棉区主要为互作主导型。②从棉花主产区来看,近 30 年来,黄河流域棉区和长江流域棉区植棉县的产量贡献以为面积主导型为主,西北内陆棉区的主要产量贡献因素由互作主导型转变为面积主导型。总体而言,近 30 年来,各大棉区产量贡献因素主要由互作主导型转变为面积主导型或面积主导型比例逐渐增大,棉花播种面积的增加是棉花产量增加的主要原因。

参考文献

[1]葛秋颖,曹冲.进口安全视角下中国棉花进口波动研究[J].内蒙古财经大学学报,2014,12(5):5-11.

[2]胡亚南.东北作物产量对气候变化的空间响应研究[D].北京:中国农业科学院,2017.

[3]李会忠.中国主要农作物省级区域比较优势实证分析[D].北京:清华大学,2006.

[4]刘忠,黄峰,李保国.2003—2011 年中国粮食增产的贡献因素分析[J].农业工程学报,2013,29(23):1-8.

[5]毛树春.中国棉花栽培学[M].上海:上海科学技术出版社,2019.

[6]杨红旗,崔卫国.我国棉花产业形势分析与发展策略[J].作物杂志,2010(5):13-17.

[7]喻树迅.我国棉花生产现状与发展趋势[J].中国工程科学,2013,15(4):9-13.

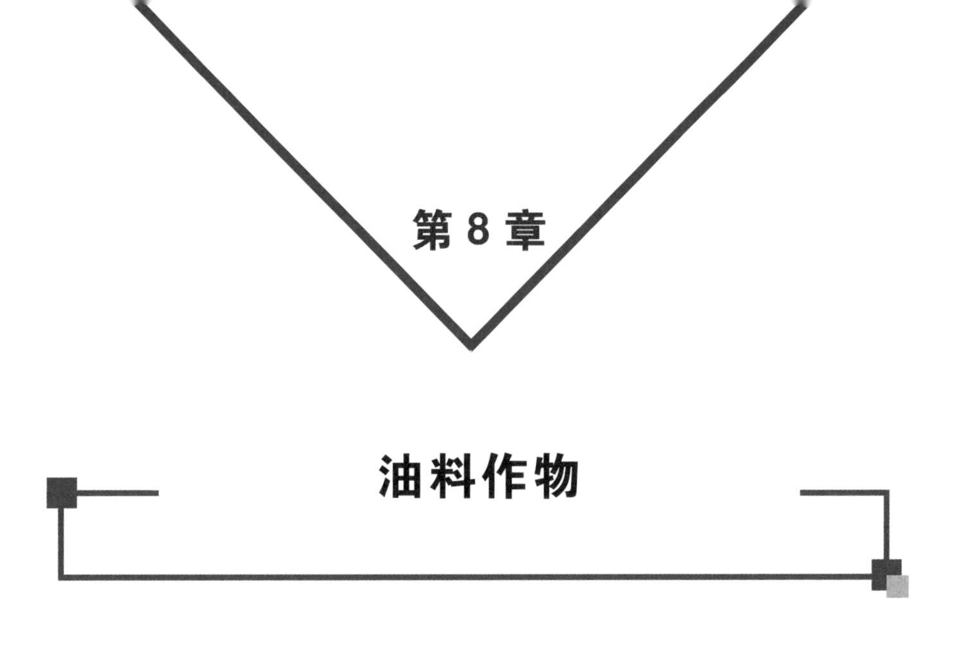

第8章

油料作物

油料作物作为我国种植面积占比第二大的农作物，是我国农业生产经营中的重要组成部分，在工业生产中也占据重要地位，在我国食物安全战略地位中仅次于粮食作物。改革开放以来，中共中央、国务院多次提出在不放松粮食生产的同时，积极发展多种经营的方针和意见，积极推进农业农村经济结构战略性调整，进一步指出要采取有力措施支持发展油料作物生产。近30年来，我国油料作物总播种面积和总产量分别增长17%和120%左右，产量显著增加，其中，花生和油菜的增长占据主要因素，但向日葵、胡麻、芝麻的种植面积下降，产量组成占比也呈下降趋势。与此同时，我国油料作物生产仍面临着很多问题。首先，气候变化带来的地表平均气温和CO_2浓度的升高，虽然在一定程度上促进了多熟制边界的推移，从而扩大了种植面积，但也增加了病虫害发生的概率；其次，随着生产成本的增加，油料作物的种植效益降低，农民种植积极性下降，同时，优质低价的进口产品使国内油料产品的市场竞争力降低；最后，国家对小宗作物的重视程度不足导致政策倾斜，技术支撑不足，良种补贴不够，致使部分油料作物的种植面积不断缩减。综上，近30年来，我国油料作物的生产时空变化显著，生产结构变化突出。因此，本章利用近30年的油料作物生产数据，从不同角度揭示花生、油菜、向日葵、芝麻和胡麻的面积、总产量和单产的时空动态变化特征，并分析和讨论影响各类油料作物对生产变化的原因，以期为我国种植业结构的调整以及下一步油料作物的区域布局提供参考。

8.1 1985—2015年我国油料作物生产变化动态

植物油作为全世界消费量最大的油脂，我国的消费量占世界第一。我国油料作物主要包括花生、油菜、向日葵、芝麻、胡麻5种作物，在1985—2015年期间，我国油料作物总体呈现播种面积稳定小幅度增长、总产量平稳上升的趋势(图8-1)。在1985—2000年期间，总产量和面积的总体变化趋势基本保持一致，保持波动中持续上升的势态，总产量的变化幅度大于播种面积。2000—2015 年，面积和总产量都在一段时间的稳定后出现小幅度下降的趋势，之后开始回升，面积保持一定平稳势态，而总产量出现小幅度上升趋势。30 年间，油料作物播种面积和总产量的最低值均出现在 1989 年，分别为 1 007.6 万 hm^2 和 1 260.0 万 t；最高值则分别出现在 2003 年的 1 458.7 万 hm^2 和 2015 年的 3 345.5 万 t。

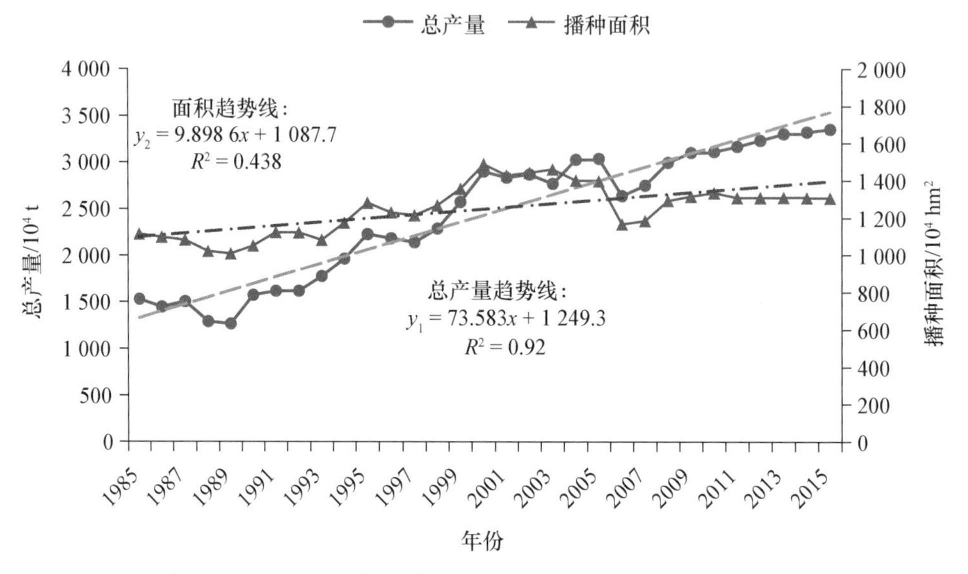

图 8-1　1985—2015 年间我国油料作物的总产量和播种面积变化

1985 年，我国油料作物总产量组成中，花生占比最大，油菜其次，两者共占全年全国总产量的 81%，达到 1 227 万 t；余下作物中，向日葵占比达 11%，芝麻和胡麻占比最小，分别占总产量的 5%和 3%(图 8-2)。1985—2000 年，全国油料作物总产量组成中，花生和油菜的占比上升，分别从 1985 年的 44%和 37%上升至 2000 年的 50%和 39%，两者总产量达到 2 582 万 t；向日葵、芝麻、胡麻占比均下降，三者相加只达油料作物总产量的 11%(图 8-2)。2015 年，对总产量贡献最大的作物花生和油菜的占比之和相较 2000 年保持一致，但单独来看，花生占比略微下降而油菜占比上升；其余作物中，向日葵总产量占比上升 2%，芝麻占比下降 2%，胡麻保持不变，只占全国总产量的 1%(图 8-2)。

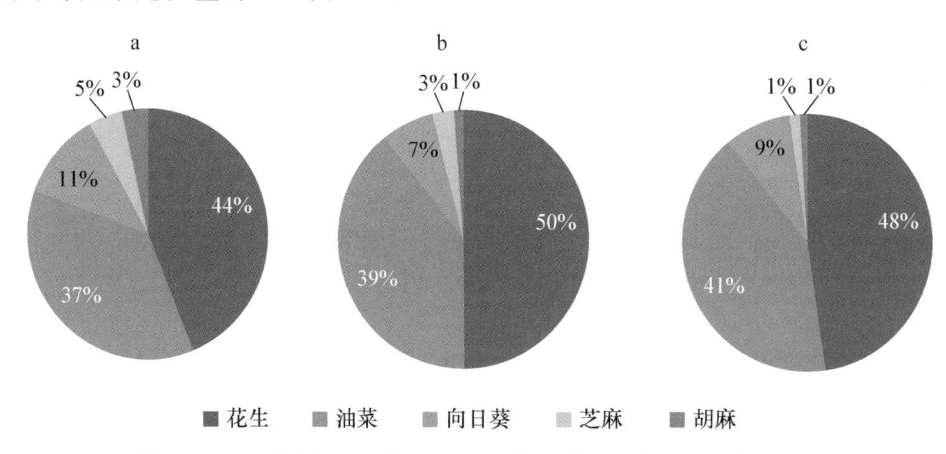

图 8-2　1985 年(a)、2000 年(b)、2015 年(c)我国油料作物总产量组成

8.2 花　生

8.2.1 我国花生生产的时空变化

1. 1949—2015 年我国花生生产的时间变化分析

新中国成立以来，我国的花生生产在播种面积、产量和单产上均呈现出在波动中上升的特点（图 8-3）。我国的花生生产可划分为 3 个阶段，即 1949—1960 年的稳定阶段；1960—1980 年的波动增长阶段；1980—2015 年的快速增长阶段。

（1）稳定阶段（1949—1960 年）。1949—1960 年，我国的花生播种面积由 1.25×10^6 hm^2 增长到 1960 年的 1.34×10^3 hm^2，增长率为 7.20%，年均增长率为 0.65%；我国花生的总产量由 126.83 万 t 降低至 80.45 万 t，增长率为−36.57%，年均增长率为−3.32%；我国花生的单产由 1 011.08 kg/hm^2 降低至 598.05 kg/hm^2，降低了 40.85%，年均增长率为−3.71%。在 1949—1960 年期间，我国的花生生产较为稳定。播种面积呈现较低水平增长，单产降低率最高，是面积增长率的 5 倍左右，导致产量明显降低。由图可知，由于 1959—1961 年为三年自然灾害期，产量在 1960 年这一时间节点上呈明显快速降低趋势。

（2）波动增长阶段（1960—1980 年）。1960—1980 年，我国的花生播种面积由 1.35×10^6 hm^2 增加至 2.34×10^6 hm^2，增长率为 73.33%，年均增长率为 3.67%；我国花生的总产量由 80.45 万 t 增加至 360.03 万 t，增长率为 347.52%，年均增长率为 17.38%；我国花生生产的单产由 598.05 kg/hm^2 增长至 1 539.2 kg/hm^2，增长率为 157.37%，年均增长率为 7.87%。在 1960—1980 年期间，我国的花生生产呈现波动上升态势，此阶段我国花生的产量增加 3 倍以上。在此阶段中，面积、单产及其互作共同导致总产量增加，观察 3 个指标的年均增长率可以发

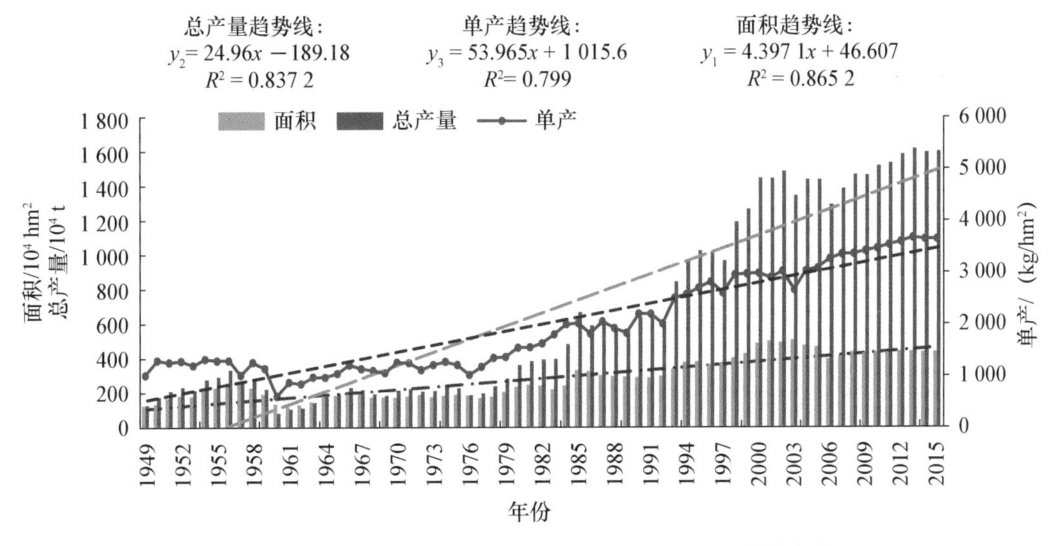

图 8-3　1949—2015 年间我国花生的总产量、面积和单产变化

现，单产年均增长率是面积的年均增长率的 200%左右，导致总产量大幅度上升的过程中，单产的增加效应要大于面积的增加效应。

(3)快速增长阶段(1980—2015 年)。1980—2015 年，我国的花生播种面积由 2.34×10^{6} hm^2 增加至 4.39×10^{6} hm^2，增长率为 87.61%，年均增长率为 2.50%；我国花生的总产量由 360.03 万 t 增长至 1 596.13 万 t，增长率为 343.33%，年均增长率为 9.81%；我国花生生产的单产由 1 539.20 kg/hm^2 增长至 3 639.55 kg/hm^2，增长率为 136.46%，年均增长率为 3.90%。1980—2015 年期间，我国的花生生产呈现出快速增长态势。面积的年均增长率是单产的年均增长率的 64%左右，导致产量快速上升的过程中，单产的增加效应略大于面积的增加效应。

2. 1985—2015 年我国花生生产的空间变化分析

(1)我国花生播种面积空间变化分析。由图 8-4 可知，1985—2000 年我国花生播种面积在东北、西北以及黄淮海、西南等地区呈扩大趋势。2000—2015 年，花生播种面积在全国各地区基本保持稳定状态，仅在华南地区稍有降低。我国花生种植县数在 2000 年达到最大值，为 2 000 个，占当年全国县数的 69.98%；1985 年，全国花生种植县数为 1 717 个，占当年全国县数的 60.72%；2015 年，全国花生种植县数为 1 932 个，占 2005 年全国县数的 67.79%。

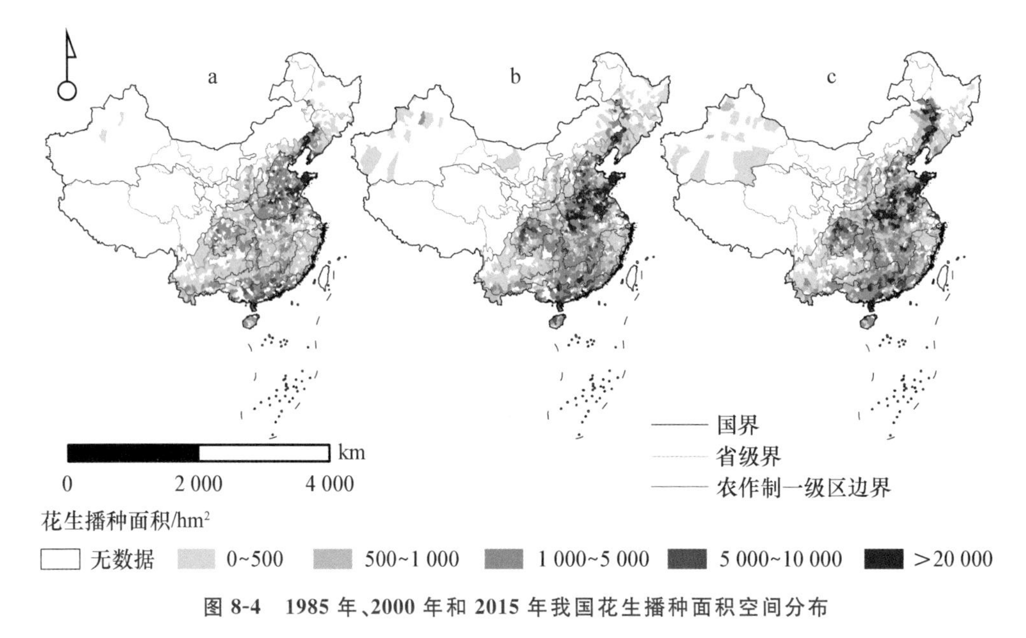

图 8-4　1985 年、2000 年和 2015 年我国花生播种面积空间分布

1985—2015 年，种植花生面积大于 5 000 hm^2 的地区占比呈现先增加后降低趋势。花生播种面积为 0～5 000 hm^2 的县域占我国总县数的 83%左右。花生播种面积为 1 000 hm^2 以下的县域占比为全国种植花生县数的 60%左右(表 8-1)。1985—2000 年，花生播种面积在各个面积梯度划分上均呈现显著增加状态，花生播种面积大于 5 000 hm^2 的县数增加近 1 倍，播种面积在 1 000～5 000 hm^2 的地区也有明显增加，非主产地区也有少部分增加。期间，全国花生播种面积达到 10 000 hm^2 的地区数增加近 1 倍，之后保持稳定状态；面积为 5 000～10 000 hm^2 的地区数呈现增加趋势，后略有降低。由此可得出，此阶段我国花生播种面积在全国范围内均有显著扩大，且主产区逐渐增加并在全国范围内较为突出。2000—2015 年，花生播种面积在各个面积梯度划分上均呈现降低趋势，但降低程度不大，主要花生生产省份仍较为突出。非主产省份的花生播种面积有所扩张，播种面积为 500～1 000 hm² 的地区有所增加，花生播种面积基本维持稳定。

表 8-1　1985 年、2000 年和 2015 年我国各县花生播种面积分布

播种面积/hm²	1985 年		2000 年		2015 年	
	县数/个	占比/%	县数/个	占比/%	县数/个	占比/%
>10 000	63	3.67	122	6.10	116	6.00
5 000～10 000	83	4.83	153	7.65	133	6.88
1 000～5 000	471	27.43	560	28.00	530	27.43
500～1 000	197	11.47	219	10.95	262	13.56
0～500	903	52.59	946	47.30	891	46.12
总计	1 717	100	2 000	100	1 932	100

(2)我国花生总产量分布变化。我国花生总产量在 1985—2000 年期间在全国范围各个地区全面提升，而 2000—2015 年呈现出区域化的提升特征，并逐渐呈现出几个主产省份对全国产量具有重大贡献的特征(图 8-5)，如黄淮海平原农作区的山东省及河南省、河北省，东北地区的辽宁省、黑龙江省，以及两广地区与西南地区的四川省。自 1985 年来，我国东北地区的花生播种面积不断扩大，到 2015 年已经成为主要的花生种植区域。黄淮海平原农作区花生播种面积不断扩大，最初未种植花生的县逐渐开始出现花生的种植，并逐渐覆盖所有县域。华北、两广及四川盆地地区的花生产量在空间上逐渐集中。

在 1985—2015 年间，西北少部分县以及东北尤其是黑龙江各县，产量明显提升，从 1985 年的 1 000 t 以下，到 2015 年部分地区花生产量高于 1 000 t，个别县达到 5 000 t。2015 年，黑龙江省内部分县花生产量达到 1 万 t。黄淮海平原农作区各县产量呈现稳定增长趋势，其中河南省与河北省内各县增加最为明显，由 1985 年各县产量差异明显，到 2015 年各县产量基本在 1 万～10 万 t。

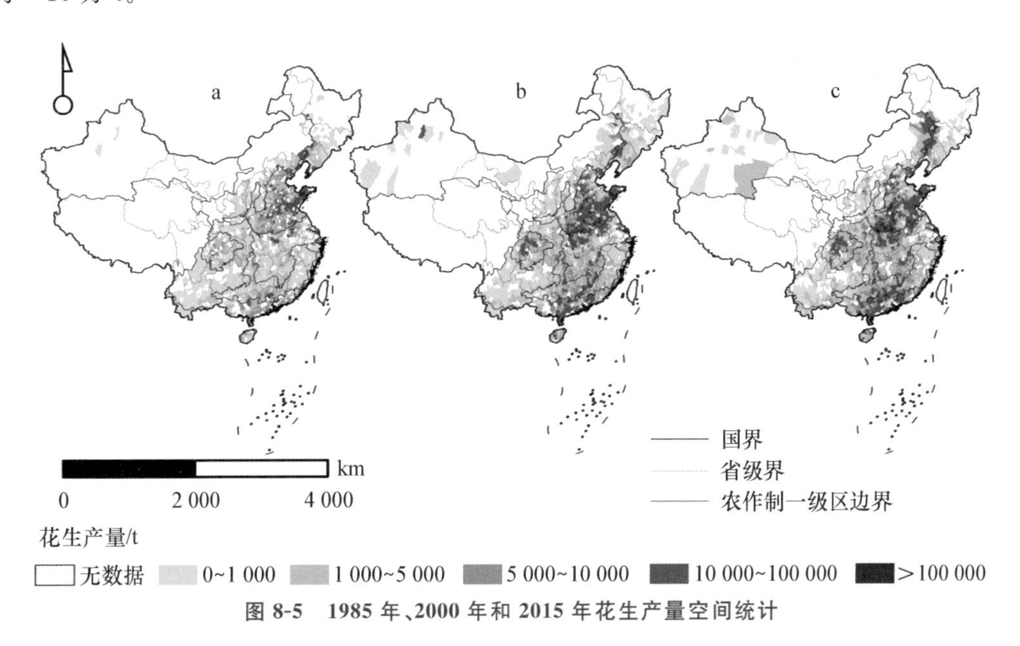

图 8-5　1985 年、2000 年和 2015 年花生产量空间统计

(3)我国花生生产单产分布变化。我国的花生单产水平在全国各县不断提升，1985—2000 年绝大部分区域的花生单产提升速度高于 2000—2015 年，表明我国花生的单产水平在经历了波动提升、快速提升之后进入缓慢提升状态(图 8-6)。1985 年全国的平均单产为 2 002 kg/hm^2，2000 年为 2 978 kg/hm^2，2015 年为 3 561 kg/hm^2。2000 年和 2015 年单产的增长率分别为 48.75%与 19.58%，年均增长率分别为 3.25%与 1.30%。

我国花生单产在东北以及西北地区迅速提高，在西北地区尤其是新疆地区，单产增加最为突出，以 15 年翻 1 倍的速度迅速提升。到 2015 年，个别地区单产超越了 6 000 kg/hm^2。1985—2000 年，东北地区花生单产由 1 000～2 000 kg/hm^2 为主增至大部分地区为 2 000～4 000 kg/hm^2；2015 年，东北地区的单产已经在全国范围内处于突出优势水平。以黑龙江省内各县为代表的区域单产保持在较高水平，为 4 000～6 000 kg/hm^2。黄淮海平原农作区花生单产自 1985 年起在全国范围内就表现出最高水平，各县单产由以 2 000～4 000 kg/hm^2 为主，至 2015 年部分地区提升至 4 000～6 000 kg/hm^2。西南、华南、华中地区各县也在 30 年间由花生单产 0～1 000 kg/hm^2 达到了 2015 年较稳定的 2 000～4 000 kg/hm^2。

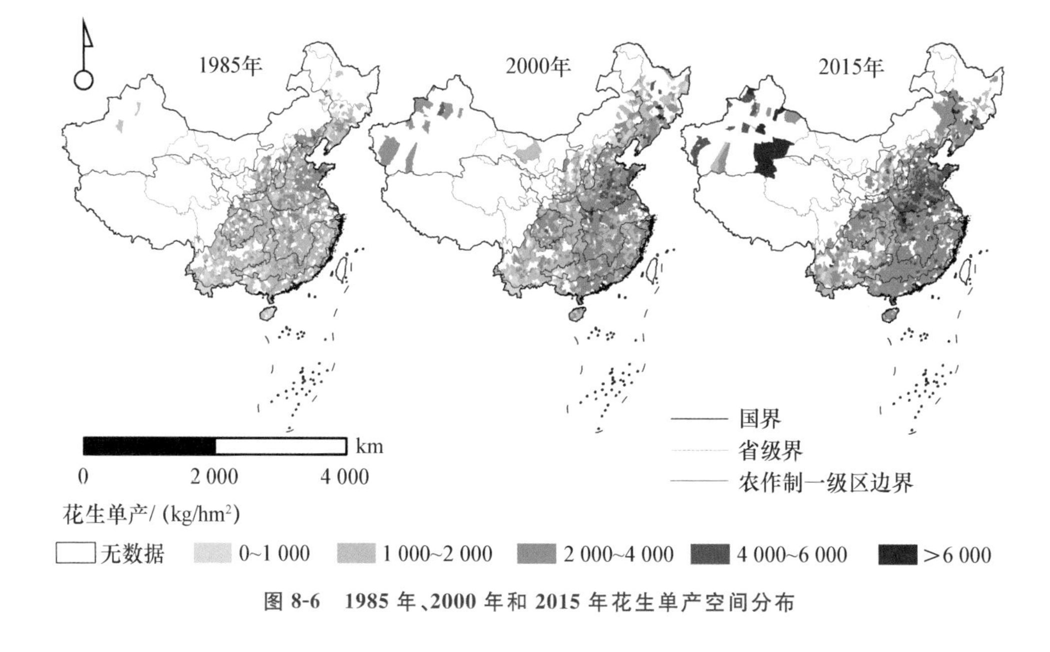

图 8-6 1985 年、2000 年和 2015 年花生单产空间分布

8.2.2 我国花生产量贡献分析

1. 全国花生产量贡献主导类型年际变化

促使我国各县花生产量贡献的类型为单产绝对主导型，其次为互作主导型，再次为面积绝对主导型，最后为互作绝对主导型(图 8-7)。1985—2015 年，产量贡献主导类型中单产绝对主导型占 50%左右，表明近 30 年来，单产是影响花生产量变化的主要因素。

1985—2015 年，单产绝对主导型县域数量经历了略微减少后在全国范围内一直呈现增加的趋势。而面积绝对主导型县域数量则在 1995—2000 年有略微减少，2000 年之后一直呈现小幅度上升的趋势。互作主导型县域数量在 1985—2015 年一直呈现减少的趋势。

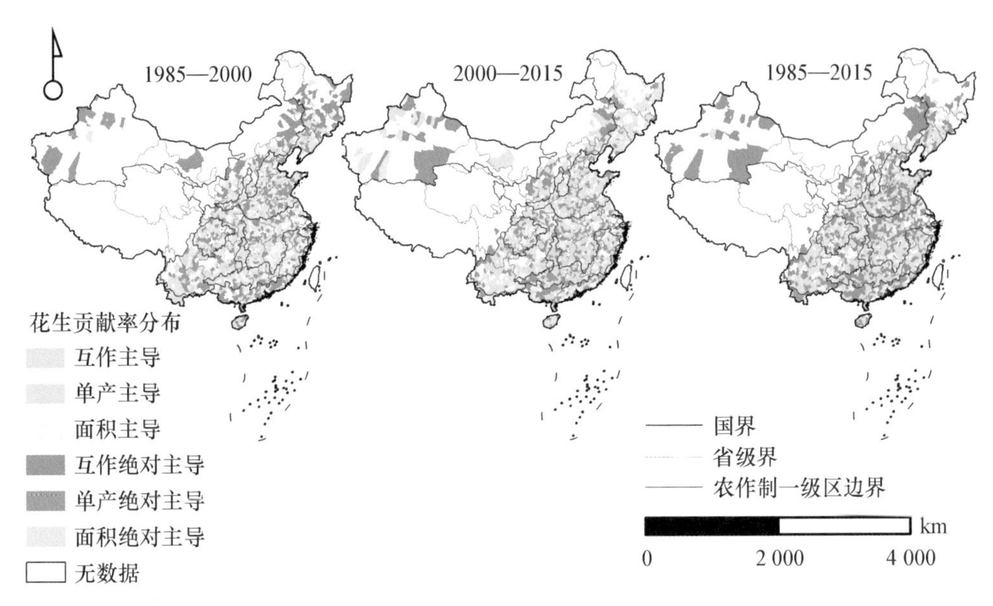

图 8-7 1985—2015 年我国花生产量贡献主导类型分布

2. 花生主产地产量贡献主导类型年际变化

花生主产省级行政区如山东、河南、河北、广西、广东、江苏、安徽、四川等地，由于 1985 年花生播种面积已经分布较为广泛，播种面积变化较小，主要变化体现在花生单产上。

1985—2015 年，面积主导型和面积绝对主导型分散分布于东北平原山区农林区的黑龙江省内部分县、西北地区的新疆维吾尔自治区内各县、中部和西南地区各县。由于这些地区在 1985 年种植花生面积极少，所以面积的扩大相对于其他种植花生区域较为迅速，面积对产量的增加效应就更为明显。以上区域的互作绝对主导型与互作主导型也较多，因为这部分区域在 1985 年为非花生主要产地，不同于主要产地的播种面积趋于饱和导致的单产绝对主导类型较多，非花生主要产地的面积扩大与单产提高处在较为同步的水平上，受到面积与单产二者互相作用的影响较大，从而使得主导类型也多为互作类型。

1985—2015 年，互作主导型在产量变化的主导类型中占了近 1/3，主要是单产的迅速提升伴随着播种面积的相对扩大导致互作主导型居多；而面积的扩大不明显，面积与单产的变动不平衡，所以互作绝对主导型极少。互作绝对主导型主要集中在新疆以及东北各省内的部分县，是由于这两个地区早年花生播种面积极少，面积的扩大效应比较明显，从而与单产的提高平衡，达到互作绝对主导型。

8.2.3 我国花生生产的集中度分析

1. 面积集中度分析

由表 8-2 可知，在 1985—2015 年的 30 年间，第一梯度内的省份为山东与河南，30 年来两省的花生播种面积之和为我国花生播种面积的 40%左右。1985—2000 年，河北省为第二梯度省份。2015 年，第一、二梯度的河南、山东和广东花生播种面积总和占全国花生播种面积的 46.66%；但 1985—2015 年，第一、二梯度的 3 个省份花生总播种面积与全国花生播种面积的占比逐步降低。

表8-2　1985—2015年我国花生面积集中度及梯度划分

年份	划分CR值范围				
	第一梯度 0～40%	第二梯度 40%～50%	第三梯度 50%～80%	第四梯度 80%～95%	第五梯度 95%～100%
1985	山东、河南	河北	广东、辽宁、广西、江苏、安徽	四川、福建、江西、湖北、湖南、陕西、海南	云南、重庆、山西、贵州、北京、吉林、天津、浙江、黑龙江、新疆、甘肃、上海、内蒙古、西藏、青海、宁夏
	CR2=39.7%	CR3=50.21%	CR8=80.41%	CR15=94.91%	CR31=100%
2000	河南、山东	河北	广东、安徽、四川、江苏、广西	湖北、江西、辽宁、湖南、福建、吉林、贵州	海南、重庆、云南、陕西、山西、黑龙江、浙江、北京、内蒙古、新疆、天津、上海、甘肃、西藏、青海、宁夏
	CR2=39.27%	CR3=48.92%	CR8=77.31%	CR15=94.98%	CR31=100%
2015	河南、山东	广东	河北、辽宁、四川、广西、湖北、安徽	吉林、江西、湖南、江苏、福建、重庆	贵州、云南、海南、陕西、浙江、内蒙古、黑龙江、山西、新疆、北京、甘肃、天津、上海、西藏、青海、宁夏
	CR2=38.86%	CR3=46.66%	CR9=78.67%	CR15=94.46%	CR31=100%

1985—1995年，山东省是我国花生播种面积第一大省，此后河南超越山东省成为我国花生播种面积第一大省。两个省份的花生播种面积占比达到了全国的近40%，但在30年间呈现波动中略有下降的状态，这表明了花生的播种面积在其余省份的占比略有增加。这一波动情况面积集中度第二梯度省份体现更为明显。

对第三梯度的分析可知，位于第三梯度内的省份个数表现为增长趋势。表明了花生播种面积在这几个省份之间呈现逐渐接近趋势。通过对第四梯度的分析，可知花生面积在这几个省份有所扩增，表现为省份个数降低、面积占比增加的趋势。位于第五梯度内的花生省份较多，占全国的一半省份左右。可知，我国半数省份拥有95%的全国花生播种面积，而另一半省份多出现在华北、西北、西南以及我国中部地区，是我国非花生主产省(自治区、直辖市)。

2.产量集中度分析

由表8-3可知，我国花生各产量梯度的产量占比在年际间变化不大。1985—2015年，位于第一梯度中的省份为山东省和河南省，两省的花生产量占比达到我国花生总产量的一半左右，是我国的花生最主要产区，产量占比由49.20%波动变化到46.78%，后又回升至48.47%。其他4个梯度的产量占比基本不变。

表8-3　1985—2015年我国花生产量集中度及梯度划分

年份	划分CR值范围				
	第一梯度 0～50%	第二梯度 50%～80%	第三梯度 80%～90%	第四梯度 90%～99%	第五梯度 99%～100%
1985	山东、河南	河北、广东、辽宁、江苏、安徽	四川、广西、福建	湖北、江西、陕西、湖南、山西、重庆、云南、北京、贵州	海南、天津、吉林、浙江、黑龙江、新疆、甘肃、上海、内蒙古、西藏、青海、宁夏

续表 8-3

年份	划分 CR 值范围				
	第一梯度 0～50%	第二梯度 50%～80%	第三梯度 80%～90%	第四梯度 90%～99%	第五梯度 99%～100%
	CR2＝49.20%	CR7＝80.88%	CR10＝89.76%	CR18＝98.73%	CR31＝100%
2000	山东、河南	河北、安徽、广东、江苏、湖北	四川、广西、江西	湖南、辽宁、福建、吉林、海南、贵州、重庆、陕西、云南、陕西	云南、山西、浙江、北京、黑龙江、新疆、内蒙古、天津、上海、甘肃、西藏、青海、宁夏
	CR2＝46.78%	CR7＝80.22%	CR10＝89.98%	CR20＝99.07%	CR31＝100%
2015	河南、山东	河北、广东、安徽、四川、湖北、广西	吉林、辽宁、江西	江苏、湖南、福建、重庆、贵州、陕西、海南、云南、黑龙江、浙江、内蒙古	宁夏、山西、新疆、北京、甘肃、天津、上海、西藏、青海
	CR2＝48.47%	CR8＝79.96%	CR11＝88.93%	CR22＝99.09%	CR31＝100%

第一梯度中，山东省在1985—2005年是我国花生产量第一大省，在2005年，河南超越山东成为第一，且产量有逐渐增加的趋势。

第二梯度中，贡献我国花生产量50%～80%的为5～6个省份，表现为在年际间省份增加的趋势，体现了我国花生主产省份的增加势态。30年来位于第三梯度中的省份维持在3～4个，贡献全国花生产量的10%左右；此部分在年际间趋于稳定，且梯度内各个省份的产量较为接近，集中度由1985年的CR10＝89.76%发展至2015年的CR11＝88.93%，产量的集中程度呈现下降趋势。第四梯度中的省份个数在1985—2010年为9个，随后的五年中增加至11个。但贡献的产量为全国花生总产量的9%左右，体现出近年来我国花生生产在非主产区有所增加的趋势。

1985—2015年，位于第五梯度中的省份较多，1985—2010年为12个左右，2010—2015年为9个，这一部分的花生产量仅占全国花生产量的1%，对全国花生生产的产量贡献很小，主要集中在华北、西北与华中地区，为花生非主产省份。造成如此多省份花生生产效率低下的原因是：部分地区地域较为狭窄，用于农业用地的土地较少；发展不以农业为主，花生的生产条件较差；机械程度较低，缺少劳动力等。

8.3 油　菜

8.3.1 1985—2015年我国油菜生产时空变化

1985—2015年，我国油菜总产量、面积和单产均波动上升（图8-8）。播种面积在1985—2000年期间稳定上升，15年增长近300万 hm^2，增幅达66.3%；2000—2005年呈基本稳定趋势，2005—2010 年期间油菜播种面积迅速下降又迅速上升。2010—2015 年全国油菜播种面积基本稳定。1985—2015 年油菜总产量呈现波动上升趋势，从 1985 年的 560 万 t 增加到 2015 年的近 1 400 万 t。1985—2015 年期间，我国油菜单产持续增加，增幅达 58.07%。

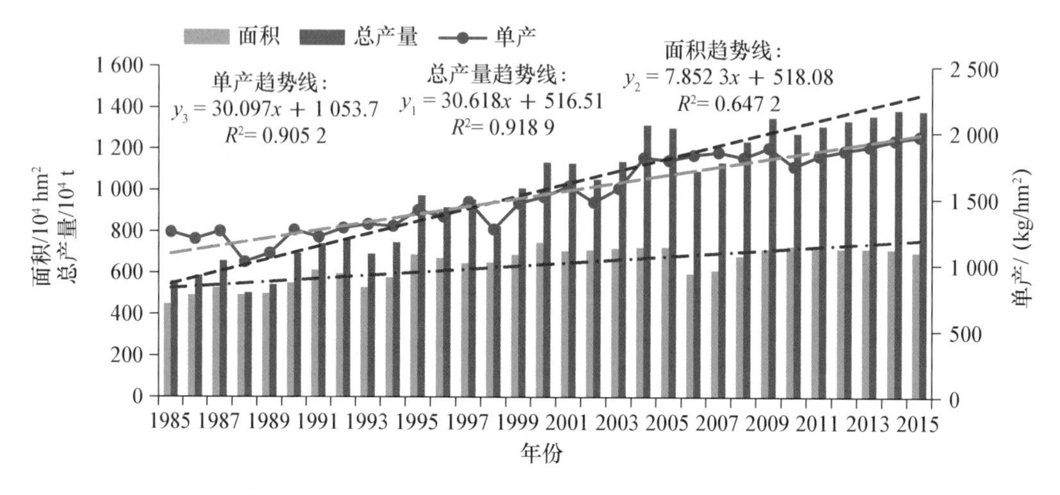

图 8-8　1985—2015 年我国油菜的总产量、面积和单产变化

1. 我国油菜面积时空变化

近 30 年间，我国不同农作区油菜播种面积变化特征不同(图 8-9)。其中，1985 年播种面积超过 5 000 hm^2 的区域主要分布在长江中下游与沿海平原农作区和四川盆地农区。到 2015 年播种面积超过 5 000 hm^2 的区域分布与长江中下游与沿海平原农作区、四川盆地农区、西南中高原农林区、北部农牧区西部和东北平原农林区西部。近 30 年间我国大部分地区油菜播种面积有所增加，但西北干旱牧区播种面积却显著减少。

近 30 年间，我国油菜播种面积不同地区变化不同，从时空变化角度看，大致分为 3 个阶段(图 8-10)：①1985—1995 年油菜面积变化趋势不大，油菜播种面积增加较快的主要为内蒙古东部、黑龙江中部及新疆中部地区；黑龙江北部、河南、甘肃北部、江西南部等部分地区减少较快。②1995—2005 年油菜播种面积以增加为主，其中新疆、甘肃北部、黑龙江中部地区增长较多，内蒙古大部分地区播种面积减少。③2005—2015 年油菜播种面积增加区域显著集中，黑龙江北部、内蒙古东西部、新疆部分地区持续增加，其余大部分地区油菜播种面积基本保持不变。

2. 我国油菜总产量时空变化

近 30 年间，我国不同农作区油菜总产量显著增加(图 8-11)。其中，1985 年总产量超过 5 万 t 的区域主要分布在长江中下游与沿海平原农作区安徽中部。到 2015 年总产量超过 5 万 t 的区域分布于长江中下游与沿海平原农作区、四川盆地农区、西南中高原农林区、北部农牧区西部和东北平原农林区西部。30 年来，我国大部分地区油菜总产量都有所增加，但西北干旱牧区总产量却显著减少。

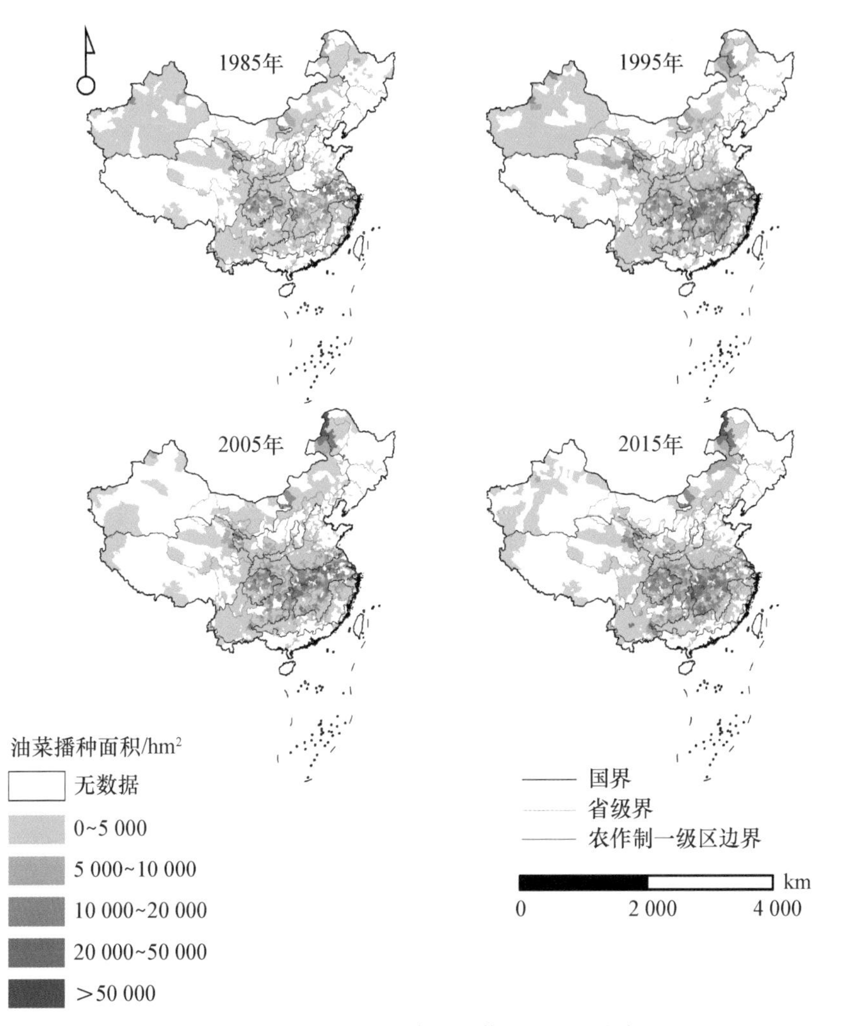

图 8-9　1985—2015 年我国油菜面积空间分布

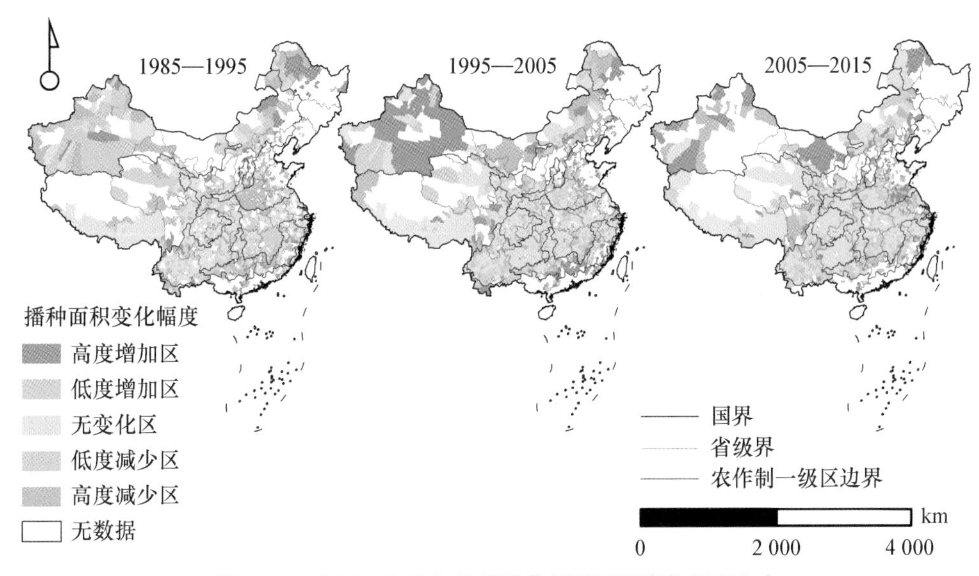

图 8-10　1985—2015 年我国油菜播种面积变化幅度分布

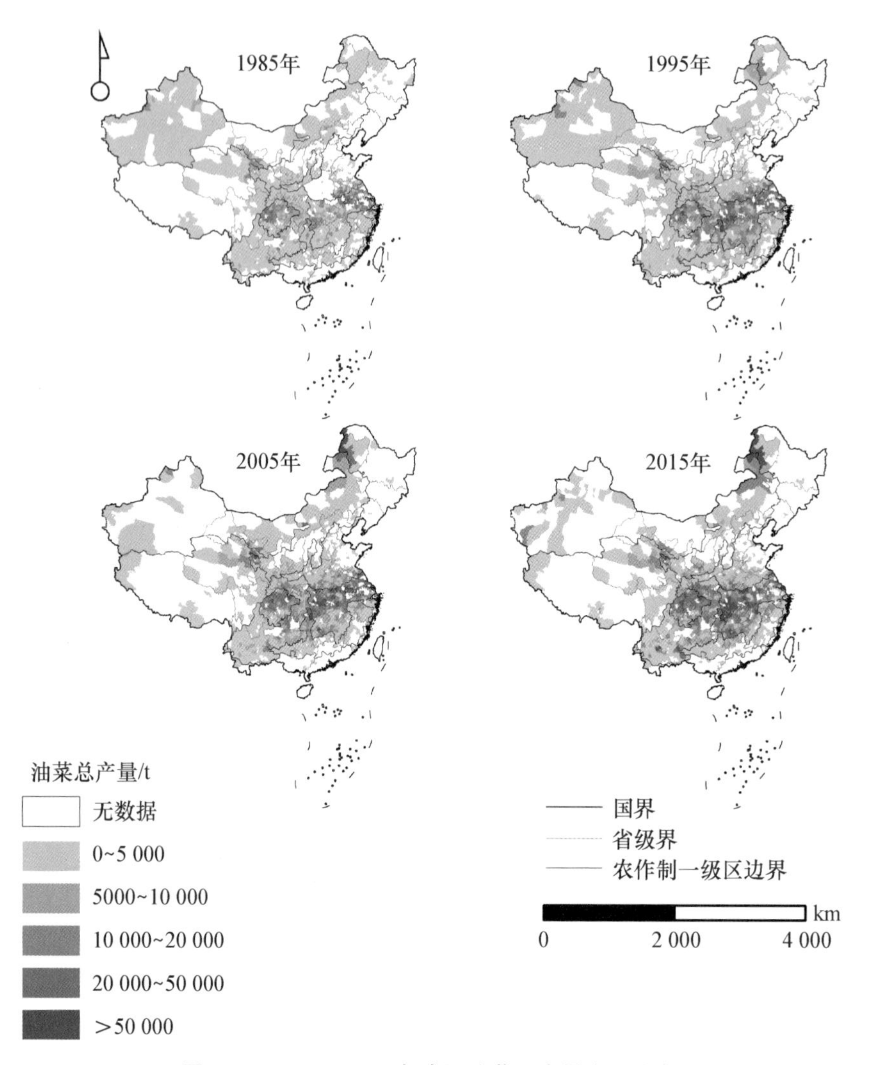

图 8-11　1985—2015 年我国油菜总产量空间分布

1985—2015 年期间，我国油菜总产量不同地区变化不同，从时空变化角度看，大致分为 3 个阶段(图 8-12)：①1985—1995 年油菜产量不变及减少区域较多，油菜播种面积增加较快的主要为内蒙古东部、黑龙江中部及新疆中部地区；而黑龙江北部、河南、江西南部、甘肃北部、青海中西部以及新疆部分地区减少较快。②1995—2005 年油菜产量以增加为主，其中新疆、甘肃北部、黑龙江中部地区增长较多，内蒙古东部及西部播种面积减少。③2005—2015 年油菜产量增加区域显著集中，内蒙古东西部、安徽北部、新疆部分地区持续增加，其余大部分地区油菜产量基本保持不变。

3. 我国油菜单产时空变化

近 30 年间，我国油菜单产区域间差异较大(图 8-13)，但增产速率相对稳定，大致以每年 31 kg/hm^2 的速度增加。单产高值地区有四川盆地农区、长江中下游与沿海平原农作区和黄淮海平原农作区等。而黑龙江，内蒙古和江南一带地区油菜单产始终处于较低水平。青藏高原、东北平原山区农林区等农作区单产提升较快。

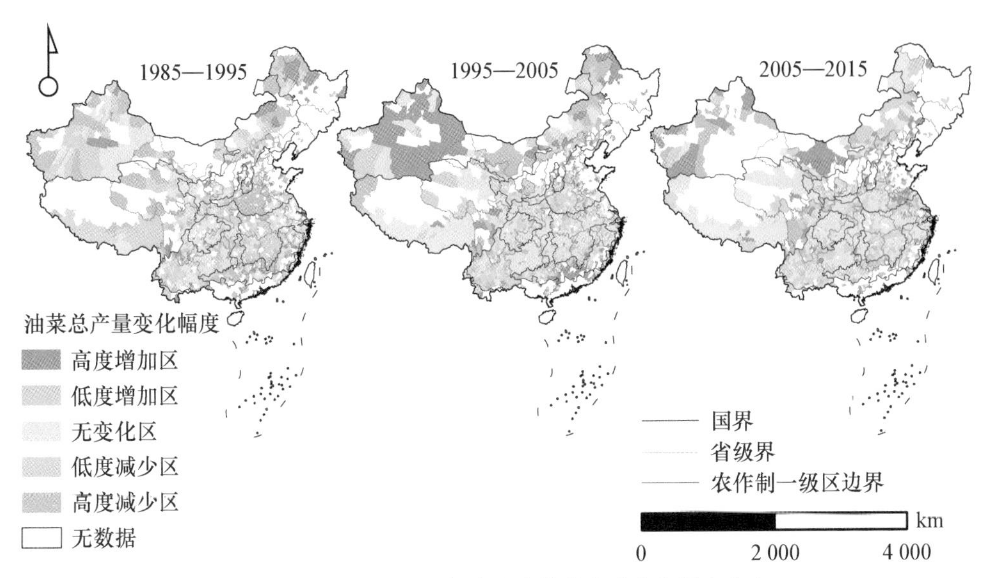

图 8-12　1985—2015 年我国油菜总产量变化幅度分布

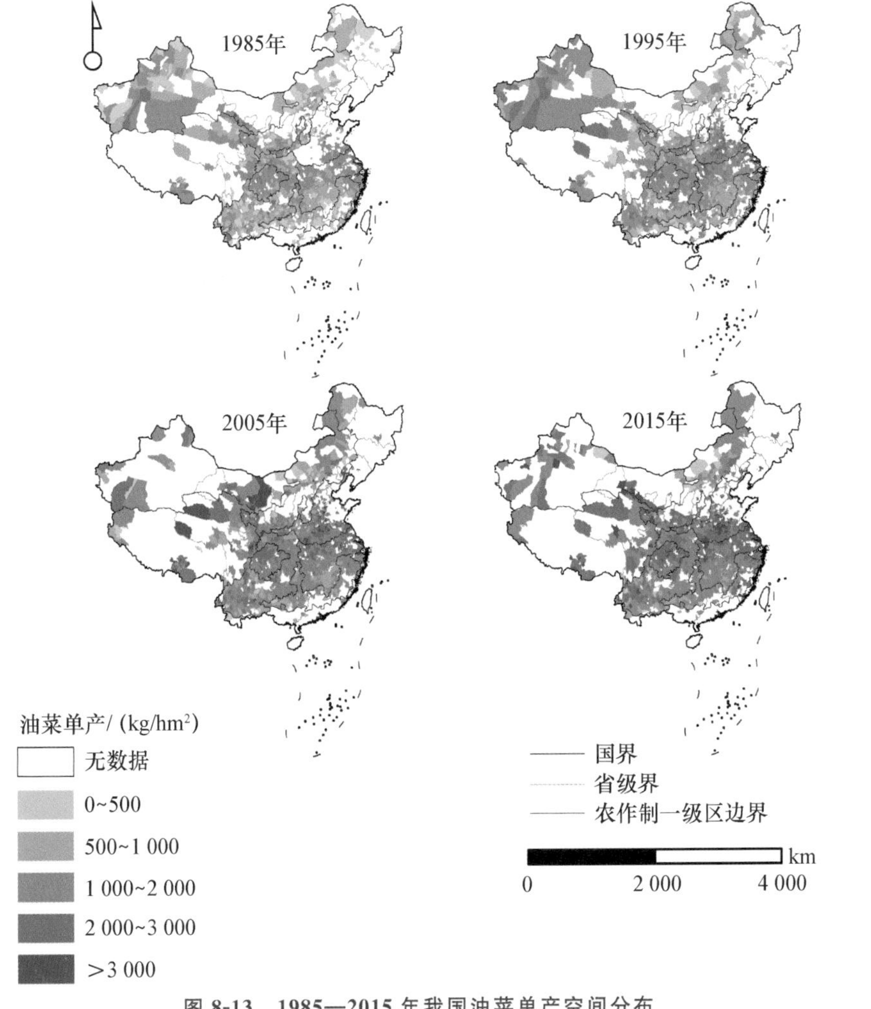

图 8-13　1985—2015 年我国油菜单产空间分布

8.3.2 不同农作区油菜时空变化

不同农作区的自然条件、经济生产条件、农作制水平、集约度、种植制度、动物饲养制度、林业制度及生态保护制度等具有相似性，这些因素对油菜生产布局的影响很大，不同农作区油菜种植地位也不同，因此按农作制划分区域对油菜生产时空变化进行研究有利于把握和深刻理解油菜生产布局的时空演变规律，并且有利于促进油菜种植结构的调整。

近 30 年间，我国油菜种植县数先上升后保持稳定，油菜种植县从 1985 年的 1 497 个县上升至 1995 年的 1 647 个县，随后稳定在 1 650 个县左右，即在后面 25 年内全国有大约 58%的县种植油菜(表 8-4)。

表 8-4　1985—2015 年我国油菜种植县数及其占比

年份	油菜种植县数/个	占全国县总数/%
1985	1 497	52.53
1990	1 647	57.79
1995	1 672	58.67
2000	1 660	58.25
2005	1 658	58.18
2010	1 671	58.63
2015	1 643	57.65

1. 不同农作区油菜播种面积集中度

近 30 年间，播种面积小于 1 000 hm^2 的县数较稳定，在 1990 年最多，达 818 个县，随后有略微下降趋势；播种面积为 1 000～5 000 hm^2 的县 30 年内较为稳定；播种面积为 5 000～15 000 hm^2 的县数先增加后减少，在 1995 年达到最多；播种面积大于 15 000 hm^2 的油菜主产县数呈上升状态，在 2015 年有 117 个县油菜播种面积超过 15 000 hm^2(表 8-5)。

表 8-5　1985—2015 年油菜不同播种面积县数　个

年份	<1 000 hm^2	1 000～5 000 hm^2	5 000～15 000 hm^2	>15 000 hm^2
1985	762	452	239	44
1990	818	453	325	51
1995	756	457	369	90
2000	732	479	324	125
2005	739	499	304	116
2010	739	498	319	115
2015	741	464	321	117

从表 8-6 可以看出，长江中下游与沿海平原农作区油菜播种面积占我国油菜播种面积一半左右，占比先上升后有所下降。四川盆地农作区和西南中高原农林区油菜播种面积集中度指数呈先减少后增加的趋势。长江中下游与沿海平原农作区、四川盆地农作区和西南中高原

农林区之和，占我国油菜播种面积的大部分，从 1985 年占比 79.61%到 2015 年的 79.63%，变化不大。增加趋势明显的地区有东北平原山区农林区、黄淮海平原农作区，分别增加 128%和 100%。下降最明显地区为西北农牧区，面积下降 60.5%。

表 8-6　1985—2015 年我国各农作区油菜面积集中度及梯度划分

年份	划分 CR 值范围				
	第一梯度 0～40%	第二梯度 40%～50%	第三梯度 50%～80%	第四梯度 80%～95%	第五梯度 95%～100%
1985	长江中下游与沿海平原农作区	四川盆地农作区	西南中高原农林区	黄淮海平原农作区，江南丘陵农林区	北部中低高原农牧区，西北农牧区，青藏高原农林区，东北平原山区农林区，华南沿海农林渔区
	CR1＝46.81%	CR2＝64.96%	CR3＝79.61%	CR5＝90.89%	CR10＝100%
2000	长江中下游与沿海平原农作区	西南中高原农林区	四川盆地农作区	江南丘陵农林区，黄淮海平原农作区	北部中低高原农牧区，东北平原山区农林区，青藏高原农林区，西北农牧区，华南沿海农林渔区
	CR1＝52.23%	CR2＝65.24%	CR3＝77.61%	CR5＝92.12%	CR10＝100%
2015	长江中下游与沿海平原农作区	西南中高原农林区	四川盆地农作区	江南丘陵农林区，北部中低高原农牧区	黄淮海平原农作区，东北平原山区农林区，青藏高原农林区，西北农牧区，华南沿海农林渔区
	CR1＝45.69%	CR2＝64.75%	CR3＝79.63%	CR5＝91.23%	CR10＝100%

2. 不同农作区油菜产量集中度

1985—2015 年期间，对我国不同年份各县油菜总产量归类比较发现，油菜总产量小于 1 000 t 的县数最多，但 30 年来呈减少趋势，1985 年小于 1 000 t 的县数为 798 个，到 2015 年仅为 594 个。油菜总产量在 1 000～5 000 t、5 000～15 000 t 以及大于 15 000 t 的县数都有所增加，其中以大于 15 000 t 范围的县数增速最快，从 1985 年的 98 个到 2015 年的 293 个(表 8-7)。

表 8-7　1985—2015 年油菜不同总产量水平县数　　个

年份	<1 000 t	1 000～5 000 t	5 000～15 000 t	>15 000 t
1985	798	389	215	98
1990	824	409	294	118
1995	736	436	314	192
2000	696	450	302	216
2005	668	438	311	241
2010	644	452	330	245
2015	594	426	332	293

近 30 年间，我国不同农作区油菜总产量变化特征不同。其中东北平原山区农林区和华南沿海农林渔区增加最为明显，分别从 1985 年的 1.55 万 t 和 0.18 万 t 增加到 2015 年的 21.27 万 t 和 1.77 万 t。此外，长江中下游与沿海平原农作区、江南丘陵农林区、北部中低高原农牧区、西南中高原农林区和青藏高原农林区油菜总产量都有较大增加，增加幅度超 100%。而西北农牧区油

菜总产量在近 30 年间则有所减少，从 1985 年的 11.37 万 t 减少到 2015 年的 10.66 万 t。

由表 8-8 看出，我国长江中下游与沿海平原农作区和四川盆地农作区油菜产量占了我国油菜总产主体，其中，长江中下游与沿海平原农作区占比最大，30 年间长江中下游与沿海平原农作区占比稳定在 50%左右，而四川盆地农作区占比在 1985 年达 23.48%，后有所下降。西南中高原农林区为西南冬油菜种植区，1985 年占比 11.33%，到 2015 年增长至 17.07%。

表 8-8 1985—2015 年我国各农作区油菜产量集中度及梯度划分

年份	划分 CR 值范围				
	第一梯度 0～40%	第二梯度 40%～50%	第三梯度 50%～80%	第四梯度 80%～95%	第五梯度 95%～100%
1985	长江中下游与沿海平原农作区	四川盆地农作区	西南中高原农林区	黄淮海平原农作区，江南丘陵农林区	北部中低高原农牧区，西北农牧区，青藏高原农林区，东北平原山区农林区，华南沿海农林渔区
	CR1＝47.28%	CR2＝70.76%	CR3＝82.09%	CR5＝89.96%	CR10＝100%
2000	长江中下游与沿海平原农作区	西南中高原农林区	四川盆地农作区	黄淮海平原农作区，江南丘陵农林区	北部中低高原农牧区，东北平原山区农林区，西北农牧区，青藏高原农林区，华南沿海农林渔区
	CR1＝53.68%	CR2＝67.14%	CR3＝77.61%	CR5＝91.96%	CR10＝100%
2015	长江中下游与沿海平原农作区	四川盆地农作区	西南中高原农林区	黄淮海平原农作区，江南丘陵农林区	北部中低高原农牧区，东北平原山区农林区，青藏高原农林区，西北农牧区，华南沿海农林渔区
	CR1＝46.56%	CR2＝63.96%	CR3＝81.03%	CR5＝91.58%	CR10＝100%

3. 不同农作区油菜单产时空变化

近 30 年间，我国油菜低单产的县数减少，而高单产的县数增加（表 8-9）。单产水平小于 1 000 kg/hm^2 县数呈下降趋势，其中小于 450 kg/hm^2 由 1985 年的 188 个减少到 2015 年的 18 个，单产水平在 450～1 000 kg/hm^2 范围的县数由 1985 年的 601 个减少 2015 年的 122 个。单产水平大于 1 000 kg/hm^2 县数则有所增加。其中，大于 1 800 kg/hm^2 的县数增速最快，从 1985 年的 132 个到 2015 年的 883 个，增幅达 569%。

表 8-9 1985—2015 年我国油菜不同单产水平县数　　个

年份	＜450 kg/hm^2	450～1 000 kg/hm^2	1 000～1 800 kg/hm^2	＞1 800 kg/hm^2
1985	188	601	565	132
1990	143	578	722	196
1995	84	498	750	338
2000	89	406	768	397
2005	30	257	775	593
2010	70	234	716	650
2015	18	122	622	883

我国不同农作区油菜单产水平有较大差异(表8-10)。单产水平较高的农作区包括黄淮海平原农作区、东北平原山区农林区、长江中下游与沿海平原农作区、四川盆地农作区和青藏高原农林区,其中长江中下游与沿海平原农作区是我国油菜的主产农作区之一。江南丘陵农林区也是我国主要的油菜产区,其油菜单产水平在我国各农作区中处于较低水平。

表8-10　1985—2015年我国各农作区油菜平均单产变化　　kg/hm^2

农作制一级区	1985年	1990年	1995年	2000年	2005年	2010年	2015年
东北平原山区农林区	570	1 006	1 035	1 259	1 743	1 682	2 276
黄淮海平原农作区	1 367	1 290	1 715	1 629	1 940	2 232	2 271
长江中下游与沿海平原农作区	1 151	1 212	1 380	1 472	1 637	1 757	2 003
江南丘陵农林区	753	807	969	1 152	1 272	1 443	1 587
华南沿海农林渔区	612	716	1 172	1 256	1 071	1 454	1 626
北部中低高原农牧区	942	993	1 151	1 146	1 346	1 473	1 806
西北农牧区	1 085	1 194	1 386	1 544	1 712	1 718	2 037
四川盆地农作区	1 419	1 473	1 640	1 626	1 877	2 025	2 177
西南中高原农林区	956	1 112	1 226	1 389	1 461	1 217	1 620
青藏高原农林区	1 175	1 214	1 334	1 530	1 770	1 944	2 144

近30年来,各农作区油菜平均单产显著提高(表8-11)。其中,东北平原山区农林区单产提高最快,年均增长幅度达到51.3 kg/hm^2;西南中高原农林区增产速率较慢,年均只有17.4 kg/hm^2;其他农作区年均增产速率均稳定在20～30 kg/hm^2。主产农作区长江中下游与沿海平原农作区和江南丘陵农林区。

表8-11　1985—2015年我国各农作区油菜平均单产变化特征

农作制一级区	平均单产/(kg/hm^2)	斜率	R^2
东北平原山区农林区	1 367	51.3	0.94
黄淮海平原农作区	1 778	34.4	0.91
长江中下游与沿海平原农作区	1 516	27.9	0.98
江南丘陵农林区	1 140	29.1	0.99
华南沿海农林渔区	1 130	31.6	0.86
北部中低高原农牧区	1 265	26.8	0.92
西北农牧区	1 525	30.2	0.97
四川盆地农作区	1 748	25.8	0.96
西南中高原农林区	1 283	17.4	0.71
青藏高原农林区	1 587	34.3	0.97

8.3.3　主产区长江中下游与沿海平原农作区油菜生产时空变化

1.主产区长江中下游与沿海平原农作区油菜集中度变化

长江中下游与沿海平原农作区包括长江中下游沿江的江汉平原、皖中平原、太湖平原、长江三角洲、杭嘉湖平原、大别山区、宁镇丘陵等以及相连的沿南黄海、东海的山前诸多小平原组成的狭长地带。近30年间,该农作区油菜播种面积及总产量占全国较大比例,2015年其面积占我国油菜生产面积的45.69%,其产量占全国总产量的46.56%,分析长江中下游与沿海平原农作区油菜生产时空变化具有重要意义。

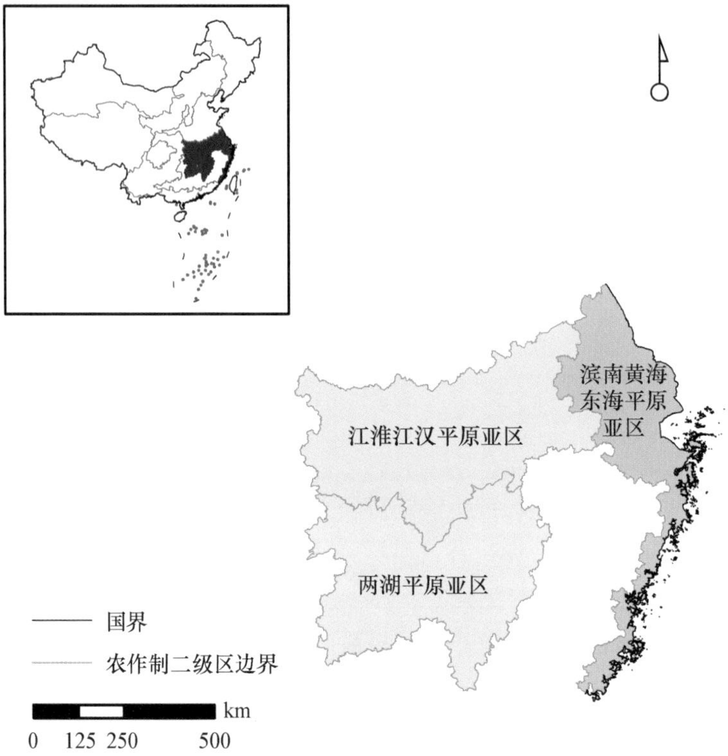

图 8-14 我国农作制长江中下游与沿海平原农作区(刘巽浩和陈阜,2005)

长江中下游与沿海平原农作区油菜种植面积变化特征为:近 30 年来滨南黄海东海平原亚区油菜种植面积下降,由 1985 年的 56.09 万 hm^2 减少到 2015 年的 30.96 万 hm^2。江淮江汉平原亚区和两湖平原亚区油菜种植面积则在近 30 年内有所上升,分别从 1985 年的 71.86 万 hm^2 和 38.85 万 hm^2 增加到 2015 年的 167.12 万 hm^2 和 134.75 万 hm^2。

长江中下游与沿海平原农作区油菜种植面积分布特征为:江淮江汉平原亚区为种植面积占比最大的亚区,1985 年占比达 43.08%,后有上升趋势,增幅不大,到 2015 年占比为 50.21%;滨南黄海东海平原亚区在近 30 年间占比逐渐减少,由 1985 年占比 33.63%减少至 2015 年的 9.30%;两湖平原亚区则在近 30 年内整体上占比有所增加;由 1985 年 23.29%增加到 2015 年的 40.49%。因此,在长江中下游与沿海平原农作区内,油菜生产在江淮江汉平原亚区集中并且有明显增加。

表 8-12 1985—2015 年长江中下游与沿海平原农作区各亚区油菜面积占比 %

长江中下游与沿海平原农作区	1985 年	1990 年	1995 年	2000 年	2005 年	2010 年	2015 年
滨南黄海东海平原亚区	33.63	23.96	18.07	18.34	18.34	12.03	9.30
江淮江汉平原亚区	43.08	41.58	44.93	52.71	55.92	53.01	50.21
两湖平原亚区	23.29	34.45	37.00	28.96	25.73	34.96	40.49

长江中下游与沿海平原农作区油菜总产量变化特征为:江淮江汉平原亚区和两湖平原亚区油菜总产量有较大增加,分别从 1985 年的 94.12 万 t 和 31.02 万 t 增加到 2015 年的 362.06 万 t 和 210.57 万 t,增加幅度均超过 200%。而滨南黄海东海平原亚区在 1985 年到

2005 年间持续增加，1985 年总产量为 93.78 万 t，2005 年增至 140.95 万 t，2005 年以后总产量迅速下跌，2015 年减少至 84.12 万 t。

长江中下游与沿海农作区油菜总产量分布特征为：江淮江汉平原亚区和滨南黄海东海平原亚区在 1985 年占比较大，为 42.84%。往后，滨南黄海东海平原亚区逐年下降，到 2015 年，占比仅 12.81%。江淮江汉平原亚区则略有上升，占比从 2005 年的 42.99%增至 2015 年的 55.13%。近 30 年间，两湖平原亚区占比增加速度较快，占比从 1985 年 14.17%增到 2015 年的 32.06%。

表 8-13 1985—2015 年长江中下游与沿海平原农作区各亚区油菜产量占比 %

长江中下游与沿海平原农作区	1985 年	1990 年	1995 年	2000 年	2005 年	2010 年	2015 年
滨南黄海东海平原亚区	42.84	34.65	25.42	24.98	23.45	16.14	12.81
江淮江汉平原亚区	42.99	41.49	48.95	54.38	58.78	56.52	55.13
两湖平原亚区	14.17	23.86	25.63	20.63	17.78	27.34	32.06

2. 主产区长江中下游与沿海平原农作区油菜重心迁移

1985—2015 年，我国油菜主产区长江中下游与沿海平原农作区的生产重心呈现出由东北向西南方向迁移的趋势，其中产量和面积迁移的方向和幅度基本保持一致(图 8-15)。从 1985 年开始，长江中下游油菜产量重心由安徽省中南部铜陵市向西南方向迁移至湖北省东南部黄石市铁山区。30 年间，油菜产量重心迁移总距离为 341 km，迁移幅度为 279 km。面积重心由安徽省西南部安庆市宜秀区向西南方向迁移至湖北省东南部咸宁市咸安区；面积重心迁移总距离为 315 km，迁移幅度为 247 km。

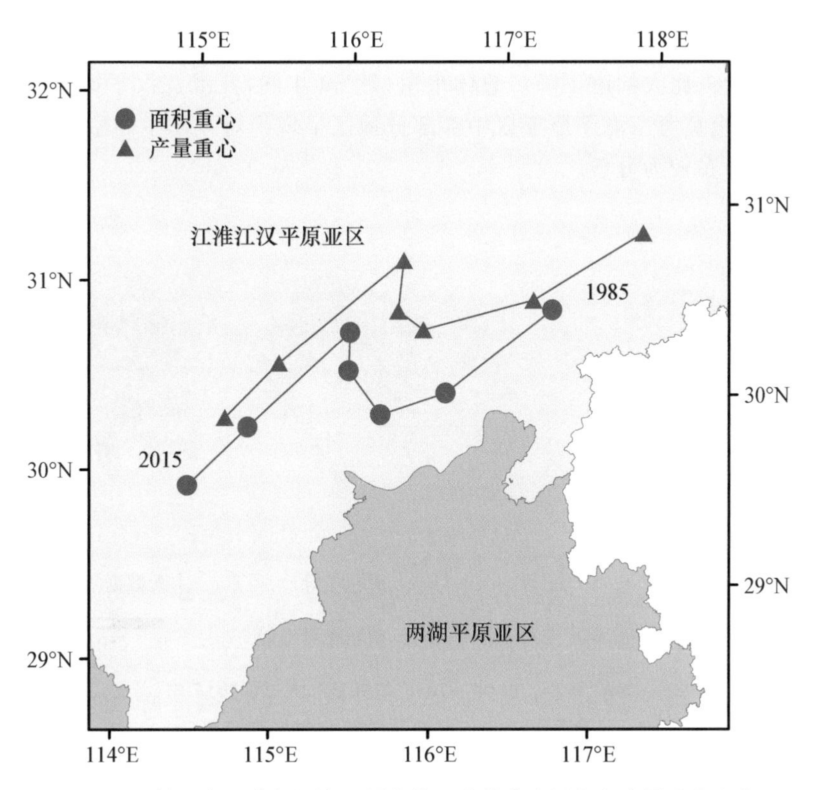

图 8-15 长江中下游与沿海平原农作区油菜生产面积和产量重心变化

3. 主产区长江中下游与沿海平原农作区油菜贡献率

我国的油菜生产产量贡献长期表现为面积主导(图 8-16)。在油菜种植县中,单产主导比例稍有波动,从 1985 年的 15.4%波动上升至 2015 年的 32.0%。互作主导比例由 1985 年的 11.6%小幅度上升至 2000 年的 17.0%后下降至 2010 年的 7.8%,又上升至 2015 年的 12.9%。面积主导比例由 1985 年的 72.9%下降至 2000 年的 53.8%后逐步上升,并于 2010 年达到最大值为 76.8%,后于 2015 年降至 55.2%。

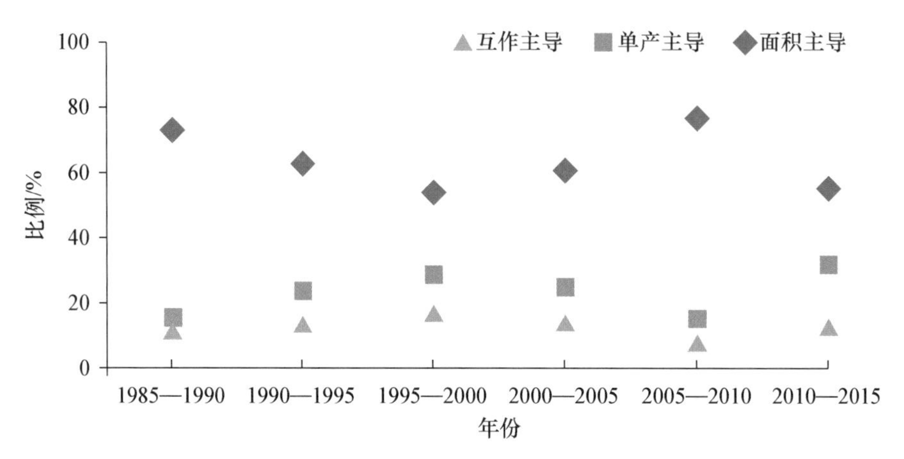

图 8-16　1985—2015 年不同产量贡献主导类型县比例

近 30 年间,长江中下游各亚区在各阶段产量贡献率主导因素不一(图 8-17)。1985—2000 年,主要表现为面积主导型和互作主导型;2000—2015 年,产量主导因素变为面积主导和单产主导,互作主导型所占比大幅度下降。总体来说,近 30 年间,江淮江汉平原亚区北部、两湖平原亚区中北部及滨南黄海东海平原亚区中部部分地区呈现绝对互作主导型,而其余地区面积、单产、互作主导型分布较为分散。

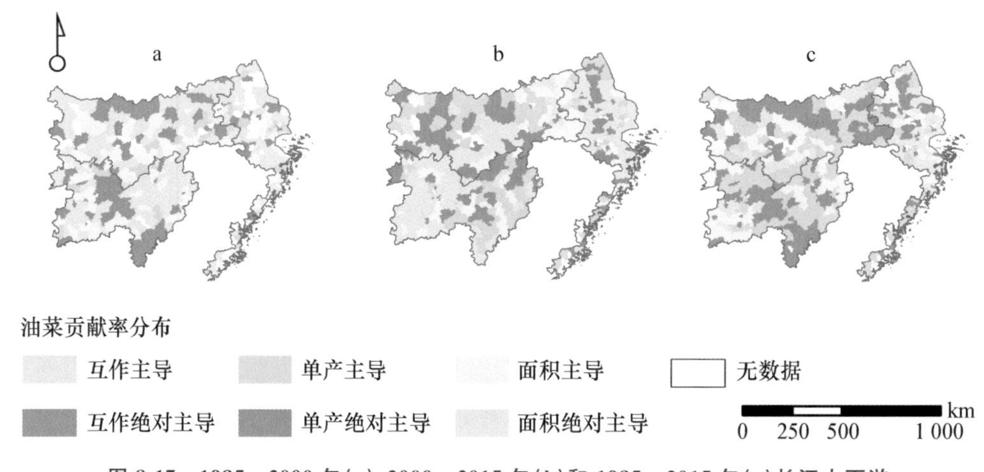

图 8-17　1985—2000 年(a)、2000—2015 年(b)和 1985—2015 年(c)长江中下游与沿海平原农作区油菜贡献率的分布情况

8.4 向日葵

8.4.1 1985—2015 年我国向日葵生产时空分布变化

1985—2015 年我国向日葵总产量和单产整体波动上升，而向日葵面积则呈现波动下降趋势（图 8-18）。1985 年，向日葵面积达最高值 147.4 万 hm^2，而向日葵单产为最低值 1 175.3 kg/hm^2。1985—2008 年，我国向日葵总产量和面积同步升降，且整体呈现下降趋势，而该年段单产波动幅度较小，整体呈现上升趋势；2008—2015 年，我国向日葵总产量和单产呈同步上升趋势，并分别在 2015 年、2014 年达最高值 287.2 万 t、2 699.7 kg/hm^2，而面积变化趋势渐缓。

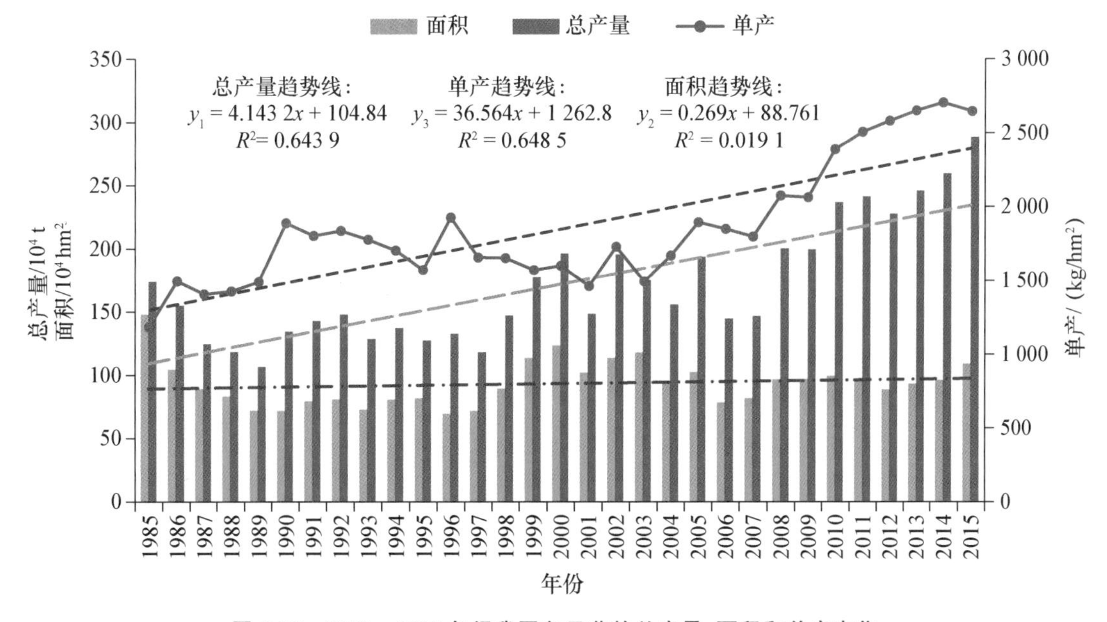

图 8-18　1985—2015 年间我国向日葵的总产量、面积和单产变化

我国向日葵种植主要分布在东北三省、内蒙古中部和新疆 3 个地区（图 8-19）。1985 年、1995 年、2000 年向日葵主要集中分布于在东北三省、内蒙古、新疆、山西和河北等地；2015 年向日葵面积较 1985 年有明显减少，减少的区域主要在东北三省，特别是黑龙江省，其他减少的地区包括新疆东部、山西省和陕西省；而增加的区域主要有内蒙古的中部和新疆的北部。

我国向日葵的单产水平地理差异显著（图 8-20）。1985 年全国大部分向日葵的单产水平低于 1 500 kg/hm^2，部分地区低于 1 000 kg/hm^2，只有少部分地区能达到 2 000 kg/hm^2 以上。1995 年和 2000 年向日葵单产水平较 1985 年有较大提升，约一半能达到 1 500 kg/hm^2 以上，其中新疆和内蒙古中部亩产较高，西南和东北地区亩产较低。2015 年，我国向日葵种植地区

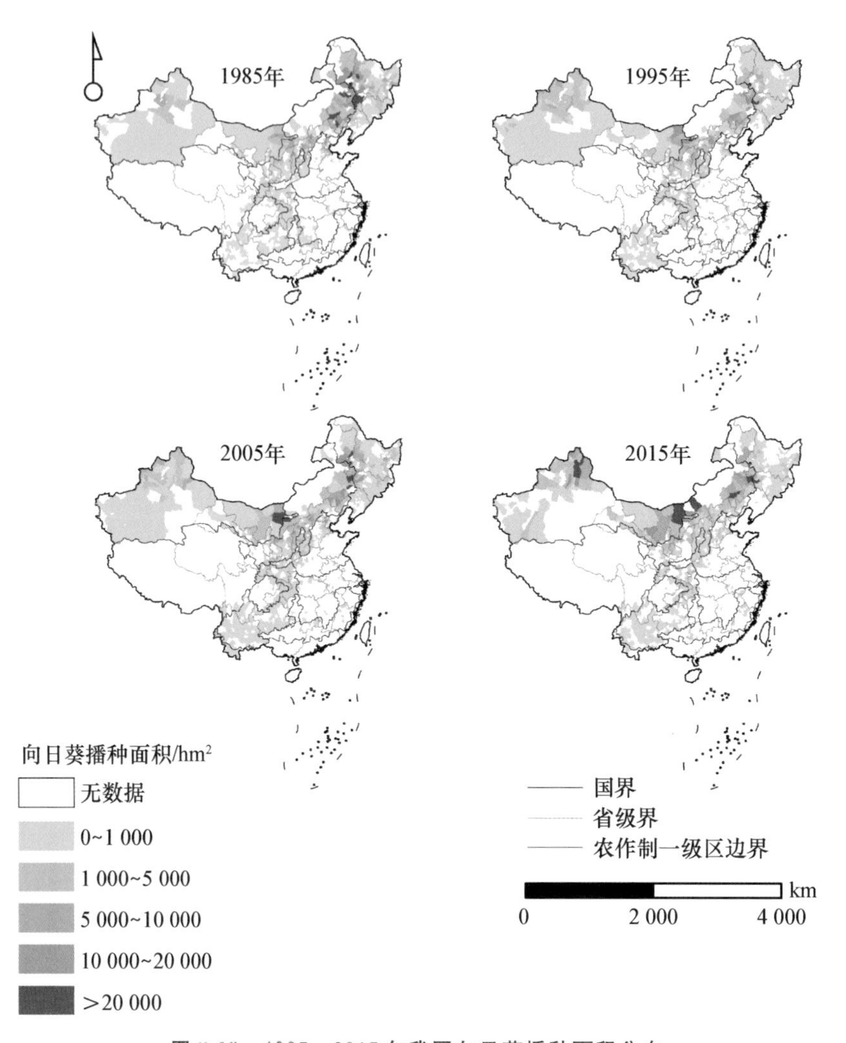

图 8-19　1985—2015 年我国向日葵播种面积分布

的单产水平基本上达到了 2 000 kg/hm² 及以上，很大一部分地区向日葵单产水平高于 2 500 kg/hm²，其中新疆北部内蒙古中西部以及甘肃省单产较高，山西、陕西、贵州、四川等地单产较低。

8.4.2　我国向日葵生产集中度分析

30 年间，我国向日葵播种面积和产量分布出现先分散后集中的情况，但产量比面积表现更为集中(图 8-21)。1985—1995 年，我国向日葵种植的总体县数保持稳定，但播种面积和产量达到 80％的县数明显增加；1995—2000 年，种植区域明显增加；2000—2015 年，种植区域持续下降，且生产集中性大幅度提高。生产上面积和产量达到 20％的县数更是由 10 个和 5 个分别降低至 4 个和 3 个。

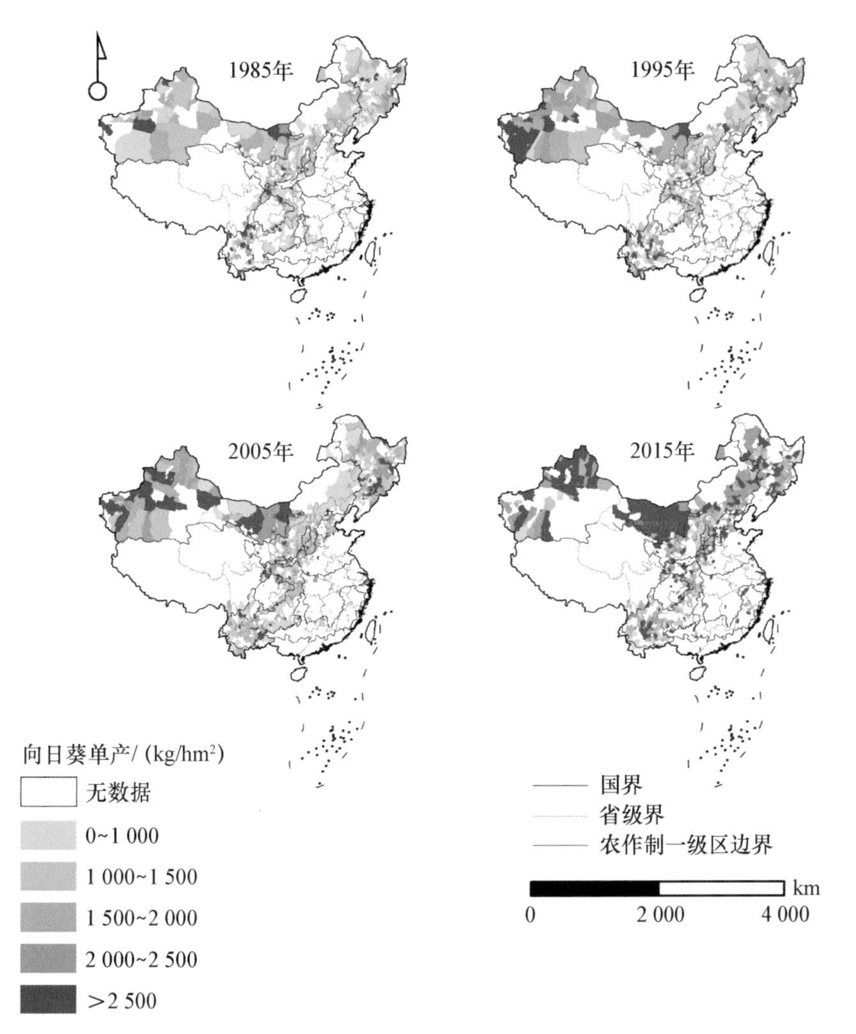

图 8-20　1985—2015 年全国向日葵种植单产分布

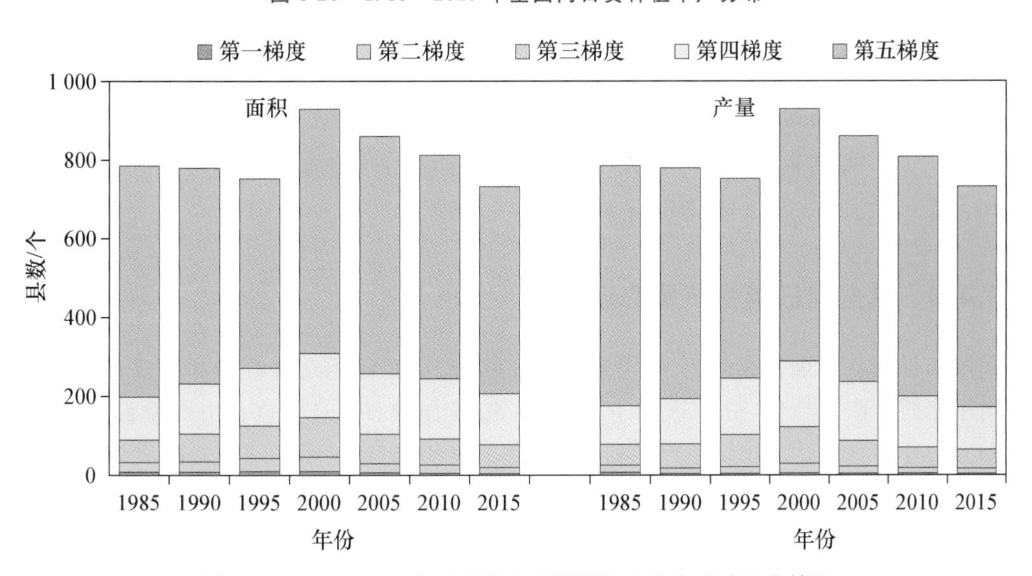

图 8-21　1985—2015 年我国向日葵面积和产量各梯度分布情况

1985—2015 年，我国向日葵主要生产地西移，且生产更为集中(图 8-22)。1985 年，我国向日葵生产第一梯度的县主要集中于大兴安岭的东南侧以及阴山山脉地区；2015 年，我国向日葵生产第一梯度的县主要集中于阴山和贺兰山脉以及天山以北的地区。

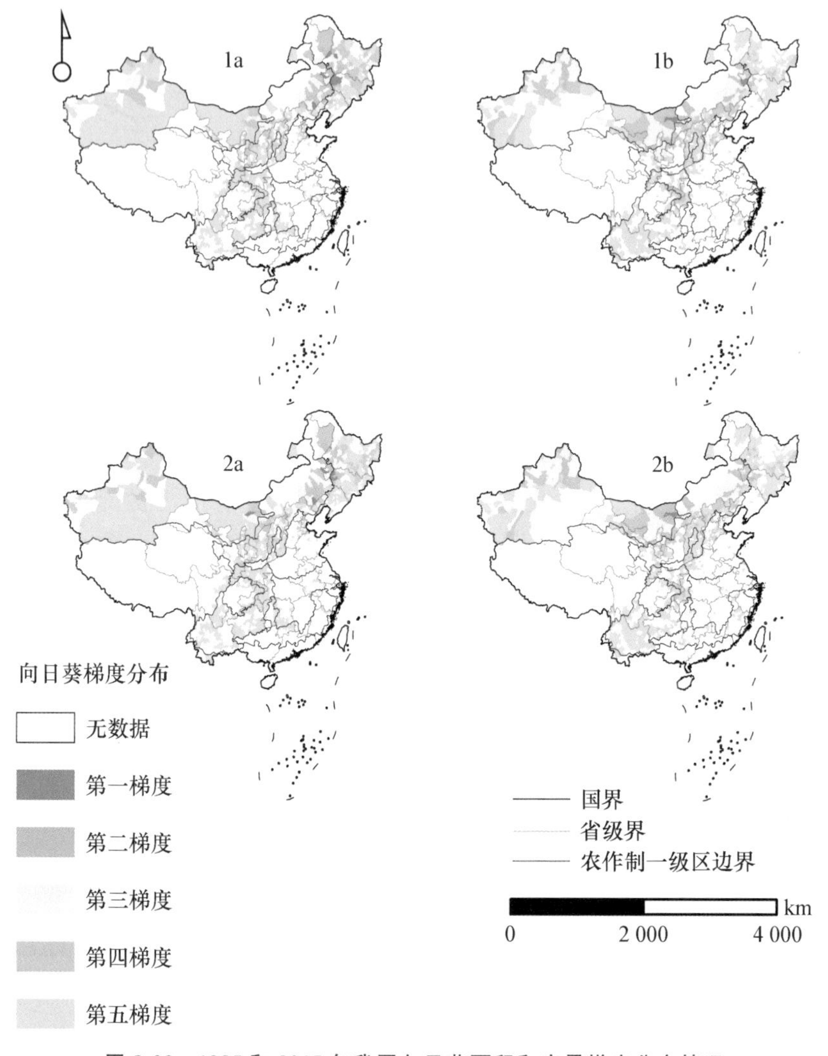

图 8-22 1985 和 2015 年我国向日葵面积和产量梯度分布情况

(1 和 2 分别表示面积和产量；a 和 b 分别表示 1985 年和 2015 年)

8.4.3 我国向日葵生产重心迁移

我国向日葵生产重心在近 30 年发生较大迁移，产量和面积迁移方向和幅度基本一致，呈现出由东北向西南的趋势(图 8-23)。1985 年以来，全国向日葵产量重心由内蒙古克什克腾旗向西南方向迁移直至达乌拉特中旗、乌拉特后旗。30 年间，产量重心迁移总距离为 1 677 km，迁移幅度为 1 065 km，其中 1985—1990 年迁移距离最大，为 530 km，1995—2000 年迁移距离最小，为 74 km。面积重心由翁牛特旗向西南方向迁移至乌拉特中旗。面积重心迁移总距离为 1 800 km，迁移幅度为 1 116 km 左右。其中 1985—1990 年迁移距离最大，为 629 km，

1995—2000 年迁移距离最小，为 150 km。

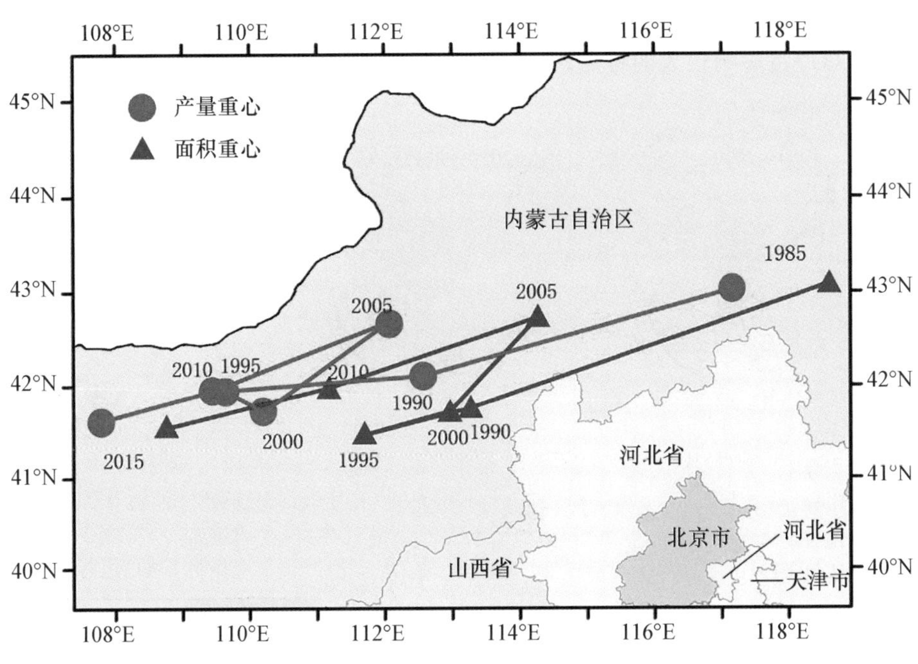

图 8-23 1985—2015 年我国向日葵生产面积和产量重心变化

8.4.4 我国向日葵产量贡献因素分析

我国的向日葵生产产量贡献长期表现为面积主导（图 8-24）。在向日葵种植县中，单产主导比例基本保持不变，从 1985 年的 19.8%小幅度上升至 2015 年的 21.1%。互作主导比例由 1985 年的 36.1%小幅度上升至 2000 年的 36.9%后下降至 2010 年的 30.2%，但在 2015 年比例达到 36.9%，接近面积主导比例。面积主导比例由 1985 年的 44.1%下降至 1990 年的 39.7%后逐步上升，并于 2010 年达到最大值为 48.7%，后在 2015 年降至 38.8%。

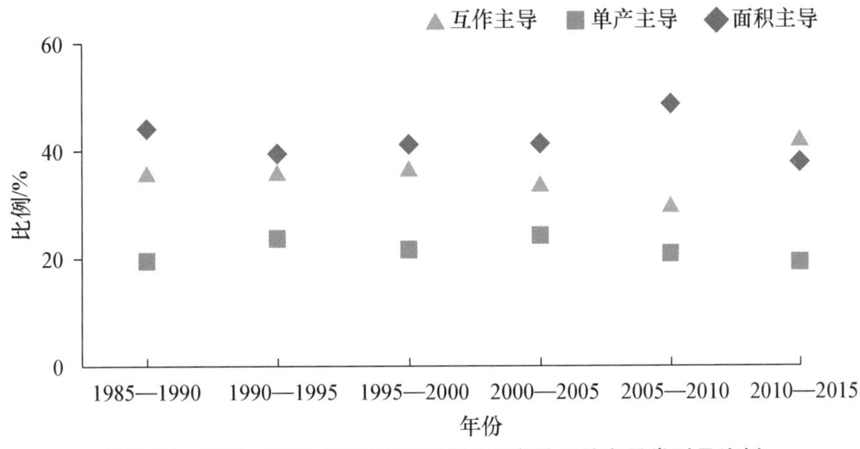

图 8-24 1985—2015 年我国向日葵不同产量贡献主导类型县比例

30 年间，我国向日葵各主产省份在各阶段产量贡献主导因素不一（图 8-25）。总的来说，在产量增加较明显的新疆、宁夏、甘肃等 3 省（自治区）以互作主导为主，而在 2010—2015 年产量增长又以面积主导为主。在产量下降较明显的山西、黑龙江和辽宁 3 省中，山西省的向日葵产量下降主要以面积主导为主。而辽宁和黑龙江省呈现长期 30 年间以互作主导为主，但短期 5 年内单产对总产量影响较大的特点。

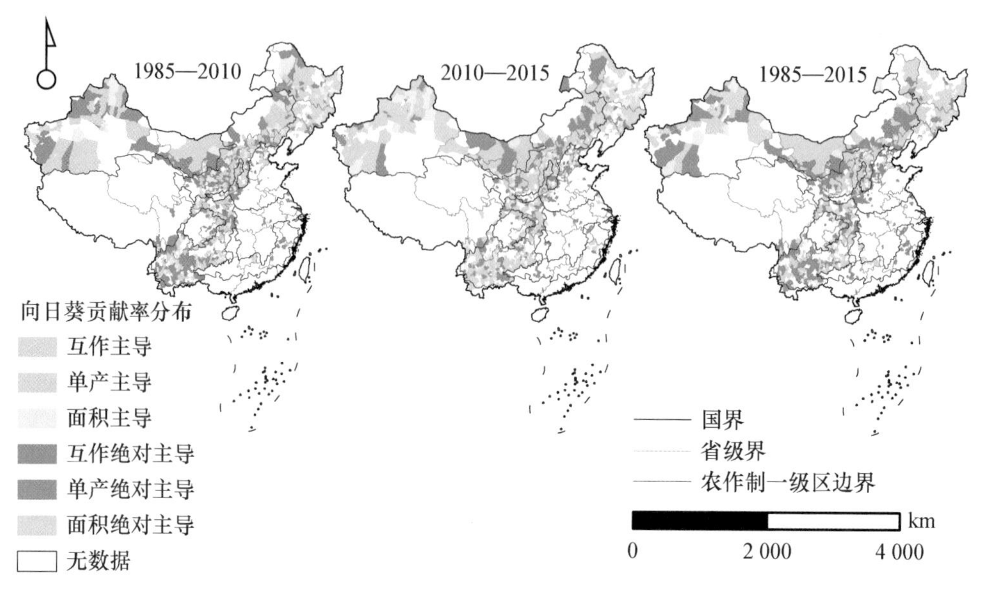

图 8-25　1985—2010 年、2010—2015 年和 1985—2015 年我国向日葵贡献率主导类型分布

8.4.5　我国向日葵生产优势度分析

1985—2015 年，我国主产省中向日葵生产具备三项优势的县数总体呈现先上升后下降的变化(表 8-14)。河北、山西、吉林、黑龙江、陕西、甘肃、宁夏和新疆 8 个省份的变化情况与总数变化情况基本一致。辽宁省具备优势的县数均呈现下降的趋势；内蒙古自治区具备优势的县数基本保持稳定，且规模优势和综合优势明显。内蒙古、新疆和河北具备规模优势的县数较多，说明这些省份向日葵播种面积相比于其他省份更具备优势的县数较多；其中河北最具效率比较优势，说明河北的向日葵单产相比于其他省份更具备优势的县数较多。

表 8-14　1985—2015 年我国向日葵主产省份的生产优势度县数分布　　个

	1985 年	1990 年	1995 年	2000 年	2005 年	2010 年	2015 年
综合比较优势指数							
河北	17[1](7)	17(0)	19(0)	30(9)	19(7)	19(4)	39(20)
山西	42(22)	52(5)	64(10)	87(34)	63(13)	35(2)	22(2)
内蒙古	45(24)	41(13)	43(19)	41(17)	48(20)	51(25)	57(21)
辽宁	7(1)	6(0)	7(1)	5(0)	8(4)	6(3)	3(1)
吉林	17(10)	17(9)	18(7)	23(7)	21(5)	19(3)	9(3)
黑龙江	31(8)	19(2)	21(6)	37(20)	30(8)	16(6)	9(2)
陕西	6(2)	9(0)	12(4)	18(5)	18(6)	18(2)	10(1)
甘肃	8(7)	13(5)	11(6)	13(6)	12(4)	16(8)	16(12)
宁夏	5(3)	7(0)	6(5)	7(6)	5(5)	13(8)	11(5)

续表8-14

	1985年	1990年	1995年	2000年	2005年	2010年	2015年
新疆	30(22)	52(25)	57(45)	52(40)	47(35)	43(24)	44(27)
其他[2]	5(3)	6(0)	9(4)	15(4)	11(1)	6(1)	10(2)
规模比较优势指数							
河北	18	19	20	32	23	21	40
山西	39	53	66	89	71	50	39
内蒙古	47	44	45	44	50	55	61
辽宁	10	7	7	9	8	7	4
吉林	18	19	20	22	19	19	11
黑龙江	36	20	20	38	33	21	11
陕西	10	14	17	24	22	19	11
甘肃	7	12	11	13	9	16	16
宁夏	5	8	6	7	5	14	12
新疆	31	52	53	50	46	42	45
其他	5	11	14	20	17	12	25
效率比较优势指数							
河北	14	3	7	37	23	20	49
山西	47	17	19	40	16	9	14
内蒙古	27	15	23	25	22	27	24
辽宁	7	6	6	7	16	10	2
吉林	17	15	16	24	17	11	13
黑龙江	16	7	25	31	26	16	16
陕西	14	7	19	30	28	16	7
甘肃	18	15	12	15	22	20	25
宁夏	5	0	8	10	6	8	10
新疆	26	37	59	58	50	34	33
其他	85	58	89	102	76	44	68

注：[1] 括号中数字表示向日葵生产三个指标均具备优势的县数之和；[2] 表示除主产省份外具备向日葵生产优势的县数总和。

8.4.6　我国向日葵生产驱动力因素概述

1985—2015年，我国向日葵播种面积波动中相对稳定，单产提升明显，总产量增加较大；内蒙古在向日葵主产省份中，面积和产量都居全国首位，且保持持续上升趋势；宁夏、甘肃和新疆等3个省（自治区）向日葵的面积和产量持续增加；黑龙江、吉林、辽宁、山西和河北等5省的向日葵播种面积下降明显。

作物的空间分布与其生理特征密切相关。向日葵具有很强的抗盐碱能力，有利于土壤脱盐，能够改良土壤（白亮亮等，2016）。在西北内陆，小麦套种向日葵的节水灌溉模式，能够利用当地有限的水资源，同时带来产量和效益双增长（韦炳奇等，2018）。优良品种的育种或引种、旱区灌溉节水农业技术的发展和较高的比较优势（章胜勇，2005）等因素推动着我国西北盐碱地区向日葵的生产。一方面，1995—1997年，东北地区黑龙江省菌核病平均发病率在40%～

70%，迎茬、重茬地的向日葵几近绝产。2009—2014 年，黑龙江菌核病的年平均发病率在 30%～50%(黄绪堂等，2010)。有研究认为菌核病的发生与当地降水量以及土壤含水量呈现正相关，东北的气候特点往往会扩大病害的发生率和严重程度。另一方面，大豆对向日葵的替代性也一定程度降低了向日葵在黑龙江地区的种植。向日葵列当是危害华北干旱半干旱地区向日葵生产的主要因素之一，生产模式落后以及其他因素也降低山西等地的向日葵产量和品质。

除此之外，不同品种类型以及向日葵的多功能性也在一定程度上影响其空间分布。向日葵分类可按照用途、生育期积温需求和株型等进行分类。按照用途可分为油葵、食葵、观赏葵 3 种；其中油葵的籽粒较短小，皮壳较薄，主要用于榨油，而食葵籽粒相对较长，皮壳较厚，可用于加工成干果类食品；观赏葵的特点为分枝和花色艳丽，可用于插花或园艺观赏(葛玉彬等，2016)。例如，在内蒙古阴山北麓的旱农区，由于纯经济效益较高，油葵种植已成为当地农业新的经济增长点，目前固阳县每年种植约 1.33 万 hm^2，且逐年增加；而同样作为向日葵主产区的新疆，则主要种植食葵，食葵的种植主要集中在阿勒泰地区，每年食葵播种面积约 47 000 hm^2，占新疆食葵种植总面积的 85%左右。按照向日葵的生育期积温需求，按各品种要求≥5 ℃的积温，生产上将向日葵划分为 4 类熟制：早熟、中熟、中晚熟、晚熟，其积温要求分别为 2 000～2 200 ℃、2 200～2 400 ℃、2 400～2 600 ℃、2 600 ℃以上。不同熟制的向日葵适宜地区不同，种植模式也有差别。一方面，依据向日葵的株型，可以将向日葵分枝型和单杆型；另一方面也可以根据株高划分为矮化型和普通型，矮化型株高在 50～70 cm。依据向日葵的遗传背景，将食用向日葵品种分为“三系”杂交种和常规种。目前生产上的主要品种是“三系”杂交种，其植株表现整齐一致，矮秆、早熟、籽粒外观一致、适口性好、抗逆性强。利用丰富的向日葵种质资源，因地制宜，因时制宜，与市场经济要素相结合，在不同地区选择不同品种和适宜种植方式，可有效发挥其多功能性，而有效利用向日葵的多种功能，是我国新的农业种植思路途径之一(崔良基等，2008)。因此，建立向日葵的多功能利用体系，是促进向日葵种植产业发展、农村美化、农民增收的有利途径。

我国加入 WTO 后，产品的标准化的要求以及生产成本高昂等现状，降低了我国葵花籽的国际市场竞争力和经济效益。从进出口贸易数据来看，我国向日葵出口量逐年增加。1985—2015 年，我国葵花籽进口从无到有，达到 68 946 t，但出口更是由 12 100 t 攀升至 295 991 t，净出口达 218 730 t，出口创汇约 4 亿美元。由此可见，葵花籽作为传统出口作物仍将保持一定的出口竞争力(张雯丽等，2018)。但与此同时，由于沿海省份对市场变动更为敏感，农业结构调整在加入 WTO 后较活跃。相反，进口替代压力和出口扩张效应都较小的是绝大部分西部及边远地区，因此，加入 WTO 后引起的结构调整冲动也较小(卢锋等，2001)。又由于我国土地密集型农产品在东部地区相对缺乏，而往往在西部地区具有较高的国内优势，在中部地区又呈现居中的特点(卢锋等，2001)。因此向日葵在缺乏优势的地区如东北和华北等地较易被具有更高经济效益的其他作物所替代，而在西北地区则因有着较高的比较优势以及在生产技术配套辅助下反而更容易实现生产规模的扩大，进而提高技术效率水平与产品竞争力(李昊儒等，2018)。2014 年以来，“一带一路”的建设背景下，我国农业进一步对外开放，不断扩大农产品进出口贸易规模(李全中等，2018)，葵花籽出口至 34 个沿线国家。这也将对我国内蒙古和新疆等地的向日葵产业发展提供更多有利条件(张雯丽等，2018)。

相关政策的利好也促进了内蒙古自治区向日葵产业的发展，内蒙古自治区的向日葵生产规模长期居全国首位。2008 年，农业部(现农业农村部)印发《振兴油料生产计划工作方案》。

针对黑龙江省农垦总局和新疆生产建设兵团农业局，建设 200 kg 的向日葵万亩示范片。2018 年，农业部重点项目专项支持在内蒙古巴彦淖尔市、通辽市、呼伦贝尔市和赤峰市建设 30 万亩向日葵高产创建示范片，并给予中央财政专项资金补贴支持。

1985—2015 年，我国向日葵播种面积波动中相对稳定，单产提升明显，总产量增加较大；在向日葵主产省中，内蒙古面积和产量居全国首位，且保持持续上升趋势；宁夏、甘肃和新疆等 3 个省（自治区）向日葵的面积和产量持续增加；黑龙江、吉林、辽宁、山西和河北等 5 省的向日葵播种面积下降明显。30 年间，我国向日葵播种面积和产量分布出现先分散后集中的情况，但产量较于面积表现更为集中。我国向日葵生产重心在近 30 年发生较大迁移，产量和面积迁移方向和幅度基本一致，呈现出由东北向西南的趋势，但重心均集中在内蒙古境内。我国的向日葵生产产量贡献长期表现为面积主导，但在我国向日葵各主产省份在各阶段产量贡献率主导因素不一。1985—2015 年，我国向日葵生产具备三项优势的县数呈现先上升后下降的变化，其中，主产区内蒙古自治区具备优势的县数基本保持稳定，且规模优势和综合优势明显。

8.5 胡　麻

8.5.1 1985—2015 年我国胡麻生产时空分布变化

我国胡麻生产可以分为 2 个阶段（图 8-26）。1985—2000 年，胡麻播种面积波动下降，胡麻总产量和单产有较大波动；2000 年后，胡麻播种面积总体仍下降，但趋缓；胡麻总产量保持相对平稳，单产有较大提高。1985—2015 年，胡麻播种面积下降明显，从 1985 年的峰值 79.2 万 hm^2，降低至 2015 年的最低值 24.4 万 hm^2。胡麻总产量总体呈现先上升后下降并趋于稳定的趋势，最低值在 2001 年，仅 25.3 万 t，最高值在 1996 年，达到 55.3 万 t。单产总体持续上升，最低值出现在 1989 年，为 571.4 kg/hm^2，最高值在 2015 年，为 1 277.7 kg/hm^2。

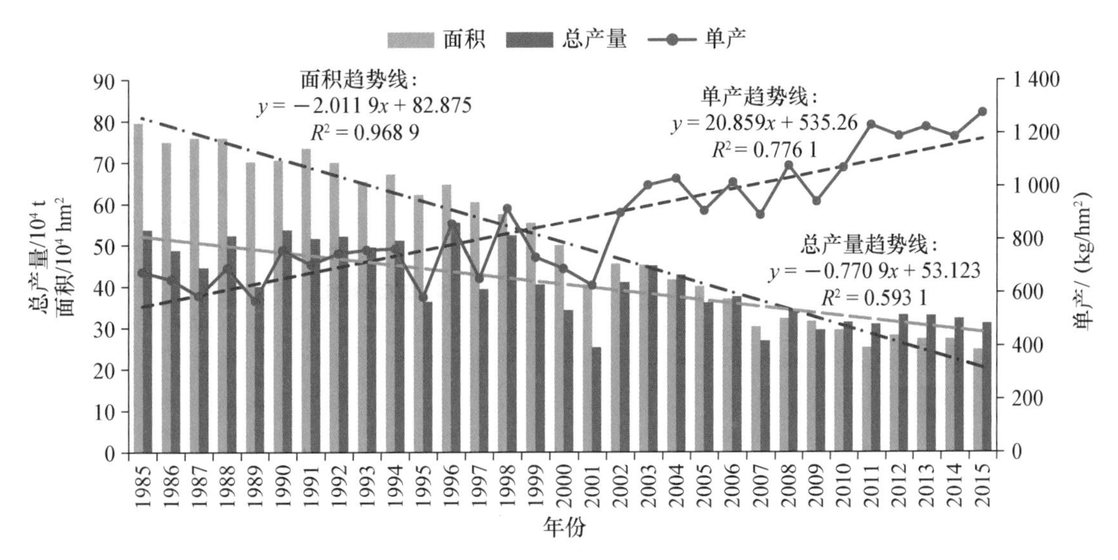

图 8-26 1985—2015 年间我国胡麻的总产量、面积和单产变化

我国胡麻产量和面积分布一致，主要分布省份有河北、山西、内蒙古、甘肃、新疆和宁夏。1985—2015 年胡麻播种面积(图 8-27)与产量分布均减少。1985 年，胡麻面积广泛分布于河北、山西、内蒙古、甘肃各省(自治区)，其播种面积分别占全国的 18.16%、19.03%、23.12%、20.55%，产量分别占 17.27%、15.32%、20.16%、23.95%。1995 年，胡麻分布缩减，尤其表现在新疆西部、内蒙中东部和甘肃北部；其中河北、山西、内蒙古、甘肃的播种面积分别占 14.26%、14.54%、24.38%、29.66%，产量分别占 14.70%、7.87%、21.90%、31.96%。2000 年，胡麻播种面积持续减少；其中河北、山西、内蒙古、甘肃的播种面积分别占 17.81%、16.42%、19.83%、30.03%，产量分别占 3.97%、14.84%、18.29%、43.20%。2015 年，全国胡麻播种面积进一步减少，胡麻的种植分布集中分布于祁连山东北部和阴山以南地区的两个区域；其中山西、内蒙古、甘肃、宁夏的播种面积分别占 18.19%、20.71%、30.36%、14.78%，产量分别占 12.55%、13.75%、40.23%、20.03%。

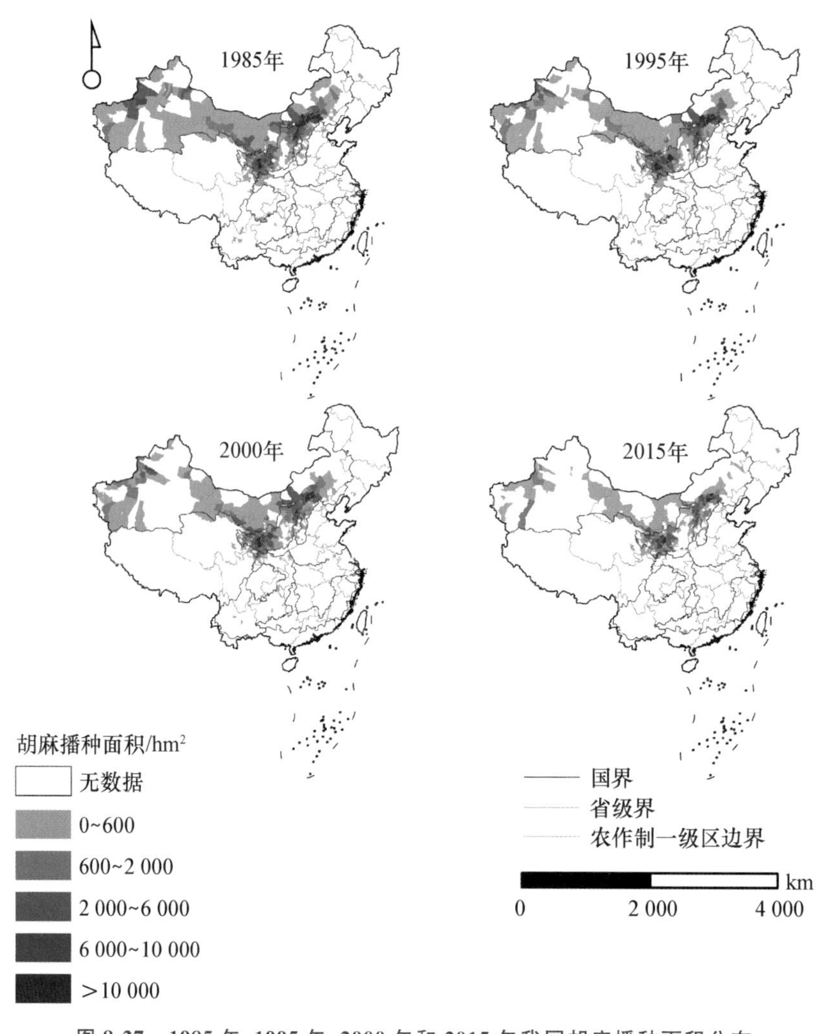

图 8-27　1985 年、1995 年、2000 年和 2015 年我国胡麻播种面积分布

30 年间，我国胡麻种植单产水平是不断提升的(图 8-28)。1985 年，全国单产水平普遍较低，大于 2 500 kg/hm^2 的高产地区主要集中于甘肃、内蒙古西部、新疆东南部，其中最高单产

为新疆莎车县 7 458 kg/hm²；1995 年，全国单产水平略有提升，其中新疆西部地区有明显的提升，但甘肃西北部、内蒙古西南部有明显的下降，单产最高的集中在甘肃省中部，为 3 639 kg/hm²；2000 年，全国胡麻种植单产水平提升，单产最高的集中于甘肃省，达 8 523 kg/hm²；2015 年，全国单产水平进一步明显提升，单产水平较低的区域有明显的减少，高产区县数明显增加，其中单产大于 2 500 kg/hm² 的县数为 30 个，高产地区位于江西省东北部、甘肃省、宁夏北部等，最高为 7 500 kg/hm²。

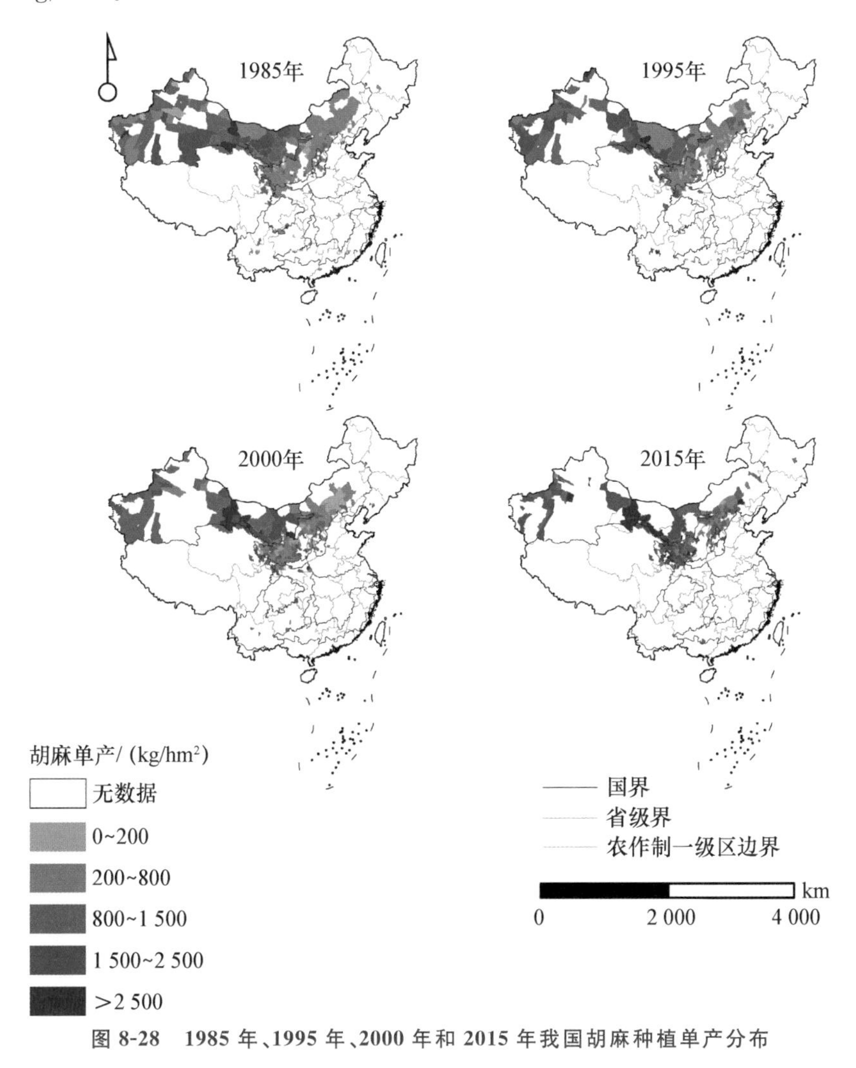

图 8-28　1985 年、1995 年、2000 年和 2015 年我国胡麻种植单产分布

8.5.2　我国胡麻生产集中度分析

近 30 年来，我国胡麻播种面积与产量梯度分布情况基本一致，波动较小(图 8-29)。我国种植胡麻的县数逐步减少，且胡麻播种面积和产量的第一梯度、第二梯度、第三梯度、第四梯度、第五梯度的县数分别约占全国胡麻种植县数的 2%、7%、15%、20%、56%，第五梯度的胡麻种植县占据了一半以上的我国胡麻种植县数。

近 30 年来，我国胡麻种植的地区分布发生了一定的变化，且胡麻种植产量的分布变化略大于播种面积的变化(图 8-30)。1985 年，我国胡麻种植主要集中分布于阴山以南地区；2015 年

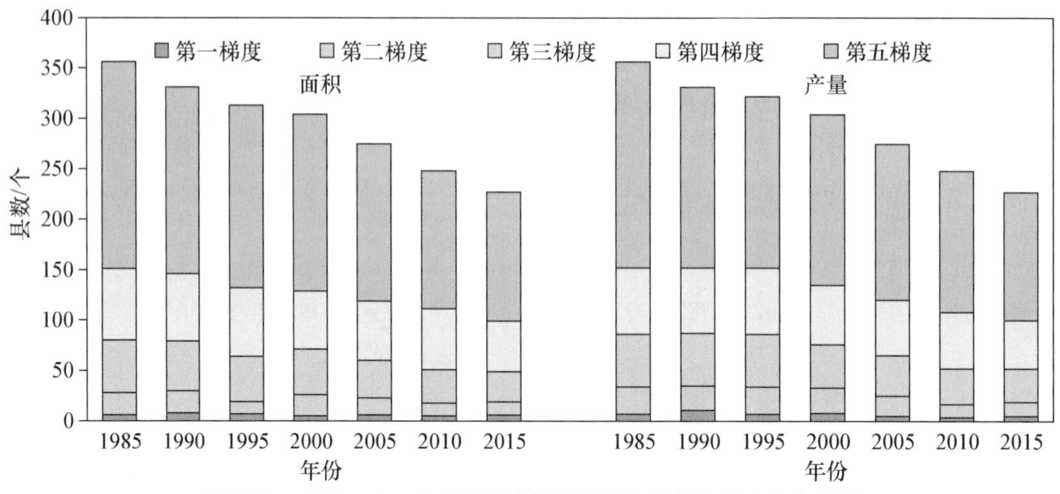

图 8-29　1985—2015 年我国胡麻播种面积和产量各梯度分布数量

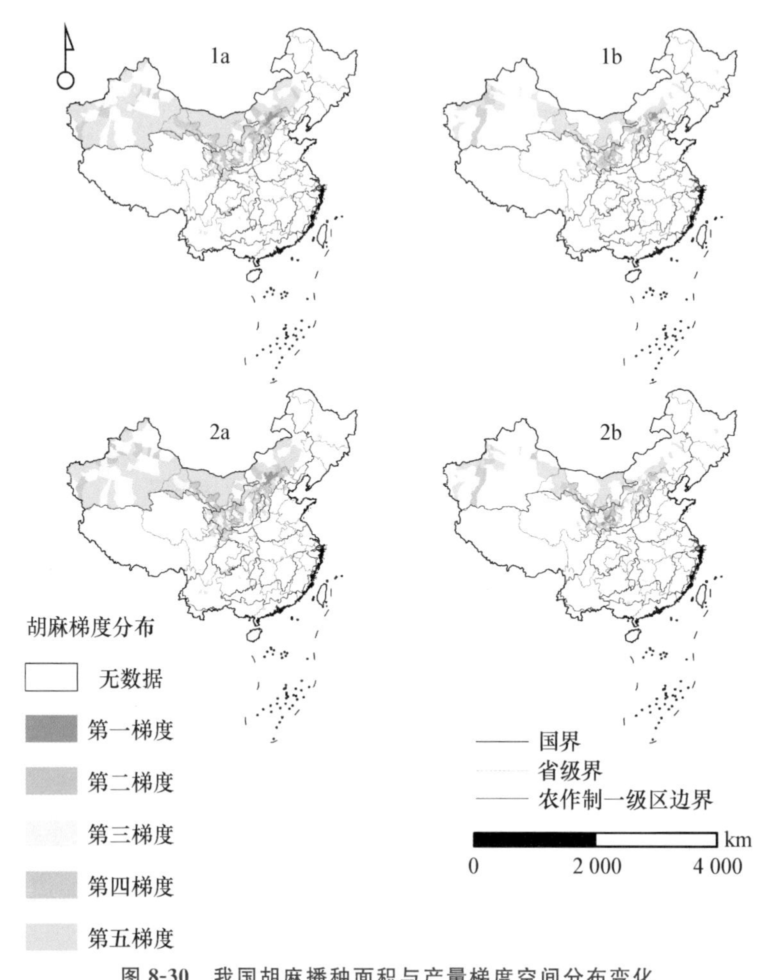

图 8-30　我国胡麻播种面积与产量梯度空间分布变化

（1 和 2 分别代表面积和产量；a 和 b 分别代表 1985 和 2015 年）

我国胡麻分布集中点缩减明显，全国胡麻收获产量第一梯度的县集中于六盘山以东地区，全国胡麻播种面积第一梯度的县集中于阴山以南地区，各梯度分布都有明显的缩减。30年间，全国胡麻种植产量与面积的地区分布呈不断缩减趋势，集中点由阴山以南地区向六盘山以东地区不断转移。

8.5.3　我国胡麻生产重心迁移规律

近30年来，我国胡麻产量重心与面积重心发生较大的迁移，且迁移不同步，产量重心整体位于面积重心的西侧，且迁移幅度略大于面积重心(图8-31)。全国产量重心在1985—2000年期间在内蒙古的阿拉善左旗向西南方向移动，其中1990—1995年略有回迁；2000年后向东南方向移动，途经宁夏利通区、灵武市，最后到达宁夏盐池县。30年间，产量重心迁移总距离为584 km，迁移幅度为303 km，其中2000—2005年迁移距离最大，为161 km，2005—2010年迁移距离最小，为39 km。全国面积重心整体呈现南移的趋势，由内蒙古境内的鄂托克旗开始，途经内蒙古乌审旗、鄂托克前旗，止于内蒙古乌审旗。30年间，面积重心迁移总距离为584 km，迁移幅度为193 km，其中2000—2005年迁移距离最大，为115 km，1995—2000年迁移距离最小，为21 km。

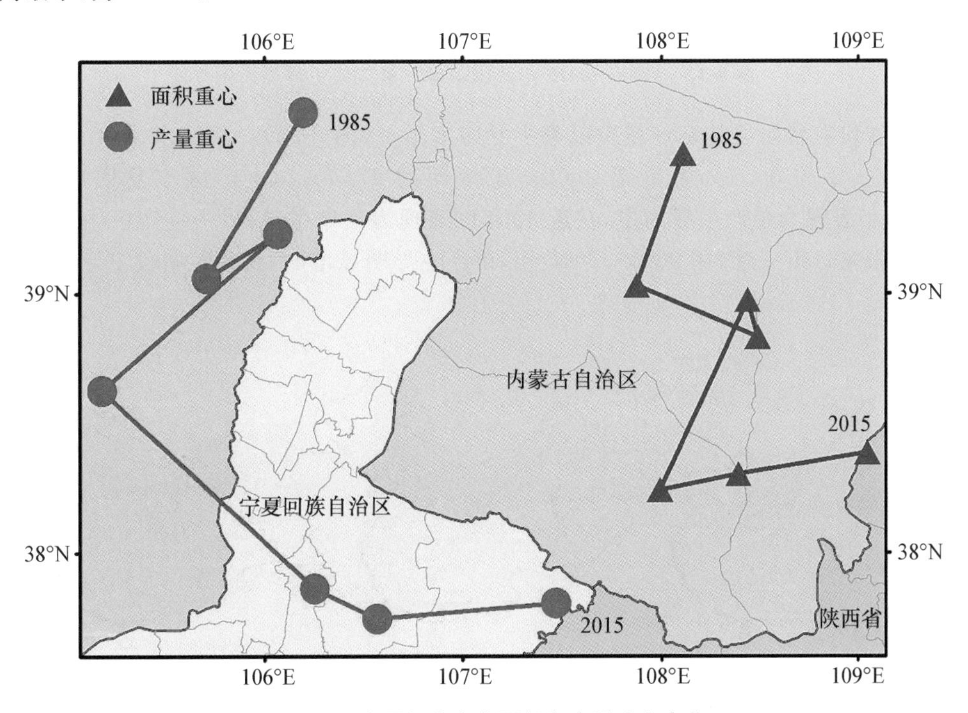

图8-31　我国胡麻生产面积和产量重心变化

8.5.4　我国胡麻产量贡献因素分析

我国胡麻产量贡献由面积和单产交互主导转为面积主导(图8-32)。1985—2000年，我国胡麻产量贡献处于面积和单产交互主导阶段，种植县域中面积主导比例与单产主导比例相近，约为40%。2000年后，转变为面积主导，种植县域中面积主导比例略有波动，约为40%；单产主导比例由2000年的39.7%逐步下降至2015年的30.0%；互作主导的比例由2000年的23.

6%增加至 2015 年的 32.8%。2015 年，面积主导比例为 35.1%，单产主导比例为 30.0%，互作比例为 32.9%。在 2000 年之前，单产主导总县数与面积主导总县数均约为 140 个，2000 年后面积主导总县数稳定保持在 100 个以上，单产主导总县数由 2000—2005 年的 116 个下降至 2010—2015 年的 84 个，互作主导总县数由 2000—2005 年的 76 个上升为 2010—2015 年的 92 个，未来一段时间内互作主导的比例可能超过面积主导比例。

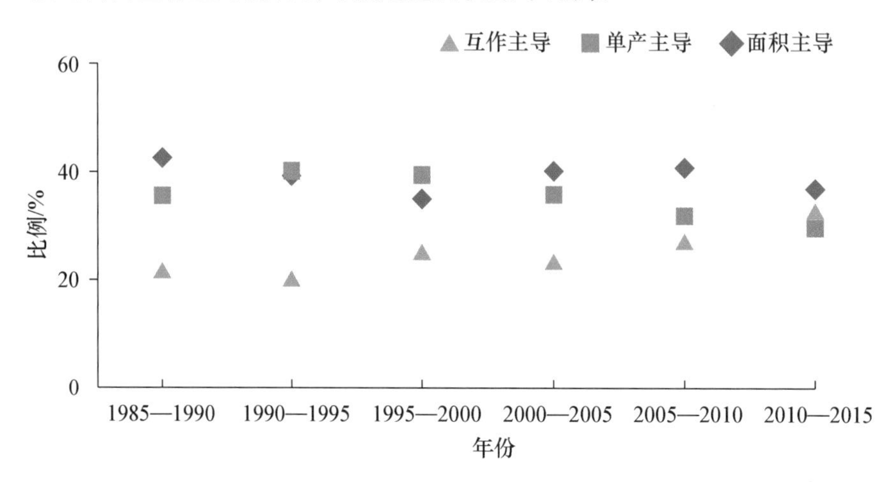

图 8-32　1985—2015 年我国胡麻产量变化主导型比例

各主产省份在各阶段胡麻产量贡献率主导因素不一(图 8-33)。总的来说，互作主导比例由 1985—2000 年的 36.7%上升至 2000—2015 年的 47.4%。主产区宁夏回族自治区在 2000—2015 年表现为单产主导为主，在近 30 年间表现为互作主导；另一主产区内蒙古乌兰察布市及河北张家口市一带，在 2000—2015 年，单产主导明显增加，其余时间段主导类型表现不明显。

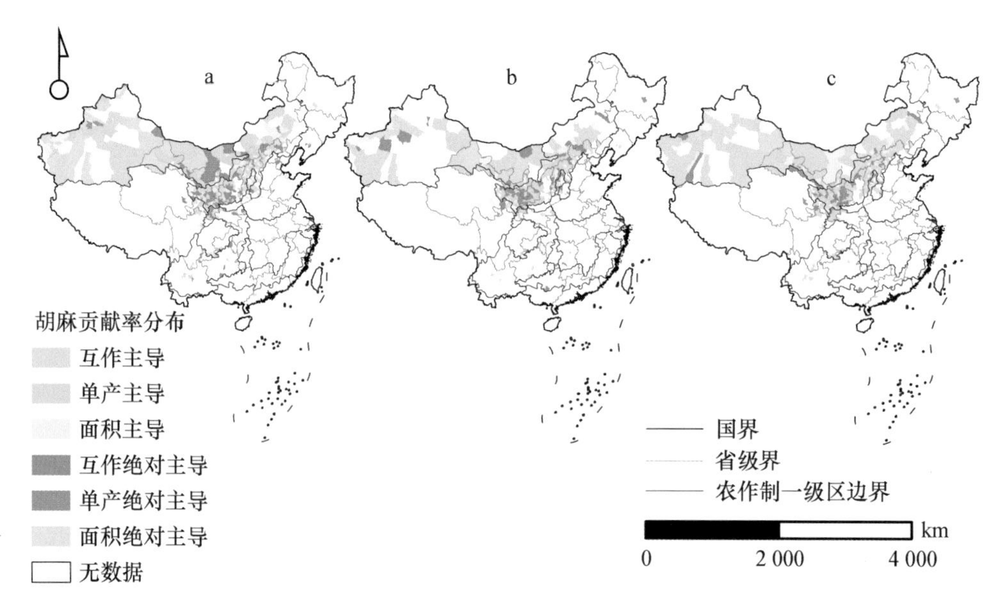

图 8-33　1985—2000 年(a)、2000—2015 年(b)和 1985—2015 年(c)我国胡麻不同产量贡献率主导类型分布

8.5.5　我国胡麻生产优势度分析

30 年间，我国具有胡麻生产优势的县级区域主要集中在河北、山西、内蒙古、甘肃、新疆和宁夏等胡麻主产省份(表 8-15)。1985—2015 年，山西、内蒙古、甘肃、新疆 4 个省份具备胡麻生产优势的县级单元总数均呈现先上升后下降的变化；河北和宁夏地区的波动较小，变化不明显。比较优势最为明显的优势区域为甘肃省，具备播种面积优势和单产优势的县数均最多。

表 8-15　1985—2015 年我国胡麻主产省份生产优势度县数分布　　个

年份	河北	山西	内蒙古	甘肃	宁夏	新疆	其他[1]
综合比较优势指数							
1985	10(5)[2]	39(10)	42(16)	55(30)	12(7)	30(21)	9(7)
1990	10(2)	40(12)	40(14)	60(39)	13(7)	47(33)	13(3)
1995	9(4)	38(8)	43(21)	61(43)	12(7)	40(28)	19(13)
2000	11(0)	39(13)	40(15)	63(45)	13(7)	31(26)	21(6)
2005	10(0)	34(6)	26(12)	63(50)	14(8)	22(21)	15(8)
2010	10(1)	36(6)	25(9)	60(49)	15(11)	20(15)	16(10)
2015	10(2)	28(3)	29(8)	56(41)	14(11)	14(8)	11(5)
规模比较优势指数							
1985	11	39	42	55	13	30	12
1990	11	41	39	61	14	43	13
1995	11	40	41	60	11	30	20
2000	10	38	37	61	12	26	15
2005	9	38	30	61	15	21	16
2010	11	37	31	58	14	20	16
2015	11	32	31	52	13	12	11
效率比较优势指数							
1985	8	24	21	45	11	50	19
1990	6	28	20	47	11	44	13
1995	7	20	27	57	13	48	26
2000	6	19	24	56	8	38	27
2005	3	13	20	61	8	31	23
2010	2	13	13	57	14	25	15
2015	3	9	14	50	13	16	12

注：[1] 表示除主产地区外具备胡麻生产优势的县数总和；[2] 括号中数字表示同时具备胡麻生产综合、规模、效率比较优势的县数总和。

8.5.6　我国胡麻生产驱动力因素概述

1985—2015 年，我国胡麻播种面积持续减小，其中 1997—2007 年，播种面积有长达 10 年的锐减。直至 2007 年，胡麻播种面积数年大幅度下滑的情况得以改变，胡麻面积虽略有下降但趋于稳定。产生这些变化的原因是多方面的。在政策方面，主要是受到我国以保证粮食作物的播种面积为主的农业产业结构影响，国家没有对胡麻等小宗油料作物的补贴，且随着生产资料成本上升，种植效益逐年下降(Suryanarayana et al.，2008)，直到2007年《国务院办公厅关于促进油料生产发展的意见》、2008年《中共中央、国务院关于2009年促进农业稳定发展农民持续增收的若干意见》等的发布，胡麻等特色油料作物的种植才重新得到重视。在经济方面，我国于2001年加入世界贸易组织(WTO)，进口价格的降低促进了我国胡麻的进口量的增长；人民生活条件逐渐改善后对保健、营养等的追求，促使胡麻的价格上升，收益增加。在生产方面，通过优质新品种选育与推广取得巨大突破，鉴定了多种优良新品种，获得了可遗传的温敏雄性不育系，进一步提高杂种优势利用效率；农田旧膜再利用等新型耕作方式可在兼顾保水的情况下有效增产。

近30年来，我国胡麻的种植范围虽然缩减，但有明显的区域优势。胡麻是喜凉爽和干燥气候的长日照作物，生育期≥5 ℃积温需求为1 400～2 200 ℃，幼苗阶段可以忍耐－6 ℃的短暂低温(伊六喜等，2017)，生长季节降水量需求为250～390 mm，对土壤适应性强，在含盐量为0.2%以下的碱性土壤中也能种植。胡麻耐寒、耐旱等特性与主产地新疆、甘肃等西北地区降水稀少、气候干旱、盐碱地区面积大且利用率低(郑立等，2012)的生态条件相适应。

1985—2015年，全国胡麻种植单产水平是不断提升的；而播种面积却持续减小，其中1997—2007年，播种面积有长达10年的锐减。直至2007年，胡麻播种面积数年大幅度下滑的情况得以改变，胡麻面积虽略有下降但趋于稳定。我国胡麻产量和面积分布一致，主要分布省份有河北、山西、内蒙古、甘肃、新疆和宁夏。30年间，我国胡麻播种面积与产量梯度分布情况基本一致，波动较小；而种植产量与面积的地区分布呈不断缩减趋势，且种植产量的分布变化略大于播种面积的变化；集中点由阴山以南地区向六盘山以东地区不断转移。30年来，我国胡麻产量重心与面积重心发生较大的迁移，且迁移不同步，产量重心整体位于面积重心的西侧，且迁移幅度略大于面积重心，主要发生在内蒙古与宁夏两自治区内。

1985—2015年，我国胡麻产量贡献由面积和单产互作主导转为面积主导，且各主产省份在各阶段产量贡献率主导因素不一。30年间，我国具有胡麻生产优势的县级区域主要集中在河北、山西、内蒙古、甘肃、新疆和宁夏等胡麻主产省份，比较优势最为明显的优势区域为甘肃省。

8.6 芝　麻

8.6.1 1985—2015年我国芝麻生产时空分布变化

1985—2015年，我国芝麻生产有2个重要转折点，为1989年和2003年(图8-34)。1989年前，播种面积与产量均处于持续下降的状态，而单产也呈缓慢下降状态；1989—2002年，芝麻产量处于波动上升状态，单产处于快速增长期，而面积处于波动稳定期。2003年，芝麻单产有所下降，产量也随之下降；2003年以后，单产持续增长，面积和产量处于减少状态并最后趋于平稳。2000年之前，芝麻播种面积处于波动状态，而2000年以后，播种面积基本处于缓慢减少状态，最大面积值出现在1986年，为100.7万hm^2；最小值出现在2013年，仅30.0

万 hm^2。产量变化波动明显，1989 年以前，产量变化较为平稳，1989—2002 年为产量快速上升，但 2003 年骤降后，芝麻产量趋于平稳；产量在 2002 年达到最高值，为 89.5 万 t。单产在 1989 年以前波动平缓；1989 年后则快速增长；2015 年单产最高，达到 1 494.9 kg/hm^2，为最低值 467.3 kg/hm^2（1989 年）的 3.2 倍。

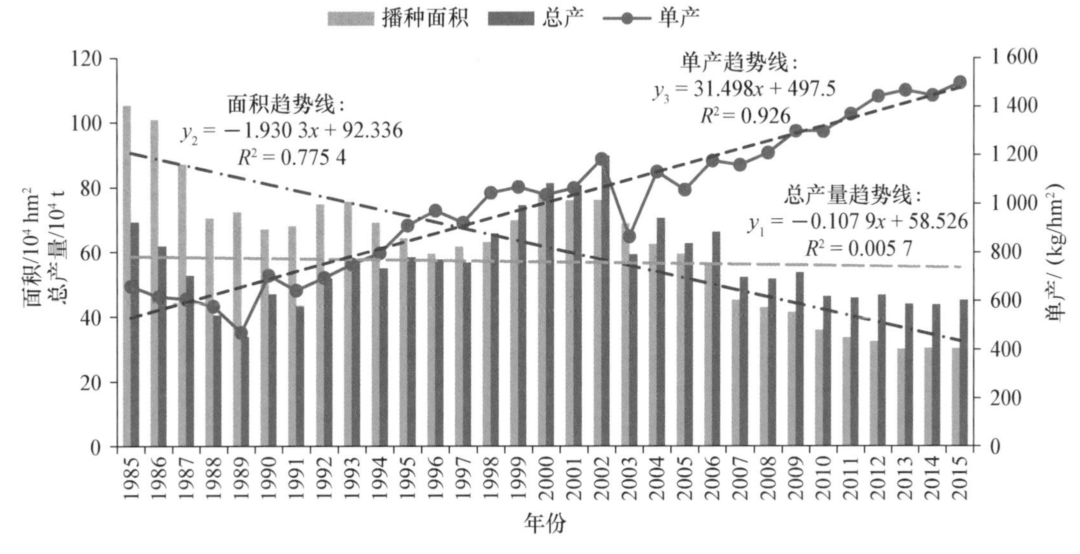

图 8-34　1985—2015 年我国芝麻的总产量、面积和单产变化

我国芝麻产量（图 8-35）和面积的分布基本一致，主要种植省份有辽宁、河南、湖北、安徽、内蒙古、吉林和江西，主要集中在大别山山脉地区和辽宁省西北部。1985 年，芝麻产量与面积除分布于大别山山脉地区和辽宁省西北部以外，我国华南、华北地区均有所分布；2000 年，辽宁西北部的芝麻产量与面积缩减，而在大别山山脉地区的芝麻播种面积基本不变，产量略有增加；2015 年，全国芝麻产量与面积均减少，只在大别山脉分布较为集中。

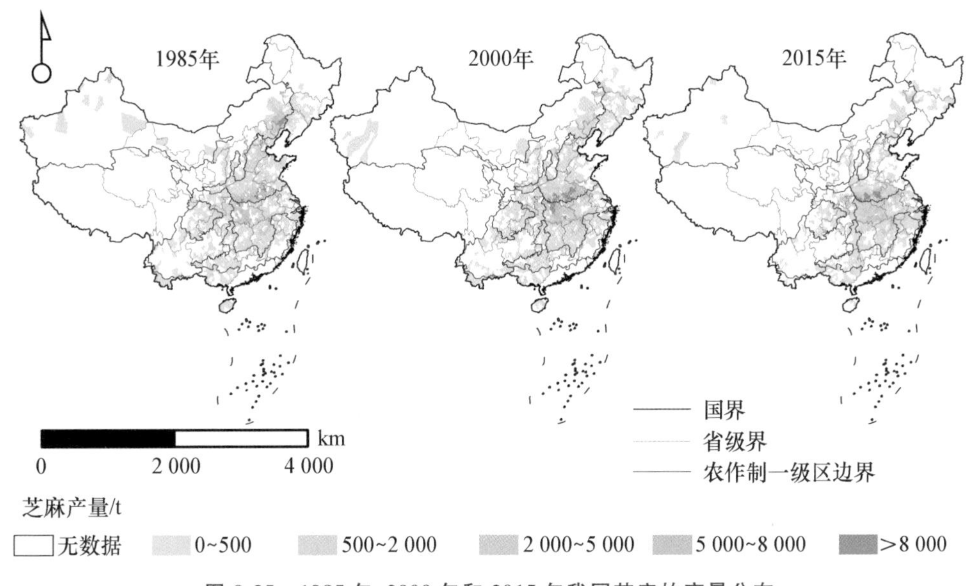

图 8-35　1985 年、2000 年和 2015 年我国芝麻的产量分布

近 30 年间，我国芝麻单产水平是不断提升的（图 8-36）。1985 年，全国单产水平普遍较低，处于低产水平（600～900 kg/hm²）及低产水平之下（＜600 kg/hm²）；2000 年，全国芝麻种植单产水平明显提升，处于中高产水平（900～1 350 kg/hm²）；2015 年，全国单产水平进一步明显提升，处于高产水平（1 125～1 350 kg/hm²）及高产水平以上（＞1 350 kg/hm²），低产区域有明显的减少。

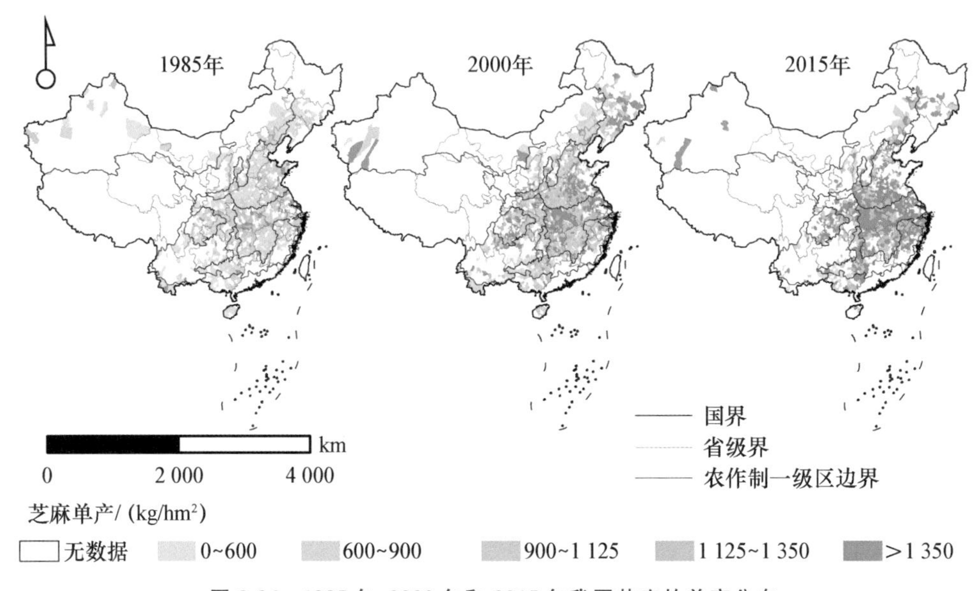

图 8-36　1985 年、2000 年和 2015 年我国芝麻的单产分布

8.6.2　我国芝麻生产集中度分析

近 30 年间，我国芝麻播种面积与产量梯度分布情况基本一致，波动较小（图 8-37）。在芝麻种植县中，占芝麻播种面积和产量的 0～20％、20％～50％、50％～80％、80％～95％、0～100％

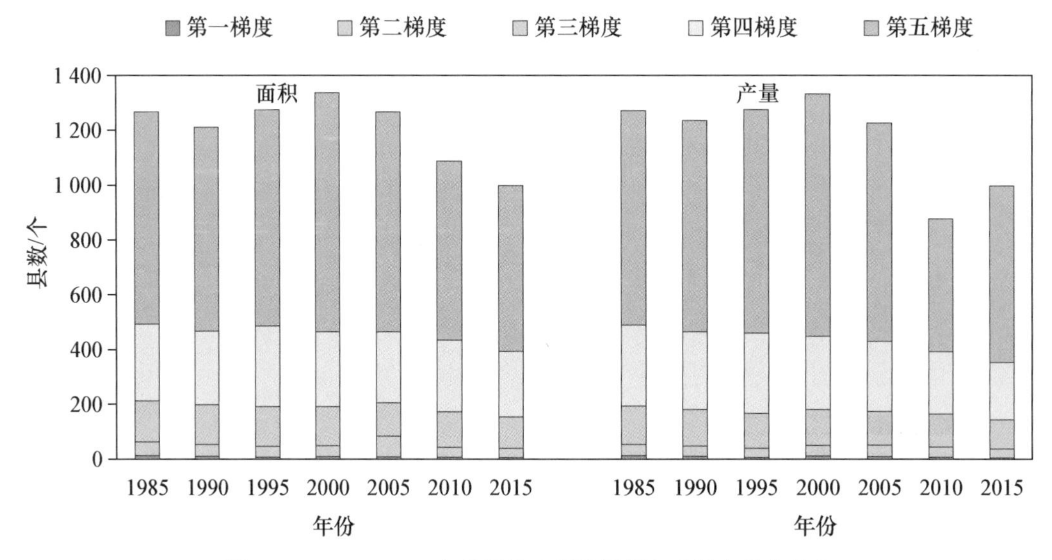

图 8-37　1985—2015 年我国芝麻播种面积与产量各梯度分布

的县数分别约占全国种植芝麻中县数的1%、3%、11%、22%、63%。比例波动主要出现在2000—2005年,我国芝麻种植区域达到50%的县数明显增加,增加3%;2000—2005年,我国芝麻种植区域达到50%的县数明显减少,减少3%。

近30年来,我国芝麻种植的地区分布发生了一定的变化,相较于芝麻播种面积而言,其产量的变化略大(图8-38)。1985年芝麻生产集中度比例处于前20%的县主要分布于大别山地区、辽宁西北部与内蒙古东南部。2000年芝麻面积集中度比例处于前20%的县集中于河南南部,处于50%~80%的县主要分布于湖北中部与安徽北部、吉林西北部。2015年芝麻面积集中度比例处于前20%的集中于河南南部,处于50%~80%的县主要分布于吉林西北与河南南部、湖北东部。

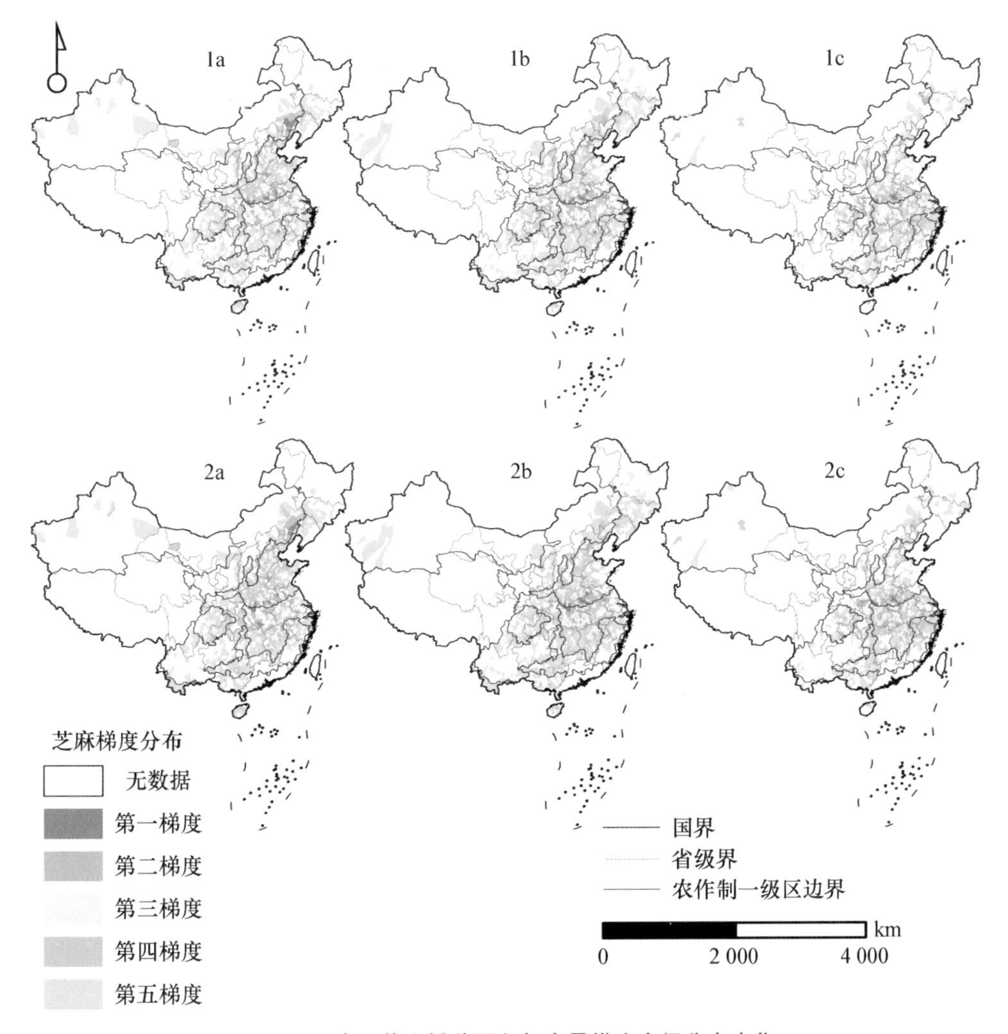

图8-38　我国芝麻播种面积与产量梯度空间分布变化

(1和2分别代表面积与产量;a、b和c分别代表1985年、2000年和2015年)

8.6.3　我国芝麻生产重心迁移规律

近30年来,我国芝麻产量重心与面积重心向南同步迁移(图8-39)。全国芝麻产量重心在从河南省郸城县向西南方向移动，途径正阳县、平舆县、项城市、平桥区，最后到达河南省浉河区。期间，产量重心迁移总距离为 518 km，迁移幅度为 252 km，其中 1985—1990 年迁移距离最大，为 174 km，1995—2000 年迁移距离最小，为 39 km。全国芝麻面积重心由河南省睢阳区开始向西南方向移动，途径平舆县、项城市、平桥区，最后也到达河南省浉河区。期间，面积重心迁移总距离为 593 km，迁移幅度为 344 km，其中 1985—1990 年迁移距离最大，为 238 km，1995—2000 年迁移距离最小，为 19 km。

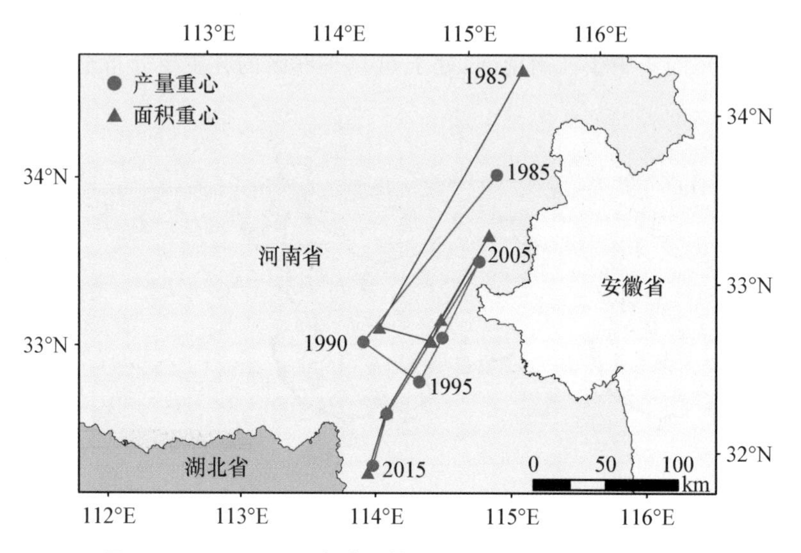

图 8-39　1985—2015 年我国芝麻播种面积和产量重心变化

8.6.4　我国芝麻产量贡献因素分析

我国的芝麻产量贡献始终以面积主导为主(图 8-40)。芝麻种植县中，面积主导比例由 1985 年 48.7%降至 1990 年的 40.0%后逐步上升至 2010 年的 49.9%，但在 2015 年又下降至 42.5%。单产主导比例除了在 1990 年达到 34.6%以外，其他年份都保持着在 24%～29%的区间内。互作主导的比例一直保持着小幅度的波动，维持在 23%～30%的区间内。

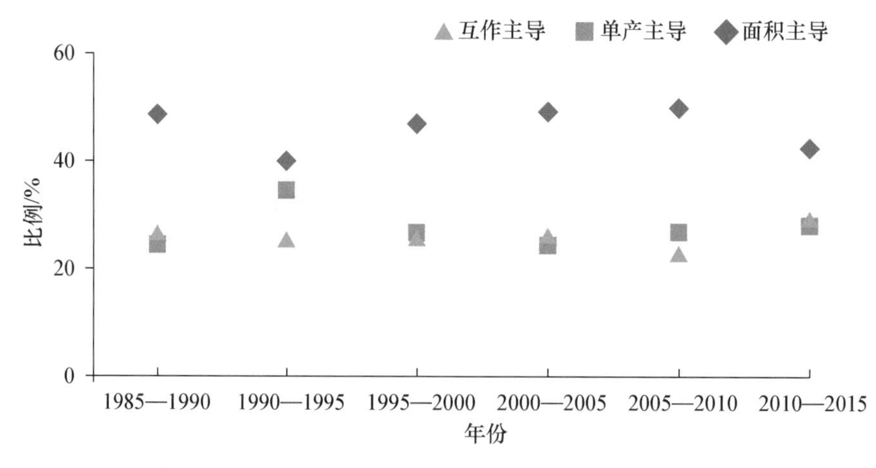

图 8-40　1985—2015 年我国芝麻产量贡献主导类型县比例

近 30 年间,我国芝麻各主产省份在各阶段产量贡献主导因素不一(图 8-41)。总体来说,芝麻产量增加较明显的河南、湖北和安徽 3 省以单产和互作主导为主,而在 2010—2015 年,产量增长又以面积主导为主。总体来讲,芝麻产量下降较明显的新疆、辽宁和吉林 3 省(自治区)产量下降主要以互作主导为主。

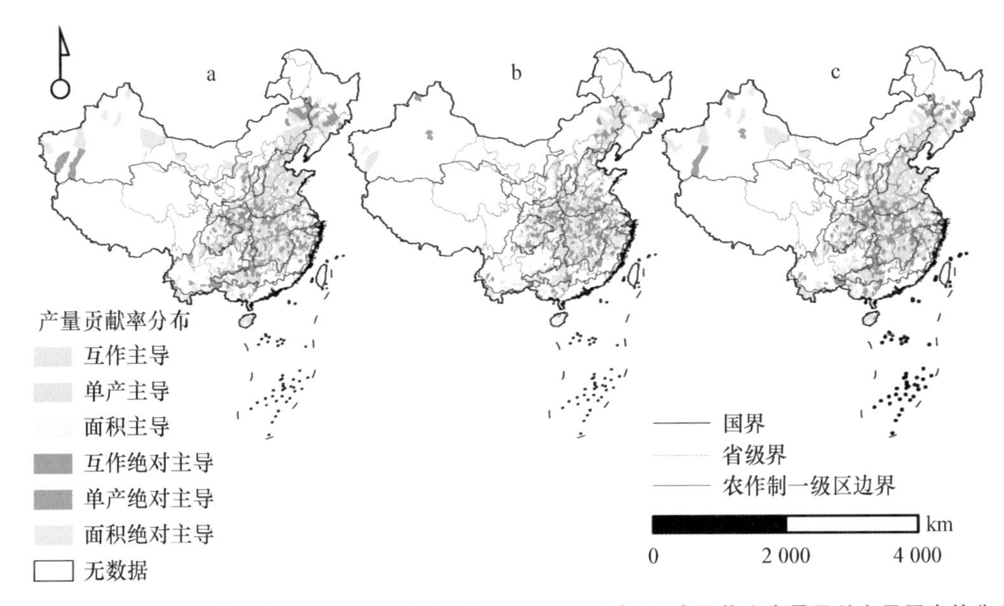

图 8-41　1985—2010 年(a)、2010—2015 年(b)和 1985—2015 年(c)我国芝麻产量贡献主导因素的分布

8.6.5　我国芝麻生产优势度分析

近 30 年间,我国具备芝麻生产综合比较优势、效率优势和规模优势的县级区域主要集中在河北、江苏、安徽、江西、河南、湖北、湖南、陕西、新疆等省份(表 8-16)。1985—2015 年,在河南、湖北、安徽、江西四大主产省中,具备三项优势度的县数无明显变化;河北、山西、辽宁 3 省则均减少;而江苏、浙江两省增加。常年具备比较优势的县数最多的两个省份为河南省和湖北省,且其规模优势和综合优势较为明显。

表 8-16　我国具备芝麻生产优势的县数分布　　个

省份	1985 年	1990 年	1995 年	2000 年	2005 年	2010 年	2015 年
综合比较优势指数							
河北	68(5)[1]	47(3)	38(5)	25(0)	26(2)	19(6)	18(3)
山西	22(12)	30(25)	22(8)	25(10)	9(2)	6(2)	3(0)
辽宁	17(1)	4(1)	7(1)	8(1)	7(1)	4(2)	0(0)
吉林	0(0)	0(0)	1(0)	5(4)	10(4)	4(2)	2(1)
江苏	3(3)	3(2)	6(2)	14(7)	10(8)	10(6)	15(11)
浙江	1(1)	4(0)	3(2)	4(2)	6(4)	19(11)	22(14)
安徽	36(27)	40(15)	35(22)	50(33)	49(18)	52(21)	53(19)
江西	18(4)	26(6)	34(15)	31(7)	25(12)	26(8)	37(9)

续表8-16

省份	1985年	1990年	1995年	2000年	2005年	2010年	2015年
河南	53(15)	72(31)	65(31)	75(30)	79(30)	74(31)	65(30)
湖北	51(40)	48(40)	51(34)	58(44)	53(43)	57(38)	73(44)
陕西	3(2)	11(3)	10(3)	26(10)	25(11)	27(14)	12(3)
新疆	2(1)	2(2)	0(0)	0(0)	0(0)	3(1)	6(3)
其他[2]	35(15)	22(5)	15(4)	23(7)	31(12)	29(10)	30(10)
规模优势指数							
河北	78	64	57	33	24	19	20
山西	18	30	24	27	10	9	7
辽宁	20	4	8	8	6	3	0
吉林	0	0	1	6	11	4	2
江苏	3	2	2	7	8	9	15
浙江	2	3	4	4	4	15	26
安徽	34	40	35	54	51	54	55
江西	18	25	34	33	28	34	38
河南	68	86	69	79	81	79	71
湖北	47	48	44	55	51	57	72
陕西	4	13	21	28	25	27	14
新疆	1	2	0	0	0	2	6
其他[2]	42	27	23	28	27	35	32
效率优势指数							
河北	26	26	29	20	42	30	18
山西	39	48	28	16	19	11	6
辽宁	7	11	12	10	22	9	2
吉林	14	1	14	21	16	11	10
江苏	60	55	53	57	46	35	33
浙江	43	34	26	39	58	44	41
安徽	59	43	43	51	43	46	37
江西	20	32	36	20	25	19	17
河南	22	46	54	58	60	61	53
湖北	55	48	56	61	61	43	50
陕西	19	27	18	33	34	27	7
新疆	4	4	2	2	0	3	4
其他[2]	208	197	186	180	204	124	95

注：[1] 括号中数字表示芝麻生产三个指标均优势的县数之和；[2] 表示除主产省外具备芝麻生产优势的县数总和。

8.6.6 我国芝麻生产驱动力因素概述

在2005年之前，为确保我国粮食安全，我国对大宗粮食作物生产极度重视，而对小宗作物

(如小杂粮和油料作物等)的重视程度日渐减退,技术服务难以保证,良种拿不到补贴,致使我国芝麻播种面积不断缩减。通过“948”项目,我国主要粮食作物和经济作物相继引进了国外的品种资源和新的技术,并基本建立了相应的遗传育种创新平台,并于 2005 年,芝麻等特色农产品以及畜产品上也得以延伸,并已经取得了良好的开端,这一举措使得我国芝麻单产水平得以提升。2007 年,国家进一步明确油料生产发展的基本原则、目标和任务,开始积极开发特种油料,因地制宜,大力发展芝麻、胡麻、油葵、油茶等作物生产,加强生产管理(郭鹏燕等,2007),这使我国芝麻单产水平不断提高。

2001 年我国加入 WTO 后,国际市场上的芝麻供不应求,销售渠道在国际市场上日益拓宽(郭鹏燕等,2007)。但随之要面对的是进口芝麻的价格低于国内芝麻,一定程度上,农民种植芝麻的积极性下降,同时,也使得我国芝麻进口量大幅度增加。

芝麻原产于热带,为喜温作物,芝麻整个生育期所需≥10 ℃的活动积温在 2 156 ℃以上,日照时数应在 479 h 以上,而其生育期会因品种、地域环境的因素的影响而有所不同,一般集中在 80～110 d。我国芝麻种植主要分布在黄淮与江淮流域,该地区气候温和、光照充足、雨量充沛,雨季主要集中在每年的 6—8 月,无霜期长,而且该地区进入 9 月以后,雨量逐渐较少,这有利于后期成熟和收获,且该地土壤主要有黑土、砂姜黑土、潮土、黄棕壤 4 类,适宜芝麻生长发育。

同时,芝麻是一种对气候和栽培条件均极为敏感的作物,在不利的条件下生长发育将会受到很大的影响。尤其是在芝麻花期和灌浆期,易发生湿害,一旦发生就会造成平均减产 19%以上,严重影响芝麻的总产量。除此之外,其易受茎点枯病和枯萎病这两种主要病害的影响,常年发病率分别在 30%和 15%左右,重者为 50%～70%(刘红艳等,2005)。

经多年品种改良,芝麻新品种的抗病性虽有了一定的提高,但离生产要求还存在较大的距离,抗病性差依旧是限制芝麻产业发展的主要因素。张秀荣等从检测出的多态性 DNA 片段和聚类结果分析,得出芝麻种质遗传多样性的差异程度与地理分布有关,因此,重视和大量引进地理较远的国外种质,对进一步丰富我国芝麻基因库的遗传多样性非常重要。然而,我国在 2005 年前对芝麻遗传特性方面的研究较为欠缺,导致芝麻单产相对于其他大宗作物较低,对我国芝麻种植形成了一定的阻碍。芝麻病害的发生与其本身的不宜连作等特性导致栽培等管理措施相对于大宗作物要显得较为复杂,需要一定的时间及成本才可完成。

1985—2015 年,我国芝麻单产在全国范围内持续上升;河南、湖北、安徽 3 省的芝麻产量和面积均呈现先增加后下降的趋势;而辽宁西北部与内蒙古东南部产量和面积均呈现下降状态。30 年间,我国芝麻播种面积与产量的集中度情况基本一致,主要集中在河南、湖北、安徽 3 省。30 年间,我国芝麻产量重心与面积重心向南迁移,且迁移较为同步均在河南省境内。我国的芝麻产量贡献始终保持面积主导;芝麻种植县域中,面积主导比例 1990 年有所下降后逐步上升至 2010 年,但在 2015 年又有所下降;单产主导比例除 1990 年有所上升外,其他年份都保持着在微小波动区间内;互作主导的比例一直保持着小幅度的波动。安徽、河南和湖北均有较高的综合优势指数、规模优势指数和效率优势指数,其中以规模优势指数最为突出。

参考文献

[1]白亮亮,蔡甲冰,刘钰,等.灌区种植结构时空变化及其与地下水相关性分析[J].农业机械学报,2016,47(9):202-211.

[2]崔良基,刘悦,王德兴.我国发展向日葵生产潜力及对策[J].杂粮作物,2008(5):336-338.

[3]葛玉彬.食用向日葵主要农艺性状及产量遗传分析[D].兰州:甘肃农业大学,2016.

[4]郭鹏燕,左联忠,王彩萍,等.我国芝麻市场前景分析与发展对策[J].陕西农业科学,2007(2):128-129.

[5]黄绪堂,王文军,张明,等.黑龙江省向日葵产业存在的问题和发展建议[J].黑龙江农业科学,2010(9):4-6.

[6]李昊儒,毛丽丽,梅旭荣,等.近30年来我国粮食产量波动影响因素分析[J].中国农业资源与区划,2018,39(10):1-10.

[7]李全中."一带一路"建设对我国农业对外发展环境的影响研究[J].中国农业资源与区划,2018,39(6):23-27.

[8]刘红艳,赵应忠.我国芝麻生产·育种现状及展望[J].安徽农业科学,2005,33(12):2475-2476.

[9]卢锋,梅孝峰.我国"入世"农业影响的省区分布估测[J].经济研究,2001(4):67-73.

[10]韦炳奇,董玉新,王立雪,等.河套灌区小麦套种晚播向日葵高产节水群体构建[J].内蒙古农业大学学报(自然科学版),2018,39(5):22-27.

[11]伊六喜,斯钦巴特尔,贾霄云,等.胡麻种质资源、育种及遗传研究进展[J].中国麻业科学,2017,39(2):81-87.

[12]张雯丽."十三五"以来中国油料及食用植物油供需形势分析与展望[J].农业展望,2018,14(11):4-8.

[13]章胜勇.中国油料作物比较优势及生产布局研究[D].武汉:华中农业大学,2005.

[14]郑立,杨作范.我国西北地区胡麻产业发展的必要性及对策[J].现代农业科技,2012(15):313+315.

[15]SURYANARAYANA C,RAO K C,KUMAR D. Preparation and characterization of microcapsules containing linseed oil and its use in self-healing coatings[J]. Progress in Organic Coatings,2008,63(1):72-78.

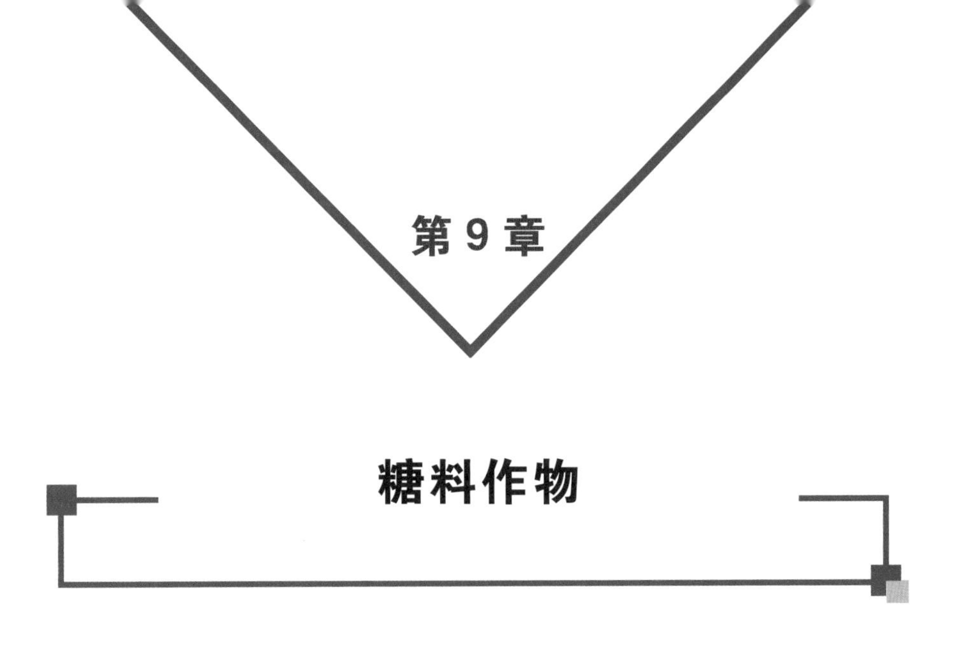

糖料作物

我国糖料作物主要包括甘蔗和甜菜。2018 年甘蔗的播种面积为 140.58 万 hm^2，产量为 10 809.71 万 t，分别占糖料作物总播种面积和总产量的 86.62%和 90.55%；甜菜的播种面积为 21.61 万 hm^2，产量为 1 127.66 万 t，分别占糖料作物总播种面积和总产量的 13.32%和 9.45%。甘蔗属于禾本科甘蔗属，为喜温、喜光的 C4 作物，目前，世界甘蔗主要集中分布在 33°N～30°S 之间，其中以 25°N～25°S 之间的甘蔗分布较为集中(樊仙等，2016)。甜菜属于藜科甜菜属，是具有耐低温、耐盐碱和耐寒等栽培特性的 C3 作物(朱海安等，2006)，主要在 30°～60°N 和 25°～35°S 地带种植(朱格麟等，1996)。中国糖业发展目前面临原料主产区土壤贫瘠灾害频发、品种单一易退化、种植技术缺乏创新、机械化程度低和生产成本较高等问题，因此，合理布局我国糖料作物生产对糖业提质增效和产业发展至关重要。本章基于 1985—2015 年全国、各省份及县域的甘蔗和甜菜生产数据，分析了我国甘蔗和甜菜面积、产量及单产的时空变化特征，揭示了甘蔗和甜菜的重心迁移轨迹和集中度及产量贡献率变化，同时评估了全国各县域甘蔗和甜菜的生产优势度，并对其驱动因素进行讨论，以期为我国种植业结构调整和糖料作物生产布局提供数据支撑和理论依据。

9.1 1985—2015 年我国糖料作物生产时空变化

9.1.1 1985—2015 年全国糖料作物生产时间变化

近 30 年间，我国糖料作物中甘蔗种植县数变化不大，甜菜种植县数锐减，甘蔗播种面积和产量及其占糖料作物总播种面积和总产量比例均呈增加趋势，甜菜播种面积和产量及其占糖料作物总播种面积和总产量比例均呈下降趋势，甘蔗和甜菜单产均有所提高，甜菜单产提高程度显著(表 9-1)。1985—2015 年，甘蔗种植县数呈先升后降趋势，变化不明显，总县数减少了

7.87%，甜菜种植总县数呈持续下降趋势，变化显著，总县数减少了62.17%。播种面积方面，1985—2015年，甘蔗播种面积呈持续上升趋势，2010—2015年略下降5.14%，总体增加了65.81%，甜菜播种面积呈先上升后下降的趋势，1985—1995年上升了23.93%，1995年之后呈持续下降趋势，30年间总共减少了82.79%。甜菜播种面积占糖料作物总面积的比例从一开始的36.75%逐步下降，直到2015年占比为5.69%，甘蔗播种面积占糖料作物总面积的比例从一开始的63.25%逐步上升，直到2015年占比达94.31%。总产量方面，1985—2015年，甘蔗总产量持续上升，30年间增加了126.91%，甜菜的产量呈先上升后波动下降的趋势，1985—1995年甜菜产量增加了56.80%，之后波动下降，30年间总共降低了42.95%。甜菜产量占糖料作物总产量的比例，先升后降，从1985年的14.75%逐步升高到1990年的20.13%，之后呈波动下降趋势，2015年甜菜产量占糖料作物总产量仅4.17%；甘蔗产量占糖料作物总产量的比例从1985年的85.25%逐步下降到1990年的79.87%，之后呈持续上升趋势，2015年甘蔗产量占糖料作物总产量达95.83%。糖料作物单产都呈增加趋势，1985—2015年，甘蔗单产增加了37%，甜菜单产增加了231.51%，变化显著。

表9-1 1985—2015年全国糖料作物生产时间分布

	作物	1985年	1990年	1995年	2000年	2005年	2010年	2015年
县数/个	甘蔗	979	1 016	1 045	1 022	1 035	976	902
	甜菜	415	362	372	309	230	194	157
面积/10^4 hm^2	甘蔗	96.48	100.88	112.58	118.52	135.44	168.63	159.97
	甜菜	56.05	67.03	69.46	32.93	21.00	18.55	9.65
占总面积/%	甘蔗	63.25	60.08	61.84	78.26	86.57	90.09	94.31
	甜菜	36.75	39.92	38.16	21.74	13.43	9.91	5.69
产量/10^4 t	甘蔗	5 154.90	5 762.00	6 541.60	6 827.98	8 663.80	11 078.87	11 696.80
	甜菜	891.86	1 452.45	1 398.40	807.35	788.11	705.12	508.79
占总产量/%	甘蔗	85.25	79.87	82.39	89.43	91.66	94.02	95.83
	甜菜	14.75	20.13	17.61	10.57	8.34	5.98	4.17
单产/(kg/hm^2)	甘蔗	53 429.73	57 117.37	58 106.24	57 611.66	63 967.81	65 699.28	73 120.84
	甜菜	15 912.72	21 667.69	20 132.45	24 517.90	37 523.69	38 018.01	52 751.68

9.1.2 1985—2015年全国糖料作物生产空间变化

我国糖料作物空间上呈南北分布局势，甜菜在北，甘蔗在南，30年间两种作物面积和产量均呈由东向西内移趋势(图9-1)。我国甜菜主要分布在华北、西北和东北等北纬40°以北的区域，1985—2015年，黑龙江、吉林、甘肃和宁夏四省的甜菜种植逐步减少，新疆和河北等地的甜菜种植逐步增多，面积和产量空间变化趋势一致，甜菜种植从东部地区向西内移，并逐渐集中于新疆和内蒙古。我国甘蔗主要分布在桂中南、滇西南、粤西琼北等优势区域，1985—2015年，广东、海南和福建三省的甘蔗种植逐步减少，广西和云南等地的甘蔗种植逐步增多，面积和产量空间变化趋势一致，甘蔗种植从东部地区向西内移，并逐渐集中于广西和云南。

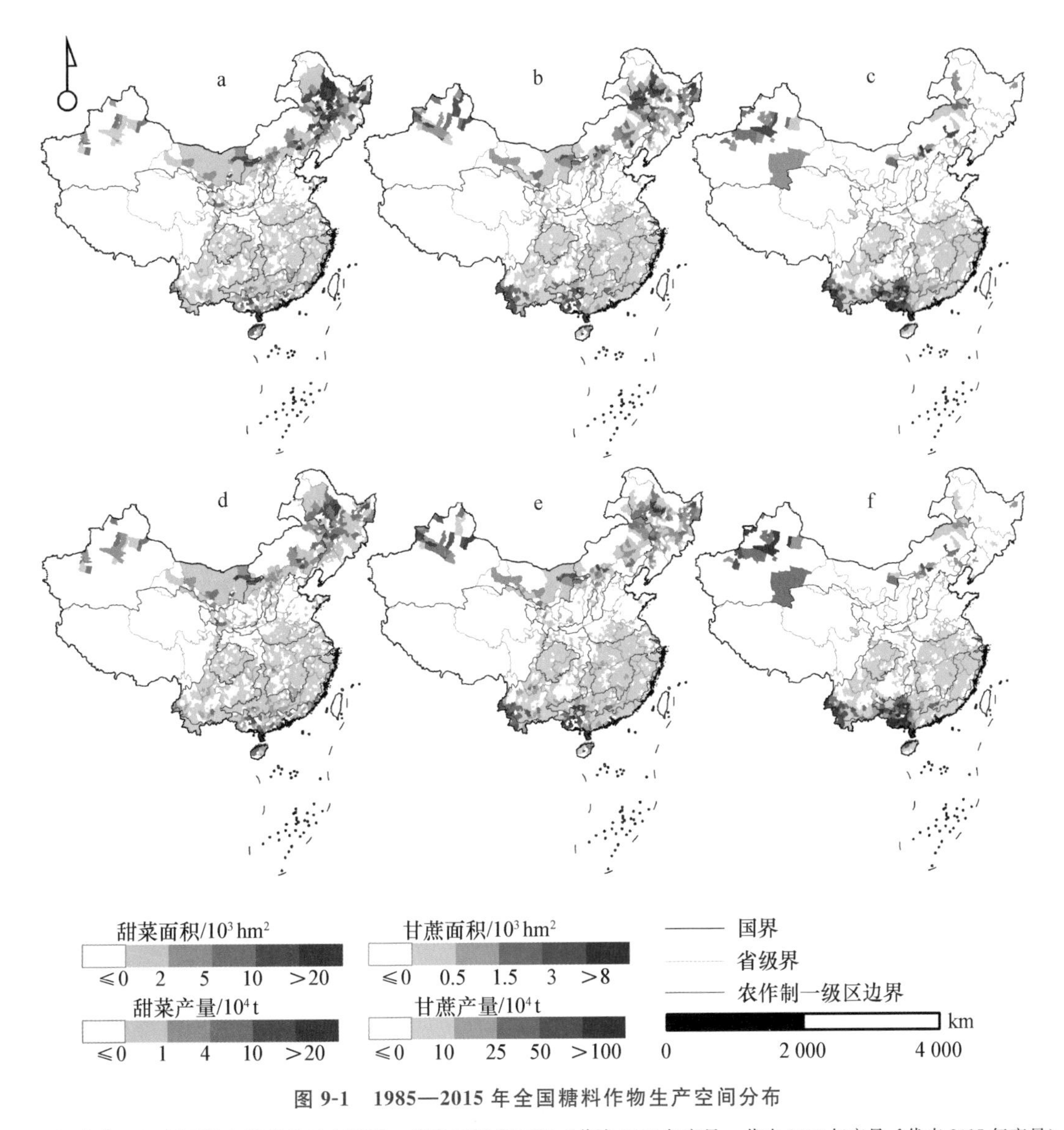

图 9-1　1985—2015 年全国糖料作物生产空间分布

（a 代表 1985 年面积，b 代表 2000 年面积，c 代表 2015 年面积，d 代表 1985 年产量，e 代表 2000 年产量，f 代表 2015 年产量）

9.2 甘　蔗

9.2.1 我国甘蔗生产的发展动态

1985—2019 年，我国甘蔗播种面积和总产量变化一致，呈先波动增长后下降趋势，单产波动性上升(图 9-2)。1985—1991 年为甘蔗生产波动上升期，播种面积由 96.48 万 hm^2 上升至 116.37 万 hm^2，产量由 5 154.90 万 t 上升至 6 789.70 万 t，面积和产量分别增加了 20.62%和 31.71%，1987 年为甘蔗种植面积和总产量最低值，分别为 85.89 万 hm^2 和 4 736.30 万 t。

1991—2013 年为甘蔗生产快速波动上升期，播种面积由 116.37 万 hm^2 上升至 181.60 万 hm^2，产量由 6 789.70 万 t 上升至 12 820.10 万 t，面积和产量分别增加了 56.05%和 88.82%，平均波动周期为 5～6 年，2～3 年增产，2～3 年减产，2001 年我国加入 WTO 后，波动上升趋势显著。2013—2019 年为甘蔗生产波动下降期，播种面积由 181.60 万 hm^2 下降至 139.07 万 hm^2，产量由 12 820.10 万 t 下降至 10 938.81 万 t，面积和产量分别降低了 23.42%和 14.67%，2013 年为我国甘蔗种植面积和总产量最高值，分别为 181.60 万 hm^2 和 12 820.10 万 t，分别是 1987 年最低值的 2.11 倍和 2.71 倍。34 年间甘蔗单产呈波动上升趋势，由 1985 年的 53 429.73 kg/hm^2 上升至 2019 年的 78 655.17 kg/hm^2，增加了 47.21%。

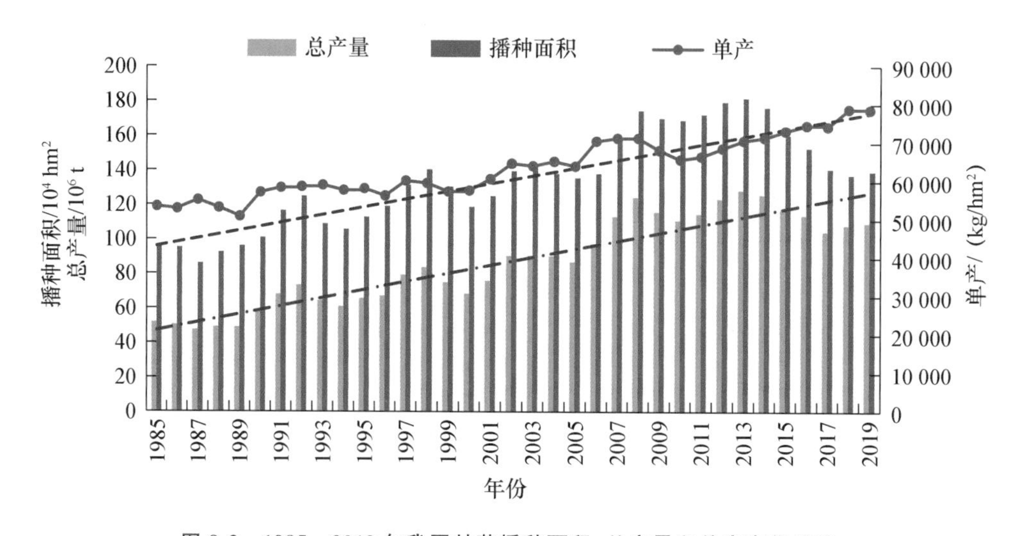

图 9-2　1985—2019 年我国甘蔗播种面积、总产量和单产变化趋势

我国甘蔗生产县域主要分布在桂中南、滇西南、粤西琼北等优势区域，面积与产量分布一致，增加区域主要分布在广西和云南，减少区域主要分布在广东、海南和福建，单产分布地理差异显著(图 9-3)。1985 年甘蔗种植面积大于 0.5 万 hm^2 和产量高于 25 万 t 的县域，主要分布在广东西部、广西中南部、海南北部、云南西南部和福建东南部，县域少且分散，2015 年上述县域增多且由东向西集中，分布于广西中南部、云南西南部、广东西部和海南北部。面积和产量主要增加区域为广西和云南，尤其是广西，其他增加的地区包括贵州、安徽等，减少区域主要集中在广东、海南、福建和四川，尤其是广东，其他减少的地区包括江西、湖南、浙江。1985 年，我国甘蔗单产大于 65 000 kg/hm^2 的县域主要分布在福建、云南、广东和浙江等，与省份单产分布一致，其中单产水平最高为 73 215.55 kg/hm^2 的福建是单产水平最低为 34 333.33 kg/hm^2 的贵州的 2.13 倍，2015 年上述县域主要集中在几大优势区域，如广西、广东、河南和海南等省份，其中单产水平最高为 77 616.83 kg/hm^2 的广东是单产水平最低为 35 000.00 kg/hm^2 的陕西的 2.22 倍。单产增加区域主要集中在广西、河南和海南，尤其是广西，其他增加区域包括贵州、广东、江苏、云南、广西、安徽和浙江等，减少区域主要集中在陕西、福建和湖北，尤其是陕西，其他减少区域包括湖南、江西和四川等。

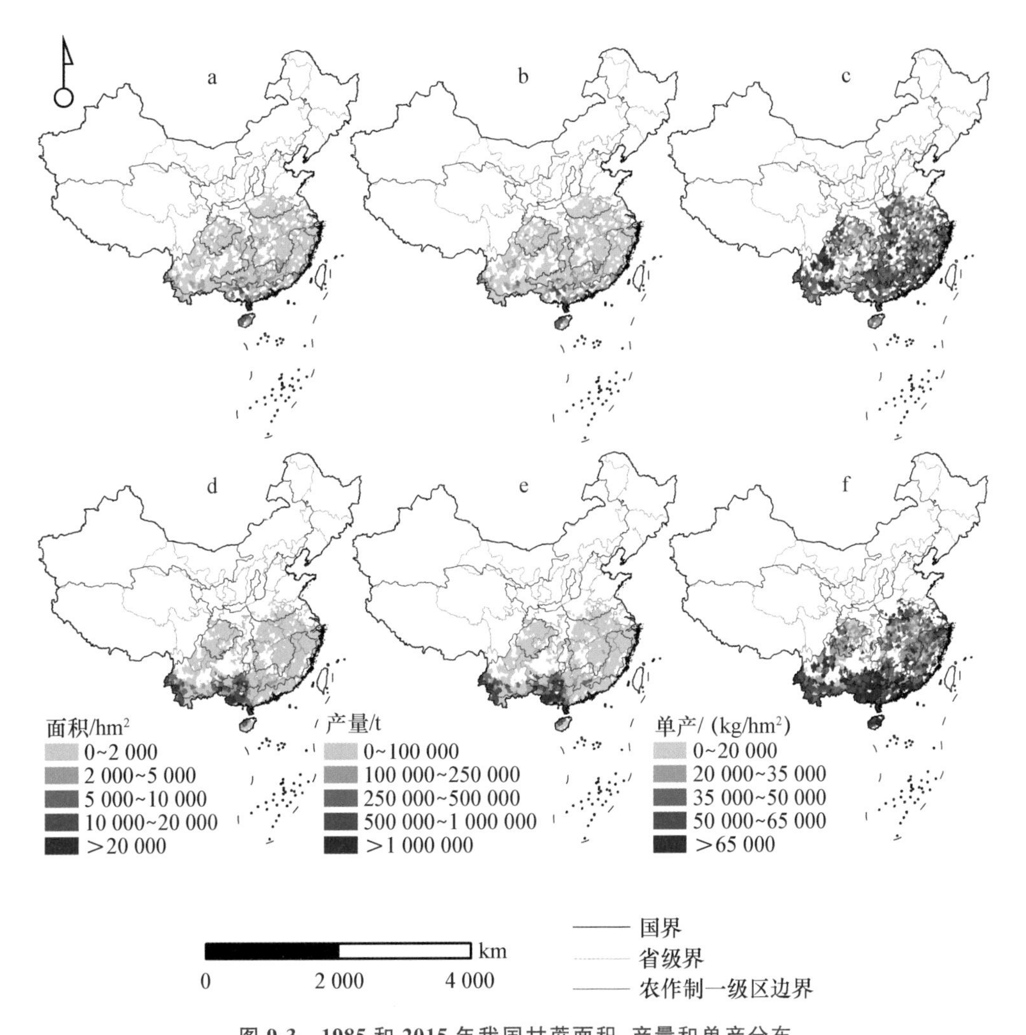

图 9-3　1985 和 2015 年我国甘蔗面积、产量和单产分布

(a 代表 1985 年面积，b 代表 1985 年产量，c 代表 1985 年单产，d 代表 2015 年面积，e 代表 2015 年产量，f 代表 2015 年单产)

9.2.2　我国甘蔗生产集中度分析

以县域为分析单元发现，30 年间，我国甘蔗种植面积分布出现先分散后集中的情况，产量较面积表现的更为集中(图 9-4)。1985—2015 年，我国种植甘蔗的县域面积和产量集中度位于第一、第二、第三、第四和第五梯度的县数分别约占全国种植甘蔗总县数的 1%、2%、7%、14%和 77%。1985—1995 年，我国甘蔗种植县数缓慢增长，种植面积达到 80%的县数明显增加；1995—2000 年，种植区域有所减少；2000—2015 年，种植区域持续缩减，且生产集中度大幅度提高。生产上第一梯度的县数更是由 8 个和 7 个分别降至 5 个和 4 个。

以省域为分析单元发现，30 年间，我国甘蔗种植省份面积和产量分布逐渐集中于广西和云南两省份，产量较面积表现地更为集中(表 9-2)。1985 年，广东和广西两省份甘蔗合计面积和产量占全国的 55%左右，广东、广西、海南、云南和福建 5 省份的甘蔗合计面积和产量占全国的 85%左右；2000 年，广西和云南两省份的甘蔗生产规模扩大，开始占据主导地位，合计面积和产量占全国的 65%左右，广东、海南和福建的生产规模缩小，此时广西、云南、广东和海南

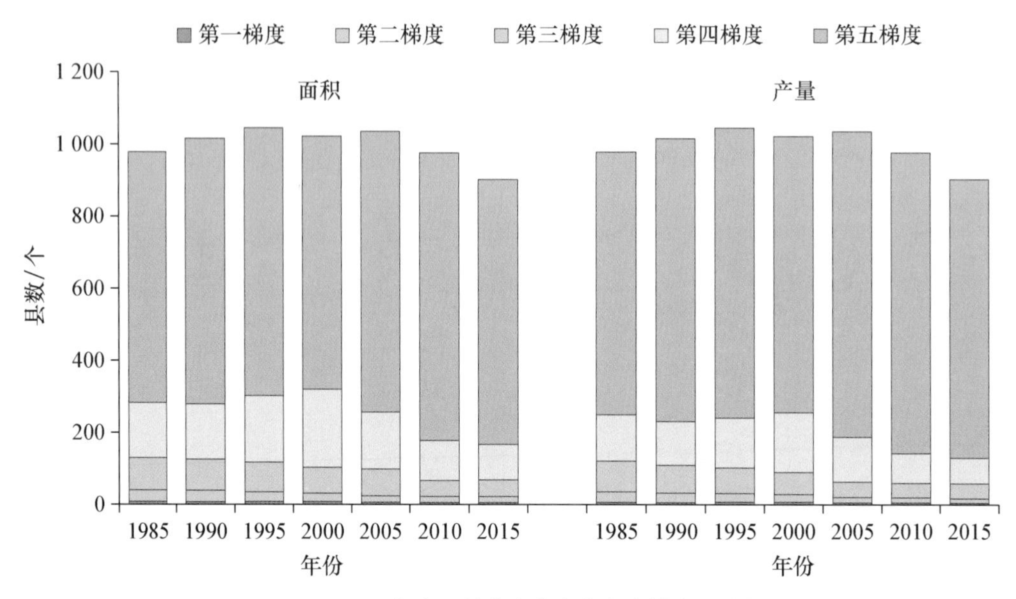

图 9-4　1985—2015 年我国甘蔗生产各集中度梯度县域数量变化

4 省份的合计面积和产量占全国 85%左右；2015 年，广西的甘蔗面积和产量分别占全国 62.21%和 66.11%，在全国甘蔗生产中占据绝对主导地位，广西和云南两省份甘蔗的面积和产量占全国的 80%左右，甘蔗生产逐渐集中于广西和云南两省份，此时广西、云南、广东和海南 4 省份的甘蔗合计面积和产量占全国的 95%左右，桂中南、滇西南、粤西琼北优势蔗区正式形成。

表 9-2　1985—2015 年我国甘蔗生产各集中度梯度省域数量分布

年份	第一梯度 0～50%	第二梯度 50%～80%	第三梯度 80%～95%	第四梯度 95%～100%
		面积		
1985	广东、广西	海南、云南、福建	四川、江西、湖南	浙江、湖北、贵州、河南、江苏、安徽、陕西
	CR2=55.11%	CR5=83.45%	CR8=95.70%	CR15=100%
2000	广西、云南	广东、海南	四川、江西、湖南、湖北、贵州	浙江、福建、安徽、河南、江苏、重庆、上海、陕西
	CR2=64.87%	CR4=85.12%	CR9=95.53%	CR17=100.00%
2015	广西	云南	广东、海南、贵州	江西、四川、湖南、浙江、湖北、福建、安徽、河南、重庆、江苏、上海、陕西
	CR1=62.21%	CR2=80.87%	CR5=95.83%	CR17=100.00%
		产量		
1985	广东、广西	福建、云南、海南	四川、江西、湖南	浙江、湖北、江苏、河南、贵州、安徽、陕西
	CR2=56.46%	CR5=84.05%	CR8=95.86%	CR15=100%
2000	广西、云南	广东	海南、四川、江西、湖南、湖北、浙江	福建、贵州、河南、安徽、江苏、重庆、上海、陕西
	CR2=63.83%	CR3=82.18%	CR9=96.22%	CR17=100.00%

续表9-2

年份	第一梯度 0～50%	第二梯度 50%～80%	第三梯度 80%～95%	第四梯度 95%～100%
2015	广西	云南	广东、海南	贵州、江西、浙江、四川、福建、湖南、湖北、安徽、河南、重庆、江苏、上海、陕西
	CR1=66.11%	CR2=82.05%	CR4=96.34%	CR17=100.00%

9.2.3 我国甘蔗生产重心迁移特征

1985—2015 年，我国甘蔗生产产量和面积重心迁移方向和幅度基本一致，呈现出由东向西的趋势(图 9-5)。1985 年以来，全国甘蔗产量重心由广西壮族自治区苍梧县向西迁移至隆安县。30 年间，产量重心迁移总距离为 442 km，其中 1985—1990 年、1990—1995 年和 1995—2000 年迁移距离较大且大致相当，分别为 127 km、125 km 和 116 km，2010—2015 年迁移距离最小，为 9 km。面积重心由广西壮族自治区平南县向西迁移至天等县。面积重心迁移总距离为 403 km，其中 1995—2010 年迁移距离最大，为 127 km，2010—2015 年迁移距离最小，为 15 km。

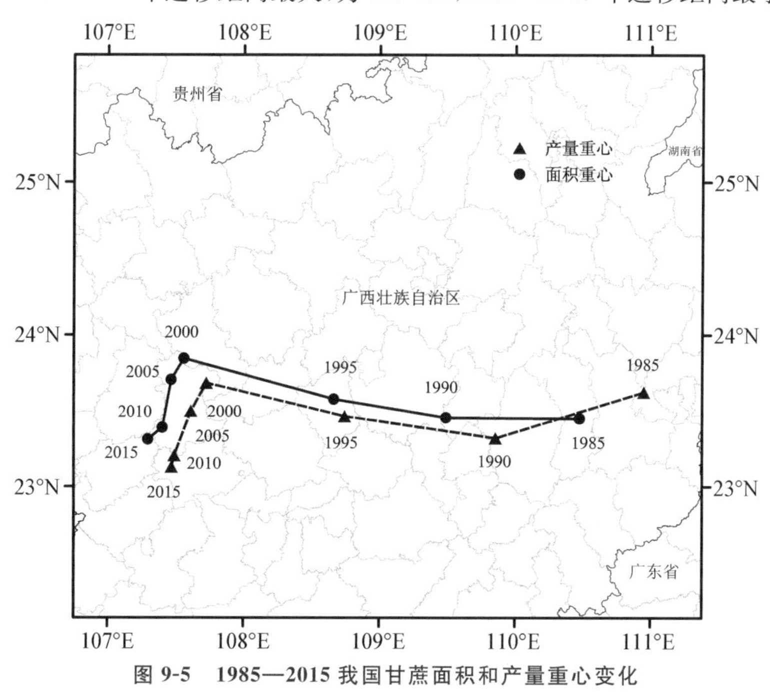

图 9-5 1985—2015 我国甘蔗面积和产量重心变化

9.2.4 我国甘蔗生产产量贡献率分布特征

30 年间，我国的甘蔗生产产量贡献长期表现为面积主导(图 9-6)。在甘蔗种植县域中，1985—2010 年，单产主导比例基本保持不变，从 2010 年开始，从 22.2%小幅度上升至 2015 年的 26.9%；互作主导比例由 1985 年的 23.6%小幅度下降至 1995 年的 22.4%，后上升至 2000 年的 23.6%，最后下降到 2015 年的 17.8%，1985—2010 年，单产主导与互作主导一直相差不大，2010—2015 年，出现 9.1%的差距；面积主导比例由 1985 年的 54.9%上升到 2005 年的 57.1%，后逐步下降，并于 2015 年降至 55.3%。总体来说，我国甘蔗生产产量贡献比例及贡献率变化幅度不大，30 年来一直是面积主导型作物，2010 年以来单产对产量的贡献率逐渐上升。

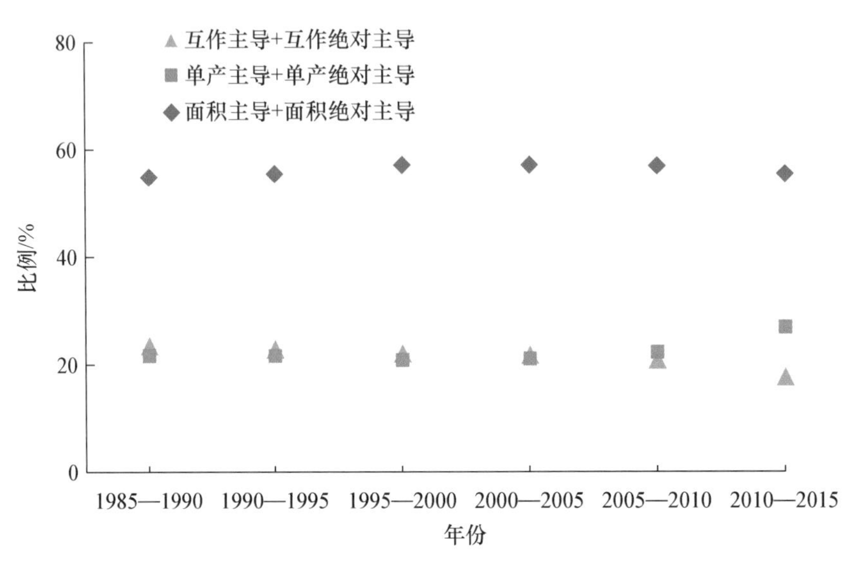

图 9-6　1985—2015 年我国甘蔗产量贡献率主导类型县比例

30 年间，我国甘蔗各主产省份在各阶段产量贡献率主导比例不一（图 9-7）。广西壮族自治区 1985—2015 年产量贡献以互作主导为主，占比 54.95%，1985—2010 年广西以面积主导为主，占比 65.93%，2010—2015 年，单产对产量贡献比例增加，由 17.58%上升至 45.19%，面积主导比例下降至 48.08%；1985—2015 年云南省产量贡献以面积主导为主，占比 54.17%，2010—2015 年，单产对产量贡献比例增加，由 19.15%上升至 34.07%；1985—2015 年广东省产量贡献以面积主导为主，2010—2015 年相比于 1985—2010 年，单产主导比例从 26.32%下降至 23.81%，面积主导比例由 46.32%上升至 60.00%；1985—2015 年海南省产量贡献以单产主导为主，占比 66.67%。

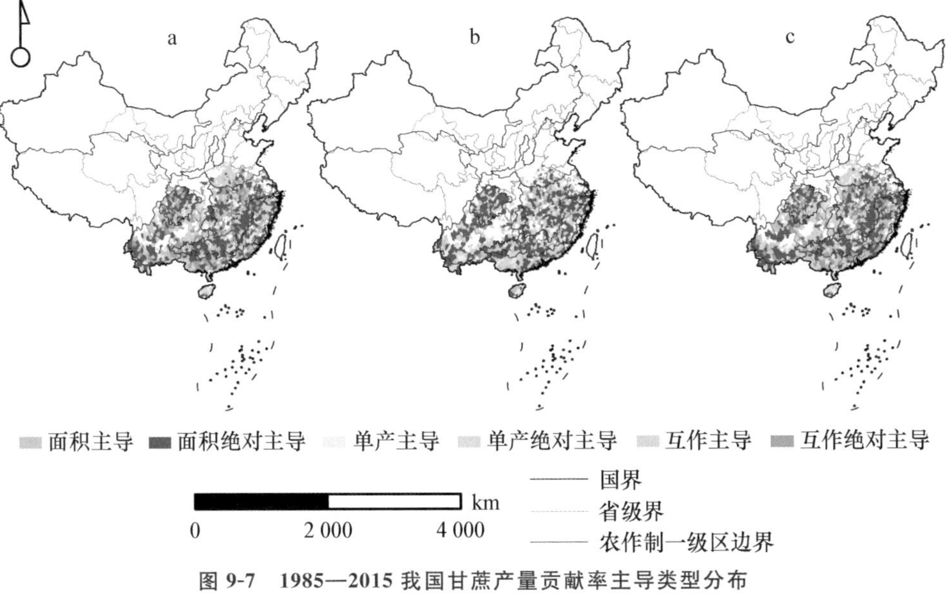

图 9-7　1985—2015 我国甘蔗产量贡献率主导类型分布

（a、b 和 c 分别表示 1985—2010 年、2010—2015 年和 1985—2015 年）

9.2.5　我国甘蔗生产优势度动态变化

1985—2015 年，全国范围内各省份比较优势县数变化具有显著差异，主产省的变化有较强代表性(表 9-3)。广西壮族自治区生产优势指数优于全国平均水平的县数呈不断上升的趋势；云南省生产优势指数优于全国平均水平的县数呈先上升后下降的趋势，但总体上还是呈上升趋势；广东省生产优势指数优于全国平均水平的县数呈先上升后下降的趋势，总体上呈小幅度上升趋势；海南省生产优势指数优于全国平均水平的县数呈不断下降的趋势。

表 9-3　我国各省(自治区、直辖市)具备甘蔗生产优势的县数分布

省(自治区、直辖市)	1985 年	1990 年	1995 年	2000 年	2005 年	2010 年	2015 年
综合比较优势指数							
广西	71(47)	71(54)	69(56)	70(58)	81(66)	101(91)	99(92)
云南	76(42)	77(53)	76(54)	80(55)	78(53)	79(54)	75(50)
广东	70(46)	82(53)	90(56)	89(45)	94(48)	89(43)	88(48)
海南	15(15)	16(16)	16(15)	15(14)	16(15)	16(14)	15(12)
贵州	19(4)	19(8)	22(8)	23(9)	24(10)	24(11)	20(12)
江西	59(13)	66(14)	67(26)	71(26)	72(24)	80(23)	75(29)
四川	91(18)	103(25)	101(21)	107(25)	113(31)	102(29)	91(29)
湖南	55(6)	55(7)	67(14)	72(15)	77(14)	70(10)	47(10)
浙江	64(6)	61(7)	58(9)	56(12)	73(24)	69(29)	67(31)
湖北	107(0)	42(2)	47(6)	49(11)	44(6)	40(6)	45(11)
福建	54(21)	59(22)	58(24)	51(14)	55(25)	55(23)	42(18)
安徽	27(0)	37(0)	42(1)	53(2)	58(7)	55(9)	57(9)
河南	0(0)	53(0)	45(1)	43(0)	35(0)	27(1)	21(3)
重庆	15(3)	16(3)	10(1)	13(1)	14(1)	12(2)	11(1)
江苏	16(0)	15(1)	17(1)	17(2)	15(2)	11(1)	11(3)
上海	0(0)	3(0)	3(1)	1(1)	2(1)	3(1)	2(0)
规模比较优势指数							
广西	47	54	56	58	58	91	92
云南	42	53	54	55	55	54	50
广东	46	53	56	45	45	43	48
海南	15	16	15	14	14	14	12
贵州	4	8	8	9	9	11	12
江西	13	14	26	26	26	23	29
四川	18	25	21	25	25	29	29
湖南	6	7	14	15	15	10	10
浙江	6	7	9	12	12	29	31
湖北	0	2	6	11	11	6	11
福建	21	22	24	14	14	23	18
安徽	0	0	1	2	2	9	9
河南	0	0	1	0	0	1	3
重庆	3	3	1	1	1	2	1
江苏	0	1	1	2	2	1	3
上海	0	0	1	1	1	1	0

续表9-3

省(自治区、直辖市)	1985年	1990年	1995年	2000年	2005年	2010年	2015年
效率比较优势指数							
广西	82	88	87	88	93	103	101
云南	86	87	95	98	94	91	86
广东	76	91	99	98	104	101	98
海南	17	19	19	18	18	18	16
贵州	45	48	54	38	41	37	30
江西	71	79	85	86	87	84	81
四川	117	124	129	130	130	122	114
湖南	75	83	82	83	85	75	59
浙江	73	71	70	72	91	75	74
湖北	56	52	56	58	53	48	51
福建	58	63	66	59	62	58	47
河南	86	76	58	51	43	36	30
重庆	30	25	28	26	25	23	20
江苏	35	32	36	33	26	21	17
上海	0	5	5	2	2	3	2
广西	82	88	87	88	93	103	101

注:括号中数字表示芝麻生产3个指标均优势的县数之和。

我国甘蔗生产的发展历程经历了1985—1991年波动上升期、1991—2013年快速波动上升期和2013—2019波动下降期3个时期。1985—1991年,为甘蔗生产波动上升期。这一时期随着家庭联产承包责任制的推进和国家促进糖料蔗生产补贴政策的施行(刘晓雪等,2013),蔗农种植甘蔗的积极性高,在提高单产的同时扩大面积使得甘蔗生产呈波动上升趋势,此时甘蔗在广东珠江三角洲和福建闽南等地(李杨瑞等,2009)有相当大的面积和产量分布。1991—2013年,为甘蔗生产快速波动上升期。1991年我国开始对食糖经营体制进行改革,由指令型计划转变为指导型计划(罗凯等,2009),食糖市场形成后,甘蔗生产受市场影响越来越大,特别是2001年我国加入WTO之后,大宗农产品如食糖开始实行关税配额制度(刘志雄等,2012),该制度导致大量低价进口糖流入国内市场,给我国食糖市场带来了巨大的压力,再加上我国甘蔗生产的自然禀赋条件差、良种良法推广慢和生产机械化程度低,导致制糖成本高居不下。受到国内生产成本“地板效应”和国外进口“天花板效应”的双重挤压(姜晔等,2019),甘蔗生产面临严峻挑战,波动显著,好三年,坏三年,平均波动周期为5~6年,尽管此时不利于糖料生产的因素频发,但对内改革、对外开放和科技进步仍使甘蔗呈现快速波动上升趋势。这一时期,原甘蔗种植优势地区如广东珠江三角洲和福建闽南等沿海地区,社会经济发展迅速,劳动力和土地成本走高,甘蔗生产开始了由东向西的战略性转移,从沿海经济发达地区转移到内陆经济欠发达地区,生产区域由肥沃的平原、冲积土和沙围田蔗区向贫瘠的坡地转移,逐渐集中于桂中南、滇西南和粤西琼北等西南优势区域。20世纪90年代初,大陆从台湾引入了新台糖系列甘蔗品种,使甘蔗单产水平明显提高,但是由于单一品种使用多年后品种退化,加之黑穗病频发、生产经营粗放和科技推广应用程度低等诸多原因,单产增长缓慢,因此,我国的甘蔗生产产量贡献长期表现为面积主导。2010年之后,随着我国甘蔗科研单位投入大量的人、财、物进行良种的选育和良法的推广,我国的甘蔗生产面积对产量的贡献率下降,单产对产量的贡献率逐渐上升。2013—2019 年，为甘蔗生产波动下降期。2011 年以来，我国食糖产业连续几年受到超量进口糖的冲击，自 2012—2013 年制糖期开始连续三个制糖期亏损，致使全国制糖行业亏损总额累计达 147.3 亿元（王咏梅等，2014），大批糖厂倒闭负债，蔗农纷纷退出改种其他经济作物，全国甘蔗种植面积和产量在 2013 年达到顶点后，一直持续下降。2017 年，国务院出台了“以广西、云南为重点，划定糖料蔗生产保护区 100 万 hm^2”的相关政策，甘蔗生产才小幅度回升。

总体来说，30 余年间，我国甘蔗播种面积和产量先波动上升后波动下降，单产水平波动上升，面积和产量分布一致，主要集中在桂中南、滇西南和粤西琼北等优势区域。甘蔗种植区域面积和产量重度增加与重度减少比例持平，单产重度增加区域比例略高于单产重度减少区域。全国甘蔗生产重心逐渐由东向西移动，优势区域集中度扩大并趋于稳定。1985—2015 年，我国甘蔗产量变化主导因素一直是面积，2010 年以来，单产对产量的贡献率略有上升。广西、云南、广东和海南 4 省份是我国甘蔗生产优势区域。近年来，国内生产成本“地板效应”和国外进口“天花板效应”共同限制了我国甘蔗产业的发展，为保障我国甘蔗产业的生产安全，并实现降本增效，应合理布局甘蔗生产、积极推进甘蔗全程机械化并严格控制进口糖及糖浆的流入量。

9.3　甜　菜

9.3.1　我国甜菜生产的时空变化

1985—2019 年，我国甜菜播种面积和总产量变化显著，呈波动下降趋势，单产波动性上升（图 9-8）。1985—1998 年，我国甜菜面积在 50 万～70 万 hm^2 范围内变化，1991 年为甜菜种植面积和总产量最高值，分别为 78.35 万 hm^2 和 1 628.94 万 t。1999—2002 年，我国甜菜种植

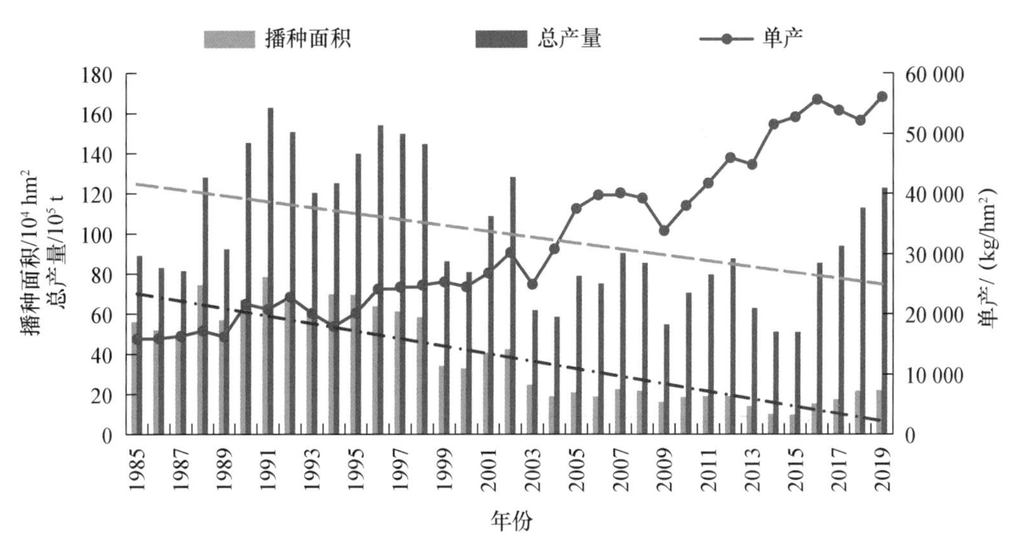

图 9-8　1985—2019 年我国甜菜播种面积、总产量和单产变化趋势

面积在 30 万～40 万 hm^2 范围内变化，总产量与面积变化趋势一致。2003—2019 年，我国甜菜种植面积在 10 万～20 万 hm^2 范围内变化，2015 年为甜菜种植面积和总产量最低值，分别为 9.65 万 hm^2 和 508.79 万 t，相比 1991 年最高值分别减少了 87.68%和 68.77%。34 年间甜菜单产呈波动上升趋势，由 1985 年的 15 912.72 kg/hm^2 上升至 2019 年的 56 056.00 kg/hm^2，增加了 2.52 倍。

我国甜菜生产县域主要分布在华北、西北和东北等北纬 40°以北的区域，面积与总产量分布一致，生产增加区域主要分布在新疆和河北，减少区域主要分布在黑龙江、吉林、甘肃和宁夏等地，单产分布地理差异显著(图 9-9)。1985 年甜菜种植面积大于 0.3 万 hm^2 和产量高于 10 万 t 的县域，主要分布在东北的黑龙江、吉林及华北的内蒙古等地，2015 年上述县域由东向西集中，分布于西北的新疆及华北的内蒙古、河北等地。我国甜菜面积和总产量主要增加区域为新疆和河北，尤其是新疆，2015 年较 1985 年面积和产量分别增加了 295.03%和 930.03%，主要减少区域为黑龙江、吉林、甘肃和宁夏等地区，尤其是黑龙江，从 1985 年我国甜菜种植第一大

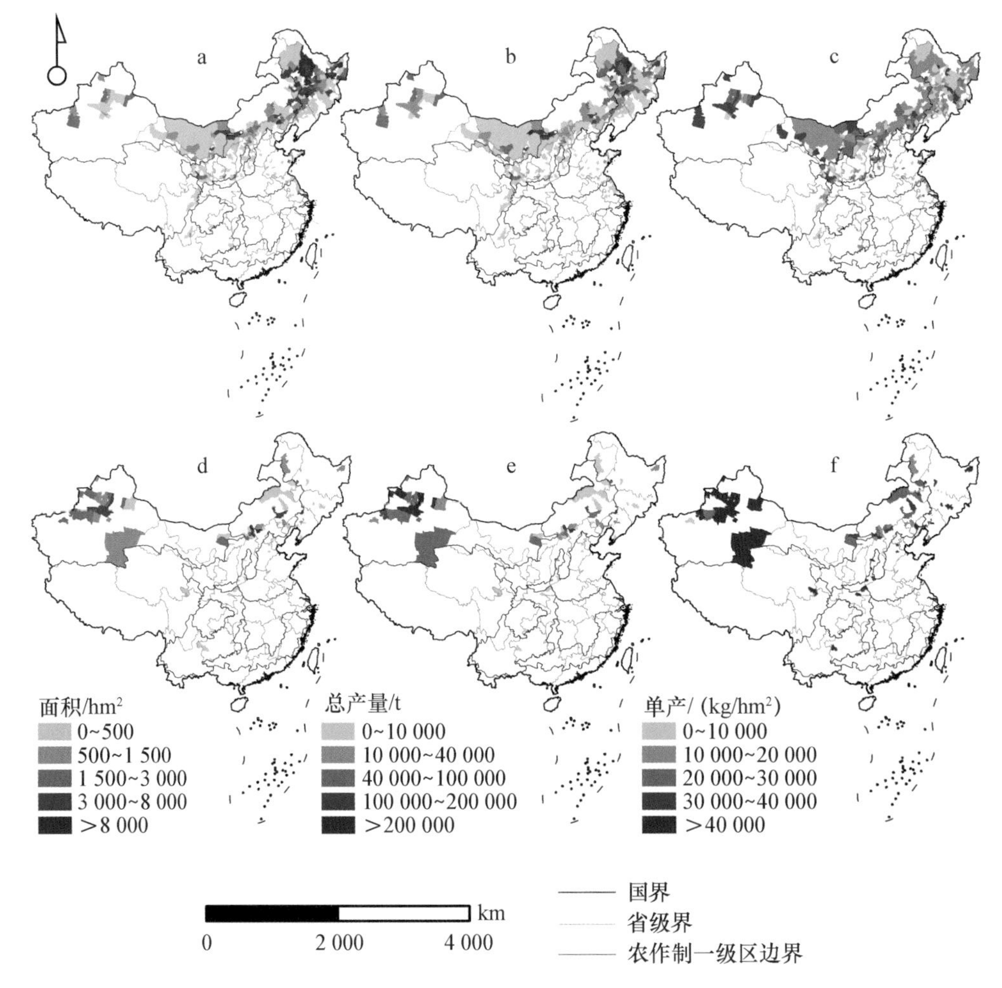

图 9-9　1985 和 2015 年我国甜菜面积、总产量和单产分布

(a 代表 1985 年面积，b 代表 1985 年总产量，c 代表 1985 年单产，d 代表 2015 年面积，e 代表 2015 年总产量，f 代表 2015 年单产)

省到 2015 年逐渐退出主产省行列，变化显著。30 年间，我国甜菜单产大于 30 000 kg/hm^2 的县域主要分布在西北的新疆、甘肃和宁夏及华北的内蒙古、河北和山西地区，2015 年西北及华北的上述县域数量较 1985 年有显著提升，其中新疆地区单产增幅全国第一，由 1985 年的 26 251.61 kg/hm^2 上升到 2015 年的 68 450.11 kg/hm^2，增加了 1.61 倍，单产增加区域远高于减少区域。

9.3.2 我国甜菜生产区域集中度分析

以县域为分析单元发现，近 30 年间，我国甜菜种植县域数量锐减，分布出现先分散后集中的情况，面积较产量表现的更为集中（图 9-10）。1985—2015 年，我国种植甜菜的县域面积和产量集中度位于第一、第二、第三、第四和第五梯度的县数分别约占全国种植甜菜总县数的 2%、6%、13%、19% 和 60%。1985—1995 年，我国甜菜种植总县数小幅度下降，但位于第一、第二、第三和第四梯度的县数明显增加，分布呈分散趋势；1995—2015 年，我国甜菜种植区域持续缩减，且生产集中度大幅度提高，生产上第一梯度的县数更是由 11 个和 11 个分别降至 3 个和 2 个。

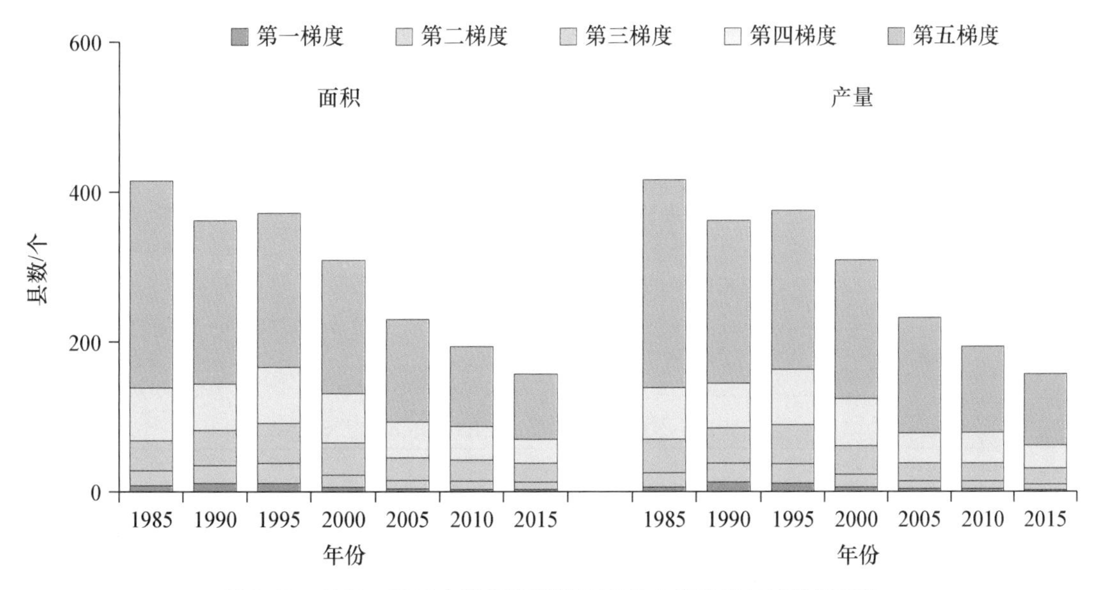

图 9-10　1985—2015 年我国甜菜生产各集中度梯度县域数量变化

以省域为分析单元发现，近 30 年间，我国甜菜种植面积和产量集中度变化剧烈，分布逐渐集中于内蒙古和新疆两省（表 9-4）。1985 年，黑龙江一省的甜菜合计种植面积占全国超过五成，产量超三成，黑龙江、内蒙古和吉林三省份甜菜合计种植面积占全国超过八成，产量超七成；2000 年，黑龙江和吉林的甜菜种植规模缩减，内蒙古和新疆的甜菜种植规模扩大，黑龙江、内蒙古和新疆三省份的甜菜合计种植面积和产量占全国超八成，其中新疆地区由于单产优势产量位居全国第 1；2015 年，黑龙江甜菜种植面积和产量降至全国的 1% 左右，而新疆和内蒙古两地的甜菜合计种植面积和产量占全国超八成。至此，我国甜菜生产集中于内蒙古和新疆两地。

表9-4 1985—2015年我国甜菜生产各集中度梯度省域数量分布

年份	第一梯度0～50%	第二梯度50%～80%	第三梯度80%～95%	第四梯度95%～100%
		面积		
1985	黑龙江	内蒙古、吉林	甘肃、新疆、辽宁、宁夏、河北	山西、山东、江苏、陕西、四川、河南、云南、贵州、青海、安徽
	CR1=52.20%	CR3=82.52%	CR8=95.28%	CR18=100%
2000	黑龙江、内蒙古	新疆、吉林	辽宁、甘肃、河北	山西、陕西、山东、云南、四川、贵州、宁夏、江苏、青海、安徽
	CR2=62.16%	CR4=85.95%	CR7=97.04%	CR17=100.00%
2015	新疆	内蒙古	河北、甘肃	黑龙江、辽宁、山西、贵州、吉林、四川、山西、江苏、青海
	CR1=44.74%	CR2=80.51%	CR4=95.30%	CR13=100.00%
		产量		
1985	黑龙江、内蒙古	吉林、甘肃	新疆、宁夏、山西、辽宁	河北、山东、陕西、江苏、四川、河南、青海、贵州、云南、安徽
	CR2=64.00%	CR5=80.78%	CR8=95.03%	CR18=100%
2000	新疆、黑龙江	内蒙古、吉林	甘肃、辽宁	山西、河北、陕西、宁夏、云南、江苏、四川、青海、山东、安徽、贵州
	CR2=64.38%	CR4=82.18%	CR6=96.22%	CR17=100.00%
2015	新疆	内蒙古	河北	甘肃、黑龙江、山西、辽宁、吉林、贵州、四川、江苏、青海、陕西
	CR1=54.01%	CR2=83.66%	CR3=95.15%	CR13=100.00%

9.3.3 我国甜菜生产重心迁移特征

1985—2015年,我国甜菜生产面积和产量重心迁移方向一致,幅度略有差别,总体呈现出由东向西的趋势(图9-11)。1985年以来,我国甜菜面积重心由内蒙古扎鲁特旗向西迁移至内蒙古乌拉特后旗,面积重心迁移总距离为2 068 km,迁移幅度为1 783 km,其中2005—2010年迁移距离最大为624 km,1990—1995年迁移距离最小为68km。30年间,产量重心由内蒙古克什克腾旗向西迁移至新疆哈密市,迁移总距离为2 587 km,迁移幅度为2 486 km,其中2000—2005年和2010—2015年迁移距离最大且大致相当,分别为764 km和710 km,2005—2010年迁移距离最小,为85 km。

9.3.4 不同发展阶段甜菜产量贡献因素分析

近30年来,我国甜菜的生产产量贡献长期表现为互作主导(图9-12)。在甜菜种植县域中,1985—1990年,甜菜产量主要是互作主导,占比48%,其次是面积主导,单产主导占比最低;1990—1995年,面积主导比例由31%上升至44%,互作主导和单产主导比例均有所下降;

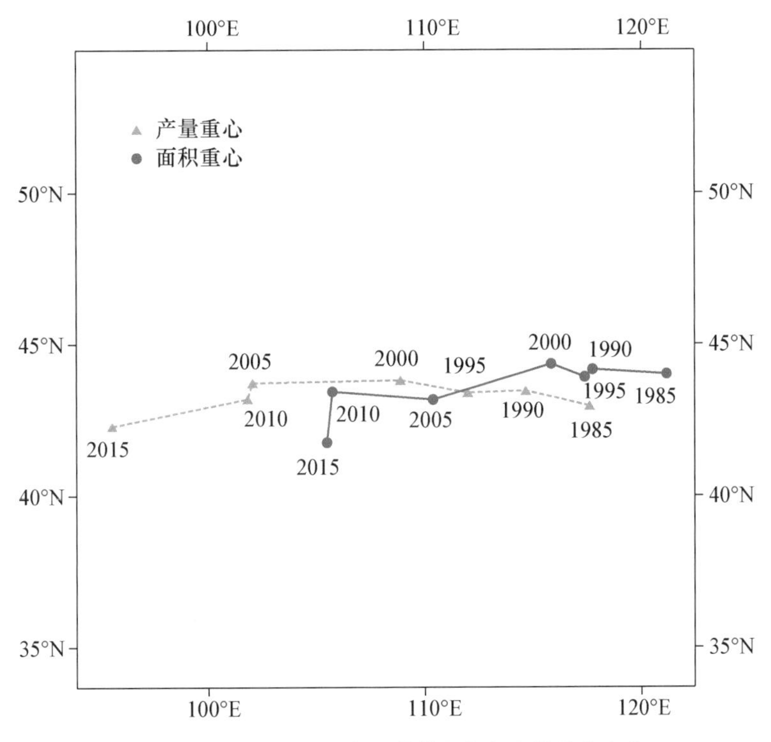

图 9-11　1985—2015 我国甜菜面积和产量重心变化

1995—2015 年，互作主导比例回升且一直占据主导地位，面积主导比例次之，单产主导比例由 17％下降至 7％。总体来说，甜菜是互作主导型作物。

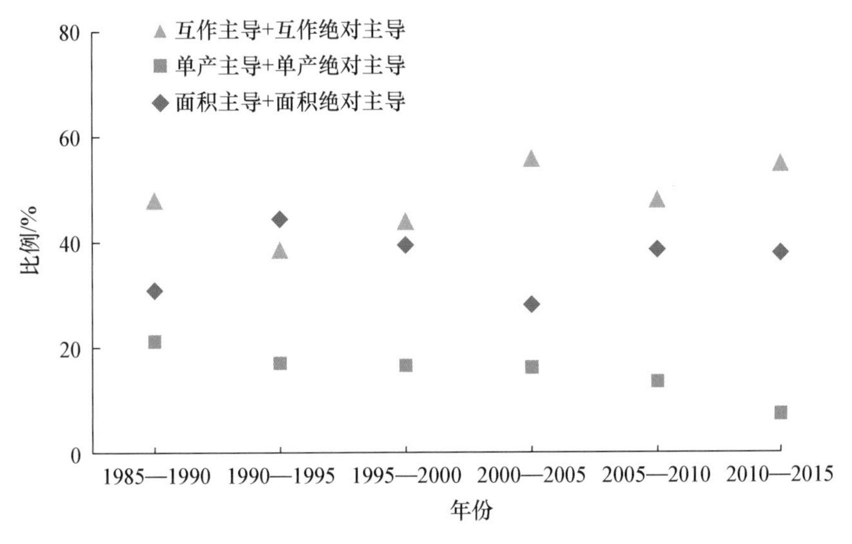

图 9-12　1985—2015 年我国甜菜产量贡献率主导类型县比例

近 30 年来，我国甜菜主产省份在各阶段产量贡献率主导比例不一（图 9-13）。内蒙古 1985—2015 年产量贡献以互作主导为主，占比 43.37％，1985—2000 年以面积主导为主，占比 67.09％，2000—2015 年，单产对产量贡献比例增加，由 12.78％上升至 23.99％，面积主导比例下降至 63.55％；新疆 1985—2015 年产量贡献以互作主导为主，占比 71.36％，1985—2000

年互作主导比例仅为 46.15%，2000—2015 年，单产对产量贡献比例由 27.22% 下降至 12.50%，互作主导比例上升至 59.38%；黑龙江 1985—2015 年产量贡献以互作主导为主，占比 93.94%，1985—2000 年为面积主导占比约 52.55%，2000—2015 年单产对产量贡献占据主导占比约 57.09%，面积主导比例下降至 22.34%；河北 1985—2015 年产量贡献以互作主导为主，占比 0.72%。

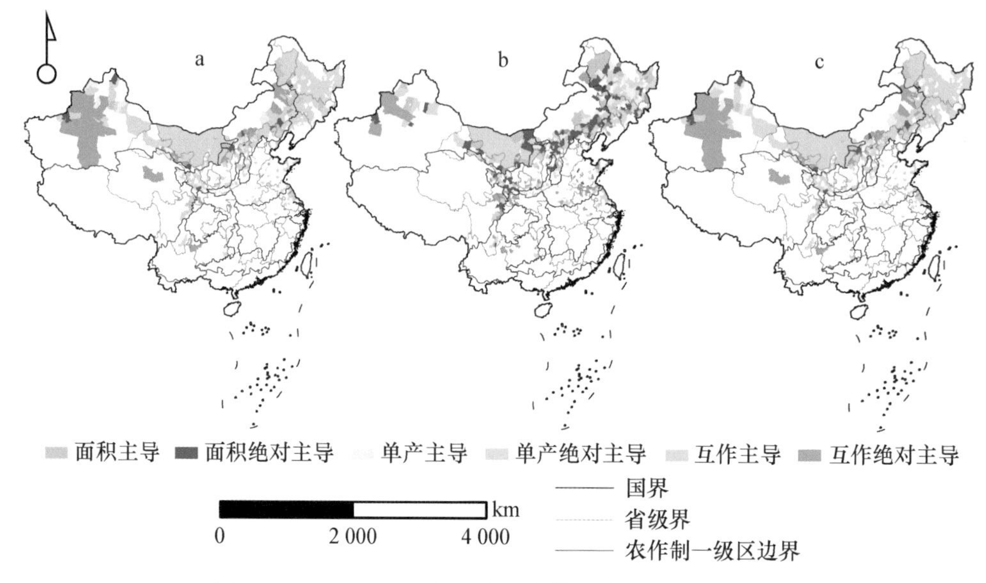

图 9-13 1985—2015 我国甜菜产量贡献率主导类型分布

（a、b 和 c 分别表示 1985—2000 年、2000—2015 年和 1985—2015 年）

9.3.5 区域甜菜生产优势度动态变化

1985—2015 年，我国范围内各省份比较优势县数变化具有显著差异，主产省份的变化有较强代表性（表 9-5）。新疆生产优势指数优于全国平均水平的县数呈波动上升的趋势；内蒙古生产优势指数优于全国平均水平的县数呈先上升后下降的趋势；河北、黑龙江和吉林等省生产优势指数优于全国平均水平的县数呈不断下降的趋势。

表 9-5 1985—2015 年我国具备甜菜生产优势的县数分布 个

省份	1985 年	1990 年	1995 年	2000 年	2005 年	2010 年	2015 年
综合比较优势指数							
内蒙古	47(31)[1]	51(33)	62(45)	57(30)	43(23)	40(26)	39(25)
新疆	22(11)	34(25)	33(29)	30(27)	18(15)	39(31)	46(40)
河北	24(5)	15(5)	14(5)	8(4)	8(4)	5(4)	8(4)
黑龙江	52(43)	54(52)	58(54)	43(35)	38(21)	39(18)	3(2)
吉林	24(12)	22(19)	35(27)	23(12)	13(1)	9(2)	3(0)
辽宁	15(7)	15(8)	16(9)	20(8)	4(1)	2(1)	3(2)
甘肃	23(7)	32(13)	28(16)	22(10)	20(9)	17(11)	16(10)
山西	34(9)	24(13)	27(0)	22(0)	8(0)	9(0)	7(0)

续表9-5

省份	1985年	1990年	1995年	2000年	2005年	2010年	2015年
宁夏	6(5)	10(8)	9(7)	3(0)	0(0)	0(0)	0(0)
其他[2]	30(6)	26(5)	13(16)	7(10)	9(4)	7(6)	8(6)
规模比较优势指数							
内蒙古	31	33	45	30	23	26	25
新疆	11	25	29	27	31	31	42
河北	5	5	5	4	4	4	4
黑龙江	43	52	54	35	22	18	2
吉林	12	19	27	12	2	2	0
辽宁	7	8	9	8	1	1	2
甘肃	7	13	16	10	9	11	10
山西	9	13	13	8	2	5	4
宁夏	5	8	7	0	0	0	0
其他[2]	6	5	3	2	2	6	4
效率比较优势指数							
内蒙古	57	54	64	59	49	45	41
新疆	24	34	33	32	18	39	50
河北	29	19	20	10	9	5	8
黑龙江	58	60	70	48	47	43	7
吉林	35	25	38	29	14	11	6
辽宁	27	18	23	23	10	3	3
甘肃	36	39	40	34	24	19	18
山西	45	28	36	27	11	11	9
宁夏	7	11	13	3	0	1	0
其他[2]	81	57	27	34	25	16	14

注：[1]3个指标均优势的县域数量由括号内的数字表示。[2]表示以上省份之外具备优势的县域数量之和。

近30年来，我国甜菜生产发展经历了1985—1998年、1999—2002年和2003—2019年3个连续波动下降时期。1985—1998年，地方省区补贴政策和家庭联产承包责任制的实施，极大地调动了农民的生产积极性，我国甜菜种植面积在50万～70万 hm^2 范围内变化，并于1991年达到甜菜历史上种植面积和总产量的最高值，是甜菜种植业的鼎盛时期。1999—2002年，国家根据糖料市场供大于求的实际情况，开始对制糖业进行结构调整，制糖成本高且含糖量低的甜菜生产被压缩，甜菜种植面积由50万～70万 hm^2 下降到30万～40万 hm^2，甜菜种植业进入低谷时期。2003—2019年，我国加入WTO后食糖进口实行“低关税”和“高配额”政策，导致低价进口糖大量流入我国，即使在近几年强有力的贸易救济政策下，我国仍有50%的制糖企业处于亏损状态（刘志超等，2021），进口糖严重冲击了国内食糖市场，打击了制糖企业和糖农的积极性，再加上2003年我国对主要粮食作物实行补贴政策（周文海等，2019），甜菜的比较效益与其他作物相比没有优势，内忧外患，甜菜种植面积由30万～40万 hm^2 减至10万～20万 hm^2，甜菜种植业萎靡不振，并于2015年跌至近30年来甜菜种植面积和总产量的最低值。近年来，由于内蒙古地区甜菜产业的迅猛发展，甜菜种植业略有回暖。我国甜菜生产布局变化剧烈。1985 年，我国甜菜第一大产区为黑龙江，甜菜播种面积为 29.21 万 hm^2，其甜菜产业自 1992 年开始衰退，侯显奇研究表明，1993 年甜菜每公顷收入低于玉米 780 元，低于大豆 1 230 元，2004 年南方甜菜糖每吨价格低于甘蔗糖 500～600 元（侯显奇等，2009），比较效益差，再加上加入 WTO 后低价进口糖对国内食糖市场的冲击，食糖价格自 2011 年开始走低，糖厂大面积亏损甚至倒闭，2014 年英糖集团和南华集团纷纷退出黑龙江甜菜市场（陈浩生等，2019），至 2019 年黑龙江甜菜播种面积仅为 0.89 万 hm^2，下降 3 182.02%。由于具有得天独厚的地域优势，再加上国外品种和技术的不断引进，新疆甜菜生产规模和效率较其他主产省份比较优势明显。新疆 2019 年平均单产达 74 338.42kg/hm^2，比全国平均高 45%左右，接近发达国家水平。新疆甜菜面积 2012 年跃居全国第一，但由于其单产水平较高，其产量早在 1998 年就已经成为全国第一。近年来，内蒙古甜菜由于种植全程机械化及成熟的订单农业模式，发展势头迅猛，甜菜种植面积和产量分别于 2016 年和 2018 年超越新疆，位列全国第一，成为我国仅次于广西和云南的第三大产糖省份。

总体来说，近 30 年来，我国甜菜播种面积和产量先波动上升后波动下降，单产水平波动上升，面积和产量分布一致，主要集中在华北、西北和东北等优势区域。甜菜种植区域面积和产量重度增加与重度减少比例持平，单产重度增加区域比例略高于单产重度减少区域。全国甜菜生产重心逐渐由东向西移动，优势区域集中度扩大并趋于稳定。1985—2015 年，我国甜菜产量变化主导因素一直是面积，2010 年以来，单产对产量的贡献率略有上升。新疆、内蒙古、河北和甘肃 4 省份是我国甜菜生产优势区域。为了保障我国甜菜产业的生产安全，并实现降本增效，应合理布局甜菜生产、积极推进甜菜全程机械化、保障甜菜比较效益并严格控制进口糖及糖浆的流入量。

参考文献

[1]陈浩生，李启源，卢秉福，等. 黑龙江省甜菜糖业可持续发展前景探讨[J]. 中国糖料，2019,41(1):69-75.

[2]樊仙，吴彦兰，邓军，等. 甘蔗产业工程技术及经济分析评价[M]. 北京：中国农业出版社，2016.

[3]侯显奇. 黑龙江省甜菜发展史概况[J]. 中国农业信息，2009(7):35-36.

[4]姜晔，茹蕾，杨易，等. 中国糖业“走出去”的形势与路径研究[J]. 世界农业，2019,477(1):101-105.

[5]李杨瑞，杨丽涛. 20 世纪 90 年代以来我国甘蔗产业和科技的新发展[J]. 西南农业学报，2009,22(5):1469-1476.

[6]刘晓雪，陈如凯，郑传芳. 63 年变迁背景下中国糖料与食糖市场的发展特点[J]. 中国糖料，2013(1):68-71.

[7]刘志超，莫仲宁. 我国糖业可持续发展的立法思考[J]. 中国糖料，2021,43(2):82-86.

[8]刘志雄. 开放条件下中国糖业安全状况评估及国际比较[J]. 农业经济问题，2012(6):79-86,114.

[9]罗凯.中国甘蔗糖业60年的历史回顾与未来展望[J].广西蔗糖,2009(3):45-48.

[10]王咏梅.2012/2013年制糖期全国食糖行业分析[J].农业发展与金融,2014(5):75-77.

[11]周文海.科学发展观视阈下的甜菜糖业发展的思考[J].中国糖料,2009(3):79-82.

[12]朱格麟.藜科植物的起源,分化和地理分布[J].植物分类学报,1996(5):36-54.

[13]朱海安,袁裕淮,马文生,等.饲料甜菜高产栽培[J].新疆农垦科技,2006(5):2.

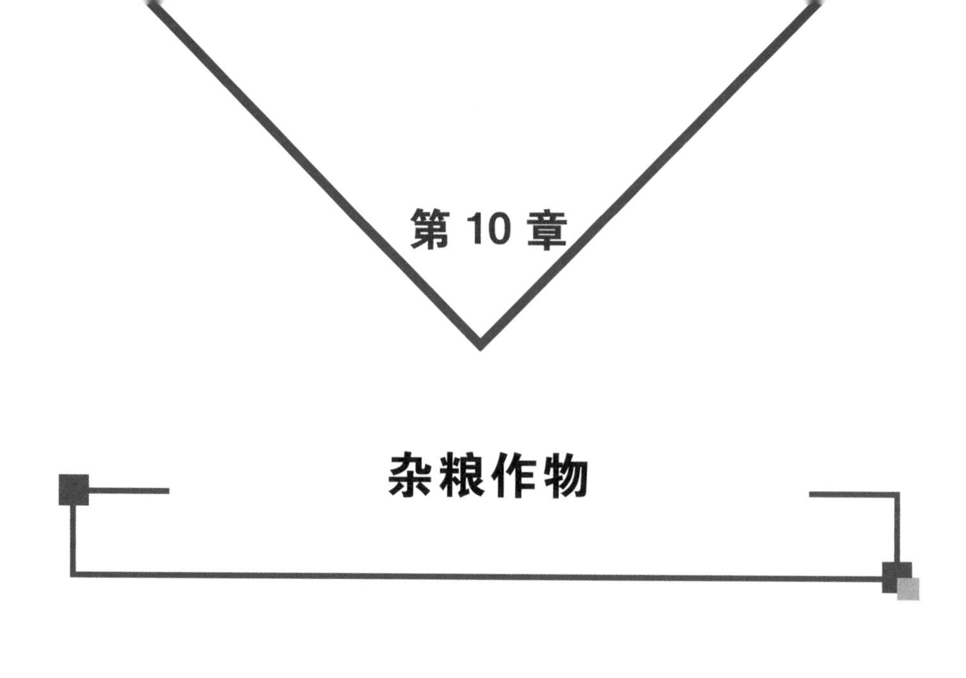

第 10 章

杂粮作物

杂粮作物的生育期短且具有良好的食用与饲用价值，绝大多数还具有适应范围广、耐旱、耐瘠薄、耐盐碱、病虫危害较轻等特点（张研，2010），适应间、混、套、复种等不同种植模式，是干旱、半干旱和盐碱地区的主要作物、填闲补种的主要搭配作物与良好的抗灾救灾作物，可为种植结构调整提供较多选择（郭志利，2005）。在生产条件差的丘陵山地、荒地和旱薄地种植特色、优质小杂粮，可以减少缺水地区地下水消耗、优化粮食产量结构、满足人们对健康食品的需要、促进农民增收和实现农业产业化发展（杨春，2004）。另外，种植杂粮作物还可以减少水土流失，提高土壤质量，促进农业的健康可持续发展（张雄等，2003）；其中种植豆类可以实现大气氮固定、减少后茬作物的化肥投入，并使后茬谷物产量提高（Zander et al. ，2016）。

10.1 1985—2015 年我国杂粮作物生产时空变化

10.1.1 1985—2015 年我国杂粮生产时间变化

我国各类杂粮播种面积发生不同的变化（表 10-1）。1985—2015 年，高粱播种面积减少了 69.68%，谷子减少了 72.48%；1995—2015 年，豆类合计减少了 9.31%，杂豆合计减少了 6.29%；2010—2015 年，大麦减少了 17.41%，荞麦减少了 3.34%，燕麦减少了 23.65%，绿豆减少了 23.26%，红小豆增加了 24.25%，蚕豆增加了 5.14%。

表 10-1 1985—2015 年我国杂粮作物总播种面积变化 hm^2

作物	1985 年	1990 年	1995 年	2000 年	2005 年	2010 年	2015 年
高粱	1 794 242	1 427 694	1 139 068	856 552	567 544	573 874	544 025
谷子	3 173 289	2 187 804	1 452 898	1 219 182	857 156	912 255	873 357
大麦	—	—	—	—	—	593 997	490 598
荞麦	—	—	—	—	—	332 681	321 564

续表10-1

作物	1985 年	1990 年	1995 年	2000 年	2005 年	2010 年	2015 年
燕麦	—	—	—	—	—	264 112	201 642
绿豆	—	—	—	—	—	692 447	531 373
红小豆	—	—	—	—	—	145 133	180 324
蚕豆	—	—	—	—	—	676 841	711 622
豆类合计	—	—	9 523 293	11 423 202	12 079 847	11 635 081	8 636 783
杂豆合计	—	—	2 590 091	3 092 623	2 862 846	2 723 367	2 427 063

总产量方面(表 10-2),1985—2015 年,高粱总产量减少了 54.56%,谷子减少了 60.9%;1995—2015 年,豆类合计增加了 13.18%,杂豆合计增加了 27.39%;2010—2015 年,大麦减少了 2.78%,荞麦增加了 19.57%,燕麦减少了 72.43%,绿豆减少了 16.23%,红小豆增加了 2.15%,蚕豆略微有所增加。

表 10-2　1985—2015 年我国杂粮作物总产量变化　　t

作物	1985 年	1990 年	1995 年	2000 年	2005 年	2010 年	2015 年
高粱	5 139 551	5 329 245	4 692 333	2 688 329	2 782 728	2 737 160	2 335 407
谷子	5 710 740	4 502 177	2 944 204	2 466 573	2 300 889	3 235 557	2 233 011
大麦	—	—	—	—	—	2 116 540	2 057 607
荞麦	—	—	—	—	—	370 739	443 308
燕麦	—	—	—	—	—	810 500	223 416
绿豆	—	—	—	—	—	995 916	834 246
红小豆	—	—	—	—	—	263 768	269 435
蚕豆	—	—	—	—	—	1 285 878	1 554 600
豆类合计	—	—	15 227 711	19 292 570	23 423 944	23 335 706	17 234 265
杂豆合计	—	—	3 627 554	4 491 456	4 780 622	4 610 354	4 621 245

各杂粮作物单产大都呈增加趋势(表 10-3)。1985—2015 年,高粱单产增加了 13.1%,谷子增加了 13.5%;1995—2015 年,豆类合计增加了 50.2%,杂豆合计增加了 38%;2010—2015 年,大麦减少了 22%,荞麦增加了 17.9%,燕麦减少了 50.17%,绿豆减少了 3.55%,红小豆增加了 2.21%,蚕豆增加了 9.15%。

表 10-3　1985—2015 年我国杂粮作物单产变化　　kg/hm^2

作物	1985 年	1990 年	1995 年	2000 年	2005 年	2010 年	2015 年
高粱	1 039	1 273	1 276	1 330	1 362	1 228	1 175
谷子	638	697	717	736	787	749	724
大麦	—	—	—	—	—	680	530
荞麦	—	—	—	—	—	187	220
燕麦	—	—	—	—	—	167	83
绿豆	—	—	—	—	—	992	957
红小豆	—	—	—	—	—	579	592
蚕豆	—	—	—	—	—	604	659
豆类合计	—	—	1 320	1 581	1 800	1 923	1 983
杂豆合计	—	—	1 119	1 272	1 386	1 529	1 545

我国杂粮作物种植县数也发生较明显变化(表 10-4)。1985—2015 年,高粱种植县数减少了 34.47%,谷子减少了 32.74%;2010—2015 年,大麦减少了 24.48%,荞麦增加了 8.63%,燕麦减少了 13.61%,绿豆减少了 5.74%,红小豆增加了 3.6%,蚕豆增加了 4.45%;从 1995 年至 2015 年,豆类合计种植县数增加了 18.57%,杂豆合计种植县数增加了 5.03%。

表 10-4　1985—2015 年我国杂粮作物种植县数变化　　个

作物	1985 年	1990 年	1995 年	2000 年	2005 年	2010 年	2015 年
高粱	1 378	1 415	1 225	1 315	1 183	996	903
谷子	1 066	1 032	919	964	884	750	717
大麦	—	—	—	—	—	576	435
荞麦	—	—	—	—	—	336	365
燕麦	—	—	—	—	—	191	165
绿豆	—	—	—	—	—	1 481	1 396
红小豆	—	—	—	—	—	860	891
蚕豆	—	—	—	—	—	809	845
豆类合计	—	—	2 106	2 406	2 471	2 502	2 497
杂豆合计	—	—	1 968	2 125	2 113	2 139	2 067

10.1.2　1985—2015 年全国杂粮生产空间的变化

由图 10-1 可知,我国谷类杂粮(包括高粱、谷子、大麦、荞麦、燕麦)种植多样性较为丰富的区域主要分布在甘肃东部至吉林白城附近一线、渝贵川交界区、云南大部和江苏东部,在秦岭—淮河一线以北也有多样性较高的县域零星分布。

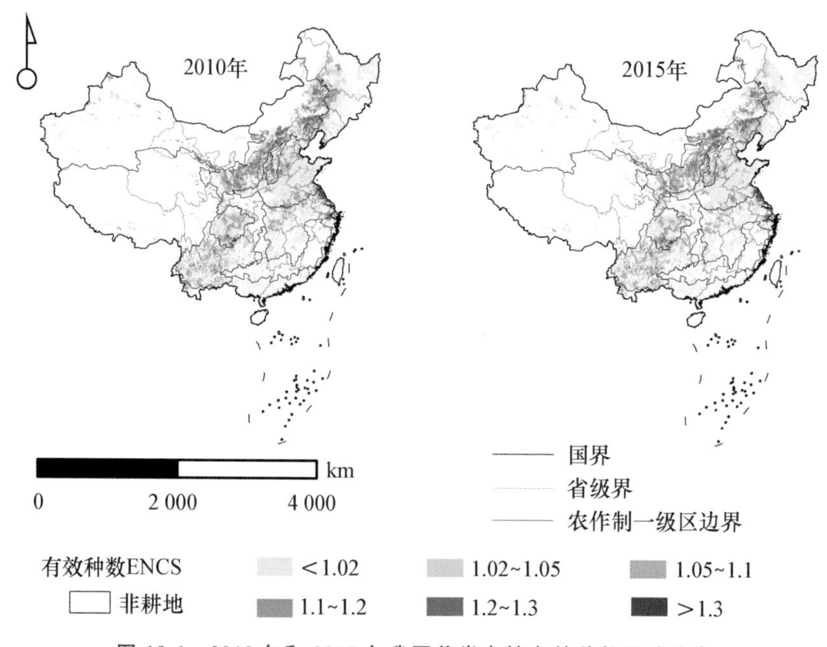

图 10-1　2010 年和 2015 年我国谷类杂粮有效种数县域分布

由图 10-2 可知，我国豆类杂粮（统计数据中的豆类合计除去大豆）种植多样性较为丰富的区域同谷类杂粮一样主要分布在甘肃东部至吉林白城附近一线、渝贵川交界区、云南大部和江苏东部。高值区集中在内蒙古东部与东北三省交界处、黄土高原地区、云南大部、江苏浙江东部及渝贵川交界区，在秦岭—淮河一线以南也有多样性较高的县域零星分布。

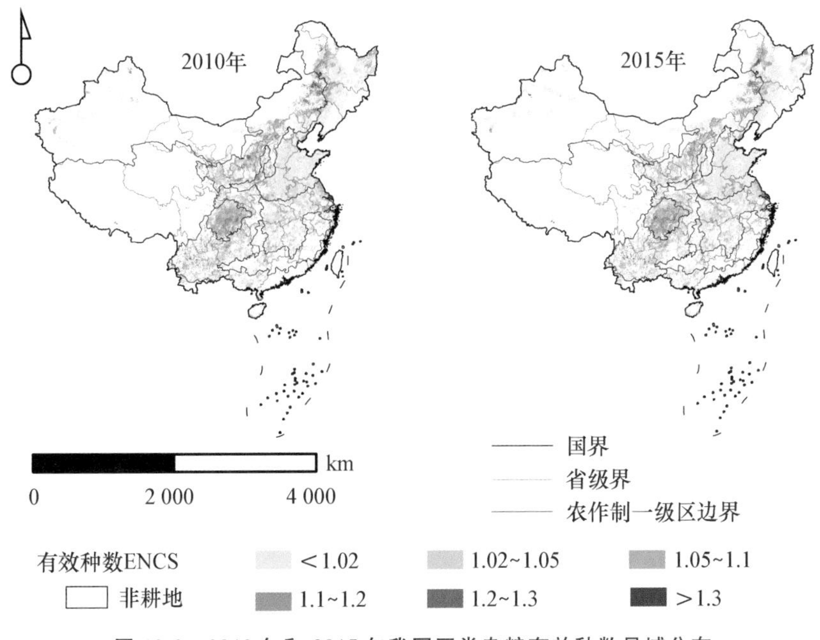

图 10-2　2010 年和 2015 年我国豆类杂粮有效种数县域分布

由图 10-3 可知，我国杂粮作物（谷类和豆类杂粮）种植多样性较为丰富的区域主要分布在黑龙江西部、吉林西北部、辽宁西北部、内蒙古东部、河北北部、山西中北部、陕西北部、宁夏中

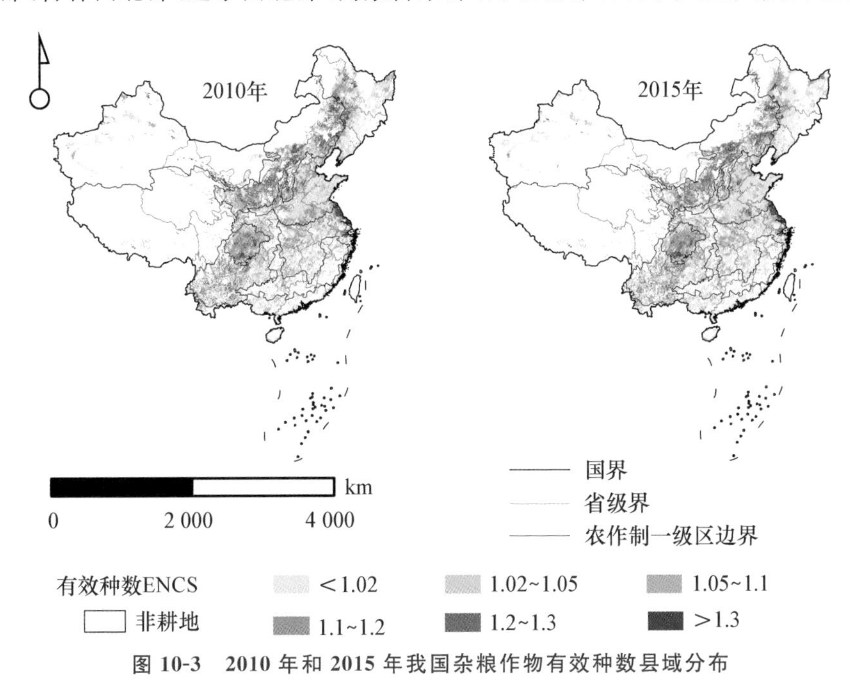

图 10-3　2010 年和 2015 年我国杂粮作物有效种数县域分布

南部、甘肃中东部、渝贵川交界县域、云南大部及江苏浙江东部，2010—2015 年杂粮多样性分布变化较小。

10.2 高 粱

高粱是 C4 作物，光合作用效率高、抗逆性强、产量高，在干旱和半干旱地区分布较广，是我国重要的旱地粮食作物，其具有食用、饲用、糖用、能源用、工艺用和酿造等多种使用价值。在积温不足、水资源相对匮乏的东北、西北地区种植高粱具有减少地下水消耗、减少土壤侵蚀与水土流失的重要生态保护作用。

近 30 年，全国高粱播种面积先减后增，由 193.7 万 hm^2 减少至 49 万 hm^2，后回升至 57.4 万 hm^2，生产集中程度不断增大，优势产区趋于稳定。单产逐步提升，由 2 895.9 kg/hm^2 提高至 4 794.2 kg/hm^2。优势产区分布在河北北部至吉林白城一线、渝贵川交界区及黄土高原和黄淮海平原农作区的部分地区。1985—2015 年，东北平原山区农林区、黄淮海平原农作区、北部中低高原农牧区高粱种植减少较多，西南渝贵川交界区增加较多，2005 年后全国高粱生产重心由东北向西南移动。东北平原山区农林区及黄淮海平原农作区表现为单产优势与面积劣势，面积优势而单产劣势的县域集中在陕西北部至吉林白城一线的部分县域及西南渝贵川交界区东部部分县域。东北平原山区农林区中西部、黄淮海平原农作区、西南石漠化区与新疆的部分区域高粱生产具有恢复潜力。

10.2.1 1985—2015 年高粱生产时空变化

1985—2015 年我国高粱生产规模先减后增，单产波动性提升(图 10-4)。全国高粱播种面

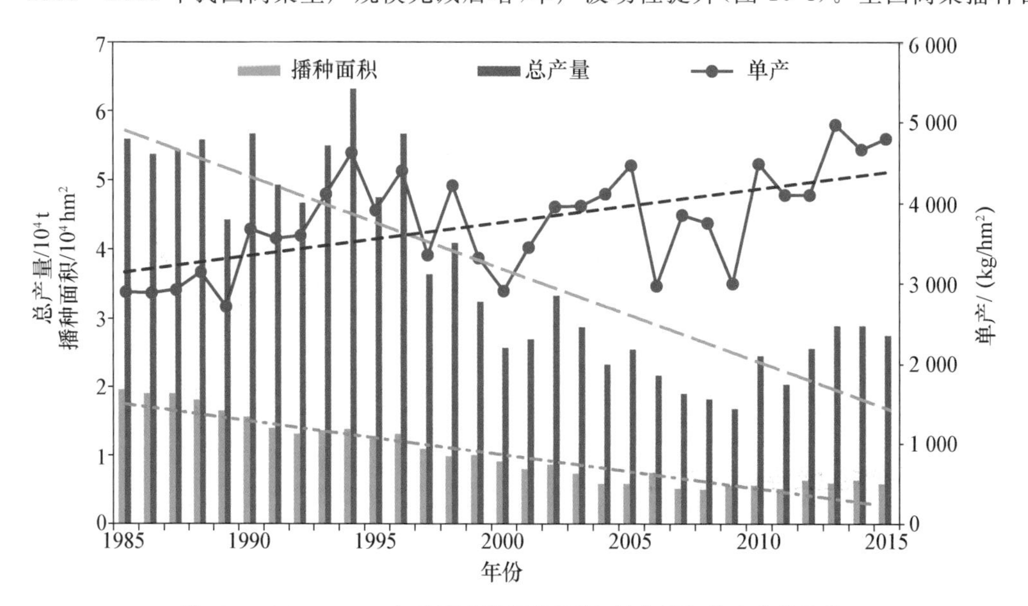

图 10-4 1985—2015 年我国高粱播种面积、总产量和单产变化趋势

积占农作物播种面积比例由 1985 年的 1.35%降低至 2008 年的 0.31%,后逐渐回升至 2015 年的 0.35%。全国高粱播种面积占粮食作物播种面积比例由 1985 年的 1.78%降低至 2008 年的 0.45%,后逐渐回升至 2015 年的 0.51%。1985—2008 年播种面积由 193.7 万 hm^2 减少至 49 万 hm^2,减少了 74.7%,总产量由 560.9 万 t 减少至 183.7 万 t,减少了 67.2%,单产由 2 895.9 kg/hm^2 增加至 3 750.5 kg/hm^2,增加了 29.5%。2008—2015 年播种面积回升至 57.4 万 hm^2,增加了 17.2%,总产量回升至 275.2 万 t,增加了 49.8%,单产提高至 4 794.2 kg/hm^2,提高了 27.8%。

近 30 年来,我国高粱生产更加集中(图 10-5)。1985—2015 年,播种面积小于 500 hm^2 的县数先增后减,小于 50 hm^2 的县数增加幅度较小,50～500 hm^2 的减少幅度较小,500 hm^2 以上的县数减少幅度较大,播种面积前 50 的县播种面积总和占全国比例由 1985 年的 36.7%增

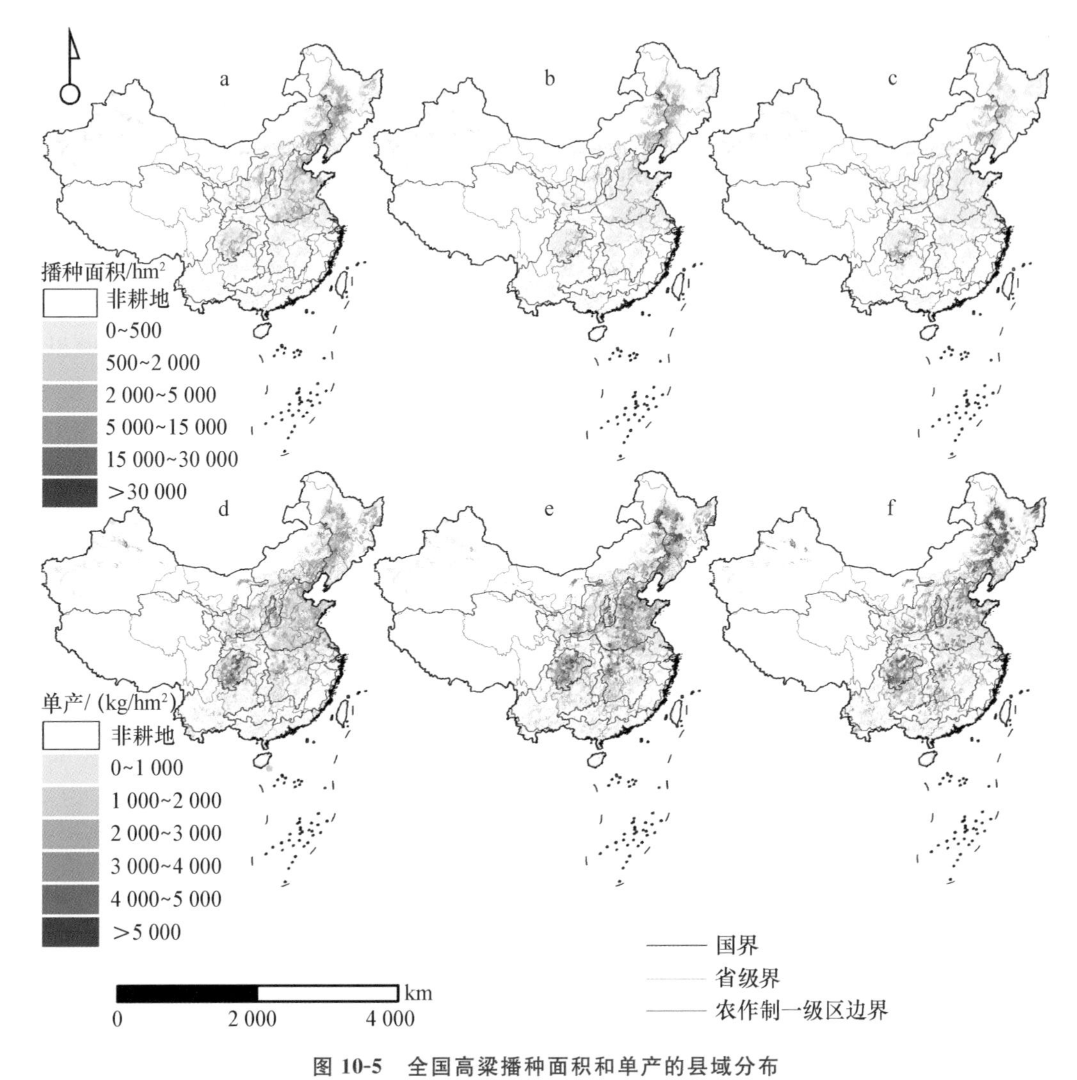

图 10-5 全国高粱播种面积和单产的县域分布

(a、b、c 分别代表 1985 年、2000 年、2015 年播种面积;d、e、f 分别代表 1985 年、2000 年、2015 年单产)

加至 2015 年的 66.3%，生产集中程度逐渐增加。高粱播种面积较大的县域在 2000 年前主要分布在河北北部至吉林白城一线、渝贵川交界区及黄土高原和黄淮海平原农作区的部分地区，2000 年后则主要集中在辽宁建平县至黑龙江肇源县一带和渝贵川交界区。1985 年，高粱播种面积以辽宁、河北、吉林、山西、内蒙古、山东、黑龙江、四川、河南 9 省份占全国比例较高，大于 30 000 hm^2 的县仅分布在辽宁阜新市与黑山县，15 000～30 000 hm^2 的集中在辽宁西北部与吉林西北部部分县域，2 000～15 000 hm^2 的集中在东北三省与内蒙古接壤的东北平原山区农林区中部、山西陕西中北部、河北东部、山东中部、安徽北部以及四川与重庆两省（直辖市）接壤的部分县域。2000 年仅在黑龙江龙江县、内蒙古扎赉特旗与辽宁西北部部分县域高粱播种面积大于 15 000 hm^2，2 000～15 000 hm^2 的主要集中东北三省与内蒙古接壤的东北平原山区农林区中部，在北部中低高原农牧区、四川盆地农作区等其他区域也有零星分布，其余县播种面积大都低于 2 000 hm^2。2015 年，吉林、内蒙古、贵州、四川、辽宁、黑龙江、重庆、山西 8 省份高粱生产占全国比例较高，河南、甘肃、陕西、河北次之。播种面积大于 30 000 hm^2 的县仅有吉林通榆县，15 000～30 000 hm^2 的县仅为贵州仁怀市、吉林长岭县、内蒙古敖汉旗 3 县，2 000～15 000 hm^2 的主要集中东北三省与内蒙古接壤的县域以及贵州北部与四川接壤的县域。

1985—2015 年，我国高粱单产逐步提升（图 10-5）。1985 年高粱单产以宁夏、山西、辽宁、北京、福建、四川较高，大于 4 000 kg/hm^2 的县集中在辽宁西北部、河北东北部、山西中部、湖北中部及渝川交界区，大于 2 000 kg/hm^2 的县集中在东北三省中西部至渝川交界区一线、山东大部、湖北中部、安徽中部及江苏北部。2015 年以江苏、吉林、黑龙江和辽宁较高，四川、天津、安徽及内蒙古次之，大于 4 000 kg/hm^2 的县主要分布在东北三省中西部与内蒙古接壤的县域、山西中南部、渝贵川交界区及山东河南湖北的部分县域，其余种植县单产大都大于 2 000 kg/hm^2。近 30 年间，新、皖、苏、黑、吉、湘、渝、云、黔高粱单产增加了 130% 以上，其他省份增长了不到 80%，2000 年前单产的增加集中在黄淮海平原与东北三省部分县域，2000 年后单产的增加主要集中在西南地区、东北三省与内蒙古接壤的县域。

2008 年前东北平原山区农林区、黄淮海平原农作区、北部中低高原农牧区高粱种植减少较多，2008 年后东北平原山区农林区、黄淮海平原农作区继续减少，北部中低高原农牧区短暂回升后继续减少，西南渝贵川交界区增加较多（图 10-6）。1985—2008 年，贵州和重庆增加了 1 万 hm^2 以上，江西增加了 1 800 hm^2，辽宁减少了 34.4 万 hm^2，河北减少了 19.4 万 hm^2，山西、山东、吉林、河南及黑龙江减少了 9.6 万～14.5 万 hm^2，四川、安徽、内蒙古、天津、陕西、新疆及江苏减少了 1 万 hm^2 以上。2008—2015 年，贵州增加了 6.3 万 hm^2，四川及吉林增加了 4 万 hm^2 以上，重庆增加了 1.5 万 hm^2，河南增加了 7 560 hm^2，内蒙古减少了 2.6 万 hm^2，黑龙江、辽宁、河北及山西减少了 1 万 hm^2 以上，甘肃减少了 4 360 hm^2。

播种面积和单产均影响着我国高粱产量重心的变化（图 10-7）。由于渝贵川地区高粱种植的大量增加，全国高粱产量重心从 2005 年后由东北向西南移动，2005 年前高粱种植重心整体变化较小，2010—2015 年期间变化较大。而由于高粱北部产区单产略高于南方，高粱产量重心迁移曲线较面积重心迁移曲线整体向东北偏移。

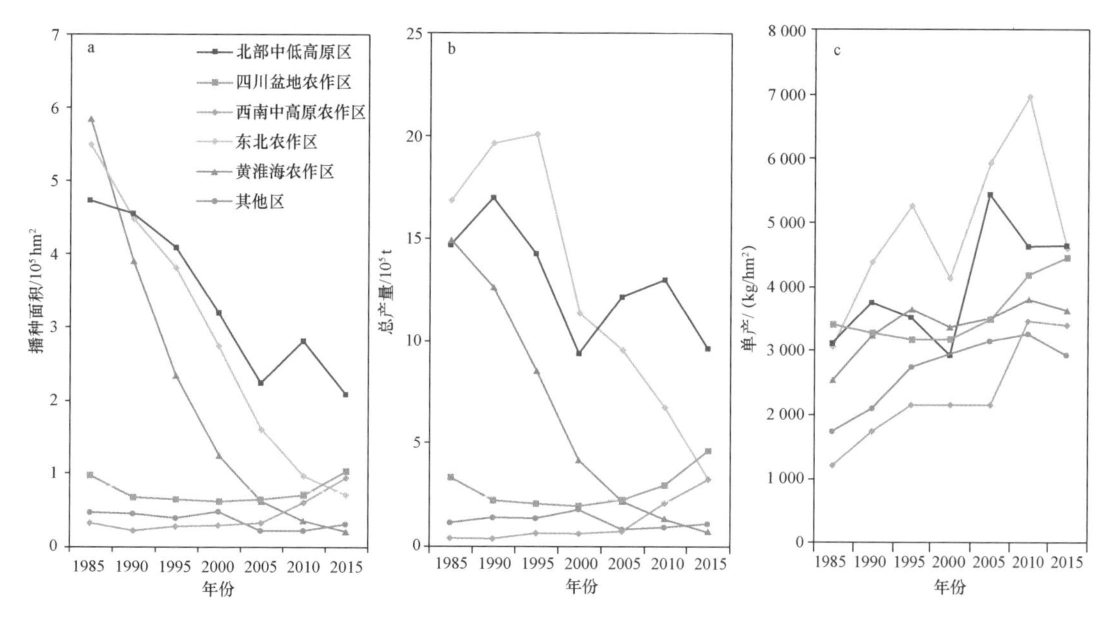

图 10-6　1985—2015 年全国高粱播种面积(a)、总产量(b)和单产(c)分农作区变化情况

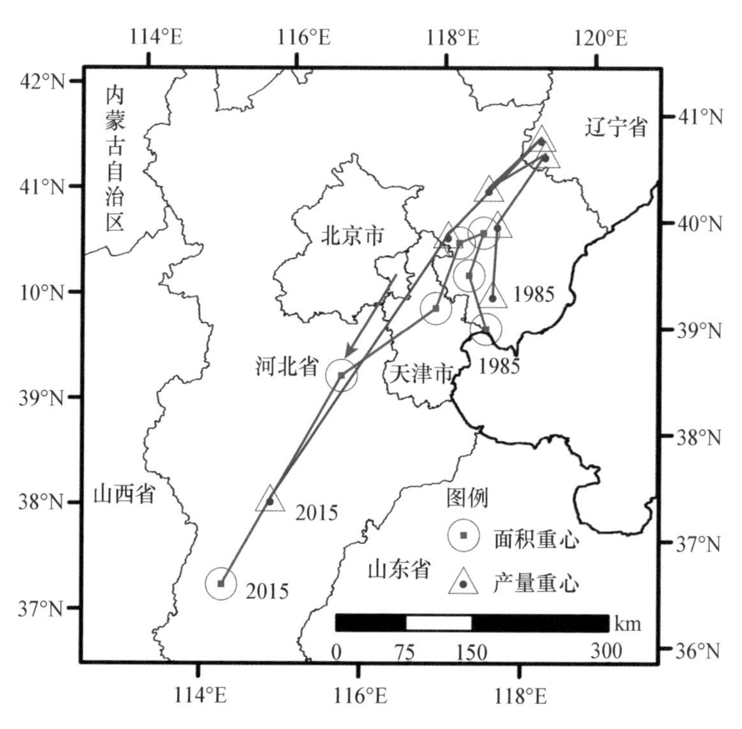

图 10-7　1985—2015 年高粱重心迁移路径

10.2.2　高粱比较优势指数时空变化

全国高粱面积单产均具有比较优势的县域集中在河北北部至吉林白城一线、渝贵川交界区及黄土高原和黄淮海平原农作区的部分地区，东北平原山区农林区、黄淮海平原农作区及新

疆部分县域具有单产优势而不具有面积优势，陕西北部至吉林白城一线的部分县域及西南渝贵川交界区东部部分县域具有面积优势而单产为劣势（图 10-8）。1985 年面积单产均具有优势的区域集中在东北三省与内蒙古接壤的县域、山西大部、四川与重庆接壤的县域，单产具有优势但播种面积不具有优势的区域集中在黑龙江东部、四川东部及湖北安徽江苏山东的部分县域，单产不具有优势但面积具优势的区域集中在东北平原山区农林区中部与内蒙古接壤的县域、陕西北部、黄淮海平原东部。2015 年面积单产均具有优势的区域集中在东北三省与内蒙古接壤的县域、陕西山西中部、四川与重庆接壤的县域、贵州中部，单产具有优势但播种面积不具有优势的区域集中在东北三省西部、四川东部、山西南部、湖北南部及黄淮海平原农作区与新疆的部分县域，单产不具有优势但面积具优势的区域集中在陕西北部至吉林西部一线及渝贵川交界区。近 30 年间，东北三省及黄淮海平原农作区高粱效率优势增加但面积大幅度减少，渝贵川交界区东部县域不再具有效率比较优势。

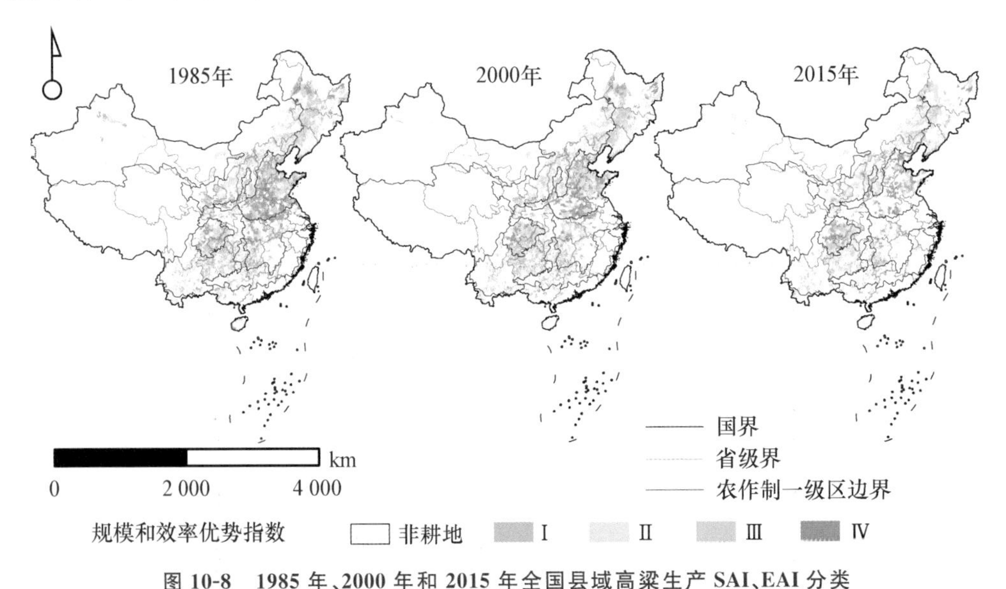

图 10-8　1985 年、2000 年和 2015 年全国县域高粱生产 SAI、EAI 分类

（Ⅰ为 SAI>1、EAI>1 型；Ⅱ为 SAI<1、EAI>1 型；Ⅲ为 SAI>1、EAI<1 型；Ⅳ为 SAI<1、EAI<1 型）

1985—2000 年，高粱 AAI 较高的区域集中在河北北部至吉林白城一线与西南部、山东中部、陕西北部与山西中部及渝贵川交界县域，2015 年 AAI 较高的区域仅分布在辽宁建平县至黑龙江肇源县一带、渝贵川交界县域及黄土高原区少数县域（图 10-9）。近 30 年间，东北三省中东部、黄淮海平原大部及黄土高原部分县域尽管单产增加较多，但由于播种面积的大量减少，这些区域的 AAI 指数不断降低。渝贵川交界处的播种面积增加使该区域 AAI 增加较多（图 10-9）。

10.2.3　高粱生产变化原因及恢复潜力分析

影响我国高粱播种面积的原因较多，郑殿峰等研究发现，1980 年以来，随着农村劳动力大量外流、城乡居民生活水平的提高及膳食结构的改变，我国高粱种植地域逐渐由生产条件较好的地区向干旱半干旱、瘠薄、涝洼、盐碱等生产条件较差的地区转移，农民更愿意在水肥条件较好的地块种植效益高、种植管理简便、易于规模化机械化作业的小麦、玉米、蔬

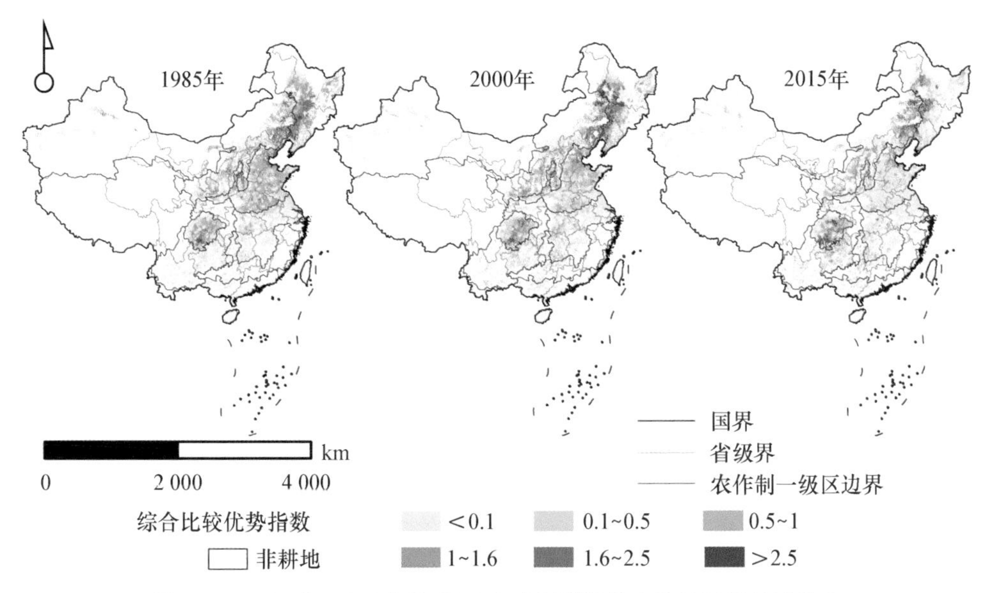

图 10-9　1985 年、2000 年和 2015 年全国高粱综合比较优势县域分布

菜、棉花等作物；在用途上高粱产品由大部分食用向酿造、饲用、加工等综合利用发展；其生产由单纯提高籽粒产量向优质、专用发展。国家对主粮作物的重视与高粱比较效益较低也是播种面积减少的影响因素，国家自 2004 年起实施了农机具购置补贴与针对水稻、小麦、玉米、大豆、油菜、棉花的粮食直接补贴、良种补贴、农资综合补贴，农户主粮作物生产成本得到降低，增加了农户主粮种植的积极性。根据国家发改委《2008 全国农产品成本收益资料汇编》显示，高粱种植效益较低，其全国平均净利润低于花生、棉花、甘蔗、甜菜、水稻，高于玉米、谷子、油菜、大豆、小麦。另外，玉米进口配额的限制，直接加大了饲料企业对具有绝对价格优势的进口高粱的需求，近年来，高粱进口量的急剧增加，降低了国内高粱的种植积极性（李顺国等，2018）。

尽管目前食用高粱大量减少，能源用甜高粱却具有广阔的前景。研究表明，甜高粱具有高含糖量、高生物产量、高乙醇转化率、高抗逆性和生产成本相对较低的特点，可在广大边际非耕地种植（卢庆善等，2009），每公顷可产茎秆 60～90 t，籽粒 3～6 t，每公顷甜高粱可产乙醇 6 106～8 400 L（石龙阁，2007），被认为是最有发展潜力的乙醇原料，可取代汽油、缓解能源约束问题。我国可种植甜高粱的未利用地面积达 5.92×10^{7} hm^{2}，集中于新疆和内蒙古等地，而最适宜种植的未利用地面积为 2.87×10^{6} hm^{2} 主要分布在黑龙江、内蒙古、山东和吉林等地（张彩霞等，2010），且我国的甜高粱乙醇在能量效率和经济效益方面与美国玉米乙醇表现相当，具备可行性（高慧等，2010）。甘肃凉州区已将推广醇用型甜高粱作为发展节水高效农业、扩大畜牧业饲草料资源、促进农民就业增收的一项重要措施（张德梅等，2017）。

未来在干旱半干旱地区，节水抗旱高产的高粱播种面积有望回升。研究显示，东北地区降水量呈下降趋势，东北地区西部干旱频繁发生，该地区玉米生长阶段需要抽取地下水灌溉，钟新科等研究结果也表明春玉米灌溉需水量较高的区域集中在东北地区中西部，在东北地区中西部种植玉米水稻等较为耗水的作物，将造成地下水位的下降。唐鹏钦等（2012）发现，近 30 年来东北水稻种植界限北移东扩，向高海拔区扩展，中部和北部地区水稻种植增加较多。2004—2010 年，东北水稻新增约 1.533×10^{6} hm^{2}，大部分为井灌稻，造成了地下水位的下降。

农业部发布的《农业部关于“镰刀弯”地区玉米结构调整的指导意见》指出,“镰刀弯”地区生态环境脆弱,玉米产量低而不稳(农业部,2015),政策出台后黑吉辽谷子和糜子播种面积均有不同程度增长(刘斐等,2017)。前文研究中具有面积优势而单产劣势的为高粱适宜调减区,而具有单产优势与面积劣势为高粱适宜调增区,高粱在包含“镰刀弯”地区的东北三省西部、四川东部、山西南部、湖北南部及黄淮海平原农作区与新疆的部分县域具有单产优势与面积劣势,水分利用效率较高的高粱在这些区域的播种面积有望回升。

以前,我国高粱原粮消费份额较小,商品化程度较低,致使市场有效需求不足,高粱深加工技术中仅酿酒水平较高,但酿造用途高粱需求量有限,饲料、能源、加工食品等比较落后,2008年我国农业部启动了“国家高粱产业技术体系”建设项目,近年来我国谷子高粱产业技术体系在品种成果转化方面进展显著,科研与市场不断融合,新品种推广更新不断提速,主产区农机、农艺应用比例加大。未来,高粱优势生产区还需要进一步推进科研成果转化与服务,配套制定高粱产业扶持政策,扶持和壮大现有企业,提升加工规模和水平,不断促进高粱生产向区域规模化、种植标准化、无公害化发展。

10.3 谷　子

谷子具有生育期短、水分利用率高、抗旱耐瘠薄等特点,特别适宜在干旱半干旱地区种植,是我国北方重要的旱作粮食作物与抗旱救灾战略储备作物。在积温不足、水资源相对匮乏的东北、西北地区,种植谷子具有减少地下水消耗、减少土壤侵蚀与水土流失的重要生态保护作用。同时,谷子具有良好的食用与饲用价值,随着人们对食物品质需求的不断提升,在某些欠发达地区发展有机旱作谷子种植将对当地增收和优化粮食产量结构起到良好的促进作用。因此,挖掘谷子生产潜力,优化区域布局,对促进我国谷子生产可持续发展意义重大。

1985—2015 年,全国谷子播种面积先减后增,生产集中程度不断增大,优势产区趋于稳定。谷子产量变化贡献以面积为主、单产为辅,单产贡献率逐年增加。年际间谷子生产重心变化较小,其优势产区稳定在东北平原山区农林区中西部、黄淮海平原中北部和北部中低高原农牧区东南部,具体集中在内蒙古东部、东北三省与内蒙古接壤的县域、河北大部、河南西北部、山东中部、山西大部、陕西北部、甘肃东部及宁夏中部。近 30 年来,黄淮海平原农作区、东北平原山区农林区与西北部分县域单产增加但播种面积大量减少,使该区域表现为单产优势与面积劣势,2000 年后北部中低高原农牧区的吉林通榆、内蒙古敖汉旗与山西部分县域的播种面积有所回升。播种面积较大而单产劣势的县域集中在黄土高原地区的陕西和山西中北部部分县域。黄淮海平原农作区被夏玉米替代的夏谷或较难恢复,东北平原山区农林区中西部、北方农牧交错区及太行山沿线区谷子生产具有恢复潜力。谷子育种、栽培技术与生产加工机械的进步,对谷子生产提质增效与实现产业化发展至关重要。

10.3.1 1985—2015 年我国谷子生产时空变化

1985—2015 年,我国谷子生产规模先减后增,单产波动性提升(图 10-10)。全国谷子播种面积占农作物总播种面积比例由 1985 年的 2.3%降低至 2013 年的 0.4%，后逐渐回升至 2015 年的 0.5%。全国谷子播种面积占粮食作物播种面积比例由 1985 年的 3.1%降低至 2009 年的 0.7%，后逐渐回升至 2015 年的 0.8%。1985—2009 年，谷子播种面积由 3.318×10^6 hm^2 减少至 7.88×10^5 hm^2，减少了 76.3%，总产量由 5.977×10^6 t 减少至 1.225×10^6 t，减少了 79.5%。2009—2015 年谷子播种面积回升至 8.39×10^5 hm^2，增加了 6.5%；总产量回升至 1.967×10^6 t，增加了 60.5%。近 30 年来单产由 1 801.2 kg/hm^2 提高至 2 342.9 kg/hm^2，提高了 30.1%。

近 30 年来播种面积小于 500 hm^2 的县数先增后减、变化幅度较小，大于 500 hm^2 的县数均持续减少，500～2 000 hm^2 的县数减幅较小，2 000 hm^2 以上的县数减幅较大，播种面积前 50 的县播种面积总和占全国比例由 1985 年的 31.5%增加至 2015 年的 55.9%，生产集中程度逐渐增加。

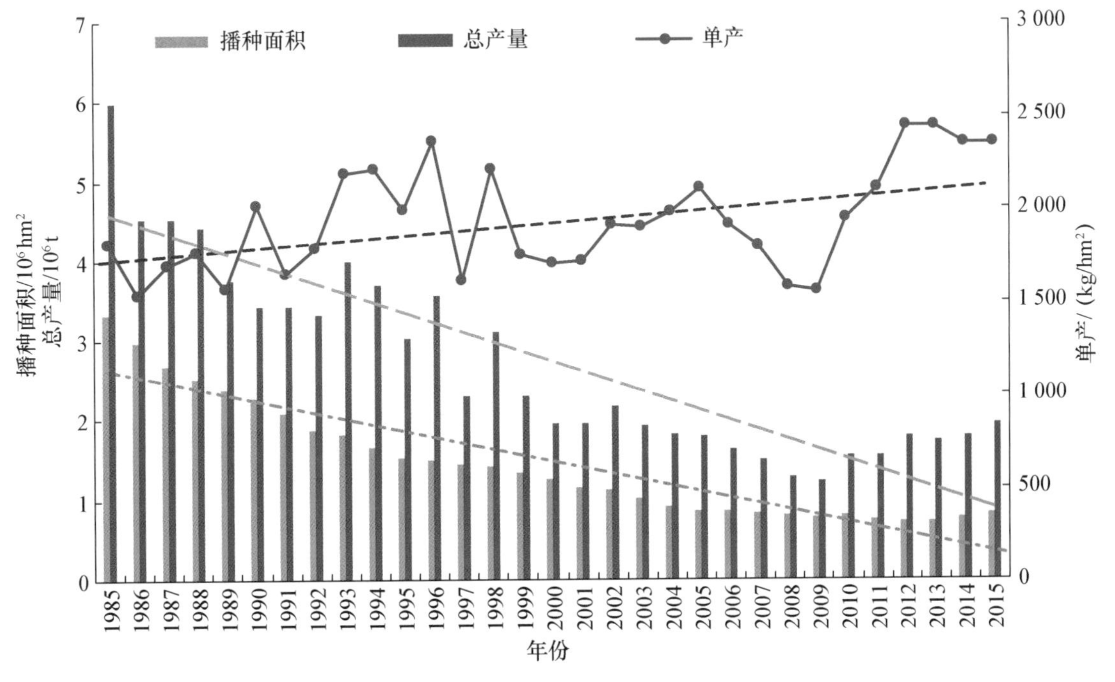

图 10-10　1985—2015 年全国谷子播种面积、总产量和单产变化

谷子播种面积较高的县域主要分布在甘肃会宁至吉林白城一线(图 10-11)。1985 年以河北、黑龙江、内蒙古、山西、吉林、山东、河南、辽宁、陕西、甘肃占全国比例较高，大于 15 000 hm^2 的县主要分布在山西北部至东北三省中西部一线，2 000～15 000 hm^2 县集中在黄淮海平原农作区、黄土高原区、内蒙古通辽一带与东北的中部地区。2015 年，山西、内蒙古、河北、辽宁、陕西、吉林、河南、山东、甘肃、贵州、宁夏谷子生产占全国比例较高，播种面积大于 30 000 hm^2 的县仅有内蒙古的敖汉旗，15 000～30 000 hm^2 的县主要为敖汉旗临近区域、吉林西北部通榆县、河北武安市，2 000～15 000 hm^2 的县主要集中在陕西北部、山西北部、河北西部与北部、东北平原山区农林区中部。

近 30 年来，黄淮海平原农作区、东北平原山区农林区与西北部分县域播种面积大量减少，2000 年后北部中低高原农牧区的吉林通榆、内蒙古敖汉旗与山西部分县域的播种面积回升

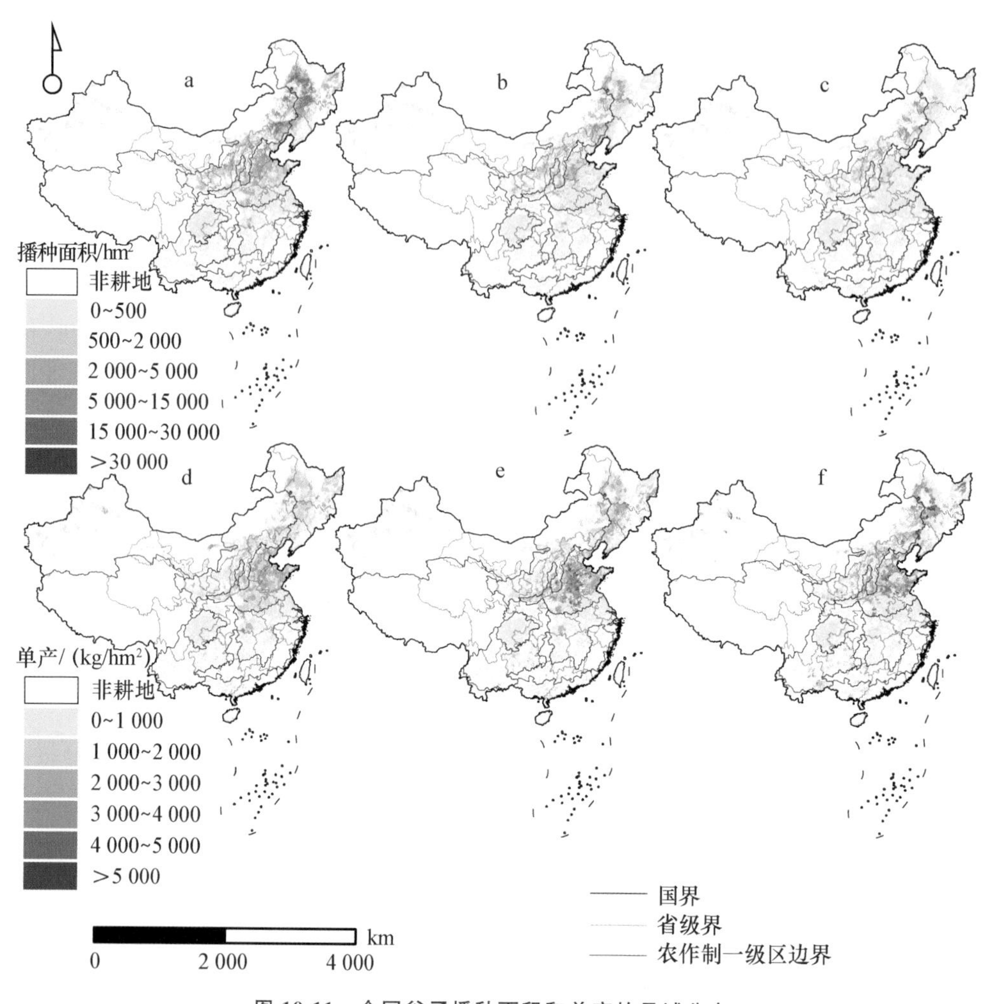

图 10-11　全国谷子播种面积和单产的县域分布

(a、b、c 分别代表 1985 年、2000 年、2015 年播种面积;d、e、f 分别代表 1985 年、2000 年、2015 年单产)

(图 10-12),谷子生产重心由东北向西南方向移动,重心在 1985—1990 年变化较大,其他年份变化较小(图 10-13)。1985—2009 年,仅云南增加了 253.3 hm²,其余种植省份均呈减少趋势,河北、黑龙江减少了 4.6×10^5 hm² 以上、内蒙古减少了 3.1×10^5 hm²、吉林、山东、山西和河南减少了 2.0×10^5 hm² 左右,辽宁和陕西减少了 1.0×10^5 hm² 左右,甘肃减少了 5.7×10^4 hm²,贵州、江西、安徽、广东及新疆减少了 1 000～4 000 hm²。2009—2015 年,全国大部分地区谷子播种面积继续减少,辽宁、黑龙江及陕西减少了 17 860 hm² 以上,甘肃减少了 5 340 hm²,河南减少了 2 280 hm²,北部中低高原农牧区谷子种植大幅度回升(图 10-12),内蒙古增加了 48 026.7 hm²,吉林和山西增加了 26 793.3 hm² 以上,宁夏、新疆、山东及河北增加了 2 000 hm² 以上,天津增加了 1 073.3 hm²,江西增加了 600 hm²,贵州增加了 6 946.7 hm²,云南增加了 146.7 hm²。

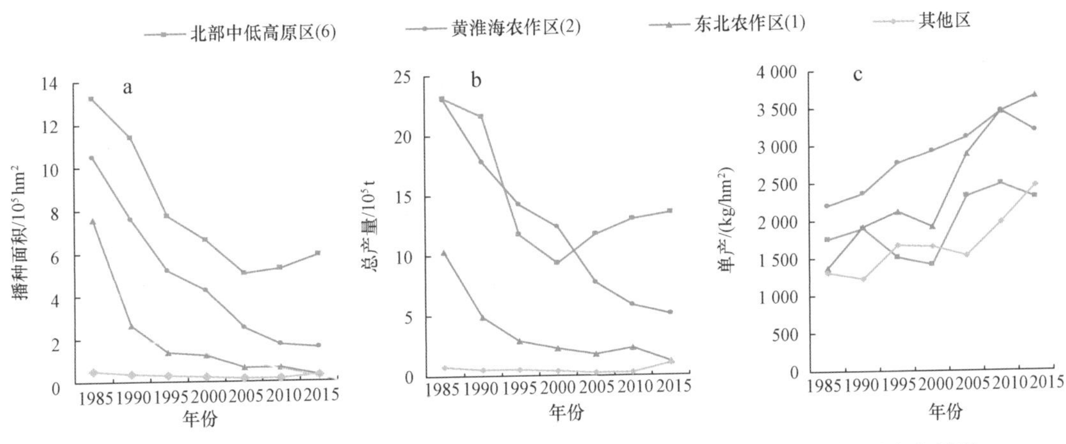

图 10-12　1985—2015 年全国不同农作区谷子播种面积(a)、总产量(b)、单产(c)变化情况

1985—2015 年，谷子单产增加较多的区域主要分布在黄淮海平原农作区及东北平原山区农林区中部，东南部产区单产普遍高于西北部，谷子产量重心迁移路径较面积重心迁移路径整体偏南(图 10-13)。谷子单产 1985 年以山东、山西、天津、北京及河北较高，大于 3 000 kg/hm^2 的县分布在山东中西部、河北南部和山西南部，大于 2 000 kg/hm^2 的县集中在山东、河北、山西、河南北部、内蒙古通辽一带与东北中部的个别县。2015 年单产以安徽、吉林、黑龙江、云南、湖北、河北、山东及辽宁较高，大于 4 000 kg/hm^2 的县主要分布在云南东部、山东南部、河北北部与南部、河南南部、山西南部、陕西中部、内蒙古与东北三省接壤的县域，2 000～4 000 kg/hm^2 的县集

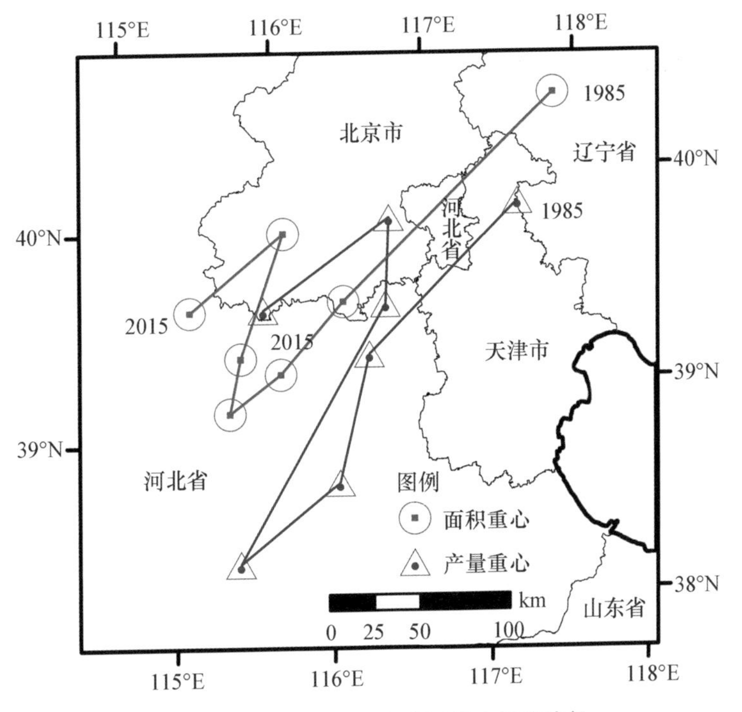

图 10-13　1985—2015 年谷子重心迁移路径

中在山东、河北、山西、河南北部及东北平原山区农林区中部。近 30 年来，安徽、黑龙江单产增加了 200%以上，吉林、贵州和辽宁增加了 100%以上，宁夏、湖北、甘肃和河北增加了 50%以上。2000 年前单产的增加集中在黄淮海平原，东北三省部分县域，2000 年后单产的增加集中在黄淮海平原、内蒙古赤峰和通辽一带、东北平原山区农林区中部与云南东部的部分县域(图 10-11)。

全国谷子生产面积贡献率逐渐减少、单产贡献率逐渐增加(表 10-5)。2005—2010 年，我国谷子产量贡献由面积主导转为单产主导。面积主导最大的时期是 1990—1995 年，由于面积的剧烈缩减对谷子产量贡献超过 95%。长期以来，谷子生产的互作贡献率均较低，表示长时间以来，面积或者单产单要素变化对产量的影响总是远高于另一要素。

表 10-5　近 30 年我国谷子产量贡献因素解析

时段	播种面积变化量 /hm^2	总产量变化量 /t	单产变化量 /(kg/hm^2)	面积贡献率 /%	单产贡献率 /%	互作贡献率 /%
1985—1990 年	−1 040 000.0	−1 402.0	206.7	67.5	24.7	7.7
1990—1995 年	−756 066.7	−1 556.0	−24.9	95.3	3.6	1.2
1995—2000 年	−272 400.0	−893.9	−282.9	51.5	41.1	7.4
2000—2005 年	−400 800.0	−340.1	401.9	50.7	37.4	12.0
2005—2010 年	−40 500.0	−212.0	−156.9	37.9	59.3	2.8
2010—2015 年	30 673.3	393.5	397.8	15.2	81.7	3.1

近 30 年来，谷子产量变化贡献以面积变化为主(80.3%)，以单产变化为辅(18.4%)，互作贡献对总产量变化影响较小(1.3%)。1985—2000 年，74.5%的谷子种植县产量变化由面积变化主导，24.2%由单产变化主导，1.2%为互作类型；2000—2015 年，75.5%的谷子种植县产量变化由面积变化主导，23.1%由单产变化主导，1.4%为互作类型。

10.3.2　谷子比较优势指数时空变化

我国谷子面积单产均具有比较优势的县域集中在山西南部至吉林白城一线，东北平原山区农林区与黄淮海平原农作区具有单产优势而不具有面积优势，黄土高原部分县域具有面积优势但单产劣势(图 10-14)。1985 年面积单产均具有优势的区域集中在河北和山西全境、山东北部、河南北部、内蒙赤峰和通辽一带与东北三省的部分县域，单产具有优势但播种面积不具有优势的区域集中在河北东部、山东大部、河南北部与湖北的部分县域，单产不具有优势但面积具优势的区域集中在东北平原山区农林区大部、甘肃、陕西、山西、河北的部分县域。2015 年面积单产均具有优势的区域集中在山西南部至东北平原山区农林区中部一线及云南东部部分县域，单产具有优势但播种面积不具有优势的区域集中在山东大部、东北平原山区农林区大部，单产不具有优势但面积具优势的区域集中在陕西北部至吉林西部一线。30 年间，东北平原山区农林区与黄淮海平原农作区谷子效率优势增加但面积急剧减少，山西中北部部分临近县域单产不再具有效率比较优势。

1985 年，谷子 AAI 较高的区域集中在河北北部与西南部、山西东南部与中部、陕西东北部与内蒙古赤峰和通辽一带，2000—2015 年，AAI 较高的区域稳定在河北西南部与北部、河南西北部、山西全境、陕西北部、内蒙古赤峰和通辽一带、东北三省与内蒙古接壤的县域(图 10-15)。近 30 年来，东北三省与黄淮海平原大部分县域尽管单产增加较多，但由于播种面积的大量减少，这些区域的 AAI 指数不断降低。

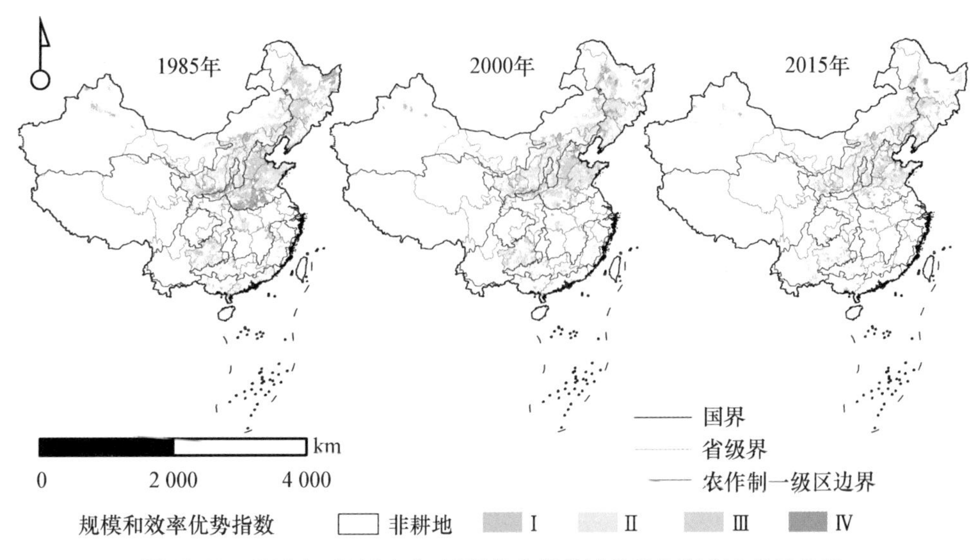

图 10-14　1985 年、2000 年和 2015 年全国县域谷子生产 SAI、EAI 分类

（Ⅰ为 SAI>1、EAI>1 型；Ⅱ为 SAI<1、EAI>1 型；Ⅲ为 SAI>1、EAI<1 型；Ⅳ为 SAI<1、EAI<1 型）

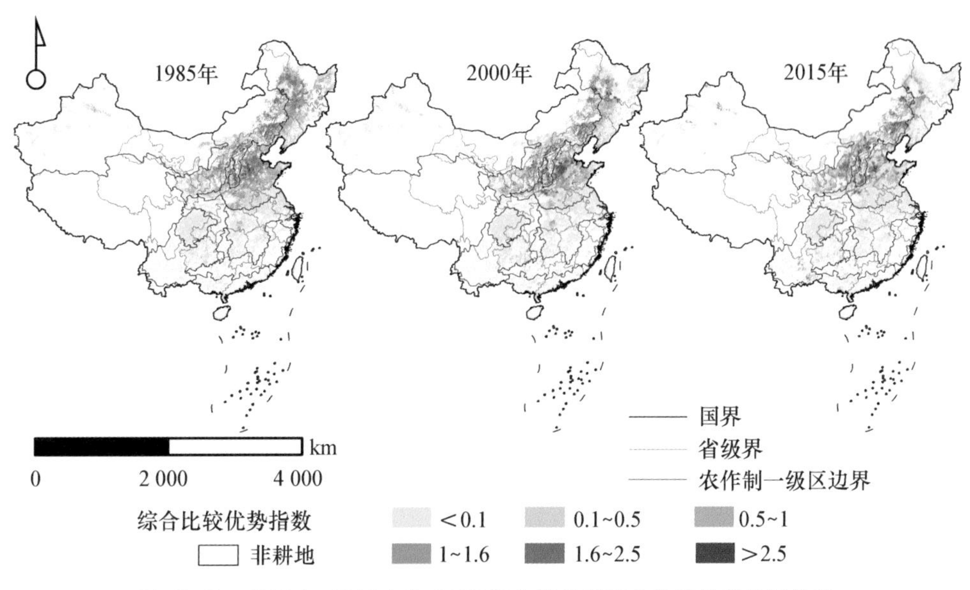

图 10-15　1985 年、2000 年和 2015 年全国谷子综合比较优势县域分布

10.3.3　影响谷子生产变化的因素的分析

1. 比较效益低是谷子生产减少的主要原因

国家对主粮作物的重视、谷子种植费时费工、比较效益低与产品加工滞后是以前谷子在东北与黄淮海平原等单产优势区播种面积减少的主要原因。自 2004 年起，国家实施了农机具购置补贴与针对水稻、小麦、玉米、大豆、油菜、棉花的粮食直接补贴、良种补贴、农资综合补贴，农户主粮作物生产成本降低，增加了农户主粮种植的积极性。根据国家发改委《2008 全国农产品成本收益资料汇编》显示，谷子全国平均净利润低于花生、棉花、粳稻、高粱、玉米，高于油菜、大豆、小麦。谷子价格波动较大，效益不稳定，在农村劳动力大量外流的背景下，农民更愿意在水肥条件较好的地块种植效益高、管理简便、易于规模化机械化作业的小麦、玉米、蔬菜、棉花等作物，谷子抗旱耐瘠的特点促使谷子向山区丘陵水少壤瘠的地块转移。我国农牧交错区马铃薯和谷子种植有相互替代性，近年来，我国马铃薯种植的地理集聚区逐渐向西南地区、西北地区和华北地区的内蒙古转移，内蒙古阴山北麓种植马铃薯的经济效益远高于谷子。另外，由于谷子淀粉颗粒偏大，口感较差，烹饪制作费时费工，只能作为辅粮，其消费需求远比不上粮食、饲料与工业原料兼用的玉米。

2. 东北地区中西部、北方农牧交错区及太行山沿线区具有恢复谷子生产的潜力

“镰刀弯”地区生态环境脆弱，玉米产量低而不稳。本研究的比较优势分析表明，谷子在“镰刀弯”地区中的东北地区中西部、北方农牧交错区及太行山沿线区的单产较全国具有比较优势，生育期短且水分利用效率较高的谷子在这些区域的播种面积有望回升。研究显示，东北地区降水量呈下降趋势(刘志娟等，2009；姜晓剑等，2011)，在东北地区中西部种植玉米水稻等作物，灌溉需水量大(钟新科等，2012)不利于当地地下水涵养。近 30 年来，东北水稻种植界限北移东扩，向高海拔区扩展，中部和北部地区水稻种植增加较多。2004—2010 年东北水稻面积新增约 1.533×10^{6} hm^2，其中绝大部分都是井灌稻，造成了地下水位的下降。东北地区西部干旱频繁发生，该地区玉米生长阶段需要抽取地下水灌溉，而同时春玉米灌溉需水量较高的区域集中在东北地区中西部。内蒙古是最严重的缺水地区之一，每亩平均水资源占有量仅为全国的 1/4，水资源匮乏，在内蒙古等农牧交错区种植耗水较高的作物也不利于当地地下水涵养。内蒙古马铃薯生育期有效降水时空分布不均匀，地区间差异大，在内蒙古东北部正常年无需灌溉，西部和北部降水资源不足以支撑马铃薯生产；且内蒙古的部分地区由于马铃薯喷灌圈建设过于集中，过度开采地下水形成“漏斗区”，已影响到了当地的生产生活。而在黄淮海平原农作区种植省工高产的夏玉米具有很好的气候适宜性，在黄淮海大部分地区被夏玉米替代的夏谷较难恢复。

3. 需求增加与技术进步促进谷子播种面积逐步回升

随着干旱发生频率增加，谷子单产的大幅度提高和人民群众对健康饮食的重视，谷子的抗旱节水特性、营养保健价值被重新重视起来。高品质小米拥有较高的售价，据调查研究：农民谷子收购价 3.4～3.8 元/kg、一级批发售价 5.2～5.8 元/kg、二级批发售价 6～8 元/kg、精品小包装售价 15～20 元/kg、绿色认证谷子 25～35 元/kg、有机谷子售价 35.9～44.8 元/kg。在水少壤瘠的山区丘陵地带及其他干旱半干旱地区，减少耗水作物的种植，推广林下间作、旱作雨养与全程轻简化生产集成技术“三位一体”的种植模式，适度扩大了绿色有机谷子播种面积，有利于促进当地居民脱贫增收、优化粮食产量结构及减少地下水消耗。2008 年，谷子被列入国家现代农业产业技术体系以来，在稳定的科研经费支持下，谷子育种与栽培研究得到快速发展：山西农科院研制的 MND 制剂能够实现谷子化控间苗、省工节支；各地科研院所已培育出一些抗除草剂、株矮紧凑、穗齐易脱粒、适合食品加工的谷子简化栽培品种；配套机械可实现精播免间苗、机械化播种收获。目前夏谷单产 4 500～7 500 kg/hm^2 已很普遍，据李顺国等(2018)调查研究，2012—2017 年河北玉米单产为 8 032～15 540 kg/hm^2，价格 1.6～2.3 元/kg，净利润−2 446～4 963 元/hm^2；谷子单产为 4 395～4 680 kg/hm^2，价格 3.2～10 元/kg，净利润 5 451～26 270 元/hm^2，在科研工作者的努力下，河北省谷子利润已较全国平均高 2 047 元/hm^2，较河北省玉米利润高约 2 970 元/hm^2。2005—2010 年冀谷 25 及其配套简化栽培技术已在河北、河南、山东累计示范推广 1.541×10^5 hm^2，该技术节约间苗除草用工劳动日 90 个/hm^2，节约用工费 3 420 元/hm^2，扣除新增种子和除草剂成本 375 元/hm^2，节支增收 3 045 元/hm^2，促进了谷子生产的恢复和发展。未来，谷子优势生产区还需要进一步在育种、栽培、植保、加工等产业关键环节加大科研支持力度，研发适宜谷子的特种机械，通过实行良种补贴等加强政策支持。同时加强流通企业与加工企业的联合，扶持和壮大现有企业，提升加工规模和水平，实施"名、优、特"品牌战略，不断促进谷子生产向区域规模化、种植标准化、无公害化发展。

参考文献

[1]高慧，胡山鹰，李有润，等. 甜高粱乙醇全生命周期能量效率和经济效益分析[J]. 清华大学学报(自然科学版)，2010，50(11)：1858－1863.

[2]郭志利. 小杂粮利用价值及产业竞争力分析研究[D]. 北京：中国农业大学，2005：21－23.

[3]姜晓剑，汤亮，刘小军，等. 中国主要稻作区水稻生产气候资源的时空特征[J]. 农业工程学报，2011，27(7)：238－245.

[4]李顺国，刘斐，刘猛，等. 近期中国谷子高粱产业发展形势与未来趋势[J]. 农业展望，2018，14(10)：37－40.

[5]刘斐，刘猛，赵宇，等. 2017 年中国谷子糜子产业发展趋势[J]. 农业展望，2017，13(6)：40－43.

[6]刘志娟，杨晓光，王文峰，等. 气候变化背景下我国东北三省农业气候资源变化特征[J]. 应用生态学报，2009，20(9)：2199－2206.

[7]卢庆善，张志鹏，卢峰，等. 试论我国高粱产业发展——三论甜高粱能源业的发展[J]. 杂粮作物，2009，29(4)：246－250.

[8]农业部种植业管理司. 农业部关于"镰刀弯"地区玉米结构调整的指导意见[EB/OL]. (2015－11－02)[2018－05－03]. http://jiuban.moa.gov.cn/zwllm/tzgg/tz/201511/t20151102_4885037.htm.

[9]唐鹏钦，陈仲新，杨鹏，等. 利用作物空间分配模型模拟近 30 年东北地区水稻分布变化[C]. 2012 年中国农业资源与区划学会学术年会论文集. 中国农业资源与区划学会，2012：6.

[10]杨春. 山西省小杂粮产业化发展战略[D]. 北京：中国农业大学，2004：8－9.

[11]张彩霞，谢高地，李士美，等. 中国能源作物甜高粱的空间适宜分布及乙醇生产潜力[J]. 生态学报，2010，30(17)：4765－4770.

[12]张德梅，郭润霞，张小叶，等. 基于 GIS 的凉州区醇用型甜高粱适宜性等级预测研究[J]. 中国糖料，2017，39(04)：25－27.

[13]张雄，王立祥，柴岩，等. 小杂粮生产可持续发展探讨[J]. 中国农业科学，2003，36(12)：1595－1598.

[14]张研. 我国小杂粮生产现状与发展策略[J]. 河北农业大学学报(农林教育版)，2010(3)：432－436，440.

[15]钟新科，刘洛，徐新良，等. 近 30 年中国玉米气候生产潜力时空变化特征[J]. 农业工

程学报,2012,28(15):94-101.

[16]ZANDER P,AMJATH-BABU T S,PREISSEL S,et al. Grain legume decline and potential recovery in European agriculture:a review[J]. Agronomy for Sustainable Development,2016,36(2):26.